THE BIGGEST SECRET

The book that will change the world

David Icke

大いなる秘密 上

「爬虫類人《レプティリアン》」

デーヴィッド・アイク 著
太田龍 監訳

三交社

THE BIGGEST SECRET

by David Icke

First published in Februay 1999 byBridge of Love Publications USA
8912 E.Pinnacle Peak Road Suite 8-493 Scottsdale
Arizona 85255 USA

【監訳者まえがき】

イルミナティ世界権力の本拠地、英米のど真ん中に出現した超々ラジカルな大著

太田 龍

＊――驚嘆・感嘆・興奮させる掛け値なし
血湧き肉躍る「世界を変えてしまう著作」

〈THE BIGGEST SECRET
The book that will change of the world.
by David Icke〉
（『大いなる秘密』
この本は世界を変える。世界を変革すべき一冊の書。
デーヴィッド・アイク著〉

私が米国の週刊紙『コンタクト』で、この著作の出版予告を見たのは、平成十年（一九九八年）春頃だった。そして、同年八月刊と言う。しかし予定は若干遅れ、平成十一年（一九九九年）二月に公刊され、オーストラリア経由で同年四月二十四日に入手した。
大判五百十七ページ。活字がびっしりと詰まっている。これをすぐさま、読み始める。

そして、驚嘆・感嘆・興奮しながら、血湧き肉躍る、という古風な表現が誇張でない、そんな気分のなかに、約一ヵ月で読了。同時に、三交社が日本語版版権取得の交渉を始めた。

デーヴィッド・アイクの名前は、平成八年十一月に彼の八冊めの著書（一九九五年刊）『……そして真理があなたを自由にする』（この言葉は、新約聖書「ヨハネ伝」8章32節に出てくる有名な一句だ）を入手し、その紹介と論評をするまで、多分、日本ではまったく知られていなかった。

私自身は、平成九年中に、最初期のものと絶版三冊を除く、市販されている彼の六冊の著作すべてを入手して熟読した。それからずいぶん、いろいろな機会にこの人を紹介し、推奨し、賞賛し、非常に高い評価を与えておいた。

しかし今度の本（アイクにとっては十冊め）は、文字どおり、掛け値なしに、「世界を変えてしまう著作」、の名に値する。

拙著『聖書の神は宇宙人である』（第一企画出版、平成十一年十一月刊）のなかで、この本をかなり詳しく論評するとともに、私はさらに、次の詳しい書き下ろし著述（『監獄宗教としての一神教の正体の完全暴露』〔仮題〕）の執筆に着手した（これも近々、三交社より公刊される予定である）。

さて、中近東起源のいわゆる一神教なるものは、全人類を精神的監獄に幽閉・収監・拘禁する目的をもって設計された装置である、とアイクは言う。

この驚愕すべき真相。

こうした命題は、アイクのこれまでの三冊の著作（『ロボットの反乱——霊的復興の物語』『……そして真理があなたを自由にする』『私は私、私は自由——ロボット人間が自由になるための案内書』）のなかでも提起されていた。

しかし、それでは（その仮説をとるとすれば）、その監獄宗教体系を構築し、そのなかに人類を狩り立ててきた、そのご本尊は何ものか。それはいったい、どこの誰なのか。

＊――チャールズ・フォート―デニケン―シッチン―ウイリアム・ブラムレイ、アーサー・D・ホーン博士らの業績を踏まえ、さらに凌駕する内容

こうした問いに対して、異星人である、とアイクは断言する。最近の英語では地球外知的生物（ET）、と表現されるものだ。

異星人が地球人類文明に関与ないし支配している、という説の先駆者は、古代・中世はともかくとして近代二十世紀に限定して言えば、米国の作家・ジャーナリストのチャールズ・フォート（一八七四～一九三二年、The Complete Books of Charles Fort, Dover Publications. NewYork, 1974.1125pages）である。ちなみに、ここからの「フォーティアン（フォート愛好家）協会」も欧米に現存する。

以降、第二次世界大戦直後からUFO（未確認飛行物体）現象が頻繁に観察され始め、俄然、地球外宇宙人文明に関する興味と関心が噴出した。

こうした宇宙人について、SF小説を別とすれば、宇宙人渡来の痕跡を実証的に調査した人はドイツ系スイス人のフォン・デニケンを嚆矢《こうし》とする。一九六〇年代から三十年、二十数冊の著作は多くの国の言語に翻訳され、二十八ヵ国で合計五千四百万部以上が読まれているという。

そしてデニケンのあとを継いで、現在米国在住のユダヤ人科学者ゼカリア・シッチンが『地球年代記』全八巻（一九七六～一九九八年刊）において、この異星人は、太陽系惑星の一つニビル星人である、とした。そして、超古代シュメール粘土板文書の解読その他の考古学的調査に基づき、地球に植民したニビル星人が、アフリカの地球原人を捕獲してこれに遺伝子操作を加え、自分たちに奉仕する奴隷、ないし家畜人間を創り出した。それこそ、有名な「創世記」のアダムとイヴ創造物語の本体に

ほかならない――との説を展開中である。

こうしたなか、デーヴィッド・アイクは、ウイリアム・ブラムレイ（『エデンの神々』）、アーサー・D・ホーン博士（『地球人類の異星人的起源』）などの業績を参照しながら、シッチンの終わったところから出発する。

そして、アイクは次のように推理を組み立てた。
① 地球原人を操作して家畜人化したその異星人は、爬虫類人《レプティリアン》である。
② 太古のある時代、おそらく紀元前二〇〇〇年頃、爬虫類人は表面から姿を隠し、彼らの代理人《エージェント》をして対人類支配管理係たらしめた。それがすなわち今日まで続く秘密結社である。
③ 彼ら（爬虫類型異星人《レプティリアン》とその代理人たる秘密結社）は、地球人類の効率的管理のために、精神的牢獄としての宗教（そして教団）を創作した。「一神教」はその究極の形態である。
④ 英国王室は、現代（近代以後）における爬虫類型異星人とその代理人たちの主力基地である。
⑤ 英国王室を含む秘密結社の中核維持、秘密儀式において、爬虫類人に変身する、との証言がある。
というふうに。

彼はこの仮説（推理）を実証するために、可能な限り広範囲に資料・証拠・情報を蒐集し、整理し、構成していく。

その手際は見事である。私は彼の才能と努力に素直に敬服した。

＊――日本民族は今、デーヴィッド・アイクを発見しなければならず、発見すべき時がきた！

ところでアイクは、いわゆるオックスフォード大学、ケンブリッジ大学を卒業した英国の典型的なインテリ・エリートではない。

「私はリューマチ性関節炎で引退するまでは、プロフットボール選手であった。そのあと、ジャーナリスト、テレビのプレゼンテーター（これは英国式の表現で、米国流では、アンカーマン＝多元ニュースの総合司会者）を務めた。それから政治の世界に入り、英国みどりの党全国スポークスマンに就任した」（デーヴィッド・アイク著『真実の波動――テレビ有名人から世界透徹者《ワールド・ヴィジョナリー》へ』［一九九一年刊］一三ページ）。

この数行で、彼の前半生が要約されている。

一九五〇年代に生まれ、七〇年前後の何年かフットボールの選手、それからテレビの世界で有名人。それが、八〇年代に入るとエコロジー運動に惹かれ、英国みどりの党に入党するやたちまち同党は彼を全国スポークスマンに任命する。

しかし彼は、みどりの党の政治に深く関与していくにつれて、ますます霊的《スピリチュアル》な世界に惹きつけられた。

一九九〇年初頭、アイクはベティー・シャインという女霊媒師そして治療師に出会い、彼女を通じて決定的な精神の覚醒を体験する（前出著作の一五ページ以下）。九〇年代のアイクの軌跡と彼の急速な成長、跳躍に次ぐ跳躍のありさまは、信じがたいほどだ。やがて彼は、みどりの運動、エコロジー運動は背後に潜む国際金融寡頭権力によって操作・支配されていることを発見し、それを公言するようになる。

するとたちまち彼は、英国みどりの党および英国の全既成勢力の強烈な迫害にさらされる。だが、彼は屈しない。彼は霊的直観に導かれ、二冊の大作（『ロボットの反乱』『……そして真理があなたを自由にする』）を出版し、彼の波動は英国の枠を超え、米国、カナダ、オーストラリアなどの英語圏に広がってゆく。

われわれ地球人は家畜（羊）の群れだ。われわれはロボット人間、ゾンビ人間以外の何ものでもない。われわれはなんとかして、なんとしてでも、家畜人、ロボット人間たる境遇を脱出して、自由な人間として再生しなければならない。

この「英国人の志《こころざし》」がデーヴィッド・アイクという英国人の核である、と私はみた。この志があるがゆえに、彼は次々に奇蹟を起こすかのようにして群がりくる攻撃と妨害を乗り越え、より高い次元に進入していく。

私は平成八年秋以降、三年何ヵ月か、そのことを実地に観察した。

かくして、私は確信する。日本民族は今、デーヴィッド・アイクを発見しなければならず、発見すべき時がきた、と。

私は英語圏以外のヨーロッパ大陸諸国で、アイクがどのように受け入れられているか、知らない。しかし、一九九九年七月に開設されたデーヴィッド・アイクのインターネット・ホームページ（http://www.davidicke.com）は、閲覧件数五十万件に達している（二〇〇〇年六月二十日現在）というから、ヨーロッパのみならず全世界の有志に、彼の説が注目され始めてきたことは確かだ。

＊――――引用・参照文献は、一冊一冊がそれぞれの分野で一級ないし特級クラスの価値がある

本書は序章と全二十一章からなる。うち、今回の上巻には第12章までを収め、九月刊行予定の下巻には、第13章から第21章および参考文献その他を収録する。

そのためここで、以下に下巻の目次を掲げておこう。

●第1章　爬虫類人《レプティリアン》の冷酷な位階網《ピラミッド・ネットワーク》――RIIA、CFR、TC、ビルダーバーグループ、ローマクラブなどの巨悪を暴く！

●第2章　高貴なる麻薬の売人《ドラッグ・ディーラー》ども――イギリス王室・東インド会社・香港上海銀行の悪魔的所業を知れ！

●第3章　聖なる流神強姦殺人儀式――古代バビロン・イルミナティ・悪魔教《サタニズム・カルト》など黒魔術式拷問は爬虫類人《レプリティリアン》の生命栄養補給源

●第4章　恍惚のうちに壊されるアメリカ――小児性愛的倒錯症の前米国大統領《ジョージ・ブッシュ》、幼児への愛情爆撃《ラブ・ボンビング》・MKU《超先脳》・性的虐待・誘拐……

●第5章　「死と破壊《コロンブス》」地獄を招く象徴言語――自由の女神、万物《ホロス》を見通す目、不死鳥、五芒星……新世界秩序にようこそ！

●第6章　「トカゲ」女王陛下の邪悪な連鎖――黒い貴族の血流は武器・麻薬密売、不正投機……テロ・大量虐殺《ホロコースト》に手を染める！

●第7章　「月の女神」の残酷なる生贄――ダイアナ妃をその美と愛ゆえに、周到かつ黒魔術的に殺害した卑劣な手口を告発！

●第8章　「振動仕掛け」呪縛の構造――爬虫類人《レプリティリアン》の人類支配の欺瞞的常套手段は、恐怖と憎悪に共振させると見抜け！

●第9章　呪縛牢獄からのさわやかな解放――速くて短い愛の波長は、孤独・暴力のレプティリアン世界を変容一新させる！

この最終の第20章と第21章は、最も重要な内容を展開しているが、とはいえこの部分は、それ以前のすべての叙述を前提としており、序章から順を追って熟読・熟考する者のみが、全的にこの最終結論を理解し納得できるであろう。

それゆえ、上巻の読者はぜひ、間もなく出版される下巻をも最後まで読み通していただくよう、推奨しておく。

なお、デーヴィッド・アイクが引用し参照している文献は、何百点もの参考図書を列挙するいわゆる学術専門書に比べると、それほど多いほうではない。しかし、その質が違う。アイクがあげている本は、一冊一冊がそれぞれの分野で第一級ないし特級クラスの価値を有する。

このなかにはすでに日本の読者になじみの深い著者が何人か発見できる。

●ユースタス・マリンズ（『世界権力』『カナンの呪い』）

●ジョン・コールマン（『三〇〇人委員会』）

●フリッツ・スプリングマイヤー（『イルミナティ悪魔の十三血流』）

●アンドリュー・コリンズ（『天使の灰の中から』）

これらはすでに邦訳されている。ゼカリア・シッチンについては言うまでもない。また、それ以外の大部分の文献は、日本人にはおよそまったく知られていないが、大小にかかわらずその価値は極めて高い。

アイクがジョフリー・ヒギンズの『アナカリプシス』（一八三六年刊）まで引用しているのには感服させられた。私が関心と興味を抱いたジョン・ダニエルの『淫婦と野獣』もあげられている。最も衝撃的な一冊は、アベラード・ロイヒリンの小著述『新約聖書の本当の著者』であろう。これについては、本書第5章に詳しく紹介・論評されている。

＊——着目される、デーヴィッド・アイクと日本型文明〈日本語・漢字・縄文〉との喫緊的触発

さて、デーヴィッド・アイクと日本の関係であるが、ここにも着目させられるものがある。というのは、ごく特別な日本通の人々を除けば、通常、欧米西洋人は日本について何も知らない。それが普通であろう。彼らが与えられるものは、日本人が西洋（特に英米）について持っている情報量と比べものにならないほどわずかの知識、しかもおおむね見当違い、ひどく誤った断片でしかない。

対してアイクは、一九九〇年代初頭に何人かの霊能者（のような人）と出会うが、そのうちの一人、アッタロ（Attarro）が彼に伝えた。

「あなたは東方に行かなければならない。あなたの心と思考を、その方角に向けなければならない。……（そこで）私（アイク）は間もなくザ・ドラゴンに出会うであろう（その後、東方とは日本であることがわかった）。私（アイク）は、むずかしい文字を書かねばならなくなる。しかし、その時がくると、私（アイク）の手は滑らかに動く」（『真実の波動』八七ページ）と。「むずかしい文字」とはもちろん漢字、と解釈できる。

ただし、超古代から世界中に広く行なわれてきた人身犠牲の供儀（生贄の儀式）が日本の固有神道にもみられる（『大いなる秘密』第15章「悪魔の子供たち」）、と述べられており、ここには出典は示されていない。同じような形で上巻にも、レプタイル由来の「神の子」の列挙（第4章「神の子なる悪の太陽神たち」のなかに、「日本のミカド」とあるのは、根拠が示されておらず疑問もある。

とともに、これは間違った情報に基づく誤解であろう。日本の固有神道には、人身犠牲どころか、動物を殺害して犠牲に供する儀式すら、影も形もない。

私見によれば、数十万年前以来、日本列島原住民は、日本固有の、そして地球原住民すべてが生きうる文明を産み育ててきたのであって、爬虫類型異星人の介入はまったくなかった。もしくはあったとしてもごく微々たるものであった。

その証拠は日本語そのものであり、日本語と緊密不可分に結びついている日本人の脳（角田忠信博士の学説）である。今のところ、このあたりのことは、アイクの視野には入ってきていないようである。

他方、ゼカリア・シッチンは、日本も中国も、彼のいわゆるニビル星人の支配領域に取り込んでしまうつもりのようで、彼の最新作『宇宙の暗号』（邦訳・学習研究社）下巻に掲載されているインタビューで、近く日本に調査旅行に出かける予定、と公言している。

世界的ベストセラー『神々の指紋』（邦訳・翔泳社）の著者、グラハム・ハンコックは、ごく最近、日本に来訪して独自の調査を実施し、『サンデー毎日』誌（平成十二年六月十一日号）のインタビューでは「超古代文明＝縄文の指紋」を語っている。これは注目に値する。

日本型文明は、はたして、中近東・地中海・アフリカ・中央アジア一帯に取り憑いた爬虫類型異星人がいじくりまわし、支配・操作してきた人類文明と関係するのか、それとも根本的に異質・異系なのか。

この問題は、些々《ささ》たる枝葉末節ないし迂遠《うえん》、暇人《ひまじん》の趣味・道楽次元のものではない、と私はみる。それどころかこれは、日本民族と日本文明にとって生死存亡にかかわるのみならず、地球全人類の命運に直結する枢要な事項であろう。

異星人の介入事件を、興味本位・面白半分に云々するのではなく、しかるべく真剣に研究・検討すべき時期にきているのではないか。

＊──数十万年来、異星人が地球人に仕掛けてきた驚くべき秘密を完璧に暴露した本

ついでながら、ここでDavid「Icke」の名前の発音と日本語表記について一言加えておこう。私は、平成八年秋に彼の名を知ったとき、この珍しい綴《つづ》りの読み方を知らず、三省堂の『英語固有名詞発音辞典』を引いてみた。すると、「イク」と出ている。

この記述に従い、ずっと「イク」と表記してきたが、昨年度、インターネット上で何度も確認すると、「アイク（eye-k）」と発音されている。そこで昨年十一月から「アイク」と表記を変更・修正することにした。読者諸兄のご了解を得たい。

ちなみに私事にわたることをお許しいただくと、一九八二年から八六年まで、日本みどりの党（のち日本みどりの連合）で活動しており、八五年に、英国ドーバー市で開かれた第二回ヨーロッパみどりの党大会に傍聴者として参加した。このときにはまったく知らなかったが、アイクはこの頃、英国みどりの党の全国スポークスマンとして活躍していたようだ。

そして彼と同じく、私も間もなくいわゆるエコロジー運動・みどりの党の運動が、ロックフェラーなどの超巨大な国際金融寡頭権力によって管理・支配されている事実に気づき、その運動を離脱し、「家畜制度全廃論」「動物実験全廃論」、さらには「天寿学体系」の立場から、ユダヤ・イルミナティの謀略の真相を追求していくことになる。

アイクの軌跡は、一九九〇年代の霊的覚醒から、ニューエイジの潮流に重なり合う。九〇年代初頭の著作にもその痕跡は歴然としている。けれども、それは彼にとって通過点であって、間もなく（三〜四年のうちに）、「ニューエイジ」のいかがわしい正体を発見し、そこを卒業してしまう。

これはすごい、というか、見事である。

そしてついに、本書（『大いなる秘密』）において、すべての一神教が異星人とその手先の仕掛けた監獄・牢獄宗教であったという、驚くべき秘密を完璧に暴露するに至る。これは全西洋史上（古代シュメール、エジプト史を含む）、前代未聞の快事件であろう。

アイクは一九九〇年来ずっと、

〈人類の目覚めの時は近い。

人類の覚醒の過程はすでに始まっており、その速度は加速されつつある〉

と述べてきた。

たしかに本書のような超々ラジカルな大著が、イルミナティ世界権力の本拠地たる英米のど真ん中に出現したという事実は、そうした人類の根本的覚醒の前提条件なしにはありえなかったであろう。

しかしそれでは、「イルミナティ」は、アイクの著作とアイクの活動をこのまま放置するであろうか。いや、そんなことはありえない。カナダでのアイクの演説会に対しては激しい妨害が加えられた、と聞く。

さらにごく最近になって、『ワシントン・ポスト』紙（イルミナティ宣伝マスコミ界の旗艦《フラッグシップ》）が推薦する、一見、アイクの著作（『大いなる秘密』）とよく似た五百ページ近い大著（ジム・マーズ著『ルール・バイ・シークレシー［秘密による支配］』）が全米の書店に出回り始めたという。まがいもの・ニセモノ・偽造品を巻き散らす「彼ら」の常套手段を連想させる話ではある。

注目しておきたい。

平成十二年六月二十四日記

大いなる秘密「爬虫類人」THE BIGGEST SECRET——◎目次

第1章　やって来た火星人 The Martians have landed?

――異星人《エイリアン》の遺伝子操作で人類は創造されたのか!?

第2章 驚愕の目撃例

"Don't mention the reptiles"

――「その爬虫類人のことを口にするな！」

第3章 地球を蹂躙する異星人《エイリアン》

――バビロニアン・ブラザーフッドは歴史にどんな罠を仕掛けたのか？

The Babylonian Brotherhood

第5章 血の十字架を掲げた征服

Conquered by the cross
――「善男善女」の多次元宇宙意識への秘儀参入は断じて許さない！

第6章 浸潤する「黒い貴族」 *Rule Britannia*
──フェニキア、ヴェネチアそして「英国《ブリタニア》を完全に支配せよ！」

第7章 跳梁席巻する太陽の騎士団 *Knights of the Sun*

――象徴、儀式、エナジー・グリッド、黒魔術で眩惑する

第8章

一つの顔、さまざまな魔の仮面

Same face, different mask

――宗教と科学を韜晦《とうかい》、「レプティリアン・アジェンダ」は必ず実現させる！

第9章 呪われた自由の大地 Land of the 'free'
――コロンブス以前から、ブラザーフッドはアメリカを凌辱してきた

第11章 眩《あや》しのグローバル・バビロン *Global Babylon*

――英米ブラザーフッド・エリートは両大戦で世界全支配《グローバル・マニピュレーション》を完遂へ！

第12章 逆光するブラック・サン *The Black Sun*

——鉤十字《ナチス》の世界支配計画は、今やグローバルに堂々遂行されている！

◉翻訳協力――蒲池明成
◉編集プロデュース――トライ・プランニング
◉写真提供――毎日新聞／ＷＷＰ／国際フォト／ＰＰＳ／共同通信／やす事務所 ほか

警告！

本書のなかには、一般の常識からはあまりに掛け離れた情報が大量に収められている。だから、あなたがあくまでも既存の常識のうえに立とうとするのなら、この本を読むのをやめてもらってもいい。また、「世界のこの現実を直視することに耐えられない」と言う人も、この本を閉じてもらってもいっこうにかまわない。

ただ、もしもあなたがこの本を読むことを選択したのなら、どうか次のことを覚えておいていただきたい。

生命《いのち》は永遠に続いて終わることがない。すべての事象は、生命が「光」へと向かう途上での経験なのだ。至高のレヴェルから見るならば、この世には善も悪も存在しない。自らの選択によって経験を積み重ねてゆく意識のみがただ存在している。この本が明らかにする数々の驚くべきできごとは、「光輝く自由の夜明け」へと向かうプロセスの一部なのだ。

どうか気づいていただきたい、二万六千年来の「大いなる意識変革の時」が近づいていることを。そして、これからあなたが知ることになる数多くの深刻な情報にもかかわらず、今ほど生きるのにすばらしい時代はないことを。

デーヴィッド・アイク

決断すべき黎明の秋《とき》

序章

霊的に覚醒し、

「家畜人」「奴隷人間」からの脱却を！

＊――忍び寄る恐怖の全人類管理体制「ブラザーフッド・アジェンダ」とは何か

われわれは今、驚くべきことに、人類がいまだ体験したことのない極めておぞましい〝「世界的大変革」直前の時〟を生きているのだ。そして、この地球の未来を極悪地獄にするかどうかは、われわれの決断一つにかかっている。思えば「精神の監獄」に、何千年ものあいだ人類は閉じ込められ続けてきた。しかし、われわれの決心しだいでその牢獄のドアを蹴破って、今こそ自由な外に飛び出すことができるのだ。また、外に飛び出すことをしなければ、われわれはアジェンダなる超長期的地球人類完全支配計画という超謀略（本書中のこうした特殊な用語については、47ページからに一括して解説等をまとめた［編集部］）の完成を許してしまうことになるだろう。

そうなれば、やがて地球上のすべての男や女や子供たちは、艱難辛苦《かんなんしんく》のワン・ワールド政府、ワン・ワールド軍、世界中央銀行、ワン・ワールド通貨、そして埋め込み式のマイクロチップによって、肉体的・感情的に、また精神的・霊的に、完全に奴隷化されてしまうだろう。

いきなりこんなことを知らされて、とまどっている読者もおられよう。一読、たしかに私の言っていることは荒唐無稽《こうとうむけい》の世迷《よま》いごとに聞こえるかもしれない。しかし、とんでもない。とるにたらない低俗なテレビやゲーム・ショーばかり見るのをやめて真剣に真実を見ようとするなら、やがてこのことが真実であることを即座に理解できるようになるだろう。

いや、私はなにも呑気《のんき》に「これから先に何かたいへんなことが起こる」などと言っているのではない。それはすでに今、まさに現在進行中の現実そのものなのだ。世界の政治・軍事・経済・金融・メディアの集中化は日々そのペースを上げつつ進行し、グローバル・コントロールはますますその勢いを強めている。人々へのマイクロチップの埋め込みもすでに決定済みで、この大いなる苛酷熾烈《かこくしれつ》な

「人類管理計画」は現在もさまざまな形態で進行中である。

長いあいだ水面下に隠されていたアジェンダが実施されようとするときは常に、計画実現のための最後の一押しという形で、現実世界の表面に急浮上してくるものだ。それを現在、われわれは「銀行や大企業の世界的統合」の急増現象や、ＥＵ（欧州連合）や国連を通じての「政治・経済の急速な一極集中化」としてその悲惨さを目の当《ま》たりにしているではないか。ＷＴＯ（世界貿易機構）やＭＡＩ（多国間貿易協定）、世界銀行やＩＭＦ（国際通貨基金）、Ｇ７やＧ８の謀議的国際首脳会談……これらもまた同様に、急速な謀略的一極集中化の媒体となっている。

実はこの狡猾《こうかつ》かつ大々的な一極集中化の裏には、古代中近東にその起源を持つ「特異な血流の一族」の力が働いているのだ。この「特異な血流の一族」たちは、同じ血流を有する一族間での結婚を重ねることによって、自らの血の「純粋性」を保ち続けてきた。彼らはヨーロッパの王侯貴族・司祭階級として世界の歴史にその姿を現わし、「大英帝国」を通じて世界中にその勢力を拡大した。

彼らは、英国を中心とする欧州列強が占領した世界中の各地域に、自らの血流を送り込んだ。その最たるものがアメリカ合衆国である。四十二代の合衆国大統領のうち、なんと三十三名もが、イングランドのアルフレッド大王やフランスのシャルルマーニュの遺伝子を受け継いでいるのだ。この特別な血流の者たちによるアジェンダは、驚くほど長い年月をかけて着々と現実化されてきた。そして今や、凶悪な集権的グローバル・コントロールが可能となる段階にまで到達したのだ。

われわれが早く目を覚まさなければ、かつてのナチス・ドイツのような血塗られた監獄社会が、地球的規模で実現されることになるだろう。それが、私が「ブラザーフッド・アジェンダ」と呼ぶ超謀略が用意した人類の未来なのである。この「ブラザーフッド」とは先ほど述べた、あの特別な血流の者たちによって形成される、古代より続く超秘密結社ネットワークのことである。また「アジェンダ」

とは、繰り返すが、彼らによる超長期的地球人類完全支配計画のタイムスケジュールのことだ。本書ではこの驚異的な現実を暴露してゆくことにする。

＊――「特異な血流の一族」による世界人間牧場計画は二〇一二年に完成する！

二〇〇〇年から二〇一二年は、このアジェンダの最終段階とされている。そして、特に二〇一二年が決定的な年となるだろう。その理由についてはのちほどご説明しよう。

残念なことに多くの人々は、自分たちがのぞき込んでいる深淵の深さをまったく理解していない。われわれの子供たちにどんな世界を残そうとしているのか、それをまったくわかっていない。大部分の人々は、そんなことはまったく気にかけていないようだ。基本的に人々は、無意識的に（あるいはやや意識的に）真実に直面するのを嫌がっており、自らその耳目を塞《ふさ》いでしまっているのである。

なんだか私は、柵の外に飛び出した一頭の牛になったような気がしてならない。私は柵の中で草を食《は》んでいる仲間たちに向かってこう叫んでいるのだ。

「おーい、みんな聞いてくれ。毎月トラックがやって来ては、そのつど仲間を何人も連れて行くだろ？　あれはさ、みんなが思っているように、仲間たちを別の牧場に連れて行ってくれてるんじゃないんだ。実は連れて行かれた仲間たちは、頭を撃ち抜かれて殺されているんだ。そして血を抜かれて切り刻まれて、パックに詰められているんだ。人間たちはそれを売り買いして食べてるんだよ！」と。

牧場の仲間たちの反応を想像していただきたい。「馬鹿だなお前は。よく考えてみろよ。人間たちがそんなことするはずないだろ。それに俺はトラック輸送会社の株を持ってて、それなりにいい配当をもらってるんだ。わけのわからないことを言って騒ぎを起こすのはやめてくれ！」。まあ、こんなところだ。

溜《た》め息をつきたくなるが、私はかまわず歩を進めよう。

さて、これからその実体を明らかにしようとしている彼らのアジェンダだが、それは何千年もの時をかけて徐々に現実化されてきたものである。しかも、現在それは完成間近となっている。人類が自らの精神と責任を無防備に放棄し続けてきたため、事態をここまで許してしまったのだ。

人類は、単におのれの生存を第一と考えて行動する以上に、自らが正しいと思うことを行なうべきだ。「無知なる者は幸いなり」という諺《ことわざ》があるが、それが当てはまるのもほんの少しのあいだのことだ。

たとえば竜巻が近づいているのを知らないでいることは、見方によっては幸せなことかもしれない。それは「何か手を打たなくては」と心配する必要がないからだ。しかし、頭を砂の中に突っ込んで耳目を塞いでみたところで、竜巻が接近しているという事実は変わらない。

そこで勇気を出して目を開き現実を直視するならば、災害を避ける方法も見つかるかもしれない。しかし、あくまでも現実を否認し無知のままでいるならば、それは常に最悪の結果を招くことになるだろう。それは現実から強烈な不意打ちを喰らうことになるからだ。無知なる者は幸いなり――ほんの少しのあいだだけ――は。

現実とは、われわれの思考と行為の結果以外の何ものでもない（何もしないことも一種の「行為」である）。もしわれわれが自らの精神と責任とを放棄するならば、それは自らの命を投げ捨てるに等しい。だから、もしわれわれの大部分がそんなことをするならば、それは世界を投げ捨てるのと同じことを意味する。それはまさしく、これまでの歴史を通じて人類全体が行なってきたことだ。常に少数の者が大衆を支配し続けてこられた理由はここにある。今日、全世界は金融・ビジネス・コミュニケーションのグローバリゼーションを通じて、邪悪な少数の者たちによって完全に支配されているの

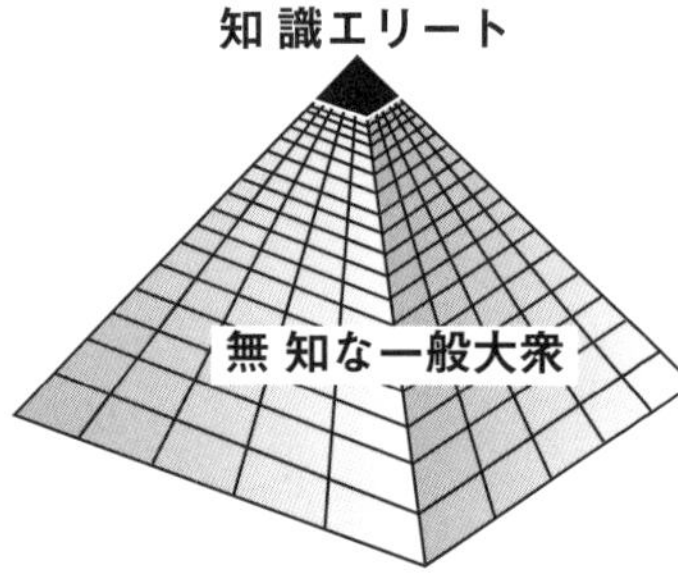

〈図１〉知識は少数の者たちの手に独占され、残る大多数の人間は無知の状態にとどめ置かれる。操作・支配の古典的手法である

が現実である。

とはいえ、昔から彼らによる大衆支配のメソッドは常に同じであった。すなわち「大衆を無知の状態に保て。人々を互いに争い合わせて戦争の恐怖を生み出せ。分割して支配せよ。一方で真に重要な知識は独占して秘匿せよ」（図1参照）である。

このメソッドによって何千年ものあいだ人類をコントロールし続けてきたのは、長大なアジェンダを進める者たちだった。彼らは、同系交配を繰り返してきた「特異な血流の一族」のメンバーである。彼らのアジェンダは現在、かつてなかった最大の山場を迎えている。というのは、彼らが待望した「全地球的ファシスト国家（世界人間牧場）」出現の時が迫っているからなのだ。

＊――「彼ら」にマインドコントロールされているゾンビ的人類

しかし、彼らの「全地球的ファシスト国家（世界人間牧場）」が必ず実現するとは限らない。というのも真の力は、彼ら少数の者たちの側にではなく、圧倒的多数を形成するわれわれのうちにあるからだ。究極的なことを言うなら、われわれ一人ひとりのなかには無限の力が眠っているのである。だからわれわれが彼らにコントロールされ続けているのは、自らの運命を切り拓く力がないためではなくて、われわれが自らの人生の一瞬一瞬においてその力を放棄してしまっているからなのだ。

何か良くないことが起こると、われわれは常に他の誰かのせいだと考えてしまう。世界で何かの問題が発生すると、われわれはいつも条件反射的にこう言っている。「彼らはいったいどう対処するつもりなんだ」と。実はこの「彼ら」というのが、なんと意図的にそれらの「問題」を作り出した張本人なのだ。そして、それをなんとかせよと言う大衆の「反応」に応じて、前もって用意しておいた「解決」策を実施するのである。これによって、自由への侵食と権力の集中化がさらに推進されるのだ。だから警察や保安局や軍隊の力を強化したいときは、テロなどの暴力犯罪を頻発させて、人々のほうから治安の強化を求めてくるように仕向ければよい。この方法を使えば目的達成は朝飯前だ。略奪や爆弾テロの恐怖に取り憑《つ》かれた人々は、自らの身の安全と引き換えならば、あっさりと自由を明け渡してしまうだろう。オクラホマ爆弾テロ事件がその典型だ。これについての詳細は拙著『……そして真理があなたを自由にする』のなかで述べておいた。

私自身はこのような手法を、「問題―反応―解決」戦略と呼ぶことにしている。少し説明を加えよう。まず最初に「問題」を作り出す。そして、「なんとかしてくれ」という人々の「反応」を引き出す。さらに彼らに「解決」策を提示してみせ、それを実行するのである。これはフリーメーソンのモットー、「混乱を通じての秩序」という一言に集約される手法である。混乱状態を生み出したうえで、秩序回復の手立てを提示するのだ。もちろんその秩序とは、当然ながら彼らにとっての「秩序」なのである。

大衆は、さまざまな形態の感情的・精神的コントロールを通じて、家畜の群れのように動かされる。たしかに膨大な数の人々を支配するには、これしか方法がないはずである。

さもなければ少数の者が、その他の何十億もの人々を物理的にコントロールすることは不可能なのだ。牧場の場合を思い浮かべていただきたい。数多くの家畜を物理的にコントロールするのは、かなりの人手を用意しなければ不可能だろう。こんな例がある。

ある日、イングランドのとある屠畜場《とちく》から、二匹の豚が逃げ出した。多くの人手をかけて捕獲作戦が敢行されたにもかかわらず、二匹の豚たちはかなり長いあいだ逃げ延び、すっかり全イングランド中で知らない者はいないほどの有名豚になってしまった。この話でもわかるように、世界中の人々を「物理的にコントロールすること」はとうてい不可能だ。しかし精神的にコントロールすることは不可能なことではない。もし世界中の人々の考え方に充分な影響を与えることができるならば、自分が人々にやらせようとしていることを、人々自身の「決断」によって行なわせることが可能になるのだ。自らが導入したい法案を、人々のほうから要求してくるようにさせることも、当然可能である。

「人に何かやらせたいならば、それがその人自身の考えだとその人自身に思わせておくことだ」とは、古い格言の一つだ。すでに人類は、『彼ら』によって完全にマインドコントロールされている。ゾンビより、ややましという程度にすぎない。それは言いすぎだと思う人もいるだろう。しかし現実の世界はそうではない。「人々の思考を操作することによって、あたかも人々が自分自身で判断したかのような形で、操作者の意図に即した行動をとらせてしまう」、というのが私の言うマインドコントロールの定義だ。このような観点からみるならば、「どれくらいの数の人々がマインドコントロールされているのだろうか」と考えるよりも、「マインドコントロールされていないような奇特な人たちも、多少はいるのだろうか」と考えるほうが適切なくらいだ。程度の差こそあれ、すべての人々がマインドコントロールを受けていると言ってよいであろう。

たとえばあなたが、宣伝広告に踊らされて必要ではなかった物を買ってしまったとすれば、それも一種のマインドコントロールである。また、あなたが微妙に歪曲された新聞やテレビのニュースを無批判に受け入れてしまっているなら、あなたは確実にマインドコントロールされているわけだ。軍隊の訓練を想像してみるとわかりやすいかもしれない。あれは純粋なマインドコントロールだ。軍隊に入ったその日から、「上官の命令には絶対服従」となる。もし上官が見ず知らずの人々を「撃て」と命令するならば、あなたはいっさいの口答えなしに、ただちにその人々を狙撃しなければならない。これを私は「〈イエス・サー〉メンタリティー」と呼んでいる。このようなメンタリティー（精神的傾向）は、軍隊の外の世界にも蔓延《まんえん》しているものである。こんなセリフが日常で飛び交っていないだろうか。「よくないってことはわかってるよ。でもボスがやれって言うんだ。仕方がないよ」と。

仕方がないだって？　仕方がないなんてことは絶対にない。われわれは常に自らの意志によって、何をしたらよいかを選択することができる存在だ。選択の余地がないなんてことはありえない。仕方がないなどと言うのは、単なる言いわけにすぎないのだ。

＊――われわれは「人《ピープル》」するか、「家畜人《シープル》」するか？

マインドコントロールのテクニックは無数に存在している。彼らは、間違いなくあなたの精神を狙っている。なぜならあなたの精神を手に入れることができれば、それはあなたのすべてを手に入れたも同然だからだ。すべてのことは、われわれが自らの精神を取り戻すことができるかどうかにかかっている。

自らの力で考え、また他人が独自の考えを持つことに寛容であることだ。そして自分自身も「みんなと違っている」と非難されたり嘲笑されたりすることを恐れてはならない。また逆に、普通とは違った考えを持つ人を白い目で見て、その人たちの心を萎縮させるようなことも決してしてはならない。そしてわれわれが自らの力で考えて行動するようにならない限り、アジェンダは現実に完成してしまうだろう。

しかし、もしわれわれが自らの精神の主体性を取り戻すならば、アジェンダはその存在の基盤を取り去られ、崩壊することになるだろう。私はこれまで二十ヵ国以上を回って講演や研究調査を行なってきた。その結果として、それらのどの国にも、グローバル・アジェンダの線に沿った同一の支配構造や政策がみられた。しかしまた同時に、世界的な精神の覚醒もはっきりと感じることができたのであった。現在ますます多くの人々が、霊的な目覚まし時計の音を聞くようになってきており、全地球的な眠りから目覚めつつある。新たなミレニアム、二〇一二年へと至る決定的に重大な時期、その主導権を握るのは彼らなのだろうか、それともわれわれなのだろうか？

その答えはわれわれしだいだ。現実とは、あくまでもわれわれの想念や行為の結果として生み出されるものである。もしわれわれが、自らの思いとその行ないを新たにするならば、それは世界を変えることになるだろう。まったく単純なことなのだ。

私はこれから本書において、現在世界を支配している一族（彼らは同系交配を重ね続けてきた特殊な血流の一族である）の歴史を、そして彼らのグローバル・アジェンダの正体を、明らかにしていきたいと思う。私がこれから明らかにしていくアジェンダは、いわゆる陰謀《コンスピラシー》と同一のレヴェルにあるものではない。陰謀（コンスピラシー）というものは、アジェンダ推進のための部分的な構成要素とでも言うべきものである。それには、大きく言って三つの形態がある。

まず一つは、アジェンダ推進の邪魔になる人間や組織を除去するという方法（たとえばダイアナ妃暗殺事件）。

二つめは、アジェンダを推進する人物を権力の座につけておくこと（ジョージ・ブッシュ、ヘンリー・キッシンジャー、トニー・ブレアなどがそうだ）。

そして三つめは、戦争や爆弾テロや経済崩壊を引き起こすことによって、人々のほうからアジェンダに沿った要求をしてくるように仕向けること、すなわち「問題―反応―解決」戦略だ。

以上のようなやり方を通じて、一見ばらばらのように見えるさまざまな事件は、同一の陰謀、同一のアジェンダの一構成要素となっている。日々あなたが新聞やテレビで見聞きする政財界の指導者たちの語る情報は、大衆をコントロールするという目的のために、選別・再構成されたものである。見る目のある人はすでにわかっているだろう。拙著『……そして真理があなたを自由にする』、『私は私、私は自由』、『ロボットの反乱』、そしてビデオ『転換の時』を観ていただきたい。また他の研究者たちのここ数十年来の著作も読んでほしい。そうすればあなたは、預言されていたことが現実のものとなっているという衝撃の事実を知るだろう。しかしそれは預言ではない。太古の昔よりあらかじめ定められていたアジェンダなのだ。近い将来に世界的ファシスト国家が実現してしまうことは避けられないのだろうか？

その答えは、次のような問いに対してわれわれがどう動くかにかかっている。つまり、〈われわれは人《ピープル》になるのか、それとも家畜人《シープル》のままでいたいのか？〉だ。

彼らのアジェンダの成否の鍵《かぎ》を握っているのは、そう、われわれ自身なのだ。

【編集部注】本書にはいくつかの「特殊用語」が頻出する。読者の方々のより深い理解のために、ここでそれらをまとめて、短い説明を加えておきたい。

まず、「レプティリアン」という聞き慣れない用語が出てくるが、「爬虫類型異星人」のこととして本書では取り扱っている。ただ、ときに原著者は「爬虫類型異星人の血を濃厚に受け継いだ人間」をも含めており、このため「爬虫類人」といった言葉も登場する。また、派生してアーリア人のその流れから「レプタイル・アーリアン」といった複合にも用いられている。

次に多出する「アヌンナキ」についても「レプティリアン」同様に「爬虫類型異星人」を意味する

が、〈種族〉の違い等々に加えて、ゼカリア・シッチンの著作によってある程度知られていることから、「アヌンナキ」とそのまま記している。ほか、「ドラコ」もまた同様に「レプティリアン」である。だが、「爬虫類型異星人＝レプティリアン」や「アヌンナキ」との区別のため、同じくそのまま「ドラコ」と記した。この観点からは、おりおりに解説を置いている。

なお、原書では構成上（シッチン説の引用から自説を構築、補強していく形をとっている）、前半部においては「アヌンナキ＝爬虫類型異星人」としていない（当然ながらシッチンも同様である）が、本書では理解の簡便のために当初から同じものとしている部分もある。要は「アヌンナキ」「ドラコ」は「レプティリアン」の〈種族名〉とご理解いただきたく思う。

そして「ブラザーフッド」は、星の数ほどありそうな大小の秘密結社を統括する総元締の「超秘密結社」とお考えいただきたい。この超秘密結社の中核に存在しているのが、「レプティリアン」「アヌンナキ」「ドラコ」などの「爬虫類型異星人」と「爬虫類型異星人の血を濃厚に受け継いだ人間」たちといえる。また、複合して「レプティリアン・ブラザーフッド」や秘密結社の始原の地「バビロン」と合わせた「バビロニアン・ブラザーフッド」などもある。

ついでながら、「ブラザーフッド」はそのまま訳出すると〈友愛会〉的なものに意味が変わってしまう。これでは原著者の真意がまるで伝わってこない。同様に「同胞団」の訳語も使用されてきたがこの形も避けたい。そのため前述したことの強調を含めた「蛇の秘密結社」の言葉が出てくるように、本書では、全体を「超秘密結社」の意味に統一している。

この「ブラザーフッド」の究極の目標は、「地球人類の完全支配」である。これは異星人がこの地球に降り立って以来、数十万年単位のタイムスケジュールで日々進められているものだ。これを原著者は、ブラザーフッドの「アジェンダ」、つまり「超長期的地球人類完全支配計画のタイムスケジュール」と称している。この「アジェンダ」は、ブラザーフッドの唯一の存在理由とでもいうべき代物であり、文脈によって「予定表」「計画」「計画の日程表」「長期計画」「超謀略」などさまざまな意味を含ませている。本来、原書は「アジェンダ」と「コンスピラシー」とに分けているので、「超謀略」では多少不自然の感もあるのだが、前記の超秘密結社の意味合いから強調を込めて用いたとご了承願えれば幸いである。

ほかに、ご注意いただきたいものに「フェニキア人《じん》」といった一般的な歴史民族名とともに、「レヴィ人《びと》」など『聖書』に登場するものとの区別がある。本来ならこれもすべてに読みを付加すべきなのかもしれないが、本書のなかではそれも「レプティリアン」の所業のうちに真実の存在であるとされているために、あえて読みを省略している。なお、本書中では『聖書』関係が頻出するため、他の著作物などのように『』をつけずに記し、「エノク書」等々と『聖書』を構成する個々に「」をつけて記した。

続いて、関連しての原著者の著作を紹介しておこう。まず、本書で触れているものを概説する。

●『ロボットの反乱——霊的復興の物語』(英国Gateway Books一九九四年刊、三百四十七ページ)／同書中では、新世界秩序や『シオン賢者の議定書』についての独自で鋭い解説が加えられている。

●『……そして真理があなたを自由にする——二十世紀の最も爆発的な著作』(英国および米国Bridge of Love一九九五年刊、五百十八ページ)／同書中では、「異星人がルシファー的意識形態で地球を監獄状態にして管理していること。そして、この地球監獄の頂点にルシファー崇拝的イルミナティが位置することが指摘されている。

●『私は私、私は自由——ロボットが自由になるための手引き』(英国Bridge of Love一九九六年刊、二百八ページ)。同書中では、現実にブラザーフッドたちが、生きた子供たちを生贄《いけにえ》にして、その生き血を啜《すす》るなどの悪魔主義儀式を行なっていることが暴露されている。

●ビデオは二本出ている。それぞれ原著者によるアリゾナ・ワイルダーおよびムトアとの対談である。

その他の著作には、次のものがある。

●『真実の波動――テレビの有名人から世界を観るものへ』(英国Gateway Books一九九一年刊、百四十三ページ)

●『世界を癒す――人間と地球の転移のための、あなた自身の実行のための手引き』(英国Gateway Books一九九三年刊、百十ページ)

●『決定の時』(英国Jon Carpenter一九九三年刊、八十六ページ)

●『ヴェールを取り除く――ジョン・ラッポポートによるデーヴィッド・アイクへのインタヴュー』(米国Truth Seeker一九九八年刊、百三十五ページ)

やって来た火星人

第1章

異星人《エイリアン》の遺伝子操作で
人類は創造されたのか!?

＊──われ、あえて火中の真実を告ぐるも、「常識」の奴隷とならず

本書の執筆にあたって、私には二つの選択肢があった。つまり「真実ではあるが普通では信じがたく咀嚼《そしゃく》するのがつらいような情報は伏せておく」という書き方も実際は可能だった。たしかに、一般の人々が安住している常識感覚を逆撫《さかな》でしないような情報のみを伝えるのなら、それは私にとって気楽なことであっただろう。

結局私が選択したのは、あえて茨《いばら》の道、つまり一人前の大人であるはずの読者に、口当たりの悪いものを含めすべての情報を伝えるというやり方であった。それらの情報は、本来「宇宙全体とつながった多次元的意識体」である人々の現実感覚《リアリティ》を、ぎりぎり臨界点《ブレイク・ポイント》まで拡大させることになるだろう。それがいつもの私流やり方だ。情報を編集するのは私のためではない。あくまでも読者のためなのだ。

仮に「読者はまだそれを知る段階には達していない」などと言って情報を出し惜しみしたとするならば、それこそ傲慢《ごうまん》というものではないだろうか。誰がそんなことを判定できるというのだろうか？人々が未知の情報に触れ自分で判断して初めて、個々の判定がなされるのだ。つまりは誰も、知る準備ができているかどうかなどわからないではないか。友人たちは私に、人々にはさしさわりのないごく普通のことだけを語るようにせよと忠告した。「レプティリアン（爬虫類型異星人）のことなんて絶対に言っちゃだめだ」と彼らは口をすっぱくして言ったものだ。あなたにも彼らの忠告せんとした意味はおわかりになるであろう。私だって彼らが心配してくれたことの大きな意味は充分に理解していた。

しかし私は自分の道を進むしかない。私は、自分が知っていることのすべてをリスクを冒しても語

らねばならない。安楽な場所にとどまっているわけにはいかない。それが私という人間のあり方なのだ。本書は、豆粒大のちんまりした世界観にしがみついている人々からは嘲笑を必ず浴びせられるだろう。しかも、この本の内容が真実だと知っていて、「大衆にはそれを秘密にしておきたい」と考える者たちは、本書に対する世間の嘲笑をさらに助長させるだろう。だが、それがなんだというのだ。私は気になどしているヒマなどない。「たとえあなたが少数派であったとしても、真実は常に真実だ」とガンディーも言っていたではないか。

さあ、手加減なしの、真実の話の始まりだ。

＊――異常に知的なるも同情心や慈悲心を欠落させたエリート

古代中近東に発生し、同系交配を重ねてきたある衝撃的な「特異な血流の一族」が存在する。この「特異な血流の一族」は、何千年もの時をかけて、その勢力を世界中へと拡大した。その鍵《キー》となったのが、アジェンダを秘密裡に推進する、神秘主義的秘密結社のネットワークである。同時に彼らは、大衆の精神を封じ込めて互いに争い合わせるための道具として、なんと一般的に道徳的倫理的に善とされている諸宗教とその宗教組織を創り出した。

ところが、そもそも宗教なるものはその本質からいって、常に精神の監獄（宗教監獄）を形成するものと心得るべきだ。彼ら「特異な血流の一族」のヒエラルキー（ピラミッド型の階層秩序）は、男性のみによって形成されているわけではなく、いくつかのキー・ポジションは女性によって占められている。しかし、数の点でいえば男性が圧倒的に多い。そこで私は、彼らのことを「ブラザーフッド」と呼ぶことにしている。また、彼らの秘密結社ネットワークが古代バビロンの時代に形成されたことを考慮に入れて、「バビロニアン・ブラザーフッド」と呼ぶこともある。さらに「時代から時代へと受け継がれる偉大な計画」と彼ら自身が呼ぶものがある。私はこれを「ブラザーフッド・アジェンダ」と呼ぶことにした。

現在の世界は、ブラザーフッドの大規模なコントロール下にあるが、ここ数年や数十年でそうなったわけではない。ここ数百年だけでそうなったわけでもない。それは何千年もの時をかけたものなのだ。政治、金融、ビジネス、軍事、メディアなど、現代世界のあらゆる構造は、彼らによって見事にコントロールされている。それは現代世界のあらゆる構造が、彼らによって浸透され続けてきた結果ではない。実はこれらの構造自体が、彼らによって創り出されたものなのだ。ブラザーフッドのアジェンダは、何千年にもわたる長大な計画である。それは、地球全体の集権的コントロールという目標に向かって、長い時をかけて徐々に現実化されてきたものなのだ。

ピラミッドの頂点に立って人類を支配・抑圧するブラザーフッド一族。彼らの血流的ヒエラルキーは、おもに父から息子へという形で、いく世代にもわたって受け継がれてきた。ブラザーフッドの血流内において継承者として選ばれた子供たちは、生まれたときからすぐにアジェンダの内容を頭に叩き込まれ、「偉大な計画」実現のためのさまざまな手法（マニピュレーション・テクニック）を学ばされることになる。こうして彼らは人生の始まりのときから、「アジェンダの推進」がその絶対的使命となるのだ。そして彼らは、実際にブラザーフッド・ヒエラルキーに参加して自らの使命を果たし、次の世代にバトンを渡していくことになる。ただしバトンを渡すまでには、その洗脳教育によって彼らはまったく「バランス（調和の精神）を欠いた人間」へと仕立て上げられるのである。彼らは非常に知的であるが、同情や慈悲の心をまったく欠いており、無知なる大衆を支配するのは自らの当然の権利だと考えている。

ブラザーフッドの洗脳教育を受けつけない子供たちもいる。そんな子供たちは、すばやく後継者コースからはずされるのである。このようにして、絶対に秘密を漏らさぬ「安全な」人間だけが、ピラミッドの上層部に到達し秘密の知識を受け継ぐことになる。

ブラザーフッドの血流をいくつかあげてみよう。英国王室のウィンザー家、ロスチャイルド家、ヨーロッパの王侯貴族。ロックフェラー家をはじめとする合衆国の東部エスタブリッシュメント（彼らはアメリカ大統領をはじめ、ビジネス・リーダー、銀行家、行政官などを数多く輩出している）……。しかし彼らの最上層部は、決して人目に触れることのない影の世界から、人類全体をコントロールしているのだ。

バランスを欠いている彼らは、この地球の究極的支配権をめぐって、常に血みどろの派閥間抗争を繰り広げている。それがブラザーフッド内部の現実である。ブラザーフッド内部での競争や闘争はすさまじい。ある研究者は、これを銀行強盗の一団にたとえたほどである。実際、「一仕事やる」ということについては完全に合意しているギャングたちも、その分け前については激しく争い合うのだ。これはまったく見事なたとえである。このように長い歴史を通じてさまざまな党派が、アジェンダの主導権をめぐって、熾烈《しれつ》な争いを繰り広げてきた。しかしながら彼らは、「アジェンダを実現させたい」という点では完全に一致している。だからアジェンダの推進が阻まれるようなときは、彼らは見事なまでにその力を結集させるのだ。

*――歴史考古学の定説「生命はこの地球にのみ存在する」は今、転覆しつつある

「偉大な計画」を推進する特異な血流の一族による人類操作の歴史は、何千年もの昔にさかのぼる。研究が進むにつれて私には、地球乗っ取りを企む彼らの血流の起源が実は、ここに初めて明かすが地球外の惑星や異次元にあるということが、ますますはっきりとわかってきた。そう、彼らは、いわゆ

る異星人の子孫たちなのだ。

ところで、もしあなたが異星人なんて存在しないと言うならば、少し考えていただきたい。われわれの銀河系だけでも、太陽のような恒星は約千億もある。ノーベル賞受賞者のフランシス・クリック卿は言っている。「この宇宙には、約千億もの銀河が存在している。そしてわれわれの銀河系内だけでも、生命を育む可能性のある惑星が、少なくとも百万はある」と。宇宙全体だとその数はどのぐらいになるか考えていただきたい。われわれの住む物理的次元を超えた周波数を持つ異次元、その存在をも考慮すれば、われわれ以外の知的生命体の存在の可能性は計り知れないのである。

そして、光の速さ（秒速約三〇万キロ）で宇宙を旅したとしても、われわれの太陽系に最も近い恒星に到達するだけでも四・三年もかかる。どうして現在の人類の科学レヴェルで、「異星人が存在するなんて馬鹿げている。生命はこの地球においてのみ生まれたのだ」などと断言できようか。

古代世界の遺跡として残っている驚くべきさまざまな構造物を見れば、当時かなり進んだ文明を持った種族が存在していたことが一目瞭然だ。「古代世界には、われわれ現代人と比べればはるかに遅れた人々しか住んでいなかった」とわれわれは教えられている。

しかしそれは大いに違う。歴史考古学のエスタブリッシュメントたちは、自らが作り出した説を「証明された事実」として絶対化し、それにそぐわない事実的証拠をことごとく無視し続けてきた。現在行なわれている教育は、事実上は教義の刷り込みである。公認の「歴史」教義に従わない者は、同僚の歴史家や考古学者たちから無慈悲に孤立化させられることになる。彼の同僚たちは知っているのだ。公認の「歴史」に従う限りは自分の職や評判や研究資金を確保できると。あるいはただ単に想像力というものを持ち合わせていないだけなのかもしれない。これは、教職をはじめ「知的な」職業に従事する人々の大部分に当てはまることだ。

＊――「ｇｏｄｓ（神々）」と呼ばれる「神聖な種族」が存在した

現代と同等かそれ以上の技術によって造られたとしか考えられない構造物が、今も世界のあちこちに存在している。レバノンの首都ベイルート、その北東に位置するバールベク神殿には、一つ八〇〇トンもの巨石が三つも使われているが、これらは少なくとも五〇〇メートル以上離れた場所から運ばれてきたものである。驚くべきことに、紀元前何千年もの昔にそのような運搬がなされているのだ。バールベク神殿には、一つで一〇〇〇トンもの重さを持つ巨石も使われている。一〇〇〇トンといえば、なんとジャンボジェット三機分の重さである。このようなことはいかにして可能だったのだろうか。公認の歴史は、このような問題には決して触れようとはしない。その答えによって、自らの教義が脅かされてしまうからだ。

現代の建築技術者たちを呼び集めて、バールベク神殿と同じものを建ててくれと頼んでみよう。彼らは口をそろえて言うだろう。「なんだって、そりゃ絶対に無理だ」

しかし、ペルーにあるナスカの地上絵はご存じだろうか。古代人たちは、地表面を削って地表下の白色の層を露出させるという方法によって、動物や魚、虫や鳥など、大地をキャンバスとして途方もなく巨大な絵を数多く描き上げた。そのなかには、上空三〇〇メートル以上からでないとその全体の形を認識できないという超巨大なものまである。

ナスカの地上絵、レバノンのバールベク神殿、ギザの大ピラミッド。これらをはじめとする驚くべき巨大さと正確さを持った数々の建造物、それらを造り上げた技術は、一般の古代人たちよりもはるかに進んだ文明を持った種族によってもたらされたものである。

この種族は、旧約聖書をはじめとする数々の書物や、古代よりの言い伝えにおいて、「ｇｏｄｓ

（神々）」として言及されている。聖書の信奉者のなかには、「聖書にはｇｏｄｓ（神々）などとは書いていない」と言う人もいる。しかし実際はっきりと、複数型で「ｇｏｄｓ（神々）」と言っている。たとえ旧約聖書で「Ｇｏｄ（神）」という唯一神を示す単数型の言葉が使われていたとしても、それは「神々」を意味する複数型の言葉、「エロヒム」（ヘブライ語）や「アドナイ」（ギリシア語）から翻訳されたものである。一般の古代人たちの理解をはるかに超えた技術を駆使し、驚くべき偉業をなしていた種族が、古代人たちのなかで「ｇｏｄｓ（神々）」として崇められていたとしても、それは想像にかたくない。

一九三〇年代、アメリカ軍とオーストラリア軍の飛行機が、味方部隊への補給を行なうために、ニューギニアの奥地に着陸した。それまで一度も飛行機を見たことのなかった現地の人々は、それに乗ってやって来た軍人たちを、神として崇め奉り始めた。古代においてこれと似たようなことが起こっていたとは考えられないだろうか。

驚くほど進んだ文明を持った種族が、現代科学の水準をはるかに超えた技術によって造られた飛行物体に乗って、他の惑星や異次元からやって来ていたとするならば、彼らは一般の古代人たちから見れば神そのものであっただろう。地球外からはるかに進んだ知識が入ってきたと考えれば、公認の歴史があえて無視し続けてきた神秘的な事実の数々を、うまく説明できるのではないだろうか。驚くべき建造物を造り上げた技術の正体がつかめるかもしれない。エジプトやシュメール（聖書に言うシナール）の文明が、なぜあれほど急速に発展し没落したのか、その理由がわかるようになるかもしれない。文明というものは、低いレヴェルから始まって、経験や学習を通じて徐々に発展していくというのが普通である。エジプトやシュメールの文明をみれば、高度に進んだ知識の流入があり、のちにそれが人々のあいだから失われたということは明らかだ。

▲バールベクのジュピター神殿の円柱

▲ギザの大ピラミッド

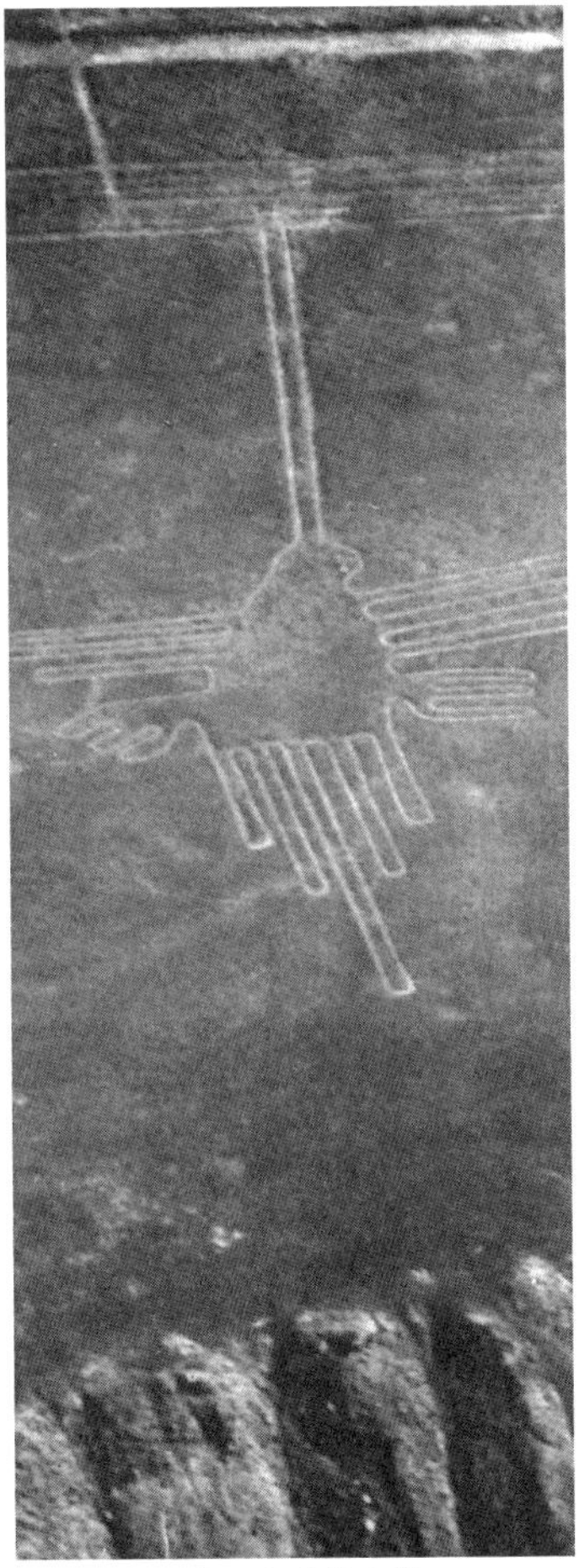

▲ナスカの地上絵

現代の科学技術でも再現がむずか
しいとされる数々の古代文明の存
在は、いったい何を物語るのか？

「ｇｏｄｓ（神々）」が人々に進んだ知識を与えたという古代伝承は、世界のあちこちに残っている。古代人たちが驚異的な天文学の知識を持っていたことも、これによって説明がつくだろう。輝かしき「黄金時代」の伝説は、世界中に無数に存在している。この「黄金時代」は、「大洪水」や「人類の堕落」によって崩れ去ったという。古代ギリシアの歴史家・詩人ヘロドトスは、「没落」以前の世界のことを次のように謳《うた》っている。

「人は神のように生きていた。悪行もなければ欲望もなく、悩みも苦しみもなかった。神聖な存在（異星人？）とともに、喜びと平安に満ちた日々を送っていた。人々は、愛と信頼の絆によって互いに結びつけられ、完全な平等さの中で生きていた。大地は今よりもはるかに美しく、色とりどりの果実でいっぱいだった。人と動物は、同じ言葉を使って互いに話し合うことができた（テレパシー）。百歳では人はまだ少年とみられていた。人には年をとって衰えるということがなかった。人が超越的な生命の領域へと入ったとき、それは優しいまどろみのなかにいるようであった」

＊——六千年前のシュメール文書が記述した実在の神々「アヌンナキ」「ディンギル」

まさにユートピアのようだが、あらゆる古代文明には、はるか昔の世界のことをこのように記したものが数多く残っている。自らの感じ方や考え方を変えさえすれば、われわれは再びそのようなすばらしい世界を創り出すことができるのだ。

「進んだ種族」についての最も包括的な記述は、古代アッシリアの首都ニネヴェの跡地において発掘された何万枚もの粘土板に刻印されている。それらは、一八五〇年、英国人オースティン・ヘンリー・レアードによって発見された。発掘場所は、イラクの首都バグダードから四〇〇キロ、ティグリス川に臨む都市モスルの近くであった。はるか昔メソポタミアと呼ばれていたこの地域では、その後も数多くの発掘物が見つかっている。それらで知れる古代知識は、アッシリア人ではなく、紀元前四〇〇〇～前二〇〇〇年にかけて住んでいたシュメール人起源のものである。

だからこれらの粘土板は、「シュメール文書」と呼ばれている。このシュメール文書は、最大の歴史的発見の一つであった。しかし発見から百五十年たった今も、公認の歴史教育はこれを無視し続けている。なぜなら、シュメール文書を認めてしまうと、せっかくこれまで自分たちが築いてきた公認の歴史見解が、音を立てて崩壊せざるをえないからだ。

シュメール文書の最も有名な解読者に、考古学者のゼカリア・シッチンがいる。彼は、シュメール語、アラム語、ヘブライ語をはじめ、中近東の数々の言語を読むことができる篤学の士だ。そして、シュメール文書を広範かつ詳細に調査・解読して彼は、シュメール文書は異星人のことを述べているという驚くべき結論に達したのであった。

「シッチンは、前期シュメール語の粘土板を、後期シュメール語を使って解読している。ゆえに彼の解釈は、一〇〇パーセント正しいというわけではない」と指摘する研究者もいる。私は、彼の解釈は基本的に正しいと考えている。発見された事実の数多くが、彼の説の正しさを示す証拠となっている。とはいえ、なにも私はシッチンの説をもろ手をあげて受け入れているわけではない。それは彼のシュメール文書解釈には、非常に疑わしい部分がいくつかある。

しかし、彼の仮説は大筋としては正解だろう。彼（および他の研究者）の解釈によるとシュメール文書は、「シュメール文明（現代社会の持つさまざまな要素は、シュメール文明にその起源を持っている）は、ｇｏｄｓ（神々）からの贈り物であった」と述べているという。このｇｏｄｓ（神々）は神話上のものではなく、実体として存在し、古代シュメールの人々とともに生活していたという。シュメール文書によると、そのｇｏｄｓは、「アヌンナキ（天より大地へと下りて来た者たち）」や、

「ディンギル（火を噴くロケットに乗ってやって来た正しき者たち）」などと呼ばれていたという。またシュメール自体も、もとは「キエンギル（ロケットに乗った王の治める土地、監視者たちの土地）」と呼ばれていたらしい。シッチンはそのように述べている。

「エノク書」として知られる古代文献も、ｇｏｄｓのことを「監視者」と呼んでいる。また古代エジプト人たちも、自分たちのｇｏｄｓのことをネテル（監視者）と呼んでいる。さらに彼らは、「自分たちのｇｏｄｓは天の船に乗ってやって来た」とも言っている。

＊——惑星ティアマトがニビルに衝突のゼカリア・シッチン地球起源説

ゼカリア・シッチンは、アヌンナキたちがどのような経緯でこの地球にやって来たのかを次のように説明している。「ニビル（横切る星）」と呼ばれる彼らの母星は、冥王星の彼方からやって来て火星と木星のあいだを抜け、再び冥王星の彼方へと去っていくという、三千六百年周期の長大な楕円軌道を描いている。冥王星のはるか彼方に位置する「惑星X」と呼ばれる天体が、現代科学によって発見されている。この天体は太陽系に属すると考えられるが、その楕円軌道は非常に不安定である。私の信頼するある科学者は、ゼカリア・シッチンの説について、「彼のアヌンナキについての仮説はおおむね正しいと思われるが、彼の惑星ニビルについての理論は間違っている」と言っている。

ともあれ、シッチンによるシュメール文書解読によると次のようになる。太陽系の形成期、惑星ニビルは、火星と木星のあいだにあった惑星と接触した。シュメール人はその惑星のことを「ティアマト（水の怪物）」と呼んでいる。火星と木星のあいだにある現在のアステロイド・ベルト（小惑星帯）は、ティアマトとニビルのそれぞれの衛星が衝突した際に生じた膨大な量の破片によって形成された。接触によって削られたティアマト本体は、別の軌道へと投げ出された。そしてそれが現在の地球とな

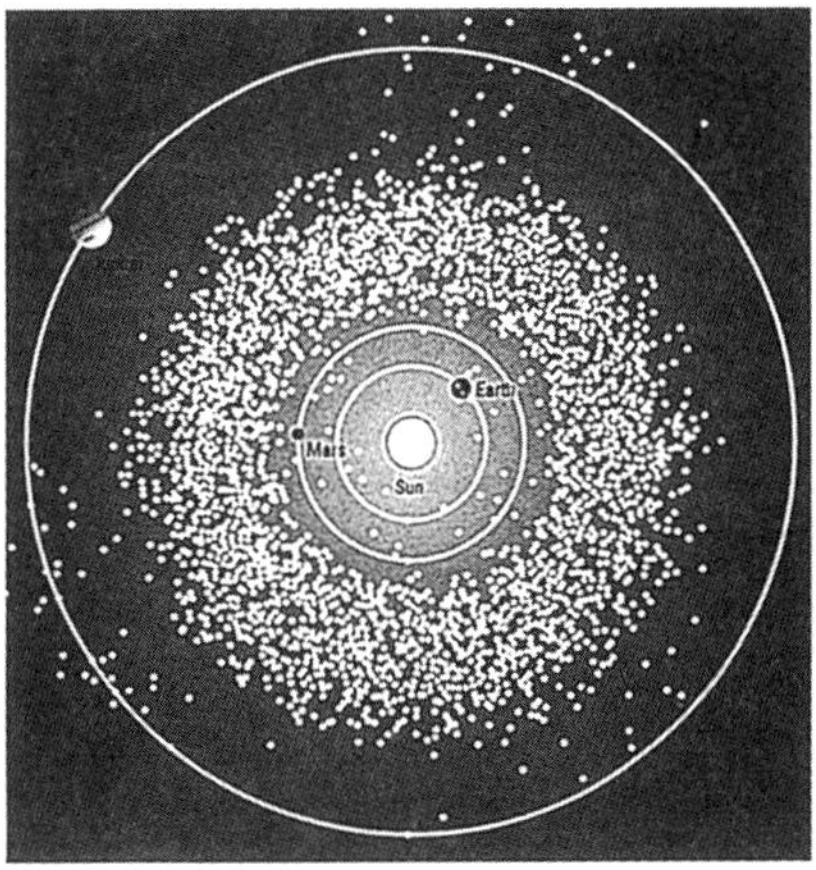

〈図２〉アステロイド・ベルトのモデル——太陽を中心に、順に地球・火星・木星軌道を模式図に置いた

った（図2参照）。シュメール語では地球のことを、「切り裂かれた物」と言う。接触衝突によって大きく削られた跡があるからだ。太平洋の水を全部抜いてしまったところを想像してみればわかるだろう。

シュメール文書は、それよりもはるか以前から伝わる口承を元に書かれたものである。ゆえに、細部が付け加えられたり失われたりしている可能性がある。またわれわれのほうとしては、文字どおりの事実として書かれているものを、間違って比喩《ひゆ》や象徴として受け取らないように気をつけなければならない。そのようにして生じた混乱を、私はいくつか知っている。私は、ニビル—ティアマト接触説を完全に信じているわけではない。特にその説のなかで主張されている数々の時期については、大いに疑わしく思っている。

しかしシュメール文書自体は、数多くの真実を語っている。特に天文学の知識がすばらしい。太陽系の惑星全体について、その配列、軌道、相対的サイズなどが、驚くほど正確に述べられている。それらの知識は、近代科学がここ百五十年間、やっとの思いで証明してきたのと同じものであった。海王星や冥王星の性質や色についてまで、驚くほど正確に記述されている。それらの知識は、つい最近になって初めてわかったことである。シュメール人たちは、「進んだ」現代科学がつい最近になってやっと発見したことを、紀元前何千年もの昔に知っていたのだ。

＊――「奴隷種ホモ・サピエンス」はアヌンナキによる遺伝子操作の産物

シュメール文書のなかで最も衝撃的なのは、ホモ・サピエンスの創造についての記述である。

シッチンは、「アヌンナキは約四十五万年前、アフリカで金《きん》を採掘するために地球にやって来た」と言っている。「主要な金鉱は、現在ジンバブエとなっている場所にあった。その地域は、シュメール人たちからは『アブズ（深き鉱床）』と呼ばれていた」とも彼は続けている。それは的はずれとは言えない。アングロ・アメリカン・コーポレーションの調査によって、推定十万年前（少なくとも六万年前）にアフリカで金採掘がなされていたという数々の証拠が出てきている。アヌンナキによって採掘された金は、中東にある基地へと集められ、そこから彼らの母星へと送られたという。シッチンのシュメール文書解釈は、そのように説明している。

私は、この「金採掘」ビジネスについては、さらに知るべきことがまだかなり残っていると思う。また私は、たとえ金採掘がアヌンナキが地球にやって来た理由の一つであったとしても、それは主たる理由ではないと考えている。「金採掘は初めアヌンナキの労働者階級によって行なわれていたが、彼ら鉱夫たちの反乱が起こったため、アヌンナキのロイヤル・エリートたちは、新たな労働種を創り出すことに決定した」とシッチンは言う。アヌンナキの要求を満たす「現在の型の人類」を創り出すために、アヌンナキと原人類の遺伝子が、試験管の中で組み合わされた。

シュメール文書は、そのようすを物語っている。試験管ベビーなど、シュメール文書が発見された一八五〇年当時はまったく馬鹿げた話だったろう。しかし現代の科学者たちは、実際にそのような研究を行なっている。刻々と進展する現代科学の研究成果は、シュメール文書の内容が正しかったことを示してきた。たとえば、二十万年前に、人類の姿形に今のところ説明不能な突然の変化が生じたことがわかっている。公認の科学は、その原因が何であるのかという問題については沈黙を守り、「ミッシング・リンク（失われたつなぎ目）」などと言ってお茶を濁している。

しかし事実を避けて通ることはできない。ホモ・エレクトゥス（直立原人）は、突如としてホモ・サピエンス（知恵ある人）になったのだ。ホモ・サピエンスはその初めから、著しく巨大化した脳と、複雑な言語を話す能力を持ち合わせていた。「このような大変化が生じるには、普通は何千万年もの時間経過が必要である」と、生物学者のトーマス・ハクスレーは言っている。事実、百五十万年前にアフリカに出現したホモ・エレクトゥスの姿形は、百万年が経過してもほとんど変化しなかった。それが突如として、ホモ・サピエンスへと劇的に変化したのだ。さらに三万五千年前、ホモ・サピエンスは現在のわれわれのような形へと、急激な進化を遂げた。

シュメール文書のなかには、奴隷種の創造に携わった二人の中心的科学者のことが述べられている。一人は「エンキ（地球の王）」、もう一人は「ニンクハルサグ（生命の母ニンティ）」と呼ばれていた。医療のエキスパートで「生命の母」とも称されていたニンクハルサグは、のちに「マミー」（「ママ」や「マザー」の語源）とも呼ばれるようになる。メソポタミア人たちは、ニンクハルサグのことを、へその緒を切る道具によって象徴している。馬の蹄鉄のような形をしたこの道具は、古代世界で一般的に使われていた。ニンクハルサグは、世界中の神話にみられる「母なる女神」の原型となった。セミラミス、イシス、バラティ、ディアーナ、マリア、等々。ニンクハルサグは、しばしば妊娠した女性の姿で描かれる。シュメール文書は、アヌンナキ内部における彼女のリーダーシップを、次のように物語っている。

「彼らは、その女神（ニンクハルサグ）に尋ねた。

生命を生み出す力を持った賢明なる女神は答えて言う。

（この星の）動物に命（遺伝子）を与え、労働者を創り出すのです。重労働に耐えうる原始的な労働者を。

エンリルの指揮する（金採掘）事業には、彼らを使うといいでしょう。神々（アヌンナキの労働者階級）の負っていた苦役を、彼らに肩代わりさせるのです」

エンリルは、アヌンナキの司令官であり、エンキとは腹違いの兄弟という関係にあった。シュメール文書には、「エンキとニンクハルサグは、正しい遺伝子の組合せを見つけるまでに、数々の失敗を重ねた」と記されている。彼らが数々の欠陥種を生み出したようすが記述されている。まさに身の毛もよだつ内容だ。

＊――地下基地で現在も進行する異星人による「地球人類改良計画」

このような恐るべき実験は、異星人の地下基地施設において今もなお行なわれているのだ。実験室で造られた男、フランケンシュタインの物語は、それらのできごとを象徴しているのだ。「フランケンシュタイン」の作者メアリー・シェリーと、有名な詩人であった彼女の夫は、ともに秘密結社ネットワークの高位階者であった。秘密結社ネットワークは、民間に残っている古代からの知識を抑圧するとともに、それらの知識を秘密裡に独占し続けてきた。

シュメール文書は、「エンキとニンクハルサグは、ついに正しい遺伝子の組合せを発見した」と述べている。ホモ・サピエンスが誕生したのだ。シュメール人たちは、新しく生み出されたこのホモ・サピエンスのことを、「ルル（混ぜ合わせて創られたもの）」と呼んでいる。聖書で言うところの「アダム」だ。ルルは、ホモ・エレクトゥス（直立原人）にｇｏｄｓ（アヌンナキ）の遺伝子を組み入れることによって創り出されたハイブリッド（雑種）である。ｇｏｄｓ（アヌンナキたち）はついに、人間働き蜂とでも言うべき奴隷的労働者階級を創造したのだ。二十万～三十万年前のことであった。続いてルルの女性版も創り出された。「人間」を意味するシュメール語は「ル」であり、その原義は「奴隷」、さらには「家畜」である。これは、人類の置かれた状態を的確に表現している。

アヌンナキは最初は目に見える形で、そして現在は目に見えない形で、何千年ものあいだ、この地球を支配し続けてきた。シュメール文書の内容は、さまざまな方面へと伝えられていく過程ですっかり変わってしまった。文字どおりの事実として受け取るべきところを象徴表現と解したり、逆に象徴表現を文字どおりに受け取ったりしてしまうという誤った解釈によって、シュメール文書の原義はすっかり失われてしまった。そのようにしてできあがった空想物語が、われわれが与えられている聖書である。

「創世記」や「出エジプト記」は、ヘブライの司祭階級たるレヴィ人によって、紀元前五八六年のバビロン捕囚以降に書かれたものである。バビロンがあったのは、シュメール文明の跡地である。ゆえにバビロニア人やレヴィ人たちは、シュメールの物語をよく知っていた。レヴィ人によって書かれた「創世記」や「出エジプト記」の内容の大部分は、古代シュメールに由来するものである。その大元たるシュメール文書は、「エ・ディン（正しき者たちの住み処《か》）」のことを述べている。

この「エ・ディン」という名は、ｇｏｄｓ（神々）を意味するシュメール語「ディン・ギル（ロケットに乗ってやって来た正しき者たち）」と関係がある。「創世記」の「エデンの園」は、シュメール文書の「エ・ディン」のことなのだ。それはｇｏｄｓ（アヌンナキ）の中心地であった。シュメール文書のなかには、「籠《かご》に入れられて川に流された赤ん坊が、王族に拾われて育てられる」という、アッカド王サルゴン一世の物語がある。一方で「出エジプト記」中のモーセは、赤ん坊のときに籠に入れられて川に流され、王女に拾われて育てられている。このような〝一致〟は数多くみられる。

＊――アダムの創造はジンバブエ地域にいた直立原人の卵細胞が使用された

旧約聖書は、このような「使い回し《リサイクル》」の塊である。他の宗教の教典もみな同じようなものだ。「創世記」の原型《アーキテクスチャー》を、アダムの物語の本来の姿を知りたいのであれば、シュメール文書にまでさかのぼらなくてはならない。そうすれば、どこがどう変えられているかがわかるだろう。

God（gods）は「地の塵《ちり》」でアダムを創り、アダムの肋骨でエヴァを創った、と「創世記」にはある。この「地の塵」はヘブライ語の「ティト（乳首）」から翻訳されたものであり、この「ティト」はシュメール語の「ティ・イト（生命とともにある物）」に由来している、とゼカリア・シッチンは指摘している。アダムは、「地の塵」から創られたのではなかった。「生命とともにある物」、すなわち生きた細胞によって創られたのだ。

シュメール語の「ティ」には二つの意味があった。「肋骨」と「生命」だ。そしてまたしても、翻訳の際に誤った選択がなされたのだ。エヴァ（命を持った女性）は、アダムの肋骨から創られたのではなかった。「生命を持つ物」、すなわち生きた細胞から創られたのだ。シュメール文書によると、ルル／アダムの創造には、アブズ（現在アフリカのジンバブエとなっている地域）にいた女性（直立原人）の卵細胞が使われたという。

そして現代考古学は、アフリカで発見された数多くの化石を調査した結果、ホモ・サピエンスはアフリカで発祥したという結論を出している。一九八〇年代、ジョージア州エモリー大学のジョージ・ウォレスは、八百人の女性のDNA（人それぞれの肉体の設計図＝遺伝子の本体「デオキシリボ核酸」）を比較検査した結果、八百人の女性の全員が同一の祖先（一人の女性）の遺伝子を受け継いでいるという結論に達した。さらにミシガン大学のウェズレー・ブラウンは、世界各地から集まった、それぞれまったく異なった遺伝的背景を持った二十一人の女性のＤＮＡを調査した結果、彼女たちの全員が、十八万〜三十万年前にアフリカに生きていた一人の女性の子孫であることが判明した。カリフォルニア大学バークレー校のレベッカ・カンは、それぞれまったく異なった人種的・遺伝的背景を持つ百四十七名の女性のＤＮＡを検査した。その結果として彼女は、百四十七名の女性のすべてが、十五万〜三十万年前に生きていた同一の祖先（一人の女性）の遺伝子を受け継いでいると発表した。

さらにほかにも、ヨーロッパ、アフリカ、中東、オーストラリア原住民、ニューギニア原住民など、それぞれまったく異なった遺伝的背景を持つ百五十名のアメリカ人女性に対し、同様の遺伝子調査が試みられている。そして、百五十名の女性の全員が、十四万〜二十九万年前にアフリカに生きていた一人の女性を祖先としている、というのがその結論であった。私自身としては、人類にはさまざまな起源があり、アヌンナキによって創られたものがすべてではない、と考えている。

＊――――「変身能力《シェイプ・シフト》」維持で同族婚を繰り返すブラザーフッドたち

シュメール文書や、そこから派生した古代アッカドの物語を読むと、アヌンナキたちの名前や、彼らの階層秩序を知ることができる。ｇｏｄｓ（アヌンナキたち）の「父」は、「アヌ」（「天」を意味する）と呼ばれていた。「天にましますわれらの父よ」というよくある祈りの言葉は、これに由来するものかもしれない。アヌは、妻アントゥとともに天（母星）にいるのがほとんどで、惑星「エリドゥ（遠くに建てられた家）」を訪れることはめったになかった。この「エリドゥ」という言葉が変化して「アース（地球）」となった。少なくともゼカリア・シッチンは、そのように解釈している。あるいは、「アヌは、『エデンの園』（中東の高山地帯にあったと考えられるｇｏｄｓ［アヌンナキたち］の居住地域）にいることが大部分で、シュメールの平原地帯の都市『エリドゥ』を訪れることはまれであった」というふうにも解釈できる。

「アヌは、地球を開発・支配させるために、二人の息子を派遣した」とシュメール文書は述べている。その二人の息子とは、ホモ・サピエンスを創った男「エンキ」と、その腹違いの兄弟「エンリル」である。この二人は、地球の支配権をめぐって凄絶な争いを繰り広げることになる。アヌンナキ社会における強烈な「遺伝子信仰」の習慣のため、アヌの長子たるエンキは、腹違いの弟エンリルよりも低い位にあった。エンリルの母は、アヌの従妹であった。すなわち、別の母を持つエンキよりも、エンリルのほうがアヌの系統の遺伝子をより純粋に受け継いでいるということだ。さらにシュメール文書は、アヌンナキが地球支配の任務を負うべき血流を創り出した経緯を物語っている。この血流の一族は、現在も地球を支配している。シュメール文書によると、王権はアヌンナキによって人類に与えられたものであるという。王権（キングシップ）はもともと、ｇｏｄｓ（アヌンナキ）の支配者アヌの名にちなんで、「アヌ-シップ」と呼ばれていたという。

ブラザーフッド（アヌンナキの遺伝子を受け継ぐ者たちによって形成される超秘密結社）の家系の者たちは、「遺伝子の純粋性」という強迫観念に取り憑《つ》かれており、愛情など関係なく婚姻関係を結び、同系交配を繰り返している。ヨーロッパの王侯貴族やアメリカの東部エスタブリッシュメントがその典型例だ。彼らは単一の部族とでも言うべきものであり、遺伝子的に相互に結びついている。ブラザーフッド一族は同系交配の強迫観念に取り憑かれてきたが、これはシュメール文書に述べられているアヌンナキたちのようすとまったく同じである。彼らが同族間での結婚を繰り返すのは、なにも貴族意識からではない。「変身《シェイプ・シフト》」能力を与えてくれる特殊な遺伝子構造を維持するためなのだ。これについては、のちほど詳しく話そう。

シュメール文書によると、エンキによって出産能力を与えられた人類の爆発的人口増加は、数にお

神話よりハイテク戦争をうかがわせる「塩の柱となったロトの妻」を描いたドレのリトグラフ

いて決して多くはなかったアヌンナキたちを飲み込んでしまうほどの勢いであったという。地球支配権を争うエンリルとエンキのもと、アヌンナキたちは凄絶な内部抗争とハイテク戦争を繰り返した。アヌンナキ研究者たちのあいだでは「エンキは人類の側に立っていた」と言われているが、エンキもエンリルも、その根本的動機は地球支配の欲望であった。

ゼカリア・シッチンのシュメール文書解釈と同様、インドの聖典『ヴェーダ』のなかにも、最高覇権を求めて激烈な戦争を繰り広げるｇｏｄｓ（神々）の姿が描かれている。このように古文献を照合することによって、ｇｏｄｓ（アヌンナキたち）の戦いのようすがより明らかになる。

太古ハイテク戦争を戦ったのは、宿命のライヴァルたるエンキとエンリルの息子たちであった。聖書に描かれたソドムとゴモラの滅亡は、アヌンナキたちの戦争のすさまじさを物語っている。これらの都市は死海の南端にあったと推定されるが、現在もこの地域の放射能レヴェルは、通常値をはるかに超えている。なお聖書には、「振り向いたロトの妻は、そのまま塩の柱となった」とあるが、聖書の原型とも言えるシュメール文書に言及したあとにシッチンは、「ロトの妻は蒸気の柱となった」が正しい解釈であると主張している。

＊――世界中に存在する「太古の大破局」の文献と口碑

「大洪水伝説」は、世界中のあらゆる原住民文化のなかに伝えられている。シュメール文書も例外ではない。「シュメール文書には、大津波が地上の人類を一掃し、アヌンナキが飛行物体に乗って地球を脱出したときのようすが述べられている」とシッチンは言う。いずれにせよ、紀元前一万一〇〇〇年から紀元前四〇〇〇年のあいだに、想像を絶する破局的状況が地球を襲ったというのは確かなことであるようだ。

それを示唆する数々の地質学的・生物学的証拠があがっている。ヨーロッパ、スカンディナヴィア、ロシア、アフリカ、南北アメリカ大陸、オーストラリア、ニュージーランド、小アジア、中国、日本、等々、そのような証拠は世界中から出ている。その大破局のようすは、おおむね次のような言葉で語られている。

「海をもたぎらせるすさまじい熱。その熱を生み出す火を吐く山々（海底火山）。太陽も月もその姿を隠し、世界は漆黒の闇に包まれた。血と氷と石の雨が降り、天地はひっくり返った。大地の隆起や沈没は激しく、巨大な大陸が失われた。そして氷河がやってきた」

このような言い伝えのなかには必ず、地上を一掃した超巨大な大津波のことが語られている。彗星の衝突によって引き起こされた超巨大な津波、そのようすは映画『ディープ・インパクト』のなかに描かれたようなものだろう。

また、中国の古い書物は次のように語っている。

「天を支える柱が砕け散った。天は傾き、低くなった北西側へと、太陽や月や星は滑り落ちた。海や川は、大地が傾いて低くなった南東側へと流れ出した。このときに生じた洪水によって、地を覆っていた大火災の火は消し止められた」

ほか、アメリカ、ポーニー・インディアンのあいだに伝わる伝説も、南北の極星がその位置を転じたときのことを語っている。北米に伝わる数々の伝承は、海をも沸かす強大な熱と、天を覆い尽くした巨大な雲のことに言及している。グリーンランドのイヌイット（エスキモー）たちは、彼らの地にやって来た宣教師たちに対し、「遠い昔に地球は一度ひっくり返っている」と言っていたという。ペルーの伝説では、「天と地が争ったとき、アンデスは引き裂かれた」と言っている。ブラジルの神話では、「天地がその居場所を転じたとき、天は破裂し、降り注いだ破片はすべての生き物を殺した」と語られている。北米のインディアン、ホピ族の言い伝えによると、「大地はズタズタに引き裂かれ、一部の狭い隆起を除いて、地表は完全に水に覆われた」という。

これらの伝説はすべて、天変地異によって海の底に沈んだと言われる「幻の大陸」、「アトランティス」や「ムー（レムリア）」と関係しているようだ。大西洋にあったとされるアトランティスも、太平洋にあったと言われるムーも、ともに高度な文明を持った種族によって統治されていたと信じられている。これらの大陸は、前述のごとき天変地異によって海の底に沈んでしまったと考えられている。アゾレス諸島などは、アトランティスの名残りだとも言われている。

アトランティスの姿については、ギリシアの哲学者プラトン（紀元前四二七～前三四七年）によって述べられている。彼は、神秘主義的秘密結社ネットワークの高位階者であった。選ばれた少数の者のみに秘密の知識を伝える秘密結社ネットワークは、大衆が知識を持つことを決して許さなかった。公認の歴史学は、アトランティス大陸が存在したというプラトンの主張を完全に無視している。プラトンの記述に矛盾した点があるのは確かだが、アトランティス大陸が存在したという彼の主張の大筋については、現在充分な地質学的証拠があがっている。

＊――高度な文明とともに水没したという「幻の大陸」伝説は本当だった

アトランティス大陸の一部であったとも言われているアゾレス諸島は、地球を一周する亀裂に連なる大西洋中央海嶺の上に位置している（図3参照）。このラインは六・四万キロ続いている。海底火山の多い大西洋中央海嶺は、地震多発地帯となっている。ユーラシア、アフリカ、北アメリカ、カリブの四つの巨大な地殻構造プレートが衝突する場所となっている大西洋中央海嶺の一帯は、地質学的にみて非常に不安定な地域である。アゾレス諸島やカナリア諸島（この名前は、鳥のカナリアではなく、「犬の」という意味の英語「カナイン」に由来している）は、プラトンの主張するアトランティス水没の時期、活発な火山活動の影響下にあった。そのときに海中に流れ込んだ熔岩のタキライト（玄武岩質ガラス）は、一万五千年のあいだに海水の中に溶けつつも、今なおアゾレス諸島の海底に残っている。これは、当時大規模な火山活動があったことの地質学的証拠である。

実際、アゾレス諸島の海底（深さ三二〇〇～五六二〇メートル）の地質を調査した結果、アゾレス諸島の海底が昔は陸地であったということが判明している。海洋学者モーリス・ユーイングは、『ナショナル・ジオグラフィック』誌のなかで述べている。「陸地が三～五キロ沈んだか、あるいは海面が今よりも三～五キロ低かったことになる。どちらにしても驚くべき結論だ」

地質学的・生物学的証拠が示すところによると、現在アゾレス諸島がある一帯に存在していたと考えられるアトランティス大陸、これが水没する原因となった火山活動があったのは、「アパラチア大陸」（ヨーロッパ、北アメリカ、アイスランド、グリーンランドをつないでいた）の断裂と水没の時期と同じである。両大陸の水没は、緯度的にも一致している。

ムー（レムリア）大陸についても同様に、現在は太平洋の海底に沈んでいるのではないかとの地質

〈図3〉大西洋中央海嶺は海底火山が多く、地震の多発生地帯だ。それはプラトンの言うアトランティス大陸がこの上にあったことを証明する……

学的証拠があがっている。バミューダ、南フロリダ、アンティル諸島近くのポイントを結んだ「バミューダ・トライアングル《三角地帯》」は、長らくアトランティスと関係があると言われてきた。このバミューダ・トライアングルは、船や飛行機が消えることでも有名である。三角地帯内にあるバハマ沖の海底には、水没した建物、塀、道路があり、さらにはストーンヘンジのような環状列石やピラミッドのようなものまである。それらの塀や道路は、興味深いラインを形成している。

人々が知らない事実はほかにもある。ヒマラヤやアルプスやアンデスは、約一万一千年前に生じた隆起によって現在の高さになった。ペルーとボリヴィアの国境にまたがるティティカカ湖は、現在の可航湖としては最高の、標高三八一〇メートルの高さにある。

ところが、一万一千年前、ティティカカ湖の周辺はなんと海だった。高山地帯にある湖で、魚類など海洋生物の化石が発見されるのはなぜだろうか。それは、そこが昔は海だったからだ。最新の地質学的成果によってますます高まってきている。見地から言うとそうなる。昔、地球に地質学的大変動があったという可能性は、今日の地質学研究の

＊―――紀元前四八〇〇年、火星の大気を破壊し生物を全滅させた金星

「いつ、何が原因でそんなことが起こったんだ」という、いくぶん敵意を含んだ質問がなされることもしばしばであるが、これからそれに答えていこう。この大変動は全太陽系的なものであったと考えられる。現在の太陽系の惑星のすべては、地表や大気、自転・公転のスピードや角度において、そのような大変動があったという証拠を残している。私は、シュメール文書の内容は大筋正しいと考えている。しかし、その細部については疑問を持っている。特に、アヌンナキが地球にやって来たのが四十五万年も前で、そのことが書き記されたのがほんの数千年前だというのは、あまりにもあいだが開きすぎていておかしいと思う。

しかしいずれにしろ、紀元前一万一〇〇〇年、高度な技術を持った文明が地球的大変動によって壊滅し、「黄金時代」はその幕を閉じた。一万三千年前（紀元前一万一〇〇〇年）のこのできごとは、現在のわれわれにとって非常に重要な意味を持っている。太陽系の惑星が太陽の周りを公転するように、この太陽系自体も、銀河の中心を軸として、巨大な公転軌道を描いている。

銀河系の中心にあるとされる超巨大な銀河中心太陽は、「ブラック・サン」と呼ばれている。太陽系が銀河の軌道を一周するには、二万六千年もの時間を要する。この周期のことを、インド文化ではユーガ（大年）と呼んでいる。この二万六千年周期の前半、地球は、光の源であるブラック・サンのほうへ近づいていく。逆に後半の一万三千年間は、そこから遠ざかってゆく。ゆえに周期の前半と後半では、太陽系の状態はまったく違ってくる。最初の一万三千年間、地球はポジティヴな光を浴び、

次の一万三千年は「闇」へと向かうことになる。この大周期は、われわれを取り巻くエネルギー場に根源的な影響を与えている。惑星的大変動によって「黄金時代」がその幕を閉じたのは、実に一万三千年前のことであった。

そして今、一万三千年の「闇」のサイクルが終わろうとしている。世界は今、急速な霊的「覚醒」の時を体験している。これから数年のあいだに、信じられないようなできごとが次々と起こるだろう。われわれは再び「光」のサイクルへと入ろうとしているのだ。一万三千年前に生じた惑星的大変動によって、高度な文明の「黄金時代」は終焉《しゅうえん》した。しかし、そのような大変動は一度しかなかったのだろうか？　その後もいくたびかそのような事態が生じたという証拠が残っている。

カリフォルニアに住む私の友人、ブライアン・デズボローは、私が最も尊敬する科学研究者の一人である。彼はこれまで、数々の企業の研究所において、航空宇宙科学の研究に携わってきた。ブライアンは、地に足のついた男だ。彼は決して学界の因襲や固定観念などにとらわれることなく、常に現場に行って自分の目で証拠を確かめる。彼は、古代世界とブラザーフッドの現代世界操作とのつながりを示す、非常に詳細で確証性の高い情報を収集してきた。

一九六〇年代、彼が合衆国のある大企業の研究所で働いていたとき、彼をはじめとする研究所の物理学者たちは、独自の研究を完成させた。その結論は、「紀元前四八〇〇年、現在われわれが木星と呼んでいる巨大な天体が、突如として太陽系内に闖入《ちんにゅう》してきた」というものだ。

この説を紹介しておこう。外縁部の惑星の軌道を掻き乱しながら太陽系内へと入ってきた木星は、現在の木星と火星のあいだの軌道を回っていた惑星に衝突した。この衝突によって砕け散った惑星のかけらが現在のアステロイド・ベルトになり、部分的に砕かれた木星の一部が、現在われわれが金星と呼んでいる惑星になった。宇宙空間へと投げ出された巨大な物質の塊であった金星は、地球の重力場にとらえられる前に、火星の大気を破壊し、火星に住んでいた生物を全滅させた。地球の周りを何回か回って加速した金星は、太陽系の中心部へと向かって投げ出され、最終的に現在の軌道に落ち着いた。以上のごとくして生じた太陽系惑星軌道の大変動が、紀元前四八〇〇年の壊滅的大洪水の原因となったと、その科学者たちは言っている。

*――「氷の彗星」だった金星は地球に接近したとき氷が一気に溶解した

ブライアン・デズボローをはじめとするそれらの科学者たちは、以前の火星は現在の地球軌道にあり、地球は今よりも太陽にずっと近い軌道を回っていたと信じている。金星が地球の側を通るときにみせるすばらしい輝きから、「光の天使―ルシファー」という観念が生み出された。メソポタミアや中米の太古の記録には、金星がまったく出てこない。それが記録に登場し始めるのはずっとあとになってからのことだ。多くの文化圏において、金星には人身供犠の強迫観念がつきまとっていた。

それらの物理学者たちによる非公式の研究が一般に公開されることは決してないが、彼らの説の根拠を検討するのは非常に意義のあることだ。

震動する板の上に微細な粒子をばらまくと、太陽系の惑星軌道のような状態が形成される。外側から中心へ向かう波動と、反対に中心から外側へと向かう波動がぶつかることによって、物理学に言う「定在波（定常波）」が生み出される。これによって、板の上の粒子は一連の同心円を形成することになる。衝突する波動の周波数が互いに同じであれば、同心円の間隔は一定となる。太陽系のようにさまざまな周波数が関係している場合は、同心円の間隔もさまざまなものとなる。これら波動によって形成される円の上に物体を置いてみよう。それらの物体は、波動の相互作用によって生み出されたエネルギーの流れによって、自らが置かれた円をその軌道として周回運動を始めるだろう。板の上に載せられた物体は、同心円のいずれかに引き寄せられ、その軌道に落ち着くだろう。またその物体自身も自らの周囲に波動パターンを形成し、より軽い物体を引き寄せることになる。

われわれの太陽系における最も強力な波動は、太陽系の中心たる太陽から発せられている。太陽系の全質量の九九パーセントを太陽が占めていることからしても、これは当然の帰結であろう。太陽から発せられた波動と、外宇宙からやってきた波動との相互作用によって、太陽を中心とする同心円状の波動エネルギー場が形成されている。

惑星は、これら同心円状のエネルギー場にとらえられて、太陽を中心とする周回軌道を回っているのだ。これらの惑星自体も、自らの周囲に同心円状の波動エネルギー場を形成しており、自分よりもずっと軽い天体を引き寄せて、自らを中心に周回軌道を描かせている。たとえば月が地球の周りを回っているのがそうだ。波動の相互作用によって生み出される同心円状のエネルギー場、その調和が何か強大なエネルギーを持つ物体の侵入によって大幅に乱されたならば、惑星の軌道が変えられてしまうこともある。

その科学者たちは、「木星と金星が現在のような状態となったのは、まさにその結果である」と主張している。これら太陽を中心として同心円状に広がる定在波（定常波）のエネルギー場は、波動圧力の相互作用によって形成されるものであり、惑星の有無に関係なく存在している。惑星は単にそのエネルギー場にとらえられているにすぎない。太陽系内には、その惑星の数よりもはるかに多く、このような波動エネルギー場の「軌道」が存在している。惑星が軌道からはずれたとしても、最終的にはまた別の軌道（エネルギー場）にとらえられることになる。「彗星であった金星が近くを通過したとき、その強力な波動圧力によって、火星と地球はそれまでとは別の軌道に投げ出された」とデズボローは考えている。「氷に覆われた『彗星』であった金星がロッシュ限界まで地球に接近したとき、金星の表面を覆っていた氷は一気に溶解した」とデスボローは言う。

＊――温暖な草原に棲むマンモスが「寒帯のシベリア」で発掘されるのはなぜか

ロッシュ限界とは、「ある天体の中心と隣接天体との接近限界距離」のことだ。言うなれば正面衝突を防ぐための波動的安全装置である。衝突するコースにある二つの天体がロッシュ限界にまで接近すると、質量の小さいほうの天体は崩壊し始める。

金星と地球がロッシュ限界にまで接近したとき、金星の表面を覆っていた厚い氷の層が溶解し、膨大な量の氷の粒子が地球へと放出された。ヴァン・アレン帯（地球を覆っている磁場の層で、太陽からの有害な放射線を吸収する）へと突入した氷の粒子はイオン化され、地球の磁極へと吸い寄せられた。マイナス二七三度C（絶対零度）にまで冷却された何十億トンもの氷の粒子が両極地方に降り注ぎ、すべての物を一瞬のうちに凍りつかせた。

この説は、「立ったまま凍りついたマンモスの謎」を解き明かすものである。マンモスは寒帯に生息する動物だと一般に言われ続けてきたが、それは違う。実はマンモスは、温暖な草原地帯に住む動物であった。なんらかの理由によって、温暖な地域が一瞬のうちに氷漬けにされたのだ。何かを食べている格好のまま氷漬けにされたマンモスまで発見されている。何かをムシャムシャ食べていたら、次の瞬間には自分自身がアイス・キャンディーになっていたというわけだ。

金星から地球へと降り注いだイオン化した氷の粒子は、最も磁力（吸引力）の強い両極近辺へと大量に堆積した。これが事実だ。両極近辺の降水量は、現存の巨大な氷層を形成するほどには多くない。にもかかわらず両極近辺の氷層がその周辺地域よりもはるかに巨大なのは、両極の強い磁力が、イオン化した氷の粒子を大量に引き寄せたからなのだ。この「金星接近説」は、事態を見事に説明してくれている。聖書のなかで最も古く、古代アラブ人の手によるものとみられている「ヨブ記」のなかでは、「その氷はいったいどこからやってきたのか？」と問われている。その答えは今述べたとおりだ。さらに、古代人たちが氷層で覆い尽くされる前の南極や北極の地図を持っていたことも、これで説明がつく。

約七千年前まで両極地方には、地表を覆う氷の層は存在しなかった。「氷河時代」などなかったのだ。そんなものは幻想にすぎない。公認の科学は、「氷河時代」の存在を証明しようと数々の「証拠」を提示しているが、それらは根本的に矛盾だらけである。そんなものが長年「真実」として通用してきたとは、まったくあきれたものだ。いくたびかの惑星的大変動を経験する前、地球全体は一様の熱帯気候に包まれていた。これまでに世界中で発見されてきた熱帯性シダ植物の化石が、そのことを物語っている。

というのは、地球が経験した大変動は、なにも金星から降り注いだ氷の粒子のみを原因とするものではなかった。地球全体をすっぽりと覆っていた分厚い水蒸気の層、これが破壊されたことが大きかった。

その大変動（大洪水）のようすは、「創世記」をはじめ、あらゆる古代書物に記されている。地球全体に一様の熱帯性気候を与えていた水蒸気の覆い、それが突然消失したのだ。両極地方の気温は急激に低下した。それが周辺の暖かい空気とぶつかって、すさまじい勢いの風が生み出された。そのようすは、古代中国の伝説のなかに述べられている。「金星の接近による波動圧は、地球に高さ三〇〇〇メートルもの想像を絶する大津波を引き起こした」と例の科学者たちは言う。これまでに出た考古学的証拠によって、農耕が開始されたのは標高三〇〇〇メートル以上の高地からであったことが証明されている。両説は見事に一致している。

＊―――ヴェリコフスキー説を裏づける一万年前頃に起こった火星大変動の痕跡

プラトンは、その著書『法律』のなかで、「農耕は、低地のすべてを覆い尽くした大洪水のあと、標高の高い地域で最初に始められた」と述べている。植物学者ニコライ・イワノヴィッチ・ヴァヴィロフは、世界中から集めた五万種の野生植物を研究した結果、それらのすべてが世界のわずか八つの地域から派生したものであるということを発見した。その八つの地域は、なんとすべて山地であった。想像を絶する超巨大な大津波は、約二・五平方センチ当たり二トンもの圧力を地球の表面に与えることによって、新たな山脈を隆起させ、数時間のうちにあらゆる物を化石化させた。

ちなみに今日の人造宝石は、このときと同じ圧力をかけるという方法によって製造されている。まったく傷んでいない木の化石が発見されているが、そのような物は、化石化が一瞬のうちになされるのでなければ存在しえない。木は通常、化石化が進行する長い時間のあいだにボロボロになっていくからだ。事実、そのような特殊な化石はもはや形成されていない。「それらは、上述のような大変動の結果として形成された物なのだ」とデスボローは言う。

精神科医にして作家のロシア系ユダヤ人、イマニュエル・ヴェリコフスキーは、一九五〇年代、「彗星として地球近辺に飛び込んできた金星は、地球に大変動を引き起こしつつ現在の軌道に落ち着いた」と主張して、科学界のエスタブリッシュメントたちを憤激させた。だが、マリナー十号による金星撮影によって、ヴェリコフスキーの主張の多くの部分が正しかったことが実証された。このとき、金星には彗星であったときの尾の名残りのような物がついていることが発見されている。マリナー九号による火星表面の写真も、ヴェリコフスキー仮説の正しさを一部立証している。「彗星として飛び込んできた金星は、火星に衝突した」と彼は言う。その時期は紀元前一五〇〇年、というのがヴェリコフスキーの説だ。

大変動の時期についての見解が一致しないという理由で、研究者の多くはお互いの説を無視し合っている。しかし実際は、大変動は一度ではなかったのだ。紀元前一万一〇〇〇年から紀元前一五〇〇年のあいだに、大変動はいくたびか起こっている。デスボローをはじめとする科学者たちによる研究の結論も、「金星によって引き起こされた大変動によって、火星は荒廃させせられた」というものであった。「本来の軌道から投げ出された火星は、五十六年ごとに地球と月のあいだを通過するという、非常に不安定な楕円軌道をとることになった」と彼らは考えている。

ところで、地球と月のあいだを火星が最後に通過したのは、紀元前一五〇〇年頃のことであったようだ。このときギリシアのサントリーニ島火山が噴火し、クレタ島ミケーネ文明の衰退を招いている。これと同じ時期の紀元前一六〇〇～前一五〇〇年、海面が約二〇パーセント下降し、カリフォルニアに氷河湖が形成された。肥沃であったサハラの巨大な湖が干上がって、現在われわれが知るようなサハラ砂漠が出現したのも、これと同じ時期だったと考えられる。火星は最終的に現在の軌道に落ち着くことになったが、それまでのあいだに火星の生物は絶滅させられてしまった。マース・パスファインダーによる調査の結果、火星には一万年以上の侵食作用を受けた岩石がないということが判明している（すなわち一万年前頃に何か巨大な変化があったと考えられるのだ）。

＊――地球に送り込まれていた火星人が、現在地球に住んでいる白人の先祖となった⁉

同僚の科学者たちと同じくブライアン・デスボローは、「昔、地球は今よりもずっと太陽に近い軌道を回っており、火星は現在の地球軌道を回っていた」と考えている。もしも火星表面の大峡谷が巨大な水の流れによって形成されたとするならば、火星は今よりもずっと暖かい気候と充分な大気を有していたはずだ。現在の火星の表面温度では、水は一瞬にして氷となってしまう。また、現在の火星の大気状態は真空に近く、水は瞬時に蒸発してしまう。火星表面の大峡谷が巨大な水の流れによって形成されたとするならば、火星には水が水（液体）として存在できるだけの充分な大気圧と気温があったものと考えられる。

「地球が今よりも太陽にずっと近い軌道を回っていたという仮説が正しいとするならば、最初の地球人類は、太陽からの強烈な有害光線を防ぐに充分な色素を持った黒人種であったはずだ」とデスボローは言う。イングランドのストーンヘンジ周辺やフランスの西岸地方で発見された古代人の人骨は、その鼻と脊髄の部分において、アフリカ人女性の特徴を示している。また、彼は「金星によってもたらされた大変動前の火星は、現在の地球とよく似た気候を有しており、そこには白人種が住んでいた」ともする。

徹底した研究の結果、彼は次のように確信している。「現在の火星上に残されているピラミッドを建設した火星の白人種たちは、当時同様に進んだ文明を持っていた地球の黒人種に対し攻撃を仕掛け、地球征服戦争を開始した。その『神々の戦争』のようすは、『ヴェーダ』に代表される数多くの古代書物に記されている」。デスボローはさらに続けて言う。「金星によってもたらされた大変動によって、火星人はその進んだ技術ともども全滅し、地球に送り込まれていた火星人（白人種）は取り残される形となった。この火星の白人種たちが、現在地球に住んでいる白人となった」

驚くべきことはまだある。一部の科学者たちが、興味深い事実を報告した。長いあいだ感覚遮断タンクに入れられた白人の概日リズムは、二十四時間四十分の周期を示すと言う。これは地球の自転周期ではなく、火星の自転周期なのである！　このような実験結果となるのは白人だけであり、非白人種の概日リズムは、ちゃんと地球の自転周期と一致している。そうしたなかで、デスボローは言う。「火星人たる白人種たちは、当時としては非常に進んだ文明を持っており、古代世界においてはフェニキア人やアーリア人として知られていた。彼らは、母星（火星）を壊滅させた大変動以前の高度な技術に支えられた力を取り戻そうと、長い道程を歩き始めたのだった」と。

私自身の研究結果も、基本的にはこれと一致している。しかし、真実を追い求める他の人々同様、私にはまだ多くの疑問が残っている。「フェニキア人」等の名で呼ばれてきた白人種は、少なくとも紀元前三〇〇〇年頃から、背後に隠れた「秘密の頭脳集団」として、エジプト文明を操作し続けてきた。大ピラミッドのあるギザ台地は、「エル・カヒーラ」と呼ばれていた。これはアラビア語の「エル・カヒール」に由来するものであり、その意味は「火星」である。古代の書物をみればよくわかるが、古代の暦は火星との関係が非常に深い。たとえば三月（マーチ［マース］）十五日や、十月二十六日があげられる。前者は古代ケルトの暦において春の始まりを表わす日であり、後者は一年の終わりを示す日である。アーサー王の聖杯伝説も、火星とのかかわりが深い。「キャメロット（Camelot）」は、明らかに「火星の町（City of Mars）」を意味している。

＊――今明かされる異星人系「人種《エリート》」と奴隷人種（一般の地球人類）の秘密

紀元前一万一〇〇〇年から紀元前一五〇〇年までのあいだに地球を襲ったと考えられる大変動について、この章ではいくつかの説を紹介してきた。そして、そのうちのどれにも真実が含まれていると私は思っている。最初の大変動によって、それまでに存在していた高度な文明は壊滅し、「黄金時代」に終止符が打たれた。そのとき地球に来ていた異星人たちは、事前に地球を脱出した。あるいは高山地帯や地下に逃れて生き延びた。その後の何回かの大変動においても同様であった。地球人のほとんどは、それらの大変動を生き延びることができなかった。わずかに生き残った者たちは、何もかもゼロからやり直さねばならなかった。この大変動を生き残った者たちには、大きく言って二つのカテゴリーがある。

一つは進んだ知識を保有する者たち（その大部分は異星人に起源を持っている）、もう一つは知識を持たない奴隷人種、すなわち一般の地球人類である。さらに言うと、前者は二つの流れに分けられる。知識を人類に伝えてそれをポジティヴ（良い方向）に生かそうとする者たちと、知識を独占して人類を操作・支配しようとする者たちだ。これら二つのグループによる知識の利用法をめぐる争いは、超古代より始まって現在もなお継続中である。

さあ、ここではっきりさせておこう。「人類は、異星人起源の人種によって操作され続けてきた。そして今、その支配計画が完成しようとしている」というのが本書を一貫するテーマだ。彼らは知的な面では非常に進んでいるが、霊的にはそうではない。このテーマに加えてさらに私は、あなたの認識をブレイキング・ポイントにまで押し広げる、より高い次元の視点を導入していきたいと思う。

驚愕の目撃例

第2章

「その爬虫類人のことを口にするな！」

＊――人類発祥論争にとどめをさす「異星人《エイリアン》遺伝子操作」説の衝撃

さあ、準備はいいだろうか。私自身としては、これから紹介する情報を発表しなくてすむのなら、どんなに気が楽なことだったろうかと感じている。なぜなら、その情報は話を複雑にするし、私を大衆の嘲笑にさらすだろうからだ。しかしそれがどうしたというのだ。証拠が私を導くならば、私はどこへだってゆこう。

私は、シュメール文書の言うアヌンナキと、ブライアン・デスボロー説のなかの火星白人種とは、なんらかの遺伝子的つながりはあるかもしれないが、基本的に別物だと考えている。これまでに見聞きしてきたさまざまな情報（証拠・見解・研究成果）を総合したうえで私は、アヌンナキは発生学上爬虫類の系統に属する種ではないかとみている。UFO研究においてレプティリアン（爬虫類型異星人）と呼ばれている種族ではないかと思うのだ。

このように考えているのはなにも私だけではない。それどころか驚くことに、今日ますます多くの人々がそのような可能性に対し目を開くようになってきており、研究者たちはそれぞれの道をゆきつつも同じ結論に辿り着きつつある。そのなかには、少し前にはそのような考えを笑い飛ばしていた者たちも含まれている。フォート・コリンズにあるコロラド州立大学の自然人類学の元教授、アーサー・デーヴィッド・ホーン博士は以前、人類は適者生存の法則に従って緩やかに長い時間をかけて進化したという、ダーウィン的進化論の強烈な信奉者であった。しかし彼は今、数多くの証拠を検証した結果、「人類は、異星人による遺伝子操作によって創り出された。その爬虫類型異星人は、何千年ものあいだ地球を支配し続けてきた。そしてそれは現在も続いている」と確信している。

私はホーン博士とはまったく違った人生を歩んできたが、私の見解もホーン博士の結論とまったく

『人類の異星人的起源』の原書

同じである。ホーン博士の研究成果は、その著書『人類の異星人的起源』のなかにまとめられている。そのなかで彼は、「シュメール文書がアヌンナキと呼んでいるものの正体は、実は爬虫類型異星人の種族であった」と述べている。私もまったく同じ見解だ。英国の高名な宇宙物理学者フレッド・ホイルは、一九七一年ロンドンでの記者会見において、「世界は、さまざまな形態をとって具現化している、ある一つの力によって支配されている」と言って、居並ぶ記者たちを驚かせた。「彼らは至る所に存在する。空に海に、そして地上に。彼らは、精神を通じて人間を支配している」とも言った。

このような話が奇妙に聞こえるのは百も承知だ。だがまずは、本書『大いなる秘密』を最後まで読んでいただきたい。あなたは数多くの証拠を目にすることになるだろう。あなたの信念体系がオーバーロード（パンク）してしまうということで途中で本書を閉じるならば、それはそれであなたの選択だ。しかし、そうすることによってあなたは、この現実世界の正体を知る機会を逸してしまうことになるだろう。

＊――シュメール文書にも登場するレプティリアンは現代も生息している

莫大な量の情報を集めれば集めるほど私には、遠い過去と現在のそれぞれについて、最後には一本に結びつくことになるであろう重大な事実が明らかになりつつあることがわかってきた。

過去地球上には、幾種類かの異星人種が住んでいた。彼らは今もなお地球に生きている。シュメール粘土板文書において「アヌンナキ」と呼ばれている者たちは、そのような異星人種のうちの一つである。他の古代文献においては「蛇の種族」などとして言及されている。爬虫類型異星人種たるアヌンナキと、他の異星人種とのあいだには、いくたびかの戦争があったようだ。世界各地に伝わる古代文献は、これらを「神々の戦争」として記録している。シュメール文書が記録しているのはアヌンナキどうしの戦争だが、その他の古代文献のなかには、異なった異星人種間での戦争について述べていると思われるものもある。

ところで今日、トカゲのような皮膚や顔と、大きく突き出た蛙のような目を持った人間を見たという報告が、数多くの人々からなされている。ET《異星人》研究家のジェイソン・ビショップ三世（ペンネーム）は言う。「レプティリアンは通常の人類よりもずっと背が高く、地球上の爬虫類と同じく冷血である。彼らは非常に知的で進んだ技術を持っているが、人間よりもはるかに情感に乏しく、愛情を表現するのに非常な困難を感じるようだ」。このような説明は、現代世界を支配しているブラザーフッド（レプティリアンの血流を受け継ぐ者たちによる超秘密結社）のメンバーにぴったりと当てはまる。

現代のレプティリアンについての数多くの報告は、古代文献の中に記述されている「ｇｏｄｓ（神々）」の姿とぴったりと一致している。紀元前五〇〇〇～前四〇〇〇年、シュメール以前に現在のイラクに存在していたとされるウバイド文化、そのなかに見られる神々の像は、レプティリアンそのものである。赤ん坊を抱いた爬虫類人の姿を次ページの写真で見ていただきたい。古代ウバイド――シュメール文化が発祥した地域は、本書が明らかにする話全体にとって、非常に重要な意味を持っている。ウバイドの小立像は、数多くの古代社会を支配していた「ｇｏｄｓ」の姿を物語っている。

また、中米の原住民文化のなかに登場する彼らの神は、「翼ある蛇」ケツァルコアトルである。北米原住民ホピ族の神であるバホリンコンガは、羽毛の生えた蛇の姿をしているという。オハイオ州に

紀元前4000年、現在のイラクにあったとされるウバイド文化の遺跡から発掘された爬虫類人（レプティリアン）の像。子を胸に抱く母の姿は、爬虫類の特徴を備えている。ウバイド文化は、金星による大変動からレプティリアンたちが地下や異次元に身を隠す以前から存在していた

ある蛇を象った神秘的な塚をはじめ、アメリカ原住民の文化は蛇のイメージであふれている。インドの神話には、水の神霊、水竜ナーガが登場する。ナーガとは、「歩くことなく地を這う者」という意味の名である。エジプト神話には蛇神ネフがおり、ファラオの姿はしばしば蛇とともに描かれている。フェニキア人の守り神は、蛇の姿をしている。ヴードゥーの神ダンバラ・ヴェドーは、蛇の姿で描かれている。ヘブライの神話には、「真鍮の大蛇」ナクスタンが出てくる。古代ブリテンの神フー（HU）は、竜王として知られていた。ヒューマン（Human）という言葉は、この竜王フー（HU）に由来している。シュメールをはじめ古代世界の各地に見られる羽のついた円盤のシンボルは、通常二匹の蛇とともに描かれている。「gods」にまつわる「蛇」の象徴は、世界中にあふれている。ジョン・バサースト・ディーン牧師は、その著書『蛇神崇拝』のなかで次のように述べている。

「……テーベ（古代エジプトの都市）の五人の建設者のうちの一人は、『オフィオン』という古代フェニキアの蛇神にちなんだ名前を持っていた。……アテネで最初にサイクロプスのために設けられた祭壇は、蛇神オプスに捧げられたものであった。象徴的蛇神崇拝は、古代ギリシアにおいては非常に一般的なものであった。ジャスティン・マーティルは、『ギリシア人たちは彼らのすべての神々に蛇神的要素を導入していた』と主張している。中国人は、住宅や墓を建てる際の土地選びには、迷信に

従って非常に気をつかうという。彼らは大地を巨大な竜と考え、それぞれの土地をその頭や尾や足に見立てているのだ」

＊――伝説の邪悪な竜や大蛇とは「ｇｏｄｓ」＝レプティリアンのことだった

世界中の伝説に登場する火を吐く竜や邪悪な大蛇は、何千年か前には表立って地球を支配していた「ｇｏｄｓ」に、すなわちレプティリアンに由来している。聖書などの古代文献が言う「蛇の種族」の正体は、彼らレプティリアンである。もちろん、「蛇」が何かの象徴として使われることも多く、すべてがすべてレプティリアンのことを指しているというわけではない。

しかし、思っているよりもはるかに多くの場合、それはレプティリアンのことを意味している。「大蛇や竜に守られた聖なる場所」というのは、多くの伝説に共通するテーマだ。「エデンの園」にも蛇がいる。「大蛇」や「竜」は、世界中の伝説に数多くみられるテーマである。ペルシアの伝説には、世界中のどこよりも美しい、神の栄光と恵みに満たされた土地、「ヘデン」の話が出てくる。蛇の姿をした邪霊に唆《そそのか》されて禁じられた木の実を口にする以前、最初の人類はそこに住んでいたという。

ほかにも、ヒンドゥー神話のヒーローであるクリシュナ（イエス・キリストと同一神格）は、バンヨンの木の下で、とぐろを巻いた大蛇の上に座って、その大蛇から人類に関する霊的知識を授けられた。ギリシア神話のなかには、神の恩寵を受けた島々や、ヘスペリスの姉妹たちの楽園の話が出てくる。食べた者に不死をもたらすという黄金の林檎《りんご》を実らせるその楽園は、竜によって守られていたという。中国の神典のなかにも、食べた者に不老長寿をもたらすという不思議な実のなる理想郷の話がある。この楽園もまた、竜と呼ばれる翼のある大蛇によって守られている。「楽園喪失」の物語のメキシコ版には、巨大な雄の大蛇が登場する。ヒンドゥー神話に出てくるメルー山は、恐ろしげな竜によって守られている。

このように、われわれはいくたびとなく同じテーマに遭遇する。恐ろしい竜によって守られた聖なる場所。人類に霊的知識を与える蛇人間に。

爬虫類は、恐竜時代をさかのぼる一億五千万年以上前から、この地球上に存在していた。生命の真実を理解するためには、固定観念による条件づけから自らの精神を解放し、「われわれがこの地球上で目にしているものは、無数の可能性のうちのほんのわずかな一片にすぎない」ということを知らねばならない。トカゲや蛇といった一般的な爬虫類は、この世に存在する爬虫類遺伝子系列の全体から見れば、ほんの一部にすぎないのだ。

最新の研究によって明らかにされているように、爬虫類と恐竜は外見が似ているだけであり、すべての恐竜が冷血爬虫類であったわけではない。両者はさまざまな形態の種を生み出した。恐竜には、地を歩くものは言うまでもなく、海を泳ぐものから空を飛ぶものまである。小さなものから大きなものまで、ティラノサウルス・レックスのように八トンもの重量を持つものまである。これほどまでにさまざまな形態を生み出した恐竜―爬虫類の遺伝子系列が、知性の発達の前提条件となる、直立二足歩行、自由に使える両手、充分な容量の脳といった特徴を備えた種を生み出さなかったなどと、はたして言い切れるものであろうか？

一億年前にこの地球上に存在した恐竜の多くは、今までに考えられていたよりもはるかに知的であったということが、最新の研究によってわかってきている。鳥型爬虫類とでも言うべき外観を有していたサウローニソイドは、大きな脳、立体視覚を得られる両眼、小型哺乳類をつかんで食べることのできる母指対向型の手など、知性の発達の前提条件となる特徴を有していた。世界でも有数な恐竜研究家の一人であるアドリアン・J・デスモンドは言う。「サウローニソイドは、他の恐竜とはまったく掛け離れている。人間と牛が違うぐらいに違っているのだ。この『鳥もどき』が生き残って進化していたら、どれほどのものになっていただろうか？」。最近の研究が示すところによると、サウロニソイドが六千五百万年前の大洪水で絶滅していなかったとすれば、今頃は進化して爬虫類人になっていただろうとのことだ。

＊――多く目撃されるレプティリアンと符合する古生物学者の「恐竜人間」

北カリフォルニア大学の古生物学者ディル・ラッセルは、異星人がどのような姿をしているかについてのレポートを作成するよう、ＮＡＳＡ（アメリカ航空宇宙局）から依頼を受けたという。彼は、トロードサウルスが何百万年もかけて進化していたとすればという仮定のもと、「恐竜人間」のモデルを作り上げた。その姿は、多くの人によって目撃されているレプティリアンの姿にそっくりであった。恐竜から爬虫類人への跳躍的進化が、異次元や他の惑星において生じなかったなどと言い切れるだろうか？　恐竜が絶滅する前の地球で、そのような進化が生じていた可能性もある。実際、恐竜は本当に絶滅してしまったのだろうか？

現代古生物学（化石研究）が示すところによれば、恐竜は六千五百万年前の彗星衝突によって絶滅してしまったわけではない。生き残った一部の種は、今日までその命脈を保っている。鳥類が恐竜の子孫であることを示す数々の証拠が、現代の研究によってどんどん出てきているのだ。また、ほとんどの恐竜の肉体が破壊されてしまったのは確かなことであろうが、彼らの意識は残るはずだ。意識はエネルギーだ。エネルギーはその形態を変化させることはあっても、決して消滅することはない。一億五千万年ものあいだこの地球を支配してきた恐竜たちの意識は、いったいどこへいってしまったのだろうか？

世界中の古代文明が竜の物語を伝えている。アッシリア、バビロン、旧約聖書、中国、ローマ、アメリカ、アフリカ、インドなど、みなそうだ。古代ブリテン、ギリシア、マルタ、エジプト、ニューメキシコ、ペルー、太平洋の島々など、蛇のシンボルは世界中のあらゆる場所に見られる。古代文明によって描かれた竜の姿は、ある種の恐竜とぴったりと一致している。インド―マラヤに生息する翼膜を持ったトビトカゲの一種は、「ドラコ」と呼ばれる竜にそっくりの姿をしている。「ドラコ」とは竜座のことであり、レプティリアンはそこからやって来たと言われている。

さらに「モロク・ホリダス」と呼ばれるヨロイトカゲも、竜のような外観を持っている。「モロク（モレク）」とは古代フェニキアの神であり、子供たちが生贄《いけにえ》として捧げられていた。モレク神への人身供犠は、現在もなお、巨大な悪魔主義ネットワークによって続けられている。それらの生贄はレプティリアンへと捧げられていると言ってよいであろう。悪魔主義者たちの崇めるデーモン《悪霊》の正体は、何千年もの時をかけて地球を乗っ取ろうとしてきたレプティリアンなのだ。竜と爬虫類についての本を書いたチャールズ・グールドは言う。「失われたトカゲの種があった。それは冬眠性かつ肉食性で、竜のような翼膜を持っており、鎧《よろい》のようなトゲトゲのついた皮膚をしていた」

彼は、その生息地は中央アジアの高原地帯であり、大洪水の時期に絶滅したと考えている。しかし現在でも、世界中の奥地から、特にメキシコやニューメキシコやアリゾナから、大きな「空飛ぶトカゲ」を見たという目撃証言があがっている。

＊――彼らはドラコ座（竜座）からの侵略者なのか

彼らは何者でどこからやって来たのか？

アヌンナキ・レプティリアンによる人類操作の起源として、次の三つが考えられる。

① 彼らは、地球外の星からやって来た異星人である。
② 彼らは、地球の内部に住む「地球内生物」である。
③ 彼らは、人間の身体に憑依することによって、異次元から人類を操作している。

これらはいずれも正しいと私は考えている。

研究者たちは、レプティリアンは、ドラコ座（竜座）からやって来たのではないかと見ている（図4参照）。ドラコ座のなかには、かつて北極星であった星、サーバンが含まれている。エジプトのピラミッドは、この星を基準にして建てられたものである。

また、グラハム・ハンコックの研究によると、カンボジアのアンコール・ワット寺院は、紀元前一万五〇〇〇年当時のドラコ座を模した配置で建てられているという。紀元前一万五〇〇〇年といえば、地球に住む人類や異星人種たちが、紀元前一万一〇〇〇年の大洪水によって壊滅させられた文明を、再び一から立て直そうとしていた時期である。

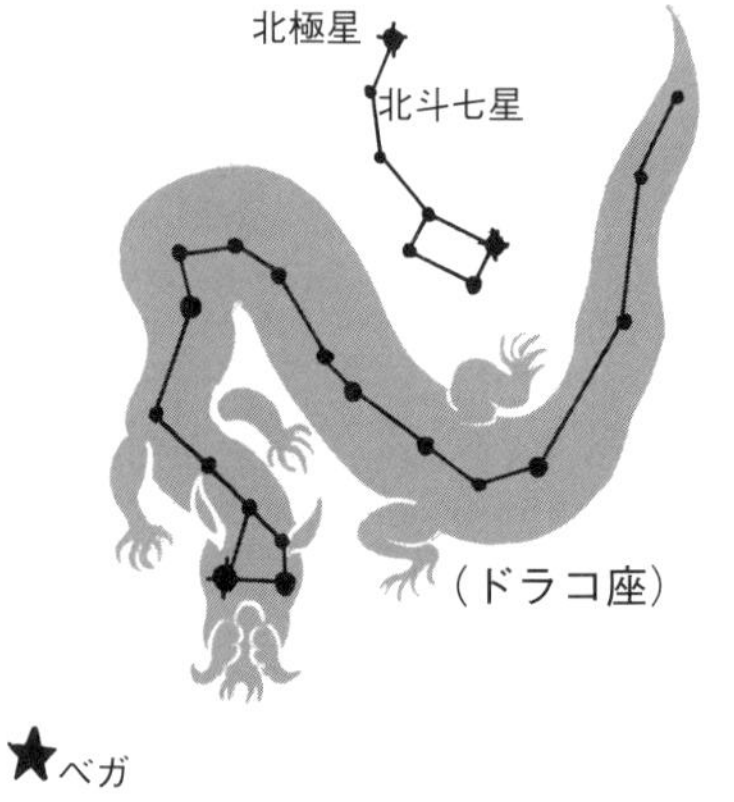

〈図4〉ドラコとは「竜座」のことである。古代遺跡の多くは、このドラコに対応するように建てられている

そうしたなかで、研究者ロバート・ボーヴァルは言う。「ギザの三つのピラミッドは、紀元前一万五〇〇〇年当時のオリオン座のベルトの三つの星の位置に対応して建てられている。このときオリオン座は、二万六千年という地球の歳差周期において最も低い位置にあった」。地球で活動している異星人のなかには、オリオンからやって来た者もいると私はみている。

さらにハンコックは、「ギザのスフィンクスは一般に言われているよりもはるか昔に造られた物である。その証拠の一つにスフィンクス（獅子の体を持っている）は、紀元前一万五〇〇〇年当時の獅子座の方向を正確に向いている」と主張している。日本（沖縄）の海底では、少なくとも紀元前一万五〇〇〇年以前に造られたと思われる巨大な構造物が発見されている。ただし、ギザのピラミッドのオリオン座への一致をはじめとする数々の発見については、疑問の声を投げ掛ける者も多い。だが、細部まで完全に正確だとは言えないにしても、ハンコックらが重要な研究分野を切り開いたのは確かなことである。

ともかくも、はるか昔の真実を知るのは生やさしいことではない。はるか昔、遠く離れた世界各地の文明によって建設された構造物や寺院が、驚くべき天文学的・数学的・地理学的正確さでもって、ともに天空の星座に対応していたというのは、まったく驚嘆に値するとしか言いようがない。しかしそれらの文明は、互いにまったく没交渉だったわけではない。これから説明していくが、それらの文明はみな同じ起源から発生していたのである。

＊――混血種を利用して人間社会への浸透工作をするレプティリアン

事実、アンコール・ワット寺院はレプティリアンの像で覆い尽くされているが、このような爬虫類人の像は、エジプト、中米、インドなど、世界中のあらゆる古代文化に共通して見られるものだ。アイルランドに残っている神秘的な円塔を研究したフィリップ・カラハン教授は、それらは冬至の際に北の空に浮かぶ星座の位置に対応して建てられている、と言っている。特にドラコ座（竜座）への一致は完璧なものだという。カラハンによると、ドラコ（竜）の頭や目に対応するいくつかの塔は、北アイルランドの真ん中にあるネイ湖の岸に位置しているそうだ。ネイ湖の東岸から少し行った所には、北アイルランドの首都ベルファーストがある。つまり、北アイルランドはドラコ座の頭の部分になっているのだ。この小さな国は、長年にわたって残酷な大混乱の舞台となってきた。

本書が取り扱っているような題材に慣れていない人も、この本を最後まで読めば、ネガティヴなエネルギーやポジティヴなエネルギーを一ヵ所に引き寄せる「象徴体系の力」を理解することになるだろう。

レプティリアン研究の第一人者であるジョン・ロードスは言う。「彼らは、惑星から惑星へと宿主となる社会を求めてわたり歩くスペース・インベーダーかもしれない。宿主となる社会に寄生し、秘密裡に浸透する彼らは、ついには惑星全体を乗っ取ってしまうのだ。レプティリアンの科学者たちは、UFOに乗った彼らの軍隊が誘拐してきた生命体（人間や動物）を実験材料として、自分たちが浸透しようとする種（人間）に自らの遺伝子を組み入れて混血種を創り出すという実験を行なっている」。これはまさしく、シュメール文書が描くアヌンナキの姿だ。ロードスは、さらに次のように言っている。

「地下基地に潜むレプティリアンたちは、人間とレプティリアンの混血種を使って、人間社会のさまざまなレヴェルに浸透するためのネットワークを組織させている。軍産複合体、政府組織、UFOや超常現象の研究グループ、宗教団体や修道士会などがそうだ。レプティリアンの遺伝子を受け継ぐ人間のなかには、レプティリアンからのコントロールに気づいていない者たちも多い。彼らは自ら意識することなくレプティリアンのエージェントとして、彼らの地球乗っ取り計画のための工作活動を行なっているのだ」

私がジョン・ロードスの著作に出会ったのは、本書を書き上げるほんの数日前のことであったが、私はそのとき、すでに彼とまったく同じ結論に達していた。レプティリアンが地下基地や宇宙空間から侵略を開始したならば、その優れた武器の威力を目にした地上の人類は、いとも簡単に降伏してしまうだろう、とロードスは言う。そうやってレプティリアンたちは、水や鉱物やDNA情報といった地球の資源を、大々的にぶん取り始めるのだ。

その前には充分な浸透工作が必要となる。秘密結社を通じた人類社会への浸透工作は、レプティリアンの地球人類支配計画における鍵となっている。

アメリカの研究者ウィリアム・ブラムレイは、その著書『エデンの神々』のなかで、「アヌンナキは、人類を操作するために、『蛇のブラザーフッド』と呼ばれる秘密結社を作り出した」と述べている。レプティリアンによってコントロールされている「蛇のブラザーフッド」は、今日の世界を支配しているグローバル秘密結社ネットワークの中核である。

＊――地底都市に棲む「蛇の兄弟たち《ブラザーフッド》」の出自は？

その肉体的特徴から見るとアヌンナキは、地底の洞窟などに棲む地球内生物のようにも見える。北米原住民のホピ族の伝説によると、ロサンジェルスの地底には複雑に入り組んだ巨大なトンネル群が存在し、およそ五千年前、そこには「トカゲの種族」がひしめいていたという。

一九三三年、ロサンジェルスの鉱山技師ウォーレン・シャフェルは、そのようなトンネル群を発見したと主張している。今日それらのトンネル群の中では、フリーメーソンの邪悪な儀式が執り行なわれているという。地底種族が存在するという事実は、長年のあいだ学会の権威たちによって隠蔽され続けてきた。

一九〇九年、アリゾナ州グランド・キャニオンの近くで、エジプトのピラミッドと同様の数学的・天文学的正確さを持つ地底都市が、G・E・キンケイドによって発見された。それは、五万人もの人間を収容できるほどに巨大なものであった。また、そこではミイラが何体も発見されているが、発掘隊長のＳ・Ａ・ジョーダン教授によると、それらはエジプトに起源を持つものであろうとのことだ。さらに、鉄のように固い銅器など、数々の人工物が発見されている。しかし、ワシントンＤＣのスミソニアン協会は、これらの発見を一般の人々に知られないようにしていた（それが彼らの仕事である！）。

地方紙『アリゾナ新聞』による一九〇九年四月の二つの関連記事がなかったならば、誰もこの発見を知ることはなかったであろう。その地底都市の場所を探し当てていたと主張する研究家ジョン・ロードスは、その地底都市を、地底世界「シパプニ」と結びつけて考えている。ホピ族も伝説で、そこから発祥したと言われている。ホピ族の言い伝えによると、彼らはかつて地球の内部に住み、「蟻《あり》の人々」（グレイ型異星人と思われる）から食糧や衣服を与えられていたという。ホピ族は自らの祖先のことを「蛇の兄弟たち」と呼んでいる。そして彼らの最も神聖な儀式は、地下で行なわれる「蛇の踊り」である。

ところで、これは常に強調しておきたいことであるが、レプティリアンのすべてが人類に対し邪悪な意図を持っているわけではない。私は決して、これら爬虫類型異星人の系統自体を悪魔のようなものとして描き出したいわけではない。私は、彼らのなかの一部のグループのみを問題にしているのだ。ホピ族ははるか昔、彼らの女神である「蜘蛛《くも》女」に命じられて、「シパプニ」と呼ばれる洞窟を抜けて地上へと上がって来たという。するとマネシツグミが飛んできてホピ族の言葉を混乱させ、その結果それぞれバラバラの言語が生まれ、ホピ族はバラバラの部族に分かれていったという。聖書にあるバベルの塔の話とそっくりだ。これは、ともにレプティリアンの関与があったことを示している。ホピ族は今日まで、祟《たた》りによる死を恐れて、彼らの祖先である「蛇の兄弟たち」の像を作ることは決してしなかった。

さて、アリゾナで発見された地下世界の内部配置について、Ｇ・Ｅ・キンケイドはこう言っている。
「……どでかい部屋があって、そこから放射状に通路が伸びている。ちょうど車輪のスポークのような具合だ」。ダラスやニューメキシコにあるレプティリアンの地下基地も、これと同じような構造をしているという。世界を操作するブラザーフッドのグローバル・ネットワークも、これと似た構造をしている。知識レヴェルに照応した同心円状の組織構造によって人々は厳格に区分けされており、中枢と外辺部では世界はまったく違っている。アリゾナ、ニューメキシコ、そしてアリゾナ、ユタ、コロラド、ニューメキシコの四州が接する地域は、レプティリアン地下基地のメッカである。ただし、その地域にしか地下都市がないというわけではない。彼らの地下世界は、地球全体に広がっているのだ。

一九三〇年代、マルタのハル・サフリーニ地下墓地で巨人を見たという目撃報告が何件か出ている。結局その地下墓地は、学童の一団とそのガイドがそこで行方不明になって以来、閉鎖され立入禁止となってしまった。トルコのデリンクヤの近くでは、三十以上もの巨大な古代トンネル群や地下都市が発見されている。このような話は尽きることがない。

巨大な体躯を持つ類人猿「ビッグフット」は、地球の内部からやって来たと言われている。レプティリアンの地下基地では、レプティリアンの遺伝子を持つ人間のエリートたちが、彼らのために働いていると、ＵＦＯ研究家たちのあいだでは広く信じられている。私の知るＣＩＡ元職員は、それを自ら確認したと言っている。レプティリアンの種族が、物理的実体として地球の内部に住んでいることは確実だ。問題は彼らの起源がどこにあるかということだ。地球か、それともそれ以外の場所か？その答えはどちらとも言える。

*——地球支配操作の最高中枢は「低層四次元」に存在する！

私の研究したところによると、レプティリアンによる地球支配操作は、異次元（低層四次元）にある最高中枢から組織されている。生命および宇宙の多次元的性質を知ることなしには、人類以外の者による地球支配操作の実態を理解することは不可能だ。

開かれた精神を持った一部の科学者たちは理解しつつあるが、この宇宙は、それぞれの周波数を持った無数の次元から成り立っている。一つの空間は、無数にある異なった次元（周波数）の生命体によって、同時に折り重なる形で占められているのだ。さまざまな周波数を持ったいくつものラジオやテレビの電波が、同時に一つの空間を占めているのとちょうど同じようなものだ。

あなたがこの三次元世界を現実として知覚しているのは、あなたがこの三次元の周波数に同調しているからだ。言うなればあなたは、「三次元」というラジオ局の電波にチューニング・ダイヤルを合わせているのだ。しかし同時に他の数々の局も放送を行なっており、あなたがダイヤルを回してチャンネルを変えれば、他局の放送を見聴きすることもできる。他局にチャンネルを変えると、それまで見聴きしていた番組はあなたの前から消え失せる。しかしその番組自体は消えてしまったわけではなく、放送は以前と同じように続けられている。最早あなたがその周波数にチューニングしていないというだけのことだ。

人間の意識もこれと同じようなものだ。ある人々は（実はすべての人々が）、自らの意識を異次元の波長に合わせることによって、その次元の意識や情報につながることができる。

これは超能力と呼ばれているが、「ダイヤル」を「他の局」に合わせるだけのことにすぎない。「蛇の種族」たるアヌンナキは、この「他の局」、すなわち異次元から、ある血流の者たちに「取り憑《つ》く」

ことによって、この世界をコントロールしている。しかしこの四次元爬虫類人たち自身も、五次元の生命体によってコントロールされているのだ。どこまで上があるのかは誰も知らない。

私の言っていることが突飛なものに聞こえることは、私自身充分承知している。しかし、真実とは往々にしてそのようなものなのだ。もうたくさんだと感じるならば、ここで本書を閉じてもらっても結構だ。しかし、あなたがこの本を読み進むならば、私の言うことが真実だという数多くの証拠を知ることになるだろう。レプティリアンによる人類操作は、われわれの住む物理世界に最も近い、四次元の低層域から行なわれている。この低層四次元は、アストラル界（幽界）という名でも知られている。伝説に登場するデーモン（悪霊）たちの故郷だ。悪魔主義者たちの黒魔術儀式で招喚されるデーモンは、そこからやって来ている。彼らが招喚するデーモンの正体は、低層四次元に棲むレプティリアンなのだ。

一部の研究者たちが充分な論拠をもって指摘するところによると、物理的実体を持たない低層四次元のレプティリアンたちは、一九四〇年代初頭にニューメキシコの砂漠で行なわれた核爆発実験によって生じた次元の裂け目を通って、われわれの世界に入って来ることができるという。しかし私は、そのような次元の穴は、大洪水以前のはるか昔、世界が今よりもはるかに進んだ技術を持っていた超古代に、すでに作られ始めていたと考えている。

以上に述べたように、レプティリアンによる惑星的地球コントロールには、地球外宇宙、地球内部（地底世界）、異次元という三つの領域のすべてが関係している。私は、レプティリアンの遺伝子系統に含まれる者がすべて邪悪だなどとは決して思っていない。人間の場合と同じく、レプティリアンにもいろいろな種類の者がおり、その精神的態度も、愛や自由から憎悪や支配へと、幅広くさまざまである。私が問題にしているのは一部のグループのことであり、爬虫類人種全体のことを問題視しているわけではない。この点はいくら強調してもしすぎることがない。

＊――「人間の生き血」を実際に吸い続けてきたドラコ・レプティリアン

現在地球をコントロールしているレプティリアンは、ドラコ座（竜座）からやって来た。この「ドラコ」は、「ドラコニアン」（「苛酷な」という意味）の語源となっている。彼らの人類に対する態度は、まさにこの一言に集約される。事実、彼らは人間の生き血を飲むのを好む。伝説に登場する吸血デーモンの正体は彼らなのだ。

最も有名な吸血鬼といえばドラキュラ伯爵であろう。この「伯爵」とは、レプティリアンの遺伝子を受け継ぐ貴族階級を象徴している。低層四次元のレプティリアンが取り憑くのが、彼らと人間との混血種たる貴族階級なのである。「ドラキュラ」とは、もちろん「ドラコ」のことである。プエルト・リコ、メキシコ、フロリダ、北米太平洋岸北西地区などで最近目撃報告が出ている吸血生物チュパカブラの特徴は、レプティリアンの姿にぴったりと一致している。チュパカブラとは「山羊の血を吸う者」という意味の名であり、彼らが家畜の血を吸っているのを見たという目撃証言が数多く出ている。

レプティリアン（爬虫類型異星人）は、人間社会の内部（秘密結社）と外部（地下基地）から、人類を挟み撃ちにしている。物理的実体を持ったレプティリアンたちは、人間および人間との混血種の科学者や軍人らとともに、地下基地において共同研究や共同作業を行なっている。地上の人間を誘拐しているのも彼らだ。しかし、主要な人類支配は「憑依《ひょうい》」を通じて行なわれている。

はるか遠い昔、交配実験によって、レプティリアンと人間の混血種が創り出された。シュメール文書に描かれているように試験管が使われる場合もあれば、「神の子らは人間の娘たちを妻にした」と旧約聖書にあるがごとく、直接的な性交による場合もあった。レプティリアンの遺伝子を受け継ぐ混血種は、低層四次元のレプティリアンにとって、普通の人間よりもはるかに取り憑きやすい。

そして、彼らレプティリアンの遺伝子を受け継ぐ血流の者たちは、英国・ヨーロッパ大陸の王家や貴族となった。大英帝国の拡大によって彼らは世界に進出し、アメリカ、アフリカ、アジア、オーストラリア、ニュージーランドなど、世界の各地を支配した。彼らレプティリアンの遺伝子を受け継ぐ者たちは、政治、軍事、金融、メディア、ビジネスなどのあらゆる分野において、非常に有力な指導的地位を占めている。彼らは、低層四次元に潜むレプティリアンからのマインドコントロールを受ける操り人形だ。レプティリアンからのコントロールを受ける者たちはどの人種にもいるが、白人が圧倒的に多い。

一般の科学知識として知られていることだが、人間の脳には、爬虫類脳と呼ばれる部分がある。これは非常に根源的な部分であり、この部分からみれば他の部分は付加的なものにすぎない。

神経解剖学者ポール・マクリーンによると、この爬虫類脳は、R複合と呼ばれるより根源的な部分によって支配されているという。R複合のRとは、「Reptilian（『爬虫類のような』という意味）」の頭文字である。「R複合は、攻撃性・縄張り意識・儀式への執着・身分制志向などを司《つかさど》っている」とマクリーンは言う。これは、レプティリアンおよびその人間との混血種の行動様式そのものだ。

天文学者カール・セーガンは、そのキャリアを通じて人々の目を真実から逸らさせてきたが、たまに真実を口にすることもある。次の言葉はその一例だ。

「……ともかく、儀式への執着や階級制への強迫観念といった、人間の本性が持つ爬虫類的部分を無視するのは適切ではない。そのような部分を直視することは、人間とはどのようなものであるのかを理解するのに役立つであろう」

彼は、その著書『エデンの竜たち』のなかで、「たとえば『冷血の殺し屋』など、人間行動のネガティヴな側面は、爬虫類的属性を示す言葉で表わされることが多い」と述べている。セーガン（Sagan）という名は、インドの蛇神「ナーガ（Nagas）」の綴りをさかさまにしたものである。セーガンは、真実を知ったうえでそれを隠していたのだ。

ところで人間の胎児は、赤ん坊の形になっていくまでに、さまざまな生物の進化発展段階の形態を経過する。そのなかには、爬虫類や魚類といった非哺乳類も含まれる。たとえばある段階の胎児は、エラさえも有している。人間の胎児は、八週間になるまでは、鳥や羊や豚の胎児によく似ている。胎児が人間の形へと発展していくのは、八週間を過ぎてからのことである。胎児が出産直前の最終的発展段階へと至ることに失敗し、尻尾を持った赤ん坊として生まれてくることもある。この余分な尻尾は脂肪でできており、たいていの場合は医者によってすぐに切除される。しかし医療が行き届いていない貧しい国々では、そのような尻尾をつけたままで一生を過ごす人々もいる。また、フェロモンとは同種の仲間からの認識を受けるために生体内から分泌される物質であるが、人間の女性のフェロモンとイグアナのそれとは、化学組成が非常によく似ている。

*――続出する「爬虫類人へと変身する人間たち」目撃情報

第一章でも述べたところだが、われわれの知る大宇宙の一部だけでも、無数の星々が存在している。この三次元の銀河系だけでも、われわれの想像をはるかに超える数の生命体が存在している。われわれが目にしている世界は、ちっぽけな太陽系のほんの一部の惑星上の、わずか一部の周波数域にすぎない。このような狭い視野からでは、世界で真に起こっていることを理解するのは不可能だ。そのような低いレヴェルの視点からでは、爬虫類人種が四次元から人類を支配しているなどというのは、まったく理解を超えた話であろう。本書の情報を初めて目にする人々の大部分も、非常に奇異な印象を受けることだろう。

しかし、既存の信念体系や大衆受けなどにはかまわずに真実を追求する科学者たちのあいだでは、「レプティリアン問題」に対する認識が育ちつつある。

アメリカ合衆国の各地を旅して回った一九九八年の十五日間、私は、レプティリアンを見たと言う何人もの人々に会って話を聞いた。彼らは、人間が爬虫類人へと変身し、そしてまた人間へと戻っていくようすを、克明に語ってくれた。男女一人ずつの二人のテレビ司会者が、そのような経験について話してくれた。それは、「ニュー・ワールド・オーダー」という名で知られる世界権力に賛同するある男性に対し、彼らがインタヴューを行なっていたときのことだったという。インタヴュー後に男性司会者は、「実は信じられないものを見たんだ。あの人の顔がトカゲの化け物のような顔になって、それでまた人間の顔に戻ったんだ」と女性司会者に打ち明けた。すると彼女のほうも驚いた。実は彼女も、その男の手が爬虫類的なものに変化していくようすを目にしていたのだ。

さらにその男性司会者は、彼の友人の警察官が体験したという事実についても話をしてくれた。その警官は、コロラド州デンバー近くのオーローラという町のオフィス街を、いつものようにパトロールしていたという。あるオフィス・ビルに立ち寄った彼は、その一階に事務所を構える企業経営者の一人（女性）とおしゃべりをしていた。

そのとき彼は彼女から、「私が数週間前に見たものがどんなにすごかったか、あなたも一度上階へ行って見てみるべきね」と、最上層の何階かへ直通する一本のエレベーターを指し示された。するとちょうどいい具合に、そのエレベーターが上層の階から降りてきた。エレベーターの扉が開いたとき、その中には非常に奇妙な容貌の人物が立っていた。アルビノ（白子）と言えるほどに白い彼の顔は、まるでトカゲの顔のようであった。そして縦に切れ目が入ったような形をした彼の瞳孔は、まさに爬虫類のそれだった。そのトカゲのような容貌の男は、エレベーターから出て建物の外へ歩いて行くと、そのまま正面に待たせておいた車に乗ってどこかへ行ってしまった。

このできごとに非常な興味を覚えたその警官は、謎のエレベーターが直通する上層階の企業について、非番の時間を使って調べ始めた。そして彼は、それらの企業がＣＩＡ（中央情報局）のフロント（偽装出先機関）であることを突き止めたのだった。

＊――ブッシュ前大統領はキャシー・オブライエンの目前で爬虫類人に変身《シェイプ・シフト》した！

キャシー・オブライエンは、二十五年以上ものあいだ、合衆国政府のマインドコントロールによる奴隷であった。彼女はその驚くべき体験を、マーク・フィリップスとの共著『失神状態のアメリカ』のなかで語っている。彼女は、子供の頃からずっと、ある流れに属する著名人たちから性的迫害を受け続けてきたという。彼女の本のなかには、その著名人たちの名があげられている。そのなかには三人の合衆国大統領、ジェラルド・フォード、ジョージ・ブッシュ、ビル・クリントンの名も含まれている。

このうちでも特にジョージ・ブッシュは、悪名高き大物ブラザーフッド・メンバーである。小児性愛者にして連続殺人者のジョージ・ブッシュは、まだよちよち歩きであったキャシーの娘ケリー・オブライエンを、いくたびとなくレイプし、性的迫害を定期的に重ねた。それは、母キャシーの勇気ある告発によって当局がケリーを、「プロジェクト・モナーク」と呼ばれるマインドコントロール・プログラムからはずさざるをえなくなるまで続けられたという。

キャシーは、『失神状態のアメリカ』のなかでこう言っている。「ジョージ・ブッシュは、ワシントトンＤＣの執務室の中で私の目の前に腰掛けていた。そのとき彼が開けた本のページには、宇宙の彼方からやって来たトカゲのようなエイリアンの姿が描かれていた。自分もエイリアンなのだと言うと彼は、私の目の前で、カメレオンのように爬虫類人へと変身した。私は、何かホログラム装置のようなものが使われているのではないかと思った」

彼女が自分の見たものをこのように合理化してしまったのは、充分にうなずけることだ。誰だってそうしただろう。真実はあまりにも奇想天外で、充分な確信が得られるまでには長い時間がかかるのだ。

ところで、ハリウッド映画などを通じて、ＵＦＯや異星人について一定のイメージが、大衆の頭の中に刷り込まれ続けてきたが、これがマインドコントロール・プログラムの一端であることは確実だ。キャシーはその著書のなかで、映画『スター・ウォーズ』などのプロデューサーとして有名なジョージ・ルーカスは、ＮＡＳＡや国家安全保障局（ＦＥＭＡ、ＣＩＡの上部機関）の工作員だと言っている。しかし私は、キャシー自身が見たものについては、マインドコントロールのための単なるホログラム映像であったなどとは思わない。ブッシュは、彼女に「大いなる秘密」の一端を垣間見せつつあったのだ。異次元の爬虫類人種が何千年ものあいだ、この地球を支配し続けてきたという驚愕の真実を。私はほかにも、ブッシュが爬虫類人へと変身するのを見たという人を知っている。

＊――――メキシコ大統領ミゲルも眼前でイグアナに変身！

一九八〇年代にメキシコ大統領であったミゲル・デラ・マドリードも、マインドコントロール状態のキャシーを利用した者たちの一人であった。彼はキャシーに、トカゲのような姿の異星人がマヤに降臨したという、メキシコに伝わるイグアナ伝説を語った。

「高度な天文学的知識に基づいたマヤのピラミッドや処女生贄の習慣は、トカゲのような姿をした異星人によってもたらされたものだ。そのレプティリアンたちは、マヤの人々とのあいだに、彼らが取り憑くことのできる混血種を生み出した。そのようにして生み出されたレプティリアンと人間の混血種の血流を受け継ぐ者たちは、カメレオンのような変身能力によって、人間の姿とイグアナの姿のあいだを意のままに行き来できるのだ。世界の指導者たちは、このような変身能力を完璧に備えている。かく言う私もマヤのトカゲ人種の血を引いており、好きなときにイグアナの姿に戻ることができる」

そう言って彼は、かつてのブッシュのように変身し、トカゲのような目と舌を見せつけた。

当然ながら、彼女はまたもや、それをホログラム映像と理解した。しかし、はたして本当にそうだったのだろうか？ デラ・マドリードは、何か真実に近いことを話していたのではないだろうか？

人間がシェイプ・シフト（カメレオンのように変身）して爬虫類のような姿になったという古代伝説は、世界中の各地に伝わっている。現代世界においても、開かれた精神を持った人々のあいだでは、このテーマは広く認識されている。シェイプ・シフトとは、それまでとは違った自己の新たな物理的イメージを、周囲へと照射する能力である。すべての物質の正体は、異なったスピードで振動するエネルギーである。ゆえに、もしあなたが、自らの精神を用いてその振動数を変化させることができるなら、あなたは自分の好きな姿になることができる。

＊――異星人やUFO情報を巧みに操る「メン・イン・ブラック」

いわゆる「メン・イン・ブラック」（ＭＩＢと略記されたり「ブラックメン」などとも呼ばれる。ＵＦＯ研究者の周辺によく現われ、ときにＣＩＡやＦＢＩを偽称し研究の妨害等々を行なう。黒い帽子に黒い服を着ていることが多いため、この名がある）は、近年では研究者ばかりでなく、異星人や

UFOに関する情報に深入りした人々に脅しをかけることで知られてきているが、彼ら「メン・イン・ブラック」が実体化したり非実体化するのを見たという報告が数多くあがっている。

それもそのはず、彼らは次元と次元とのあいだを自在に行き来する能力を持ち、あらゆる形態をとることができるのだから。エリート一族にみられる強迫観念的同系交配は、このような変身能力を与えてくれる遺伝子構造を維持するためのものだ。彼らが次元のあいだを行き来し、人間の姿とレプティリアンの姿のあいだを自由にシェイプ・シフトできるのは、彼らが受け継ぐ特異な遺伝子構造のおかげなのだ。遺伝子構造がレプティリアンのオリジナルから離れすぎてしまうと、彼らはシェイプ・シフト能力を失ってしまうのである。

またもやキャシー・オブライエンの話であるが、彼女は、ワシントンDC近くのゴダード宇宙飛行センターで、ベネット兄弟によって、エイリアンに関する不思議な体験をさせられたという。ビルとボブのベネット兄弟は、合衆国政界内ではよく知られた者たちであり、ブラザーフッド・ネットワークの中枢に位置している。彼らから向精神薬を投与されたときの不思議な体験を、彼女は次のように語っている。

「漆黒の暗闇の中、ビル・ベネットの語る声が静かに響いた。『これは私の弟のボブだ。彼と私は一つのユニットとして動いている。われわれはこの次元の者ではない。われら二人は他の次元からやって来たのだ』」

「私の周囲を取り巻いていた部屋一面のハイテク電光表示が、渦巻のように溶け出した。私は、彼らとともに次元を移行しつつあるかのようだった。一筋のレーザー光線が私の前方の黒い壁を直撃した瞬間、そこから爆発が生じたように、あたり一面にホワイト・ハウスでのカクテル・パーティーの光景が開けた。私は、異なった次元の存在として、彼らの真っ只中に立っていた。私の存在に気づく者は誰もいない。私は気も狂わんばかりに叫んだ。『彼らはいったい何者なの？』」

「『彼らは人間ではない。といってここが宇宙人の宇宙船の中だというわけでもない』とベネットは答えた。彼がそう言うと、周囲を包んでいたホログラムの光景が少しずつ変化し始め、パーティー会場の人々の顔がトカゲのエイリアンのようになった。『ようこそ地下二階へ。ここは異次元、言うなれば一階の映し鏡だ。われわれは、あらゆる次元に通じる領域からやって来た……』」

「ビル・ベネットは語り続けた。『……お前を私の次元に連れて来たのは、地球の三次元におけるよりもはるかに強力にお前の精神をとらえることができるからだ。エイリアンたる私の思考が、お前の精神へと投影される。私の思考がお前の思考となるのだ』」

＊──ウィンザー王家は「トカゲ」「爬虫類」と呼んだダイアナ妃

このような彼女の経験は、マインドコントロール・プログラムの一環として、なんらかの装置によって演出されたものかもしれない。しかし、私が得た他のさまざまな情報から判断するとそうではない。薬物の影響やその他の技術によって、キャシーの精神は、レプティリアンの活動する次元へと転位していたのではないだろうか？

低層四次元からやって来たレプティリアンは、人間の肉体に取り憑いて、それを乗り物のように利用している。ゆえに、もしあなたが自らの精神を彼らの次元の波長に合わせることができるなら、あなたは彼らがどんな姿をしているかを見ることができるだろう。

ところで、一部のアブダクティーたち（異星人に誘拐されＵＦＯなどに連れ込まれた経験を持つ人々）も、催眠療法による記憶の呼び戻しなどによって、キャシーと同じような経験をしていたことがわかっている。

彼らも、最初はまったく人間の姿をしていた者が、トカゲ人間へと変身していくようすを目にしているのだ。彼らは本当にエイリアンの宇宙船に誘拐されていたのだろうか？　それともキャシー・オブライエンのように、マインドコントロールの対象とされていたということなのだろうか？

すべてを解く鍵は、低層四次元にあると思われる。ハンター・S・トンプソンは、その著書『ラスヴェガスでのおぞましき体験』のなかで、ドラッグをやったときに恐ろしい爬虫類人を見たと言っているが、私が十五日間の合衆国旅行のあいだに会ったある男も、それとよく似た体験を私に語ってくれた。

一九六〇年代、彼は、かなりの量のLSDをやって、よく「トリップ」していたという。極度の精神変容状態にあった彼の目には、ある人々は人間に、そしてその他の人々はトカゲ人間や爬虫類に見えたという。最初しばらくのあいだ彼は、それを単なる幻覚だと思っていたらしい。しかし徐々に彼は、通常五日間の「トリップ」の三日めに見えるそれが、単なる幻覚ではないことに気づき始めたという。多量のLSDが彼の脳に作用することによって、彼を包んでいた波動のヴェールが一時的に取り去られていたということだ。それによって彼は、この物理的次元の枠を超えて、人間の肉体をコントロールしているものを見ることができたのだ。五日間のトリップをいくたびとなく繰り返していた何ヵ月ものあいだ、トカゲ人間に見える人はどのトリップのときもトカゲ人間に見え、人間に見える人はいつも人間に見えたという。それは決して変わらなかったという。また、彼が気づいたところによると、トカゲ人間に見える人々は、同じ映画、同じテレビ番組に対して、みんながみんな、まったく同じように反応していたということだ。「トカゲ世界へようこそ！　われわれはよくそう言って笑い合ったものだ」と彼は語った。

彼は、「形態形成フィールド」の存在を確信したという。すなわち、トカゲ人間に見える人々のD

NAには、レプティリアン（爬虫類人）の細胞組成情報が織り込まれており、それがわれわれの物理的次元を超えたレヴェルで発現しているということだ。また、ある人の持つレプティリアン遺伝子が多ければ多いほど、レプティリアンによる異次元からの憑依が容易となる。このようなレプティリアン遺伝子を最も強く受け継いでいるのが、今日世界を支配しているエリート一族だ。

ダイアナ皇太子妃がウィンザー王家の人々のことを「トカゲ」や「爬虫類」と呼んでいたのも、なにもゆえなきことではない。あとの章で詳しく述べようと思うが、九年間ダイアナ妃と非常に親しい間柄にあった人の話によると、ダイアナ妃は、ウィンザー王家の人々のことを、「彼らは人間じゃない」と大まじめに語っていたそうだ。

＊——世界の政治権力者《トップリーダー》、金融エグゼクティブなども人間や爬虫類の姿に自在に変身する

私は十五日間のアメリカ旅行で「人間が爬虫類に変身するのを見た！」という人々に次々と会って、その話を聞いてきた。そして最後の日、ミネアポリスで開催された「ホール・ライフ・エキスポ」に出席した。そこの出演者控え室で私は、ある超能力者の女性と話をした。彼女は私の話の内容をすでに知っていた。というのも彼女には、世界の政治指導者やビジネス・金融・軍事エリートたちの体に重なって、爬虫類人の姿が見えるというのだ。これは充分うなずける。この物理的次元を超えて低層四次元を見透す超能力を持った者にならば、そこで活動するレプティリアンの姿を見ることも可能であろう。

ところで、ミゲル・デラ・マドリードがキャシー・オブライエンに語ったことを覚えているだろうか？「レプティリアンの遺伝子を受け継ぐ血流の者たちは、カメレオンのような能力によって、人

間の姿とイグアナの姿のあいだを自由に行き来することができる。そして世界の指導者たちは、この能力を完璧に備えている」

まさに、その超能力者の女性も、権力者の大部分は爬虫類の姿に見えると言っている。しかしなかには人間のままの者もいて、彼らはレプティリアンによって憑依《オーバーシャドー》されているのだという。つまり彼らは取り憑かれてコントロールされているということだ。

この区別は重要だ。そのため、ここでレプティリアンの存在形態について確認しておきたいと思う。基本的にレプティリアンの意識は四次元世界に存在している。これはわれわれ人間の意識が、この三次元に同調しているのと対照的である。

すなわち彼らは、その四次元世界の意識から、このわれわれの世界（三次元世界）を観察しているのだ。しかし、こちらの意識からはレプティリアンの意識は超越的なものだ、ととらえるしかできない。つまり、われわれ人間とレプティリアンとでは、その存在様式がまったく異なっているのである。

さて、レプティリアンには大きく分類して次の三つのタイプがある。それを説明しよう。

１　レプティリアン純血種

レプティリアン純血種には、きわだった特徴がある。それは彼らが、自らの肉体との結びつきの希薄なことだ。そこで四次元世界に意識を持つ彼らは、この三次元世界で活動するためになんらかの形態をとらねばならないわけだ。

その形態の差異からいえば、レプティリアン純血種は、さらに二つのタイプに分類することができるだろう。

一つは、レプティリアン遺伝子を持つ人間の肉体にオーバーシャドーし、「宇宙服」として利用するタイプである。この「宇宙服」も一定の年月を経てガタがきたら、脱ぎ捨てられる。そして彼らはまた、新しい「宇宙服」に着替えるわけだ。

もう一つは、低層四次元のレプティリアン純血種といわれるものである。彼らは直接、人間の姿から爬虫類型異星人の姿にシェイプ・シフトができるタイプである。彼らは実際、このような能力を持っている。そして、この三次元ではほとんどの場合、自分たちの正体を隠すために人間の姿で生活をしているのだ。もっともそんなものなど、仮の姿にすぎないのだが。

2 レプティリアンに取り憑かれている混血種

混血種たちは、レプティリアンによってオーバーシャドーされるべく生まれてきたような存在ともいえる。レプティリアンにオーバーシャドーされると、その人は完全に彼らのコントロール下に入ることになる。つまり、その肉体のみならず精神までもが四次元意識体を持つレプティリアンの「道具」にされてしまうのである。

3 現実次元に直接に顕現しているレプティリアン

このレプティリアンも三次元世界において、思うがままに自らの姿を変容させることができる。もう少し具体的に説明するなら、次元の壁を超えて行動できるということだ。有名な「メン・イン・ブラック」たちがその代表例といえるだろう。

レプティリアンに取り憑かれている人々の大部分は、そのことをまったく自覚していない。けれども彼らの思考はレプティリアンの思考となっており、彼らの行動はレプティリアンのアジェンダに沿うものとなっている。

これに対し、ロスチャイルドやウィンザーといった指導的ブラザーフッド一族は、アジェンダのすべてを知る純血種である。彼らは、人間の肉体をオーバーコートのように着込んでいるのだ。さらに、その超能力者の女性が言うことには、精神変容状態に入っていた彼女の目には、ヒラリー・クリントンはレプティリアンに見えたそうだ。一方、彼の夫で合衆国大統領のビル・クリントンは、単にオーバーシャドーされているだけにすぎないという。

これは興味深い話だ。というのは、私や他の者たちの研究によっても、ヒラリーはビル・クリントンよりもはるかに高い位階にあり、混血種のビル・クリントンは単なる将棋の駒にすぎないということが明らかになっているからだ。最も力を持った者が表向き最も高い地位についているとは限らない。真に力を持った者はたいていの場合、力を持っているように見える者の裏にあって糸を引いているものなのだ。

＊――――レプティリアンの変身《シェイプ・シフト》現象は波動科学で解明できる

純血種と混血種のあいだには、さらに決定的な違いがある。それは音（波動）だ。すべての物は音（波動）によって形作られている。たとえばあなたの想念は波動エネルギーとして周囲に放射され、周囲の物を同一の波動レヴェルに共振させている。その波動の正体は、人間の可聴域をはるかに超えた周波数の音なのだ。あらゆる形態は音なしには存在しえない。『キマティクス』というビデオを観れば、音が形態を作り出すようすがよくわかる。そのビデオのなかでは、さまざまな周波数の音によって振動する鉄板の上に載せられた砂などの粒子が、さまざまな幾何学模様を形成するのだ。音が変わるのに応じて模様も変化する。音が元に戻れば、模様もすぐに元に戻る。

第1章でも述べたことだが、太陽系の惑星軌道もまた、同様に波動の作用によって形成されている。太陽系もまた、音の産物なのだ。すべての物が音によって生み出されているのだ。初めに言葉ありき、だ。そして言葉は音であった。『キマティクス』のビデオを観れば、小さなプレートの上の粒子も、そして太陽系も銀河系も、すべてが音、すなわち波動によって形成されていることがよくわかる。

また音は、すばらしい癒しの手立てでもある。病んだ体や器官に適切な波動を送って共振させてやれば、それはすばらしい癒しとなる。病気（dis-ease）とは、体が持つ自然の波動状態からの逸脱である。そしてわれわれの思考や感情も一種の波動であるから、バランスのとれていない思考や感情は波動の調和を乱し、最終的に病気につながることになる。精神的ストレスが病気の原因となるのはこういうわけなのだ。単純な話だ。

さらに驚くべきことに、『キマティクス』のビデオのなかでは、ある一定の音のときには人間の姿のような形が形成されている。われわれの体もまた波動によって形成されている以上、もしあなたの精神作用が肉体の波動周波数を変化させるほどに強力であれば、あなたの肉体がその形態を変化させたり、この次元から消えてしまったりすることもあるのだ。これが、正体だ。それは奇跡などではない。科学で解明できる、自然法則に従った現象なのだ。低層四次元のレプティリアン純血種が、「人間」の形態を取り去ってレプティリアンの姿になることができるのも、まさにそういうわけなのだ。シェイプ・シフト能力を持つ彼らは、この次元においては人間の姿をしている。しかしそれは、波動のオーバーコートを身にまとっているにすぎないのだ。

＊――――四本指・二メートルの「トカゲ男」に地球は乗っ取られる!?

本章の草稿を書き上げたあと、私は、イングランドに住むある女性に会った。彼女の元夫は、ブラザーフッド・ネットワークの悪魔主義の儀式に関係していたという。彼は、バーナム・ビーチズと呼ばれる地区の統括責任者だったらしい。バーナム・ビーチズは、バッキンガムシアとバークシアとの州境の近く、ロンドン西方の町スラウから五キロほど行ったあたりである。そこは、征服王ウィリアムによる十一世紀の土地台帳にも書かれている古い土地で、昔からサタニズム（悪魔主義）の土地と

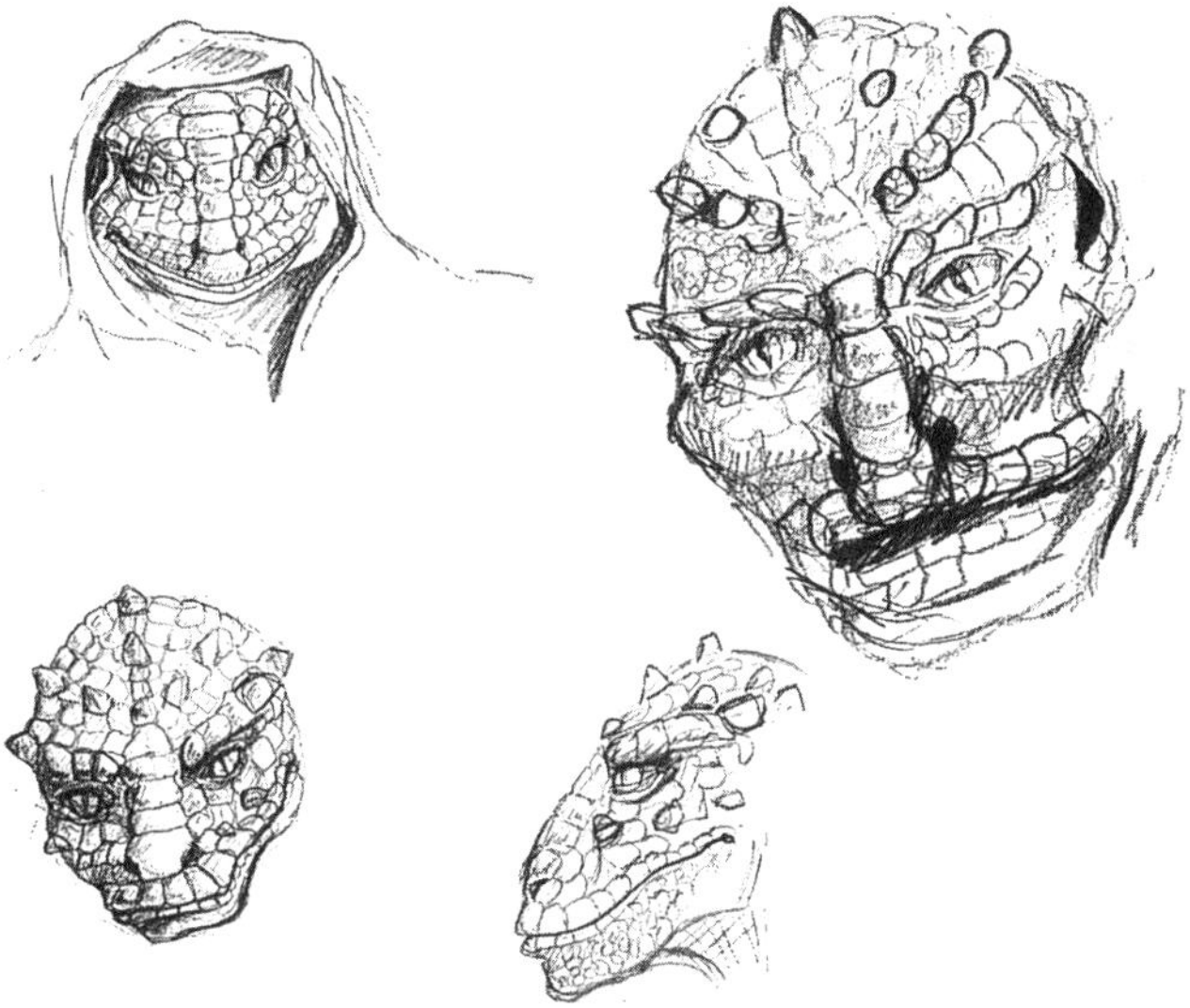

これらは、英国のワイト島に住む画家クライヴ・バローズが、人々の証言をもとに描いたものである。人間の姿をしていたものがレプティリアンへと変身していくようすがわかる。このような変身は、政治・金融・ビジネス・軍事など世界中の各分野の指導者たちの間に共通してみられる現象である

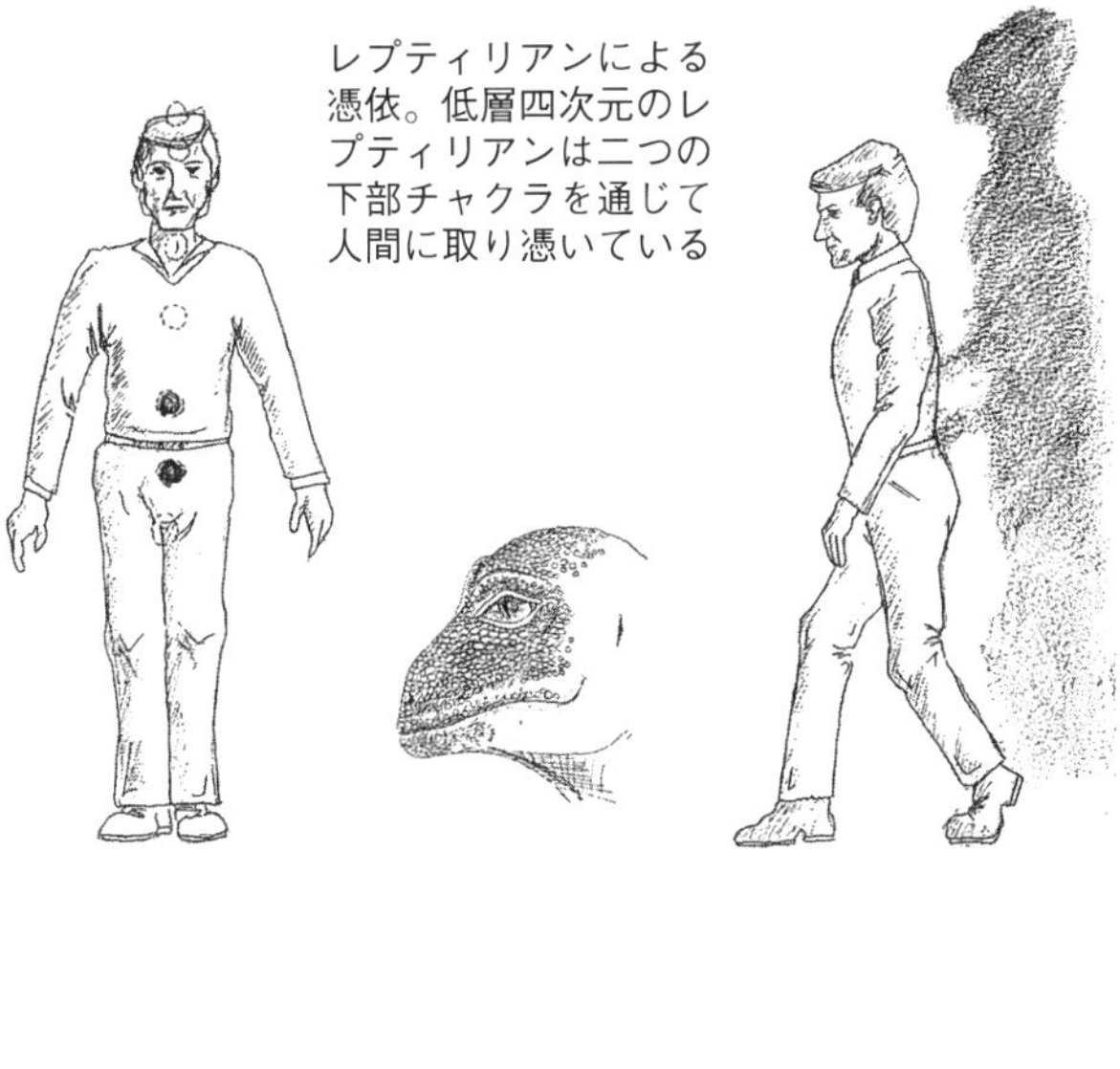

レプティリアンによる憑依。低層四次元のレプティリアンは二つの下部チャクラを通じて人間に取り憑いている

して知られていた。

私に話をしてくれたその女性は、一九七〇年代初頭のある夕暮れどき、犬を連れてその土地のあたりを散歩していたという。そのとき彼女は、赤いローブを身にまとった人物に遭遇した。ふと頭を上げたその男の顔は、まさにトカゲそのものであった。彼女は最初、自分の気が狂ったのかと思った。しかしそれは幻覚ではなかった。その「トカゲ男」は非常にはっきりとした実体を持っており、決して幻影などではなかった。その後も彼女は、人間がトカゲに変身するのを何度か見たという。彼女には、人々がレプティリアンに憑依されているのがわかるという。

彼女の話の内容は、私がアメリカで会った超能力者の女性の話とほとんど一致している。119ページを見ていただきたい。彼女が見たというものの姿が描かれている。一九八八年七月二十日、サウスカロライナ州ビショップスヴィルの人々が、背丈二メートルのトカゲ男に襲撃されている。そのトカゲ男には頭髪も眉毛も唇もなく、指は親指を含め四本で、つり上がった巨大な目をしていたという。この「トカゲ男」については五件の目撃例が出ており、『ロサンジェルス・タイムズ』や『ヘラルドイグザミナー』紙の記事になっている。

生命の流れに従って生き、自らの直感の声に耳を傾けるならば、あなたは驚くべきシンクロニシティー（共時性）でもって見るべき物を見せつけられ、現実世界というモヤの中を真理へと向かって導かれることだろう。

一九九八年二月のある日、私は南アフリカのヨハネスブルクで、ズールー族のシャーマン（祈祷師）クレド・ムトアと、約五時間にわたって話をした。「ズールー」とは「星からやって来た人々」という意味であり、ズールー族の人々は、自らを遠い星からやって来た王家の血筋だと思っている。

われわれは、グローバル・ブラザーフッド（各国の君主、政治家、銀行家、メディア・オーナーなどによって形成されている）による世界操作について話し合った。この世界操作の裏には異星人がいる、というのがムトア師の持論だった。話が終わったあと、私は滞在していた家へと戻って二階へ上がり、ラップトップのコンピューターを使って話の要点をまとめあげた。それが一段落して一階の居間へと夕食を食べに下りて行くと、居間のテレビでは『アライヴァル』という映画が放映されていた。なんとその内容は、爬虫類のような姿をした異星人が、人間に化けて地球乗っ取りを企むというものであった。何かが私に真実を伝えようとしていたのだ。

同じ頃に私は、『ゼイ・リヴ』という同じテーマの映画を観ている。『エイリアン・レザレクション』という映画があるが、これもまたレプティリアンもので、エイリアンが人間の肉体に取り憑くのだ。しかしなかでも真実に最も近いのは、一九八〇年代にアメリカで放映されたテレビ・シリーズ『V（ヴィジター）』だろう。人間の姿を借りた爬虫類型異星人がこの世界を乗っ取る、というのがその粗筋だ。レプティリアンが合成ゴムの皮膚を被って人間に変身しているという点が事実とは違っているが、全体のテーマは事実と一致している。一度『V（ヴィジター）』をご覧になることをお薦めする。私が本書で言わんとしていることのイメージが具体的になるだろう。

＊――性エネルギーを食糧とするデーモン＝レプティリアン

アメリカの超常現象研究者アレックス・クリストファーは、その著書『パンドラの箱』（一巻および二巻）のなかで、この地球上におけるレプティリアンの存在を明らかにしている。彼女は、レプティリアンやグレイを見たことがあると言う。それは彼女がフロリダのパナマシティーにいたときのことであった。深夜二時三十分、彼女は、隣人（女性とその彼氏でパイロットの男性）の半狂乱の声に目を覚ました。急いでその隣人の家へと行ってみると、一人の女性が目を回しながら壁を滑り下りてきたという。部屋の中は、頭を突き刺すようなエネルギー放射に満ちていた。翌日、部屋の中にあった植物が完全に枯れていたほどだ。そのカップルを抱き止めて正気づかせたアレックスは、その後少しのあいだ彼らから話を聞いた。そのできごとが起こったとき、彼らはベッドに入って愛し合おうとしていたという。

この点は注目すべきであろう。というのも、レプティリアンは人間の感情エネルギーや性エネルギーを食糧とするからだ。「デーモン」（その正体はレプティリアン）に捧げられる悪魔主義儀式において性行為が重要な位置を占めているのも、まさにそのような理由によるものなのだ。そのカップルは、閃光を見たと思った瞬間、ベッドから引っ張り出されていたという。男性の脇腹には、火傷のような痛々しい手形の跡が残っていた。手形の跡から察するに、その手には、鋭い爪のある長さ約三〇センチもの指がついていたようだ。

この手形の跡は、翌日は手も触れられないほどに痛んだという。アレックスは、この手形の跡をビデオテープに収めている。カップルを落ち着かせた彼女は、家に帰って再び眠りについた。すると今度は、彼女自身がレプティリアンに直面することになったのだ。

「私が目を覚ますと、『それ』はベッドの上から私の顔をのぞき込んでいた。黄色い皮膜に覆われた目、蛇のような瞳孔、とがった耳、銀色に輝くスーツ、そしてニヤニヤ笑い。私は頭から布団を被って叫び声を上げげた。ギラギラと光る目とチェシャキャットのようなニヤニヤ笑い……もうたくさんだ。私はこのほかにも、このようなものを見たことがある。鉤鼻《かぎばな》の彼は、まったく人間の姿をしていた……その目と灰色の皮膚を除いては。……一九九一年、私はある大きな町のビルの中で働いていた。最初は不思議に思ったのだけど、私は何があったのかを少しずつ思い出し始めた。オフィス・ビルの四午後六時に休憩をとった。少し休んだだけのつもりだったのが、気がつくと十時半になっていた。最初は不思議に思ったのだけど、私は何があったのかを少しずつ思い出し始めた。オフィス・ビルの四階分をすり抜けて屋上へと抜け出た私は、宇宙船の中へと吸い込まれた。宇宙船の中では、ドイツ人やアメリカ人が、グレイ・エイリアンとともに働いていた。そして私たちは、基地のような場所へと連れて行かれた。そこで私はレプティリアンを、つまり私が『赤ちゃんゴジラ』（ミニラ）と呼ぶ生物を見たのだった。短い歯とつり上がった目、爬虫類のようなその容貌は、私の頭にこびりついて決して離れることがない。彼らほど醜悪な存在はほかには考えられない。それに彼らは、すさまじくひどい臭いがした」

　宇宙船の中のドイツ人やアメリカ人たちは、青い三角形の中に赤い目の竜の入った円型の記章を身につけていたと彼女は言う。合衆国フォート・ウォールデンで異星人と接触したというある女性も、同じシンボルマークを見たとアレックスに語ったそうだ。羽の生えた蛇のシンボル・マークは、暗殺されたイサク・ラビンの葬儀に参列したイスラエル兵士の肩の部分にもついていた。その兵士は、『ニューズウィーク』一九九五年十一月二十五日号で、ラビンの娘と一緒に写真に写っている。アレックス・クリストファーは、デンヴァー空港についても調査を進めており、その地下深くには、レプティリアンと人間が共同して造った基地があるという。

＊——レプティリアン地下基地直上のフリーメーソン色ふんぷんなデンヴァー空港

　デンヴァー空港はたしかに奇妙な場所だ。一九九六年八月、グローバル・コンスピラシー《世界陰謀》についての講演を合衆国で試みようとした私は、デンヴァー空港へと降り立った。当時私はデンヴァー空港の背景について何も知らなかったのだが、飛行機が着陸するやいなや奇妙な感覚を覚えた。気味の悪い非常に不快なエネルギーを感じたのだ。

　デンヴァー市街から遠く離れた広大な無人の土地に、莫大な費用をかけて建設されたその空港は、メーソンのシンボルで満ちあふれている。そこにはガーゴイルの像が並んでいる。この有翼爬虫類人の像は、英国の大邸宅や教会、ヨーロッパの大聖堂などの周囲に数多く見られる。これらはすべて、ブラザーフッド・ネットワークによって建設されたものだ。

ケネディ大統領の暗殺されたディーレイ・プラザ地区のビルの上にも、このガーゴイルの姿が見られる。そしてこのガーゴイルは、レプティリアン地下基地の直上に建設された近代的巨大空港にもその姿を現わしたのだ。ガーゴイルは、レプティリアンのシンボルである。レプティリアン地下基地直上のデンヴァー空港にその姿が見られるのは、当然といえば当然の話であろう。

デンヴァー空港の礎石には、フリーメーソンのシンボル、コンパスと定規のマークが描かれている。そしてこの礎石が置かれているターミナルビルの一角は、グレート・ホールと呼ばれている。このグレート・ホールというのもまた、メーソンの用語である。ある壁面などは、奇怪な象徴の壁画で満ちあふれている。ユダヤ人、アメリカ原住民、黒人、これら三人の少女をそれぞれに納めた三つの柩。マヤの石板を抱えた少女。その石板には、文明の崩壊が予告されている。廃墟の上に剣を持って立つ、巨大な緑のダースヴェイダー。そして死んだ赤ん坊を抱いて歩く女性たち。世界中のあらゆる国の子供たちが、金床《かなどこ》を抱えて鉄拳を突き上げたドイツ人の少年に対して、一斉に武器を向けている。

二〇〇〇年以降に計画されている「ニュー・ワールド・オーダー」という名の世界的ファシスト国家、デンヴァーがその合衆国西部管区本部として予定されていることは明らかだ。

東部管区の本部はアトランタだと言われている。以前に私は、デンヴァー空港とアトランタ空港の設計はなぜこんなにも似ているのだろうと、ふと疑問に思ったことがあった。しかし今ではその理由がよくわかる。

コロラド州はニュー・ワールド・オーダーの中心地であり、英国女王は、さまざまな名義でコロラ

（上）フリーメーソンの位階——右はヨーク、左はスコティッシュを示す。（中）そのシンボルの数々。（下）アメリカ・フリーメーソンの旗とその由来書

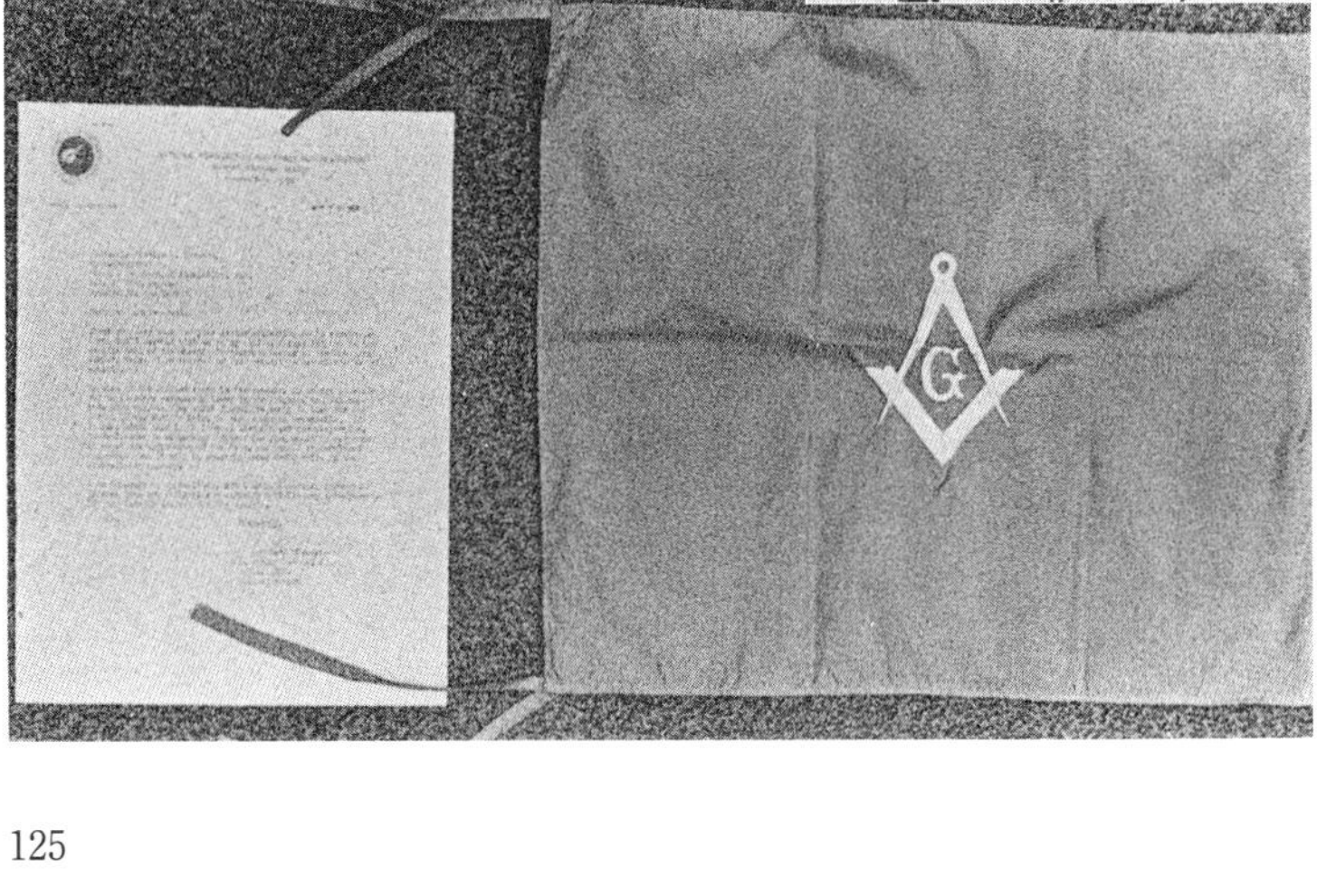

ドの土地を買い占めている。のちに説明することになるが、英国王室は、本書が語る内容に非常に深く大々的に関与している。ダイアナ皇太子妃殺害も彼らの差し金である。

＊――ダルシー地下基地でも目撃された無髪ウロコのカメレオン爬虫類人

アレックス・クリストファーが接触した人物の一人に、フィル・シュナイダーという男がいる。第二次世界大戦中にUボートの艦長であった彼の父は、大戦後、合衆国内にいくつかの地下基地を建設するという仕事を委託されていたという。私も、彼の姿をビデオで見たことがある。彼は、合衆国中を縦横に走るトンネルや地下都市の地下基地ネットワークについて、人々の前で話をしていた。彼はのちに、「自殺」として片づけられた非常に不審な死に方をしたが……。このシュナイダーは、デンヴァー空港の地下深くには、少なくとも八つ以上の層からなる巨大な地下基地が存在していると言っていた。それはとてつもなく巨大で、約七平方キロもの広さを持つ地下都市を含んでいるものだという。

また、デンヴァー空港の地下にいたことがあるという人物は、そこには膨大な数の人間の奴隷がいたと証言している。その大部分は子供で、レプティリアンによって支配され働かされているという。フィル・シュナイダーは、ネヴァダ州エリア51とニューメキシコ州ダルシーとにある、二つの地下基地の建設を手伝ったと主張している。

ダルシーの地下基地は、ロスアラモスの国立研究所と、トンネル・ネットワークによって結ばれているそうだ。私は以前にロスアラモスに行ったことがあるが、そこの波動は本当にひどいものだった。私は合衆国のラジオ番組「サイティングス」で地球人に対するレプティリアンの関与について話をした私は、ダルシーに駐屯していた陸軍部隊の兵士の一人から、手紙を受けた。その手紙のなかで彼は、ダルシーには確かに「非常に奇妙な何か」があると言っている。しかしそれがいったいなんであるかはわからないと彼は言う。その証言にもう少し耳を傾けてみよう。

「……私がいつものように仕事をしていると、若い下士官の整備士がやって来て、急ぎのやっつけ仕事があるから一緒にやってくれと言われました。彼は鋳型を持っていて、熔接の手順を私に示しました。われわれは、専用のベンチに腰掛けて、横並びになって熔接の仕事をしていました。私がふと目を上げて彼のほうを見ると、彼の顔は半透明のモヤのようなものに包まれていました。そして彼の容貌全体がぼやけていき、彼の占めていた空間に『それ』が出現したのです。『それ』には頭髪がなく、皮膚の代わりにウロコがあって、突き出た大きな目をしていました」

彼はこのあとも、ダルシー基地の正面ゲートの衛兵にまったく同じことが起こったのを目撃したという。この人のほかにも、似たような目撃例はいくつか出ている。ワシントン州シアトル南方にあるフォート・ルイス近くのマディガン陸軍病院では、カメレオンのような容貌の爬虫類人が働いているのが目撃されている。私は講演でその地域に行ったことがあるが、その地域全体から非常に奇妙な感じを受けた。変なのは、なにもフォート・ルイス近くの「ニューエイジ」センターだけではないのだ。

＊――一九七九年、人間と異星人の基地内「ダルシー戦争」で軍人、科学者たちが殺される

ダルシー基地のことを調査研究したジェイソン・ビショップ三世は、そこには一連の企業カルテルの関与があると主張している。これら一連の企業カルテルのことについては、私も『……そして真理があなたを自由にする』のなかで明らかにしている。それはランド・コーポレーション、ジェネラル・エレクトリック、AT&T、ヒューーズ・エアクラフト、ノースロップ社、サンディア・コーポレ

ーション、スタンフォード・リサーチ・センター、ウォルシュ建設、ベクテル社、コロラド・スクール・オブ・マインズ等々のことである。

なかでもベクテル（ベック・トゥル）社は、ブラザーフッドのレプティリアン・ネットワークと深く結びついている企業である。ジェイソン・ビショップ三世によれば、ダルシーの地下には少なくとも「七つの層に分かれた巨大な地下基地」が存在しているという。

しかも彼は、そこで働いたことがあるという労働者たちの証言を集め、一つのレポートにまとめあげたのだ。これら労働者たちの証言は、交配実験によって数々のおぞましい雑種を創り出したという、あのシュメール文書に描かれたアヌンナキの姿を浮かび上がらせるものであった。

その第六層は、彼らのあいだでは「悪夢の館」と呼ばれていた。そこには遺伝子研究施設があったという。以下は、奇妙な実験の産物を見たという労働者たちの証言だ。

「俺は、足が何本もある人間を見たんだ。人間とタコが混じり合ったようなやつだったよ。爬虫類人間なんかも見た。毛むくじゃらのやつがいてさ、こいつは人間みたいな手をしていて赤ん坊のように泣くんだよ。それで人間の言葉を真似るんだ。それにでっかいトカゲ人間みたいなのが檻《おり》に入れられていたのも見たよ」

そのうえ魚やアシカ、鳥やネズミなどもいたらしいが、よく観察しなければ元がどんな種なのかよくわからないほどだったという。グロテスクなコウモリ人間の入った檻もあって、三フィート半のものから七フィートのものまで、さまざまな大きさのものがいたらしい。ガーゴイルのような爬虫類人もいたという。

次の第七層はもっとひどかったらしい。冷凍保存された人間の混合種が、どこまでも終わることなく並んでいたというのだ。さまざまな発展段階の胎児も、水槽のような物に入れられて保存されていたという。彼の証言を続けよう。

「……檻の中に入れられた人間にもよく出くわしたものだ。たいていは薬漬けでぼうっとしているんだが、なかには助けてくれとせがむやつもいた。われわれは上の者から『彼らはもともとどうしようもないくらいに気が狂っていて、それを治すための薬を試験的に投与されているんだ』と教えられていた。またわれわれは、彼らとは決して口をきかないようにと注意されていた。最初はわれわれもその話を信じていた。しかし一九七八年、ついに一部の労働者が真実を知ることになった」

この一部の労働者たちから基地内で働く人々に真実が伝わり、一九七九年、とうとう基地内の人間と異星人とのあいだに「ダルシー戦争」が勃発《ぼっぱつ》した。この戦いのなか、多くの科学者や軍人たちが殺された。フィル・シュナイダーは、エイリアンたちとの銃撃戦に彼自身参加し、レーザー銃で胸を切り裂かれたと言っている。たしかに彼の胸には、彼自身人々の前で見せているように、大きく切り下ろしたようなすさまじい傷跡が残っている。この戦いの結果、基地はしばらくのあいだ閉鎖されていたが、その後再開されている。

こうしたレプティリアンの地下基地は、アリゾナ州セドナのボイントン・キャニオンにもあると言われている。その基地の中心は、シークレット・キャニオンという、まさにおあつらえ向きの名を持った場所にあると信じられている。似たような基地や地下都市は世界中に存在し、それらは超高速の「チューブ・シャトル」トンネルによって連結されている。これらのトンネルは、超ハイテクの熔融ドリルによって造られている。原子力で動くこのハイテクマシンは、溶かした岩をそのままトンネルの壁へと形成しつつ、すさまじい勢いで地中を突き進むのだ。このハイテクマシンはロスアラモスで開発されたものである。

ここで一つ注目すべきことがある。それは、地下核実験がネヴァダやニューメキシコで行なわれてきたという事実だ。ネヴァダやニューメキシコといえば、レプティリアンの地下施設が集中的に存在している地域である。「核実験」は、地底に巨大な空洞を作り出すために行なわれたのではないだろうか？　それともう一つ、これはレプティリアンと接触したことのある複数の人々から聞いたことだが、レプティリアンは核エネルギーを食糧としているという。

＊――アルビノ《白子》・ドラコ族はレプティリアンの最高カースト

レプティリアンの姿を追いたい。レプティリアンと遭遇したことがあるという人々から私が集めた情報を総合すると、レプティリアンの姿は次のようなものになるだろう。レプティリアンのなかにはさまざまな種類があって、彼らのエリート種族は「ドラコ」として知られている。彼らはあらゆる意味で「巨体」の持ち主であり、その身長は二〜四メートル近くもあるという。彼らの体には細長い骨と薄い皮膚でできた翼がついており、通常その翼は背中に折り畳まれている。「翼の生えた蛇」の正体は彼らだったのだ。「堕天使」の正体もまた彼らであった。

翼のあるガーゴイルは、彼らドラコ・レプティリアンの象徴である。ブラム・ストーカーの小説の主人公ドラキュラ伯爵、彼が身にまとっているケープは、ドラコの持つ薄い翼を象徴している。ドラキュラ伯爵は堕天使の末だとも書かれている。翼を持つドラコは、「竜の種族」としても知られている。また、鳥人間の姿で描かれる古代の神々も、これと関係している。ブラザーフッドがよく用いるフェニックスや鷲のシンボルも、彼らにその起源を持っている。聖書に登場するサタンも、レプティリアンの姿に描かれている。

ドラコ・レプティリアンのなかには、緑や茶色といった普通の色ではなくて、真っ白なアルビノ（白子）ばかりの階層が存在している。これは、デンヴァー近くのオーローラの町のビルの中で目撃された、アルビノ・トカゲ男と何か関係があるようだ。実はアルビノのドラコ族はレプティリアンの最高カーストであり、いわば「王族」なのだ。彼らは、眉のあいだと頭のてっぺんに円錐形の角を持っている。私はここでハッと気づいた。古代の「神々」や王族は角のついた冠を被っているが、これはレプティリアンの王族の象徴なのだ。

そして、レプティリアンのなかの兵士や科学者の階級は、「レプトイド」という種族として知られている。彼らには翼はない。彼らはレプティリアンのなかでは人間に近い体型をしているが、人間とは違って冷血である。彼らの体はウロコで覆われており、背中のあたりのウロコが一番大きい。彼らの足爪先には分厚くて短かい爪のついた三本の指があり、踝《くるぶし》のあたりから四本めの指が突き出している。彼らは赤く光る大きな猫のような目をしており、細い切れ目のような口をしている。なかには真っ黒な目をしたものもいれば、真っ白な目の中に炎のような色の細く縦長の瞳孔を持ったものもいる。これらは、前述したオーロラの女性経営者が語ってくれたことだ。

レプティリアンは二〜四メートル近くの身長を有している（ただし、ときには一・五メートルほどの場合もある）が、古代の伝説に登場する「巨人族」の正体は彼らである。彼らのなかには、尻尾のあるものもいれば、ないものもいる。

＊――戦争・大量虐殺・性的堕落に伴う負の感情エネルギーが栄養源

ところで彼らレプティリアンは、はるか遠い昔、火星にも多大な影響を与えていたと考えられる。すなわち、火星の白人種が地球にやって来る前、火星にはすでにレプティリアンとの混血種がいたのではないかということだ。ゼカリア・シッチンも、アヌンナキは地球に来る前に火星に来ていたと言っている。こう考えると、すべてがぴったりと符合してくる。ブライアン・デズボロー説の火星白人種と、ゼカリア・シッチン説のアヌンナキのあいだには、非常な長期にわたる遺伝子的結びつきがあったのではないかと考えられる。また、ブラザーフッド・ヒエラルキーの軛《くびき》を脱したある高級女司祭は、「はるか遠い昔、アヌンナキ・レプティリアンの侵略を受けた火星の白人種たちは、地球へと逃れてきた。そのあとを追って、アヌンナキたちも地球へとやって来た」と私に語ってくれた。このとき地球へやって来たアヌンナキたちは、今もなお秘密の地底基地に潜んでいるのだ。

ＮＡＳＡの探査機が彼らの故郷である火星の秘密を映し出そうとするとき、その探査機はいつも行方不明になってしまう。ここから、白人種の起源がどうであれ、少なくとも一つだけは確かなことがある。それは、白人種が、アヌンナキ・レプティリアンの地球乗っ取り計画のなかの交配プログラムにおいて、レプティリアン遺伝子の主要な媒体となっているという事実だ。

その真剣な研究者たちは、いわゆるグレイ型宇宙人を操っているのはレプティリアンだとみている。今では有名になったこのグレイは、アブダクション・ケース（ＵＦＯなどによる誘拐事件）にはつきものの、黒い大きな目をした小人型宇宙人である。

「下の階層の者は常に上の階層の者によってコントロールされている。そのような支配のヒエラルキーは上から順に、ドラコ（有翼）、ドラコ（翼なし）、グレイ、人間、となっている」と、ジェイソン・ビショップ三世はその著書のなかで述べている。どうもレプティリアンは、その他の異星人とのあいだにも「同盟関係」を持っているようなのだ。

人間の生贄を、特に子供の生贄を要求した古代の「ｇｏｄｓ（神々）」の正体は、レプティリアン（爬虫類人）であった（儀式への執着は爬虫類脳の特徴である）。悪魔主義の生贄儀式についてはずっとあとの章で詳述するが、ここでも簡単に触れておきたい。殺人供犠における死の瞬間、生贄とされた人間の体内にはアドレナリンが駆け巡り、脳内の視床下部にそれが充満する。この体内現象は子供の場合が特に顕著である。これこそが、レプティリアン（爬虫類人）が人間の生き血を啜り人肉を喰らう理由なのだ。

そして、古代の神々、すなわちアヌンナキ・レプティリアンへと捧げられた生贄の儀式は、今日もなお続けられている。レプティリアンに関する研究の数々は、彼らが没感情的で同情の心をまったく欠いているという結論を示している。低層四次元に潜む彼らは、恐れや敵意や罪悪感といった、人間の発する低い波動の感情エネルギーを、その栄養源としている。

このような感情エネルギーの波動は、低層四次元の波長を持っているため、われわれの次元においては感知されえない。しかし、低層四次元に棲むレプティリアンにとっては、これを吸収することが可能である。つまり、人間の発する負の感情エネルギーが多ければ多いほど、レプティリアンの活動エネルギーが増大するということだ。戦争や大量虐殺、大量の動物を殺すことや性的堕落が助長されるのは、ネガティヴなエネルギーを大量発生させるためである。それらは、世界的規模で行なわれる黒魔術儀式なのだ。

＊――地球乗っ取りを担う金髪碧眼のアヌンナキ・人間混血種

二十万～三十万年前、レプティリアンの遺伝子交配プログラムによって、同じく爬虫類型異星人であったアヌンナキと人間との混血種が創り出された。そうだ、私は「レプティリアン以外の異星人が人類と交配することによって、この地球上にすばらしいさまざまな人種が創り出された」という可能性を完全に認めているのだ。ただし、ここでは人類操作を目的としたレプティリアンによる交配プログラムにのみ焦点を当てたいと思う。

そのような大昔のできごとにさかのぼればさかのぼるほど、全体像がぼやけてくるのは当然である。

しかし調べれば調べるほど、レプティリアンによる交配プログラムの存在を示す間接証拠が次々と浮かび上がってくるのも現実なのだ。私は、レプティリアンはこの地球においても、彼らが火星でしたのと同じことを再び繰り返したのだと確信している。彼らレプティリアンは、交配を通じて宿主となる種族に浸透し、ついにはそれを乗っ取ってしまうのだ。

どうやら火星には、火星人が地球にやって来る以前に、すでにレプタイル・アーリアン（爬虫類人の遺伝子を受け継ぐアーリア人）が存在していたようだ。金星の大接近によってもたらされた紀元前四八〇〇年頃の大洪水の直後、アヌンナキや火星系アーリア人、および彼らと人間との混血種が再出現したのは、トルコやイランやクルディスタンの山地であった。シュメール、バビロン、エジプトの平野に、そしてインダス川流域に、一瞬にして進んだ文明を出現させたのは彼らであった。アヌンナキ・レプティリアンの中心地は、コーカサス山地であった。このコーカサス山地は、本書の話のなかにいくたびとなく登場してくる。この地域の地下で巨大な交配プログラムが実行され、レプティリアンと人間との混血種が多数生み出されたものと思われる。

この地域は、Ｒｈマイナスの血液型を持つ人の割合が非常に高いことが、調査によってわかっている。Ｒｈマイナス型の赤ん坊は、出産直後、真っ青になることがある。王家の血筋を意味する「青い血」という言葉は、これに由来するものである。この「青い血」は、火星白人種の遺伝子によるものだと考えられる。事実、黒人やアジア人よりも、白人のほうがはるかにＲｈマイナス型の割合が高い。

さて、レプティリアンと人間の混血種の「王族」の血流を創り出すのには、レプティリアンの「王族」たるアルビノつまりホワイト・ドラコの遺伝子が使われたようだ。彼らは、太古より世界を支配してきた。半神人と呼ばれた彼らには、レプティリアンと人間とのあいだの媒介者として、ご主人様たるレプティリアンのアジェンダに従って世界をコントロールするという使命が与えられていた。アヌンナキは、地球上のあらゆる人種とのあいだに混血種を生み出したが、地球乗っ取りのための主たる媒介物として彼らが選んだのは白人種であった。また、これには、レプティリアン・ヒエラルキーの頂点に立つアルビノ―ホワイト・ドラコが深く関係している。

古代文献を調べればわかってくることだが、アヌンナキと人間との混血種の大部分は金髪碧眼である。金星によってもたらされた大変動の直後、「神々」の姿が大きく変わっている。紀元前六〇〇〇～前四〇〇〇年、現在イラクとなっている地域に存在したウバイド文化では、人々の崇拝した神々はトカゲ人間の姿に描かれている。ところが、紀元前四〇〇〇～前二〇〇〇年、同じ地域に存在したシュメール文明では、神々は人間の姿に描かれている。この変化は、コーカサス地方で実行された交配プログラムの結果によるものなのだ。

＊――巨人ゴリアテも異星人《アヌンナキ》と人類の遺伝子的結合の産物

シュメール文書には、アヌンナキと人間との「混血種エリート」の存在が記述されている。また、「神々」や「天人たち」、すなわち異星人たちが、人間と交配したとも記されている。最も有名な例は、「創世記」の第６章１～４節だろう。

「地上には人が増え始め、娘たちが生まれた。神の子らは、人の娘たちが美しいのを見て、おのおのが選んだ者を妻にした。……当時もその後も、地上にはネフィリムがいた。これは、神の子らが人の娘たちのところに行って産ませた者であり、大昔の名高い英雄たちであった」

ゼカリア・シッチンの解釈によると、「ネフィリム」とは、「降り来たりし者たち」という意味の言葉だそうだ。他の研究者たちも、「舞い降りた者たち」や「降り立った者たち」という意味だと言っている。

ところで、引用した「創世記」4節のなかの「名高き」という部分は、シュメール語の「シェム」という言葉からの翻訳である。シッチンは、「シェム」という言葉の本来の意味は「空飛ぶ乗り物」であると言っている。「シェム」という言葉の語源は、「シュ・ムー」であり、「ムーであるもの」というのがその意味で、「ムー」とは空飛ぶ乗り物のことだという。すなわち「名高き者たち」とは、「空飛ぶ乗り物の者たち」だったわけだ。

いずれにせよ彼らは、人間の女性と交わった。引用した「創世記」の1〜4節は、異星人《レプティリアン》と人間の交配によって、混血種が生み出されたことを物語っている。「神の息子たち」とは、ヘブライ語の「ベネ・ハ・エロヒム」からの翻訳であり、本来は「神々の息子たち」と翻訳されるべきところである。アヌンナキと人類との遺伝子的結合、その初期の産物は、伝説に登場する巨人たちであった。

このような混血種の巨人が存在していたという記録は、世界中に数多く残っている。聖書に登場する巨人ゴリアテは、その最たるものである。アメリカ原住民のあいだには、星からやって来た人々が人間の女性と交わったという昔話が、数多く残っている。研究者アレックス・クリストファーの調査したところによると、合衆国内でレプティリアンに誘拐されたことのある人々のあいだには、血流的共通性がみられるという。特にホピ族など、古代アメリカ原住民の血を引く人が多いようだ。前述したように、ホピ族は、地球の内部からやって来たという伝説を持っている。

ところで、何千年も前に書かれたエチオピアの古代文書『ケブラ・ナーガスト』（ナーガとは古代インド神話に登場する変身能力を持った蛇神である）は、人間と神々の交わりによって桁はずれに大きな赤ん坊が生まれたと述べている。「……カインの娘たちが天使（異星人）とのあいだに身籠《みごも》った子供は一人も生まれ出ることができず、彼らはみな死んでしまった」。桁はずれに大きい赤ん坊が、帝王切開によって分娩されたようすが述べられている。「……その子供たちは、切り開かれた母親の腹から生まれ出てきた」。ヘブライの古代文献「ノア書」、およびその派生物である「エノク書」は、人間とは掛け離れた奇妙な子供が生まれたことについて言及している。この子が成長して、大洪水物語のノアになるのである。この話は、「死海文書」（巻物）中にも出ている。

＊――世界の王族が受け継ぐ金髪碧眼白い肌輝く双眸の血流

「死海文書」とは、二千年前のパレスティナを拠点としていたエッセネ派の記録文書であり、「エノク書」の内容を多分に含んでいる。この「死海文書」によると、レメク（カインの子孫）に奇妙な子供が生まれたというのだ。その子は普通の人間とはまったく掛け離れていて、まるで天使の子のようだったという。このようなレメクの子ノアは、白い肌とブロンドの髪をしており、その光り輝く目は太陽のように家全体を照らし出した、と語られている。金髪碧眼白い肌、レーザー光線のように輝く双眸《そうぼう》、これは何千年も昔から世界中で伝えられている「ｇｏｄｓ（神々）」の姿である。レメクは、その子の父が誰であるのかについて、自らの妻を前にして次のように語っている。

「私は内心、その受胎は監視者や聖なる者たち、あるいはネフィリムによるものではなかったかと考えている。……そして私の心は、この子ゆえに大いに悩まされるのだ」

西暦一〇一〇年にアラブの詩人フィルドゥーシーによって編纂されたイランの古代王朝記『シャーナーメ（王の書）』のなかには、サーム王の息子ザールが誕生したときのようすが語られている。「王は再び、その子のこの世の者とも思えぬ姿に恐怖した。その子の体は非常に大きく、銀のように輝いていた。髪は老人のように白く、その肌は雪のように真っ白であった。そして、その顔は太陽のように輝いていた。サームは、その子を悪魔（監視者）の子と呼んだ」

旧約聖書に登場する族長たちと同じように、イラン人たちも、極端に白く生まれてきた子供を忌み嫌ったようである。この極端に白い子供とは、レプティリアンの王族たるアルビノ・ドラコ族の遺伝子を受け継ぐ混血種ではないだろうか？

『シャーナーメ（王の書）』では、ザールのことを次のように語っている。

「この地上の者であれば、こんな化け物のような姿で生まれてくるはずがない。なんとか人間のような顔形をしてはいるが、この子は悪魔の種族に違いない。たとえ悪魔の子でなかったとしても、この子がけがらわしい獣であるのは確かなことだ」

ザールはのちに、カーブル王メーラブの娘、ルダベーと結婚することになる。このメーラブ王は、千年にわたってイランを支配した蛇王ザッハークの子孫であった。つまり彼らはレプティリアン（爬虫類人）の血流であったのだ。メーラブ王の娘ルダベーは、チークの木のように背が高く、象牙のように肌が白かったなどと伝えられている。これはまさに、監視者（レプティリアン）と人間の混血種が示す特徴である。その極端な長身を木にたとえるというのは、イランや近東の王族についての記述に数多くみられる。監視者《ネフィリム》から受け継がれたこれらの身体的特徴は、王たるべき者に必要な外観的資格であったようだ。血流こそが世を支配する徳を与えるという「王権神授説」の起源だ。レプティリアンの遺伝子は、この血流原理システムを通じて、全ヨーロッパに広がったのだった。

＊――英国女王が与える「サー」の称号は蛇眼・変身の「青い一族」女神に由来していた

読者は、英国女王から選ばれた臣下に与えられる「サー」の称号はご存じだろう。実はこの称号は、古代の女神（蛇神）「サー」に由来するものである。そしてこの女神（蛇身）の正体は、シュメール文書に登場するアヌンナキ（爬虫類型異星人）の女神、ニンクハルサグ（ニンリル）なのだ。彼女の夫エンリルは、その輝く双眸から「光り輝く蛇」と呼ばれていた。また、彼の腹違いの兄エンキも蛇として知られており、螺旋《らせん》状に絡み合う二匹の蛇がエンキの紋章となっていた。エンキ一派の中心地エリドゥを示すものであったこの紋章は、カドケウスの名で知られており、現在では医療に携わる者たちのシンボルとなっている（図５参照）。

これらの知識は、ゼカリア・シッチンによるシュメール文書解釈から得た物である。ところが驚いたことに、シッチンは私に、「蛇の種族（爬虫類人）が存在していたという証拠はどこにもない。その線でいくら研究を進めても、結局は無駄骨だろう。やめたほうがいい」と言ったのだ。証拠がないだって？　シッチンはなぜ私にそんなことを言うのだろうか？　彼は私に対し、レプティリアンの線での研究を中断するようにと頑なに主張した。しかし私は、アヌンナキや監視者が、ともに同じレプティリアンの種族であったと確信している。クリスチャンとバーバラのオブライエン夫妻による著書『ジーニアス・オブ・ザ・フュー』、そのなかに登場する「光る目を持った蛇」こそが、彼らの正体なのだ。

〈図５〉古代より伝わるカドケウスは、現代においては医療のシンボルとして使われている。さらにこれは、ＤＮＡの二重螺旋構造やある特定の波動周波数をも示すものであると考えられる

研究者アンドリュー・コリンズは、紀元前二〇〇〇年頃のものと思われるカナン人の小立像（銅製）を持っていると言う。その小立像の首筋から頭部にかけては、ちょうどコブラのフードのような形になっているそうだ。これはほんの一例にすぎないが、レプティリアンと人間との混血種が、何千年も前から王族となっていたことを示すものである。彼ら混血種は、その特

異な身体的特徴を薄め続けてきたが、基本的遺伝子構造はしっかりと維持されている。そしてブラザーフッド（レプティリアンの遺伝子を受け継ぐ者たちによる超秘密結社）は、詳細な遺伝子記録ファイルを保持しており、誰がレプティリアンの遺伝子を持ち誰がそうでないのかを完全に把握している。『ジーニアス・オブ・ザ・フュー』にはこうある。「約三万年前、アヌンナキが人類と二度めの交配を行なったときに生まれた混血種の遺伝子構造は、アヌンナキ七五パーセント、人間二五パーセントの割合だったと考えられる」

私としては、このずっとあとに、さらなる交配プログラムが実行されたものと見ている。それは、金星によってもたらされた大洪水（約七千年前）以降のことだったと考えている。この後期の血流は、それ以前のものよりも、アヌンナキ遺伝子の割合がずっと高まっている。現在世界を支配しているレプティリアン混血種は、このような後期の血流なのだ。彼らの持つ豊富なレプティリアン遺伝子は、彼らにシェイプ・シフト（変身）能力を与えている。彼らはレプティリアンの姿になることもできるし、まったくの人間の姿に戻ることもできるのだ。この血流の者たちは、ちょうど蛇がその獲物に対してやるように、強力な眼光で人を射すくめることができる。ちなみに、「蛇（邪）眼視する」という表現はこれに由来するものである。「青い血」の一族が頑迷とも思えるほどに同系交配に執着するのは、これらの能力を維持するためなのだ。

有史以来、青い血の継承者たちはみな、シュメール文書に描かれたアヌンナキたちと同じように、従兄妹（従姉弟）どうしでの結婚を重ねてきた。最も重要な遺伝子は、母系によって伝達される。ゆえにレプティリアンの遺伝子を受け継ぐ者たちのあいだでは、女性パートナーの選択は非常に重要な問題であった。

＊――ナチス中枢部もつかんでいた英国王室につながる「蛇のブラザーフッド」エジプト竜王朝

「蛇王」の血流がイランに発祥したというのは、実に注目すべきことである。というのも、世界征服を目指すレプティリアン混血種が出現したのは、イラン、クルディスタン、アルメニア、トルコ、コーカサス山地といった地域からだったからだ。ブラザーフッド・インサイダーのあるロシア人は、「コーカサス山地には、異次元爬虫類人がわれわれの次元に入って来るための巨大な亜空間ゲートがあった」と言っている。

これは充分納得できる。「イラン」という名は「エアリ・アナ」から来ており、「アーリア人の地」というのがその原義である。現在でも、クルディスタンに住む人々は、はっきりと二つの人種に分かれている。一方はオリーブ色の肌、中ぐらいの背丈、黒や茶色の瞳をしており、もう一方はずっと長身で、白い肌に青い目をしている。後者の身体的特徴は、ナチスの提唱した「支配種」のそれと完全に一致している。ナチスの中枢部は、レプティリアンの関与する真の歴史を知っていたのだ。

研究者アンドリュー・コリンズは、その著書『天使たちの灰の中から』で、「聖書に描かれたエデンの園は、イラン―クルディスタン国境の山岳地帯にあった。そしてエデンの園のテーマの核心は、例の蛇にある」と力強く論証している。その地域に隣接していた古代メディア帝国（イラン）では、王は「マー」（ペルシア語で蛇という意味）と呼ばれていた。「マース（火星）＝蛇」ということだろうか？　古代メディアの王族は、「竜の子孫たち」「メディアの竜王家」などと呼ばれていた。以上からもわかるように、ドラコ・レプティリアンが白人種と交配して混血種を生み出したことは確実である。

事実、レプティリアンと交わったという人々は、世界中に数多く存在している。紀元前二二〇〇年頃までに、エジプトの竜王朝が、メンデ族の司祭たちによって創始された。この竜王朝は、四千年たった今でも続いている。英国王室がそうだ。この竜王朝の流れは、蛇のブラザーフッドと呼ばれることもある。

シュメール、エジプト、イスラエルの王たちは、その即位式において、「竜の油」（聖なる鰐《わに》の脂肪から作る）を頭から注がれていたという。この油のもととなる聖なる鰐は、エジプトでは「メシー」と呼ばれていた。もうおわかりだろうとは思うが、「油を注がれた者」を意味するヘブライ語「メシア」は、このエジプト鰐「メシー」に由来している。王たちは代々、「竜」と称されてきた。このような称号は、レプティリアン混血種であることを象徴しているのだ。

数々の王国が戦いを通じて統合されていった。そうやって生まれた「王のなかの王」は、「偉大なる竜ドラコ」と呼ばれていた。ケルト王の称号として有名な「ペンドラゴン」も、そのような称号の一つである。

また、「キングシップ（王位）」という言葉は「キンシップ（血縁）」からきたものである。すなわち「キングシップ」とは、本来レプティリアンの血流であることを示す言葉なのだ。

そして、エジプト人たちは、彼らの聖なる鰐メシーのことをドラコとも呼んでいた。このドラコは、古代エジプトの宗教組織テラペウタイ派、およびそのイスラエル分派であるエッセネ派のシンボルとなった。このシンボルは、メロヴィング王朝によっても、水竜ビスティア・ネプチュニスの紋章として使われている。彼らは、みな同じ一族なのだ。次ページで、サッカラ寺院の壁に描かれた古代エジプトの「ｇｏｄ（神）」の姿を見ていただきたい。羽のような物がついているのがわかるだろう。彼らは明らかに人間ではない。

エジプトのサッカラ神殿の壁には、古代の神々（gods）の姿が描かれている。拡大写真のほうを見てもらえば、「蛇の種族」との関係性が見てとれるだろう。ドラコ・レプティリアンのような翼まで持っている

〈提供のマーク・コッティアーとファラー・ザイディに感謝〉
（Mark Cotter and Farah Zaidi）

＊――聖書に登場する天使はアブダクション《誘拐》もする有翼の監視者

ブロンドの髪に白い肌、レーザー光線のように輝く青い目をした人間を見たという報告は、現在でも数多く出ている。あるアメリカ人の友人（女性）は、彼女の父が一九七〇年代初頭に体験者から直接に聞いた話について、私に語ってくれた。彼女はその頃、アメリカ陸軍情報部で通信電波傍受の仕事をしていた父とともに、トルコに住んでいたという。

その晩、彼女の父は、ひどく憔悴《しょうすい》したようすで家に帰って来たという。どうしたのかと彼女が尋ねると、彼は「世界はわれわれが思っているようなものとはまったく違う」とつぶやいた。彼はめったに酒を飲まないのだが、そのときに限って彼女にスコッチを頼んだという。

しばらくして落ち着くと、彼は、その日トルコ基地勤務のパイロットから聞いたという話を、おもむろに語り始めた。

そのパイロットは、北極点の近辺を飛行していたという。突然エンジンが停止し、すべての電気装置がオフの状態になってしまった。すると不思議なことに、飛行機は緩やかに、垂直に真下へと下がっていった。そして驚いたことに、山頂がパカッと割れて、彼の乗った飛行機はその中に収まった。まさにジェームズ・ボンドの世界だった。何がなんだかわけがわからないという思いで飛行機を降りた彼は、背の高いブロンドの髪をした人たちに出会った。彼らの肌は真珠のように白く、紺碧の目はレーザー光線のような光を発していた。彼らはみな、長い白のガウンを着ていた。それはまさしく、中南米に伝わる「ｇｏｄ（神）」ケツァルコアトルの姿であった。また彼らは、マルタ十字のペンダントを身につけていた。青い目と視線を合わせてしまったあとの記憶は、なんだかぼやけてしまっているという。

しかし彼は、ある部屋に入ってみるとその者たちが会議用の大型テーブルについていたのを覚えているという。結局、彼は飛行機の中に連れ戻された。そして飛行機が山頂上空に浮かび上がると、エンジンや電気装置が再起動し出したという。この現代のパイロットが見たものを、「エノク書」に記された監視者たちの姿と比較していただきたい。

「その二人の男は、私が今までに見たことがないほどに背が高かった。彼らの顔は太陽のように輝き、その目はランプの灯のように燃えていた。……彼らの手は雪よりも白く輝いていた」

これはまさに、「輝く者たち」として描かれた古代の「ｇｏｄｓ（神々）」の姿である。歴史には、われわれには決して語られることのない部分が数多く残っている。そして現在この地球では、ほとんどの人々が信じられないようなことが起こっているのだ。この地球上およびその内部や周囲のいくつもの次元では、レプティリアン以外にも、さまざまな異星人種が活動している。人類と交流している異星人種のなかには、オリオンやプレアデスからやって来た者もあると、アブダクティーの研究者たちから報告されている。


異星人に会ったことがあるというブラザーフッド・インサイダーから聞いたところによると、非常に美しく残忍なオリオン星人は、レプティリアンとはなんらかの同盟関係にあるという。私は、聖書に登場する天使の正体は、監視者すなわち有翼のレプティリアンであったと確信している。七十人訳聖書（ギリシア語旧約聖書）で「アンジェロス（天使たち）」と訳されている部分は、本来は「ｇｏｄｓ（神々）の息子たち」であった。

＊――「悪魔の王《ベリアル》」「火の蛇《セラフィム》」「歩く蛇」「監視者《ネフィリム》」の系譜エヴァ―エノク―ノア

私の調査したところによると、レプティリアンのなかにもさまざまな党派があるようだ。人類に対してポジティヴな態度をとるものもあれば、人類を支配しようと企むものもある。彼らはともに、監視者や天使として知られるようになった（特に後者は堕天使として）。最後の戦いで竜を地に投げ落とした天使長ミカエルや、竜を打ち破った聖ジョージの伝説は、火星の純白人種とアヌンナキ・レプティリアンとのあいだの長きにわたる戦いのようすを物語っている。天使長ミカエルや聖ジョージは、もともと古代フェニキア神話に登場する英雄である。古代フェニキアはアヌンナキ・レプティリアンによる交配計画が開始された地域であり、はるか遠い昔アヌンナキたちは、この地において堂々とレプティリアン（爬虫類人）の姿で活動していた。聖書の巻末の「黙示録」では、サタンと竜が同じものであることがはっきりと語られている。

「この巨大な竜、年を経た蛇、悪魔とかサタンとか呼ばれるもの、全人類をまどわす者は、その使いたちともども、地上へと投げ落とされた」

「……そしてその天使は、悪魔でもサタンでもある年を経た蛇、すなわち竜を取り押さえ、底なしの淵に投げ入れて、そこに千年のあいだ封じ込め、もうそれ以上諸国の民をまどわすことができないようにした」

ヘブライ学者ロバート・アイゼンマンによって解読された「死海文書」の一部には、「ベリアル」（後述するベルと称されるものと同一か？）と呼ばれる監視者のことが述べられており、この監視者は「闇の王子」や「悪魔の王」としても言及されている。彼は、蝮のような恐ろしい容貌をしていたという。ヘブライの神話のなかに「セラフィム（火の蛇）」と呼ばれる天使たちが登場するのをみてもわかるように、監視者には「蛇」の形容がつきものである。

また、ペルシア宗教の教義のなかには、「年を経た二本足の蛇」が登場する。そして「エノク書」のなかにも、「歩く蛇」が登場する。レプティリアンの王族は、雪よりも白いアルビノ――ホワイトのドラコである。ここで、「エノク書」に述べられた監視者（巨人）と人間の「合いの子」が、非常に白い肌をしていたことを思い出していただきたい。

「エノク書」中のこの「合いの子」は、「ノア書」のなかにも登場している。ノアは、レプティリアンと人間の混血種だったのだ。聖書を信じる多くの人々が、自分たちはノアの子孫だと主張しているが、それは自分たちは監視者（アヌンナキ・レプティリアン）の子孫だと言っているのと同じことなのだ。

ヘブライ神話のなかで「ネフィリム」は、「アウィーム（蛇の破壊者）」として言及されている。「死海文書」のなかでは、「ノアは天使の子のようであった。監視者あるいはネフィリムによる受胎であったに違いない」と述べられている。ユダヤの伝説によると、ネフィリムの祖先はエヴァだということになっている。そして「エヴァ」というのは、「命」や「蛇」という意味の名である。さらに旧約聖書でおなじみのように、エヴァは蛇によって誘惑されるのだ。「エノク書」の第69章には、人類に秘密の知識を明かした監視者「ガドリール」が登場するが、この堕天使はエヴァを誘惑した蛇でもある。

ところで「エノク書」は、ローマ教会によって禁書とされている。ローマ教会は、初期キリスト教では肉体を持った天使（堕天使）の存在を認めていたという事実を、なんとしても隠しておきたいのだ。その天使たちが人間と交配していたというのだから、隠しておきたいのはなおさらだ。このようにして一般の人々は、真実を理解することから常に遠ざけられてきた。しかし、ローマ・カトリック教会を裏から操るフリーメーソンは、一般大衆とは違って真実を知っている。彼らブラザーフッド（レプティリアンの遺伝子を受け継ぐ者たちによる超秘密結社）は、エノクを伝説上の創始者として崇めている。いみじくもエノクとは、「秘儀を受けた者」という意味の名である。

＊――爬虫類人の姿を隠し低層四次元から人間社会を支配する

「人類に秘密の知識を与えた堕天使」というテーマは、「エノク書」をはじめ多くの書物にみられる。アザゼルは人類に冶金《やきん》術を教え、シェムヤーザは魔術を伝えたという。これらと同じ系統の話によって、のちに数々のヒーローが生み出されている。なかでも特に有名なのが、ギリシア神話に登場するプロメーテウスだ。彼は、神々から火（知識）を盗み出して、それを人類（選ばれた人間）に与えたと言われている。ニューヨークのロックフェラー・センターには、金のプロメーテウス像がある。レプティリアンの純血種であるロックフェラー一族は、プロメーテウス伝説の真の意味を知っているのだ。

ところで、「アザゼル」と呼ばれる監視者は、悪魔主義の儀式に用いられる山羊の仮面や、「スケープゴート（生贄の山羊）」という言葉の起源となっている。「レヴィ記」によると、古代イスラエル人たちは、ヨム・キッパー（贖《あがな》いの日）に、二匹の牡山羊を生贄にしていたという。一匹はＧｏｄ（神）へ、そしてもう一匹はアザゼルへと捧げられていた。

司祭はアザゼルへと捧げられるほうの牡山羊の頭に両手を置き、人々の罪を告白する。続いてその牡山羊を荒野へと連れて行き、崖の上から谷へと突き落とすのだ。これは、アザゼルが堕天使（落とされた者）であることを暗示している。牡山羊が連れて行かれる荒野は、アザゼル（サタン）がそこに鎖でつながれていたという「深淵」の象徴なのだ。レプティリアンが低層四次元に自ら閉じ込められてしまったというのが真の意味であろう、と私は考えている。古代世界に共通してみられる「贖罪《しょくざい》の山羊」のテーマ、「イエスの物語」もそのヴァリエーションの一つである。また、レプティリアン堕天使であるアザゼルの山羊の顔は、悪魔主義で用いられる逆さ五芒星によって象徴されてい

勢揃いした現代のロックフェラー一族。左からデーヴィッド（チェース・マンハッタン銀行頭取）、ウィンスロップ（アーカンサス州知事）、ジョン・D三世（当主）、ネルソン（ニューヨーク州知事）、ローレンス――1967年当時

「永遠の灯（ともしび）」は、バビロニアン・ブラザーフッドに伝わる古典的シンボルである。これを掌の上にしているのは、ブラザーフッドのヒーローであるプロメーテウス。この像はニューヨークのロックフェラー・センタービルの前にある

る。

われわれは、より深く探求を進めなければならない。明らかにされるべき情報は、まだまだ大量に残っているのだ。私がとめどなく自問を繰り返すとき、常に以下のようなテーマが私の脳裏に浮かび上がってくる。

何百万年もの昔、さまざまな異星人種が、それぞれの意図を持ってこの地球にやって来た。彼らは、相互交配によってさまざまな人種を生み出した。はるか遠い昔、異星人からの知識に基づいた超高度文明が存在していた。古代人たちはこれを、失われた黄金時代と呼んでいた。そして約四十五万年前、爬虫類型異星人のアヌンナキが、この地球にやって来た。

アルビノ・ホワイトの有翼ドラコに率いられた彼らの目的は、この地球を乗っ取ってしまうことであった。彼らは、このときすでに火星を占領していた。以降かなりの長きにわたってアヌンナキたちは、堂々と爬虫類人の姿で、この地球上に生活していた。しかしなんらかの理由で（おそらくは人類や他の異星人種からの敵意を避けるため）、文字どおりその姿を隠してしまった。彼らは、人間の姿をとって地球乗っ取りを開始したのだった。このような理由で交配プログラムが実行に移され、アヌンナキと人間の混血種が生み出された。

低層四次元に潜むレプティリアンたちは、この混血種の肉体をオーバーコートのように着込んでおり、そうやってわれわれ人間の社会をコントロールしているのだ。自分が着込んでいる肉体が死滅すると、彼らは次の肉体へと文字どおり「宿替え」する。そうやって世代から世代へと、アジェンダを継続していくのだ。ちょうど宇宙服を着たり脱いだりするようなものだ。超能力者たちの中には、人間の肉体に重なってレプティリアンの姿が見えるという人がいるが、それはこのような場合のことなのだ。

＊――日本人とも交配を重ね続ける爬虫類インベーダーの極悪非道戦略

彼らレプティリアンが「着る」ことのできるのは、レプティリアンの遺伝子を充分に受け継いでいる肉体だけである。権力の座にあるのが常に一定の血流の者たちであるのは、まさにこのような理由によるものなのだ。よりレプティリアン度の低い混血種は、低層四次元からのレプティリアン意識に取り憑かれていることが多い。

彼らは基本的に人間（超能力者が見ても人間の姿に見えるという）であるが、レプティリアンによって「オーバーシャドー（憑依《ひょうい》）」されているのだ。同系交配によって高いレプティリアン遺伝子度を保っている血流ほど、レプティリアンによる憑依が容易となる。

ブラザーフッドが詳細な遺伝子記録を保有している理由はここにある。彼らは、どの血流ほど憑依が容易かを完全に把握している。さらにレプティリアンたちは、すべての人間の脳の爬虫類的部分を刺激することによって、攻撃性、縄張り意識、同情心の欠如、身分制や儀式に対する執着といった爬虫類的行動パターンを助長しようとしている。ここで言う儀式とはなにも、黒いローブをまとった人々の参加する悪魔主義儀式に限られるものではない。毎日毎日、毎週毎週、同じ時刻に同じことを繰り返すというのも、儀式的強迫観念によるものである。

レプティリアンが世界支配の媒体として利用しているのはおもに白人種であるが、彼らは、中国人や日本人、アラブ人やユダヤ人とも交配を重ねている。これによってレプティリアンたちは、一見なんの関係もないように見える人々や組織を、統一的に操作することができるのだ。爬虫類型異星人の遺伝子を持つ秘密結社メンバーは、数々の組織において多重的にその影響力を行使している。

一方で一般の人々は、そのような方法によってあらゆる組織が相互に結び合わされていることを、まったくと言っていいほどに理解していない。まったく別々の地位にあるさまざまな権力者が、みな同じような政策をとっているのをみれば、少しはそれが理解できるだろう。それらの政策はみな、民主主義的な自由な議論の結果として生まれたという体裁をとっている。しかし、同一の勢力が常にすべてをコントロールしているとしたらどうだろうか？　それは一種の独裁制と言っていいのではないだろうか？

しかし大衆が真実を知らなければ、「民主主義」として通用するのである。人間の肉体を乗っ取ったレプティリアンたちが、彼らが作り出した秘密結社ネットワークを通じて行なっているのが、まさにこれなのだ。

「エノク書」は言う。「ネフィリムの血を受け継ぐ者たち（レプティリアンと人間との混血種）は、その祖先の魂ゆえに、絶え間なき争いを繰り広げ、この地上を破壊し続けるのだ」。言うなれば彼らの肉体は、「祖先の魂」すなわち低層四次元のレプティリアンによって、完全に憑依されているのだ。ところで合衆国には、エノクの父の名にちなんだ「ジャレッドの息子たち」という組織がある。

彼らは、監視者の子孫たちに対する「絶対的闘争」を誓っている。監視者の子孫たちは、悪名高きファラオやキングや独裁者として、歴史を通じて人類を支配してきたという。そして、機関誌『ジャレダイト・アドヴォケイト』のなかでは、監視者たちのことを、「極悪非道のギャング団、情け無用の天界マフィア」と言って強烈に非難している。

よく私は、「現代のブラザーフッド・エリートたちは、あれほどの死と破壊を、どうしてなんの感情も示さずにもたらすことができるのでしょうか？」と尋ねられることがある。

私がみたところ、レプティリアン遺伝子を受け継ぐ者たちのうちの一部の流れは、人間的な感情というものを欠いており、同情心や憐れみの心などほとんど持ち合わせていないようだ。ジョージ・ブッシュやヘンリー・キッシンジャー、デーヴィッド・ロックフェラーなどをみれば、それがよくわかるだろう。彼らは「人間の姿を借りて活動している爬虫類人」の代表例なのである。

＊――「常識」に抗して、究極の精神停滞、精神監獄の囚人からの脱却を

私のこれまでの著作を読んで理解してくれていた方々も、本章のこのような内容にはさすがに驚いたかもしれない。しかし私は、数々のすばらしい経験から、生命の流れに従って生きることを学んだのだ。そう、生命の流れが導くならば、私はどこへだってゆこう。

命のリズムを感じれば私は踊り、生命の流れが何か私に語りかけようとするならば、私はそれにじっと耳を傾ける。私は、生命の音楽がいざなうままに道をゆく。たとえその結果がどんなに驚くべきものであろうとも。このように生きたことのない者には、とても理解できないかもしれない。だが、あなたが思いきって生命の流れに従って生きるなら、その人生はすばらしい冒険となり、「驚くべき知識」を得るだろう。

冷静に周囲を見渡していただきたい。多くの人々は、他人と違うことを恐れるがあまり、生命の流れに逆らって生きている。常識の枠からはみ出ることを恐れるがあまり、固定観念にとらわれてしまっているのだ。そういう人々は常々、他人が自分のことをどんなふうに言うだろうかと心配している。しかし、常識では考えられないからといって思考を放棄するのなら、常識以上のことを理解するのは絶対に不可能だ。

われわれが知っているのは、現実のほんのわずかな部分にすぎないのだ。たとえば、われわれの知識レヴェルが現在の水準にまで高まったのはどうしてだか、このことを考えてみればいい。それは常識を超えたテーマをあえて思考の対象とし、それに挑戦した人々がいたおかげなのである。このよう

な人々がいなければ、人類の進歩はありえなかっただろう。そして無限の精神監獄の中、同じ場所で足踏みを繰り返すばかりだったろう。だが歴史を振り返ってみたい。そんな勇気ある彼らの発言に対する大衆の反応はどうだったろうか？

人間が空を飛ぶだって？　馬鹿げてる！　人間が音よりも速く旅することができるようになるだって？　そんなことを言うやつは狂人だ！　試験管の中で赤ん坊を創り、人間や動物を複製することができるようになるだって？　そんな馬鹿な！……しかし現在、これらはすべて実現されている。繰り返しておきたいのだが、それは大衆の嘲笑を受けながらも未知の領域に挑戦した人々がいたからなのだ。だからわれわれも、思いついたら忘れる前にまずやってみようではないか。そして現実と呼ばれているものの枠を超えて考えてみようではないか。

これを拒否することは究極の精神停滞を、つまり精神監獄の永遠の囚人となることを意味するのだ。事実、われわれは今までそうやって支配され続けてきたのだから。

地球を蹂躪する異星人《エイリアン》

第3章

バビロニアン・ブラザーフッドは
歴史にどんな罠を仕掛けたのか？

＊――シュメール、エジプト、インダス文明を発生させた火星由来のアーリア白人

金星によってもたらされた大洪水の水はしだいに引いていった。やがて高山地帯へと逃れていた生存者は山を下り、また地中へと避難していた者たちは地表へとその姿を現わし始めた。平原地帯に落ち着いた彼らは、さっそく復興作業にとりかかったのだった。シュメール、エジプト、インダスといった高度文明が突然に出現したのは、このような理由があってのことなのだ。それらの文明は新しく生まれたのではない。大洪水以前にもそれらは存在していた。つまり突如として出現したかにみえるそれらの文明は、大洪水のあとに復興されたものだったのだ。

シュメールの社会は、山岳地帯から下りて来た者たちがもたらした進んだ知識の流入によって、その発展段階の頂点へと達した。火星由来のアーリア白人種たちは、コーカサス山地を起点に、近東、シュメール、エジプト、インダスへと広がっていった。いわゆる公認の歴史では、シュメールやエジプトやインダスの文明は、それぞれ独自に自然発生したとされている。しかしこれらの文明は、コーカサス山地から下りて来たアーリア白人種によってもたらされたものなのだ。このアーリア白人種のなかには、私がレプタイル・アーリアン（爬虫類人の遺伝子を受け継ぐアーリア人）と呼ぶ遺伝子系統の者たちが含まれていた。

確認しておきたい。私がアーリア人という言葉を使うとき、それは白人種のことを指している。そして彼ら白人種は、アヌンナキ（爬虫類型異星人）の遺伝子操作によって生み出された混血種だったのである。

彼らレプタイル・アーリアンの大洪水後の中心地は、シュメール地方（ユーフラテス川流域）南部のバビロンであった。歴史的・考古学的証拠を詳細に検証してみると、バビロンは、今まで言われて

いたよりもずっと古い時代から存在していたようだ。つまり、このバビロンは、大洪水直後に建設された最古の都市の一つだったのだ。以後何千年ものあいだに世界中に広がった神秘主義的秘密結社が誕生したのは、このバビロンの地においてであった。大洪水直後バビロンの地に集結したレプタイル・アーリアンの王族や司祭階級によって生み出された超秘密結社こそ「バビロニアン・ブラザーフッド」である。現在の世界を支配している秘密結社は、その現代的表現にすぎない。人々の精神を支配するための宗教教義、その原型が作り出されたのも、約六千年前、大洪水直後に建設されたバビロンにおいてのことだった。

古代文書や伝説によると、バビロンの創始者はニムロデであり、彼は妻のセミラミスとともにバビロンを統治したとされている。ニムロデは、「巨人族」の男で、「強大な暴君」だったとも伝わる。また、アラブ人たちのあいだでは、レバノンのバールベク神殿を建設したのはニムロデだったと信じられている。たしかに大洪水後に建設（再建）されたバールベク神殿は、八〇〇トン以上もの重量を持つ巨石が三つも使われているというとんでもない代物だ。そのためかレバノンは、ニムロデによって統治されていたともいう。「創世記」によると、ニムロデの王国は当初、バビロンやアッカドを中心とするシナール（シュメール）の地をその支配地域としていた。その後アッシリア地方へと勢力を拡大し、ニネヴェをはじめとする諸都市を建設した。ニネヴェ跡からは、多数の粘土板（シュメール文書）が発見されている。

つまり、ニムロデを頭《かしら》とするシュメール人たちは、のちにティーターン族（タイタン族＝巨人族）として知られるようになった爬虫類人の血流であった。すなわち彼らは、レプティリアン（爬虫類型異星人）の純血種や、レプティリアンの遺伝子を受け継ぐがゆえに彼らに取り憑《つ》かれた人間たち（レプティリアンとの混血種）であった。このティーターン族は、ノアの子孫だと言われている。ノアは、

「エノク書」（その原型は「ノア書」だ）のなかで、監視者と人間のあいだに生まれた、極端に白い肌をした赤ん坊として描かれている。

ところで「創世記」によると、ニムロデの父はクシュである。ベルやベルスとしても知られているクシュは、ハムの息子でノアの孫である。クシュは、ヘルメスと同一神格である。いみじくもヘルメスとは、「ハムの息子」という意味の名である。ハム（ケーム）とは「燃えたもの」という意味であり、この名は太陽崇拝と関係している。以上のように、バビロンからは、巨大な神格体系ネットワークが生まれている。この巨大な神格体系ネットワークは、エジプトとも深いつながりがある。

*―――英国王室の持つ王笏の「鳩」は死と破壊のシンボルだった

数多くの別名や象徴を持つ「バビロンの創始者」ニムロデとその妻セミラミスは、今日に至るまでブラザーフッドの中心的神格であり続けている。ニムロデは魚として、女神セミラミスは魚や鳩として象徴されている。そして女神セミラミス自身は、レプティリアンと人間の混血種を創り出したアヌンナキの女性科学者、ニンクハルサグを象徴している。ニムロデは、半魚人の姿で描かれる神ダゴンでもあるが、それは彼が半分は人間で半分は「聖なる爬虫類」であることを示している。また、女神セミラミスも魚によって象徴されている。魚には催淫性があると信じていた古代バビロニア人たちは、それを愛の女神のシンボルにしたのだった。キリスト教においても魚のシンボルが使われているが、それはこれに由来するものである。

「聖霊」としてのセミラミスは、小枝をくわえた鳩として描かれる。いみじくもセミラミスという名前自体、ze（the）・amit（小枝）・emir（運び手）で、「小枝の運び手」という意味を持っている。ノアの大洪水物語で、鳩がオリーブの小枝をくわえて戻ってきたのを思い出していただきたい。大洪水後にレプティリアンたちが戻って来たということではないだろうか？　ちなみにセミラミスという名前は、インドの神「Sami-Rama-isi」から派生して「Semi-ramis」となったものである。魚と鳩というこの二つのシンボルは、宗教儀式や国家式典などにおいて、現在でも幅広く使われている。しかし、大部分の人はその真の意味をまったく理解していない。

たとえば、北アイルランドのテロリスト・グループ「IRA」の政治部門であるシンフェイン党は、鳩をそのシンボルとしている。また、英国王室の持つ王笏《おうしゃく》の上にも、鳩のシンボルが確認できるであろう（当ページ左上の写真参照）。両者は、そのどちらもがバビロニアン・ブラザーフッドであり、これらの鳩は女神セミラミスを象徴している。だが、はっきり言って鳩は平和の象徴などではないのである。それは死と破壊のシンボルなのだ。

英国王室の笏杖の上端部に見られる鳩のシンボルは、ニムロデの妻セミラミスを象徴している。マルタ十字にも注目してもらいたい。マルタ十字は、現在のトルコのカッパドキアの洞窟の中でも見つかっている。ここは古代フェニキア人の地であった

ブラザーフッドの用いる象徴は、表裏まったく逆の意味を持っている。一般大衆がポジティヴなものと信じている象徴は、ブラザーフッドのみが知る「真の意味」においてはネガティヴなものなのである。このように表向きまったく反対の意味を持たせておけば、ネガティヴな象徴を大衆のあいだにいきわたらせることが容易となる。事実、その真意を知らない以上、「平和の象徴」である鳩のシンボルにケチをつける者は誰もいないだろうからだ。

セミラミスは、天の女王（レア）、神々の処女なる母、そして偉大なる大地の母（ニンクハルサグ）などとも呼

ダイアナ妃事件（後述、細目は下巻に詳述）にかかわり『デイリー・エクスプレス』誌に掲載されたモハメド・アルファド（左）。太陽・古代バビロンのニムロデを象徴する黄金の獅子・二本の角のついたヘッドギアを被っている。古代エジプトの女神イシスも、同様な被り物をしている（右）

ばれていた。彼女は、「塔を建てた女」アシュタルテとしても崇拝されていた。この塔は、ニムロデが建てたと言われているバベル（バビロン）の塔でもある。ヨーロッパの王室はバビロンのレプタイル・アーリアンの血流から出ており、彼らの戴《いただ》く王冠は、ニムロデの被っていた角のついたヘッドギアに由来するものである。君主の権威を象徴する角はのちに、三本の角のついた金属製のヘッドバンドとなった。神より与えられた王権を象徴するこの三本の角は、フルードリスのシンボルとして、現代ヨーロッパ王室の紋章に見ることができる（図6参照）。

　ところで前章で述べたことだが、レプティリアンの「王族」たる有翼のアルビノ―ホワイト・ドラコ族は、その頭部に角を持っている。これこそが、古代王家の者たちが被っていた角のついたヘッドギアの起源なのだ。古典的な絵のなかの

〈図6〉このフルードリスのシンボルは、ニムロデ―セミラミス―タンムズという、古代バビロンの三位一体を象徴している

悪魔にも、ドラコのような角がついている。

　そして、ニムロデは「バール（ロード）」の称号を持ち、セミラミスには「バールティ（マイ・レディー）」の称号がある。この「マイ・レディー」はラテン語では「メア・ドミナ」であり、これが崩れてイタリア語の「マドンナ」となった。一方のニムロデには、父であると同時に子であるという二重の役割が与えられている。ニムロデは、セミラミスの夫であると同時に、その子ニヌスでもあるのだ。ちなみに鳩がくわえたオリーブの小枝は、セミラミスの子ニヌスを象徴している。セミラミスは、「処女懐胎」によってニヌスを生んだとされている。ニヌスは、タンムズとしても知られている。このタンムズは、足下に供えられた生贄の羊とともに十字架にかけられ洞窟の中に運び込まれたが、三日後に洞窟の入口の岩をどけて中を見てみると、その死体は消えていたと言われている。どこかで聞いたような話ではないだろうか？

　また、ニムロデ（夫）―セミラミス（妻）―ニヌス／タンムズ（子）の組合せは、エジプト神話においてはオシリス―イシス―ホルスの組合せとなった。このような父と母と子という三つの神格の組合せは、インド、小アジア、中国など、世界中の至る所にみることができる。これはのちに、ヨセフ―マリア―イエスの組合せとなった。古代バビロニア人たちは、タンムズ（ニヌス）の死と復活をテーマとする春の儀式を執り行なっていた。その際に彼らは、太陽十字《ソーラー・クロス》の焼印の入った小さなパンを供え物にしていた。イースター（復活祭）の日にホット・クロス・バン（十字印つきの菓子パン）を食べるという英国の風習は、なんとこの古代バビロンに由来するものだったのだ。イースターは、女神セミラミスと同一神格の女神イシュタルにその起源を持っている。ブラザーフッドの神格であるアシュタロスは、女神イシュタルと同一神格である。精神操作的ニューエイジ信仰のなかに出てくる異星人的「救世主」アシュター・コマンドは、ここから派生したものである。

*――世界大宗教（ユダヤ、キリスト、イスラム、ヒンドゥー）の原型となった古代バビロニア宗教体系

バビロニアの神話とその象徴体系は、あらゆる大宗教、特にキリスト教の基礎を用意することとなった。ローマ教会は、バビロニアン・ブラザーフッドが創り出したものだ。その証拠の一つに、ローマ教皇は今でも、ニムロデを象徴する魚の頭の形をした冠を被っている。また、教皇認印付きのその指輪が「フィッシャーマンズ・リング」と呼ばれていることにも注意していただきたい。

ニューヨーク港の自由の女神（左）とパリのセーヌ川の中洲に立つ女神像（右）。ともに、太陽の光を象徴する王冠を被っている。太陽の光はバビロニアン・ブラザーフッドに伝わる古典的シンボル「永遠の灯」でもあった（関連：第２章148～149ページ）

ところで、ヴァティカンにある「聖ペテロの椅子」は、聖遺物だとされていたが、一九六八年に実施された科学的調査によって、九世紀以降に作られたものであるということが判明している。さらに注目すべきことに、カトリック百科事典によると、「聖ペテロの椅子」には、「ヘ

ラクレスの十二の試練」を描いた十二枚のプレートが飾りつけてあるという。そしてヘラクレスとは、ギリシア神話の神格となったときのニムロデの名である。一八二五年に発行された、教皇レオ十二世によるヨベル記念メダルには、ポーズをとった女性の姿が描かれている。これは、明らかに女神セミラミスを象徴している。このメダルの女性（セミラミス）は、左手に十字架を、右手にカップを持っており、頭には、ニューヨークの自由の女神のものと同じ、光を表わす七つの突起のついた冠を戴いている。

ちなみにニューヨークの自由の女神像は、フランスのフリーメーソンから寄贈されたものである。

ヴァティカンの上層部に親類を持つある男性は、私に次のように語ってくれた。

ヨハネ・パウロ二世の代になってからのこと、彼は、その親類にヴァティカンの内部を案内してもらったという。それは驚くべき体験であった。彼が見せられた教皇の浴槽（純金製）は、占星術のシンボルが無数に彫り込まれていた。そして、彼が案内された密閉式の地下金庫室の中は、古代秘教の書物であふれ返っていた。それらは宗教的独裁によって、これまで何百年ものあいだに、一般民衆のあいだから奪い集められてきたものであった。

これをみてもわかるように、ローマ教会とバビロニアン・ブラザーフッドは一心同体なのだ。

ニムロデはまた、のちにローマ人たちのあいだでヤヌスとして知られるようになる双面の神、「エアヌス」でもあった。アヌンナキの一員である「蛇神」エンキもまた、「エア」の名で知られている。フリーメーソンのシンボル、双頭の鷲（それぞれ反対方向を向く二つの頭を持っている）は、エアヌスとしてのニムロデを象徴している。そして私は、この鷲が有翼のドラコを象徴していることも指摘しておきたい。エアヌスは、天国へと通ずる扉のたった一つしかない鍵を持っていると言われている。

すなわち、Ｇｏｄ（神）と人間との仲介者は彼だけであり、彼によって認められない信仰は誤りであり破棄されるべきだ、ということになる。

このような話は、古代バビロニアの司祭階級にとって非常に都合のいい道具であり、一般民衆に自分たちの意志を押しつけるのに大いに役立った。これとまったく同じ欺瞞《ぎまん》が、彼らの後継者たちによって続けられてきた。キリスト教の司祭、ユダヤ教のラビ、イスラムの神学者、ヒンドゥーの僧侶、これらみな然りである。カトリック・ヒエラルキーのなかの称号「カーディナル（枢機卿）」は、「カルド（蝶番《ちょうつがい》）」という言葉からきており、天国への扉の守護者としてのニムロデを象徴している。古代バビロニアの司祭階級は、大司教評議会と呼ばれる秘密政府を作り上げた。この大司教評議会という名は、現在もローマ教会のなかに残っている。また、バビロニアン・ブラザーフッドの中核メンバーに秘儀を伝授していた最高司祭は、「偉大なる通訳者」を意味する「ペテロ」の名で知られていた。そして聖ペテロを祝うキリスト教の伝統的祭典は、太陽が水瓶座に入る日、すなわちエアヌス／ヤヌスの日に行なわれていた。

このようにあらゆる宗教の原型となったバビロン宗教は、上下二つの階層から成り立っていた。「下層」を形成する一般大衆は、象徴的寓話を文字どおりの物語として教え込まれ、迷信漬けにされる。また一方で、「上層」の秘儀参入者たちは秘密を漏らせば死をもって償うという厳しい条件下に、真の知識を伝授されるのである。

そのようにして、一般大衆は真の知識から隔離され続けてきたのであった。人間の中に潜在する生命の真実、レプティリアンのアジェンダどおりに進められてきた真の歴史……。これら真の知識は、少数の者たちの手に握られ続けてきたのである。

＊―――現在でも存続する「子供たちを焼殺《ホロコースト》するベルテーン祭」の恐怖

米国・北カルフォルニアには、バビロニアン・ブラザーフッド・エリートたちのサマー・キャンプ地、ボヘミアン・グローヴがある。そこには高さ12メートルもの巨大なフクロウの石像があり、その前では生贄を焼き殺すための火が焚かれている。このフクロウは、古代の神モロクを象徴している。古代世界ではモロクへの生贄として、子供たちが生きながらに焼き殺されていた。それは現在も続けられている

人身供犠は、バビロン宗教の中核をなすものであった。レプティリアンの血流を受け継ぐバビロニアン・ブラザーフッドの者たちが旅をするときは、生贄《いけにえ》用の奴隷が常に随行させられていた。レプティリアンが絶え間なき人身供犠を要求していたからだ。彼ら邪悪なる者たちは、生き血を啜《すす》るのを欠かすことができないのだ。それは混血種の者たちも同じである。古代バビロンの司祭たちは、生贄の一部を食べるように取り決められていた。いみじくも、「カニバル（食人の）」の語源は「カーナ・バル（司祭）」である。

ところで、前に私が言及した空飛ぶトカゲの名「モレク」は、ニムロデ／タンムズの別名である。タンムズの「タン」は「完全に」を、「ムズ」は「焼く」を意味している。この言葉どおり、タンムズ／モレクに捧げられる

儀式においては、子供たちが生きながらにして火で焼かれるのである。恐るべきことに、このような儀式は現在もなお続けられている。ブリテンにおいては、五月一日のメイ・デーに、古代ドルイドの司祭たちによって、ベルテーン祭が執り行なわれていた。この祭儀では、柳の枝で作った巨大な人形の中に閉じ込められた子供たちが、生きながらに火で焼かれていた。実はこの祭儀は、ヨーロッパへと広がったバビロニアン・ブラザーフッドによって伝えられたものである。レプティリアンたちは、近東およびアフリカにその焦点を移す前、現在は連合王国（UK）およびアイルランドとして知られている地域に、その拠点を置いていた可能性が高い。

また、六月二十三日に行なわれていたタンムズの祝祭は、タンムズの地下世界からの回帰（復活）を祝うものであった。復活したタンムズは、魚神オアンネスとしても知られている。そしてこのオアンネスという名は、「ヨハネ」の変化型である。このような由来によって「ヨハネ」は、タンムズ／ニムロデを象徴するものとして利用されてきた。洗礼者ヨハネはその最たるものだ。タンムズの祭日たる六月二十三日は、聖ヨハネ・イヴと呼ばれるようになった。

そして、ニムロデとセミラミスの組合せは、世界中のあらゆる文化のなかに、さまざまな形、さまざまな名前で登場している。これら無数の神格は、同じ二神（ニムロデとセミラミス）の別名なのだ。子供を生贄にする現代悪魔主義儀式、そこで祀られる神格の一つとして、ギリシア神話に登場するサイクロプス（一つ目の巨人）たちの王、クロノスの名があげられる。このクロノスは、塔を建てた者としても知られている。これは明らかに、クロノスがニムロデから派生した同一神格であることを示している。ご存じニムロデは、バベルの塔の建設者である。

レプティリアンの血流を受け継ぐ者たちが、今もなお身の毛もよだつような儀式を行なっている理由はといえば、それは彼らがこれまでずっとそうしてきたからである。これらの血流を追って歴史をさかのぼっていくと、同じ神格への同じ生贄の儀式が、今までずっと変わることなく続けられてきたことがわかる。ところで「エノク書」の一節は、監視者（レプティリアン）が人間の女に生ませた者たちの行状を次のように語っている。

「そして身籠《みごも》った彼女たちは、巨人たちを生み出した。………彼らはすべてを食い尽くした。そして人間がもはや彼らに食糧を提供できなくなると、今度は人間を襲って喰らい始めた。続いて彼らは、鳥や獣、爬虫類や魚を犯し始め、ついには共食いをするに至った。大地は、この無法者どもを許さなかった」

この一節は、私がスポットライトを当てている血流の者たちのことを物語っている。バビロニアン・ブラザーフッドに結集した彼らは、そこから地球全域へと拡大した。

＊――――サタニズムに魅入られた人々は「汚物沈殿次元意識体」の餌食になる

このレプティリアンたちは、われわれが目で見、体で感じているこの三次元世界を、ちょうど窓からのぞき込むような形でうかがっている。この場合、人間の肉体の目が、まさにその窓となっているのだ。

われわれの意識は、この三次元に同調している。一方、彼らの意識は四次元にあって、この三次元をのぞき込んでいるのだ。その目は暗く冷たく、射抜くような視線である。これを見れば彼らの正体が一瞬にして理解できる。レプティリアンの純血種は、普通の人間とは違い、自らの肉体との結びつきが希薄である。

彼らは、レプティリアン遺伝子を持つ人間の肉体を、この三次元世界で活動するための「宇宙服」として利用しているのだ。着古せば脱ぎ捨て、次のに着替えるといった具合だ。この過程は、

「憑依《オーバーシャドー》」を通じて行なわれる。レプティリアンをはじめとする低波動の実体が、人間の精神と肉体に取り憑くのだ。そのような存在のなかには、昔話に登場する悪魔や悪霊も含まれている。

サタニズムで行なわれる黒魔術儀式が招喚するのは、レプティリアンをはじめとする「汚物沈殿次元」、つまり低層四次元の意識体たちである。こういった儀式の最中、何も知らない多くの人々が、レプティリアン意識に「接続」され、彼らの操り人形となってしまうのである。これは古代バビロンで行なわれていたことであるが、現在もなお執り行なわれ続けている。

私が『私は私、私は自由』のなかで明らかにしたように、現代のブラザーフッド・ヒエラルキーは、子供を生贄にし、その血を啜るなど、身の毛もよだつような悪魔主義の儀式に傾倒している。ちょっと待ってくれって？　いや私は今、事実を話しているのだ。英国をはじめとする王室や、政治、ビジネス、金融、メディアなど各界のトップに立つ者たちのことを言っているのである。そう、ヘンリー・キッシンジャーやジョージ・ブッシュや英国王室のことについてだ。とてつもない話だって？　それもよくわかっている。しかし、真実が「とてつもある話」でなければならないなんて、いったいいつから決まったというのだ？　変なのは真実のほうではなく、真実を否定するような幻想に包まれたこの世界のほうなのだ。

さて、古代バビロン宗教の三大要素は、火、蛇、太陽であった。なかでも太陽は特に重要である。世界の大部分の人々は太陽を崇拝していた。それは誰がみても明らかなように、太陽は大地に光と熱を与え、作物を実らせ、人々に幸せを与えてくれるからだ。しかし、進んだ知識を有するエリート・グループ、バビロニアン・ブラザーフッドは、それ以上の理由によって太陽を重要視していた。というのも彼らは、多次元的意識体としての太陽の本質を理解していたからだ。

太陽は、人間の意識をはるかに超えた波動レヴェルにおいて、太陽系全体に広がっている。この物理的次元だけでも、太陽から放射される電磁波は、われわれに刻一刻と影響を与えている。一三八万二四〇〇キロの直径を持つ太陽は、太陽系の全質量の九九パーセントを占めている。無数の核爆発を繰り返す超巨大なエネルギー球である太陽、その中心温度は、一四〇〇万度Ｃにまで達している。太陽は、両極付近よりも赤道付近のほうが回転流動（対流）がはるかに活発であり、磁場も赤道付近のほうがずっと強力である。

研究者モーリス・コットレルは、太陽が強力な磁力線を発しているときの黒点とプロミネンスのようすを長期にわたって観察し、それを詳細な研究成果としてまとめあげている。そのなかには、一六万キロの高さにも及ぶ巨大なプロミネンスの写真も含まれている。

これら巨大な太陽エネルギーは、太陽風に乗って地球へと到達し、コンピューター・システムに影響を与え、ときにはその機能を突然に停止させることもある。地球を包み込む高エネルギー磁場圏たるヴァン・アレン帯、もしこれが存在しなかったならば、われわれは太陽エネルギーによってとっくにフライにされてしまっているだろう。

＊——太陽波動エネルギーの秘教的知識独占で人類操作するブラザーフッド

モーリス・コットレルは、短期、長期、超長期と、それぞれの太陽黒点周期についての研究を行なった。その内容については、アドリアン・Ｇ・ギルバートとの共著『マヤの予言』のなかに説明されている。研究も完成間近となった頃、コットレルは、中米の古代マヤ人が残した驚くべき象徴暗号システムの存在を知ることになった。

古代マヤ人は、自分たちは「ｇｏｄｓ（神々）」の子孫で失われた島からやって来たと信じていた。驚くべき正確さを持った彼らの数学や天文学、時間の測定法などは、彼ら以前のずっと古い文明から伝え残されたものであり、究極的には異星人に由来するものである。前章でも述べたが、メキシコ大統領ミゲル・デラ・マドリードは、古代マヤ人はレプティリアンとの混血の「イグアナ人種」だったと言って、彼自身の身をもってそれを証明している。

モーリス・コットレルは、マヤ人たちが伝え残した人間進化のサイクルが、自分が研究していた太陽の黒点磁力線放射の超長期サイクルに一致していることに気づき、これに非常な興味を覚えた。何千年ものあいだ、両者は驚くべき一致をみせている。その理由を説明しよう。すべての存在はエネルギーであり、生命とは本質的に、磁場波動の相互作用である。ゆえに、磁場が変化すれば、その相互作用によって生まれるエネルギー場が変化し、エネルギーの一形態であるあなた自身の精神や感情、魂や肉体の状態が変化するのだ。

太陽を取り巻く惑星も、太陽と同じように地球の磁場に影響を与えている。このような知識から生まれたのが占星術である。

われわれがこのようなエネルギー場の影響を最大限に受けるのは、誕生のときよりもむしろ受胎のときであると、コットレルは考えている。私自身は、どちらも重要だと思っている。彼の研究によると、太陽の黒点活動周期は、人間の生殖サイクルや、文明や帝国の出現と没落のサイクルに一致しているそうだ。また、科学者たちによって、人間が自らの体内に太陽とシンクロ（同調）した体内時計を持っていることが発見されている。つまり、太陽の人間に対する影響力は根源的なものであり、単に熱や光を与えてくれるのにとどまるものではない。これを知っていた古代の異星人たちは、畏敬の念をもって太陽を崇めていた。

太陽系の物理的・精神的中心である太陽は、「彼は世の光であった」という表現からもわかるように、創造エネルギーの男性的側面たる創造主を象徴するようになった。この太陽についての知識は、遠い過去へとさかのぼり、再び現在へと帰ってくる本書の旅において、あらゆる時代に共通するテーマとなっている。しかしこのテーマは、歴史を読み解くことをいくぶん複雑なものにしている。

というのも、古代人たちは、太陽や惑星についての重要な知識を、象徴的な寓話として伝え残しているからだ。それらの物語に登場する神々は、太陽や惑星を象徴するものとなっているのだ。どこが文字どおりに解釈すべき部分で、どこが象徴として理解すべき部分なのかを見分けるのは、かなりたいへんな仕事である。たとえば「太陽神」は、異星人や、その人間との混血種をも象徴している。これは、古代文書で「太陽のように光り輝く顔を持った者たち」として言及されているものである。

もしあなたが、太陽や惑星から地球へと放出されるエネルギーの周期的変化と、それが人間の意識に与える影響についての知識を独占するならば、あなたは人類全体を操作するほどの巨大な力を持つことになるだろう。それこそアジェンダを推進していくことさえも可能となるだろう。人々がいつ怒り、恐れ、疑い深くなり、攻撃的行動や犯罪に走りやすくなるのかがわかれば、戦争や経済崩壊を引き起こすタイミングをつかんだも同然だ。ブラザーフッドは常にこのような知識を独占し、それを大いに利用してきたのである。

＊――古代エジプトを侵食したアトランティス系の爬虫類人・人間混血の魔術師たち

レプティリアンの血流たるバビロニアン・ブラザーフッドは、中近東やエジプトへと広がり、ついにはヨーロッパやアメリカにまでその勢力を拡大させた。私は、金星による大変動以降の初期エジプト文明は、フェニキア人によって、すなわち火星由来のアーリア人によって建設されたものだと考えている。また、これにはアヌンナキ・レプティリアンの関与があったとも考えられる。ともかくも、レプティリアンがエジプト文明の乗っ取りにとりかかったのが、西暦紀元前二〇〇〇年よりも前であったことは確実だ。

紀元前二二〇〇年、メンデ族の司祭たちによって、エジプトの竜王朝が創始された。この竜王朝は、現在もなお英国王室として存続している。この現代竜王朝の大法官である作家、ローレンス・ガードナー卿のデヴォンの邸宅は、コランバ・ハウスと呼ばれている。

コランバとは鳩座のことであり、女神セミラミスを意味している。ガードナーによると、ドラキュラという名は「ドラクルの息子」という意味であり、そのキャラクターは、十五世紀竜王朝の大法官であったトランシルヴァニア―ワラキア公、ヴラド三世をモデルにしているという。そして彼の父は、宮廷内ではドラクルの称号で呼ばれていた。ドラクルとは、すなわちドラコ（竜）である。

話は変わるが、バビロニアン・ブラザーフッドは、行く先々において、神秘主義結社を作り出した。人々を操作して迷信と恐怖に陥れるためだ。一方でピラミッド型階層組織の上層部に位置する者たちは、先進の知識を独占し、レプティリアンのアジェンダ実現のために活動していた。レプティリアンの支配を受けない神秘主義結社も存在したが、それらはことごとくバビロニアン・ブラザーフッドの浸透を受け、ついにはすべて乗っ取られてしまった。これら神秘主義結社は、何千年も前から、あるいはことによると何万年も前から存在し続けており、選ばれた者にのみ先進の知識を伝え続けてきた。

作家J・G・ベネットは、その著書『マスター・オブ・ザ・ウィズダム』のなかで、「ロシアの神秘家グレゴーリ・グルジェフは、神秘主義結社の歴史は少なくとも三万～四万年前にさかのぼると語った」と述べている。グルジェフは、それらの知識をコーカサス山地やトルコに散在する洞窟の壁画から学んだという。

ニューエイジを信奉する人々は、古代の神秘主義結社が人類操作の一環であったと聞くとしばしば憤慨するらしいが、私は、どのような意図によるものであれ、人々に知識を伝えるのを否定するような組織体は存在すべきでないと思うのだ。どのような意図によるものであれ、誰が知識を得るべきで誰が知識を得るべきでないかを決する権利が自分にあるなどと考えるのは、非常に危険で思い上がったことではないだろうか。ただ、知識を賢明に用いることができそうな人々には秘密の知識を伝えようという、ポジティヴな意図を持った神秘主義結社がかつて存在していたというのもまた事実だ。

だから私は、すべての神秘主義結社が悪意に満ちたものであったと言っているのではない。しかし、ポジティヴな意図を持った神秘主義結社も、最終的にはレプティリアンの手下どもによって浸透され尽くしてしまった。フリーメーソンの歴史家であるマンリー・P・ホールは、これについて次のように述べている。

「念の入った古代の魔術儀式は、必ずしも邪悪なものではなかった。しかし、それを悪用する者たちが出てきて、（エジプトに）邪道の魔術結社が生み出された。……アトランティスの黒魔術師たちは、その人智を超えた力を濫用し、ついには古代魔術の徳を食い潰してしまった。……彼らは、それまで正統な秘儀を受けた者によって受け継がれてきた地位を簒奪《さんだつ》し、霊的政体の主導権を奪い取ってしまった。

……このようにして黒魔術政体は、国家宗教による独裁制を敷いた。すなわち彼らは、司祭階級によって作られた教義への黙従を強制し、人々の精神的活力を麻痺させてしまった。司祭階級の後押しによって、大魔術師たちの評議会が権力を掌握した。ファラオは、この秘密評議会の操り人形と化してしまったのだった」

ホールの言うアトランティス系の黒魔術師たちの正体は、レプティリアンと人間の混血種であり、私の言うバビロニアン・ブラザーフッドと同じものである。現代世界を動かしているのも、実は彼らの秘密結社ネットワークなのである。彼らはあらゆる国々で、そして政治、金融、ビジネス、軍事、メディアなどあらゆる分野で、水面下で連携しながら活動している。彼らは国境を超え、そして一見したところなんの関係もないように見える企業と企業のあいだを通じて、アジェンダ実現のために日夜活動を続けている。

＊―――異星人関与の悪魔的人類史を破壊・隠蔽してきたキリスト教の大罪

話を戻そう。知識は知識、それは善でも悪でもない。それがポジティヴなものとなるかネガティヴなものとなるかは、われわれの使い方しだいだ。秘密結社ネットワークの最上層部は、太陽の持つ真の力を、すなわち、その磁力線が地球上の人間の精神活動にどのようにして巨大な影響を与えているのかを知っている。この知識を利用すれば、ものごとを引き起こすタイミング、人々の意識、エネルギー、気候などを、総体的に操作することができるのだ。そして実際に彼らは、この知識を悪用し、破壊的な方法で人類を操作しているのである。

同時にレプティリアンたちは、秘密結社に命じて公の宗教組織や政党を作らせ、これらを利用して一般民衆のあいだに残っていた進んだ知識を完全に吸い上げ、これを根絶やしにしたのだった。異端審問は、このようなやり方の典型である。秘教のことを少し口にしただけでも、それが死刑の正当な理由とされたのだ。この欺瞞は非常に強力であり、今日もなおキリスト教徒たちは、秘教的な知識を「悪魔の知恵」と言って責め立てている。まさにその秘教的な知識こそが、キリスト教の基礎となっているというのにだ。古代異教のリサイクル、それがキリスト教の正体だ。さらにキリスト教は、民間から重要な知識を奪い去るのに非常に大きな役割を果たしてきた。事実、キリスト教をはじめとする宗教が支配力を行使した国や地域では、古代の記録や文献は、教会によって奪い取られたり破壊されたりしている。

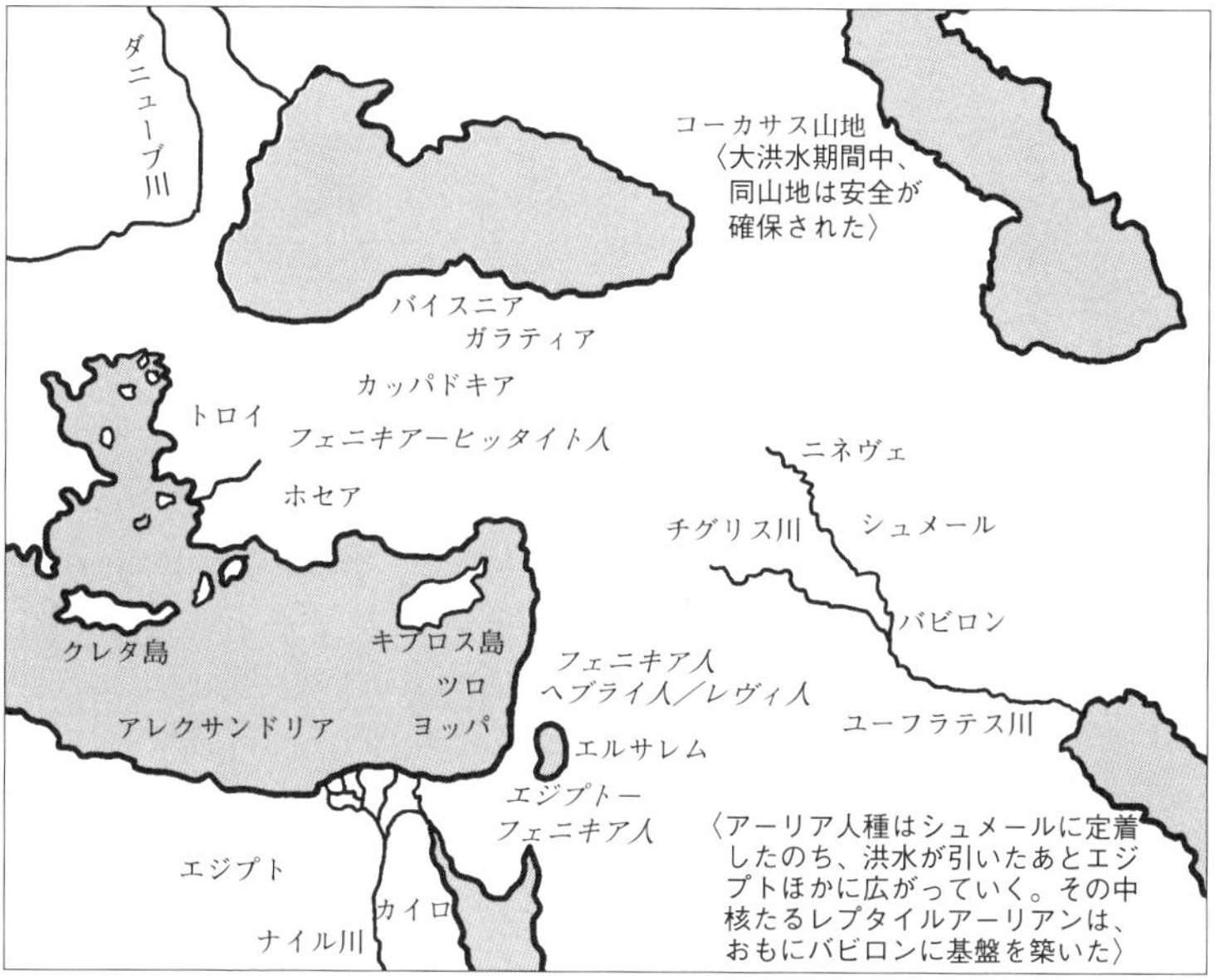

〈図7〉アーリア人とレプタイル・アーリアンは発祥した「神々（Gods）の地」コーカサス山地から、シュメールほか各地に広がっていった

　このようにして、レプティリアンが人類操作に利用していた、そして今も利用している知識は、人々のあいだから取り去られたのであった。そしてキリスト教の名のもとに、異星人の関与する人類の真の歴史が破壊・隠蔽され続けてきた。その代わりに、人類の目をその起源から引き離すための歪んだ「歴史」が用意された。歴史を操作することは、非常に大きな意味を持っている。もしあなたが、人々が過去をどのようなものとしてみるかを操作することができるならば、それは今現在の人々の、ものの見方に大きな影響を与えることになるだろう。

　私がこれまでに説明してきた神格や象徴などは、バビロニアン・ブラザーフッドの拡大とともに世界中へと広がった。バビロンのレプティリアン純血種や混血種は、入植した先々の国で、人間操作の手法を駆使して権力の座についた。一般の人々よりもはるかに高い知識を持っていた彼らは、フリーメーソン内で「時代から時代へと受け継がれる偉大な仕事」と呼ばれるようになった長期計画を推進していた。このような長大な計画が可能なのは、彼らの正体が、世代から世代へと人間の肉体を乗り換える低層四次元のレプティリアンであるからだ。

彼らは、レプティリアンの遺伝子を持たない人々に、社会建設の仕事を任せていた。そして新しい社会が建設されると、ブラザーフッドの司祭団が浸透し、宗教的権威や政治的権力を乗っ取ってしまうのだ。そうすることによって彼らは、人々のあいだから進んだ知識を吸い上げ、自分たち神秘主義的秘密結社のうちに独占した。

大洪水後、コーカサス山地およびイランやクルディスタンの山岳地帯に出現した、レプタイル・アーリアンを中核とする白人種は、エジプト、イスラエル／パレスティナ、ヨルダン、シリア、イラク、イラン、トルコなど、コーカサス山地へと連なる各地へと拡大した（図7参照）。世界的大宗教が、すべてこの一地域から始まっているという事実には注目すべきであろう。これは決して偶然ではない。古代、シュメール、バビロン、アッシリアなどの文明は、現在われわれがイラクと呼んでいる地域にあった。また、レプタイル・アーリアンの発祥地である小アジア（トルコ）は、ペルシア帝国の一部となっていた地域である。

＊――――イスラエルの正体は火星起源コーカサス出身のロスチャイルド・ランド

カッシェル（アイルランド南部の町）の大司教リチャード・ローレンスは、「エノク書」を、エチオピア語から英語へと翻訳した。彼は「エノク書」のなかに出てくる一年のうちで最も長い日についての記述から推論して、その原著者が住んでいたのは、一般に言われてきたパレスティナとは違って、コーカサス地方であったという結論を割り出した。コーカサス地方といえば、レプティリアンの血流の発祥地である。そして、「エノク書」の原型となったのは、「エノク書」よりもさらに古い「ノア書」であるが、この書の主人公たるノアは、レプティリアンと人間の「合いの子」であった。

コーカサス地方より発して、のちに各地へと広がったアーリア人種は、さまざまな名で呼ばれるようになった。なかでも有名なのが、ヒッタイトやフェニキアといった名称だ。

彼らは、ヒッタイトやフェニキアといった地域のずっと外側へも入植を行なっていた。たとえばブリテン島がそうだ。また、レプティリアンは、世界の他の地域（たとえばアメリカ大陸）でも超長期的作戦行動を行なっていた。しかし、過去七千年間の人類史の鍵となったのは、やはりコーカサス山地からシュメールやエジプトの平原へと至る一帯であった。

研究を続けるなか、このコーカサス山地の名は、いくたびとなく私の目の前に現われた。現在北米に居住している白人が「コーケイジアン（コーカサス人種）」と呼ばれているのも、私にはしごく納得のいく話だ。そして公認の歴史においてさえ、西暦紀元前一五五〇年にインダス川流域へと入り、現在ヒンドゥー地方と呼ばれている地域を切り開いたのは、コーカサス山地に発祥した「アーリア白人種」であったとされている。インドに古代サンスクリット語や、ヒンドゥーの聖書『ヴェーダ』のなかにみられる神話や物語をもたらしたのも、やはりアーリア人（彼らは自らを「アーリア」と呼んでいた）であった。アーリア研究家として有名なL・A・ワッデルは、インドの古代叙事詩『マハーバーラタ』や初期仏典のなかに語られているインド・アーリアの最初の王の父は、小アジア・ヒッタイトの最後の王であったと述べている。

インド・アーリア人は、太陽を父なる神インドラとして崇拝していたが、一方ヒッタイト─フェニキア人たちは、彼らの崇拝する父なる神ベルを、インドラとも呼んでいた。彼ら同一のアーリア人種は、現在トルコやその他近東諸国として知られ、小アジアや、シュメール、バビロン、エジプトへと、入植した。さまざまな名で呼ばれていた彼らは、行く先々に同一の神話、同一の宗教をもたらした。すべての大宗教が、それぞれ違った名前を用いつつも、基本的に同じ物語を持っているのは、まさにこのような理由によるものなのだ。それらはすべて、同一のアーリア人種によってもたらされたものである。

このアーリア人種は、火星にその起源を持っている。そして、レプティリアンの血流は、このアーリア白人種のなかに潜んで活動しているのだ。われわれがユダヤ人と呼んでいる人々の大部分は、イスラエルの地にではなく、コーカサス山地にその起源を持っている。

歴史学や人類学の研究によって、ユダヤ人と呼ばれている人々のなかで古代イスラエルとなんらかの遺伝的つながりを持っていると考えられる人は、ほんのわずかにすぎないということがわかっている。その理由を説明しておこう。

八世紀、コーカサス山地および南ロシアに居住していたカザール帝国の人々は、ユダヤ教へと集団改宗を行なった。帝国が崩壊したあと、これらカザールの人々は、長い時をかけて、ロシアの他の地域や、リトアニアやエストニアへと移民・入植していった。そこから彼らは西ヨーロッパへと入り、さらにはアメリカ合衆国へと拡大していった。かの有名なロスチャイルド家は、このようなカザールの血流の一つである。第二次世界大戦後、「このイスラエルの地は、Ｇｏｄ（唯一神）が遠い昔、われら選ばれた民にお与えになったものである」という理屈でアラブの土地パレスティナを占領したのも、これらカザールの末裔たちであった。しかし、彼らの真の故郷はイスラエルではなく、コーカサス地方および南ロシアであった。そのへんの詳細については、『……そして真理があなたを自由にする』を読んでいただきたい。そうすれば、イスラエル国家建設の裏には、秘密結社による操作（マニピュレーション）があったことがはっきりと理解できるだろう。すべてはロスチャイルドの計画どおりに進んでいた。イスラエルの正体は、ロスチャイルド・ランドなのだ。

＊―――フェニキア人、キムメリオス人、スキタイ人、ゴール人、ケルト人、ガラティア人として全ヨーロッパに伝播した爬虫類系アーリア白人種

アーリア白人種は、北方のヨーロッパへと拡大していった。なかでも最初の者たちは、海路によって各地へと拡大した。彼らはフェニキア人と呼ばれていた。その後何世紀にもわたって、それに続く者たちが、陸路を伝ってヨーロッパやその他の地域へと広がっていった（図8参照）。後者のグループに属するキムメリオス人やスキタイ人の血流は、次々と名前を変えながらヨーロッパへと浸透し、すでに海路によってブリテン島や北ヨーロッパへと入植していたアーリア白人種（フェニキア人）との合流を果たした。

本書の話において、アーリア人は非常に重要な位置を占めている。これについて詳しく説明していきたい。コーカサスおよび小アジアに発したキムメリオス人は、北西に向かって移民を繰り返し、現在われわれがベルギー、オランダ、ドイツ、デンマークと呼んでいる地域へと拡大した。ローマの歴史家として有名なプリニウスやタキトゥスは、オランダからデンマークへと至る沿岸地帯に住んでいたのは同一の民族だったと述べている。これは考古学的証拠によっても支持されており、彼らがその地域に入植したのは西暦紀元前三〇〇〜二五〇年のことだったと考えられている。

キムメリオス人の他のグループは、ドナウ川をさかのぼって、ハンガリー、オーストリア、南ドイツ、フランスへと広がっていった。ローマ人は彼らのことをゴール人と呼び、ギリシア人は彼らをケルトイあるいはケルト人と呼んでいた。これらケルト族は、ボヘミアやバヴァリアへと入植した。ま

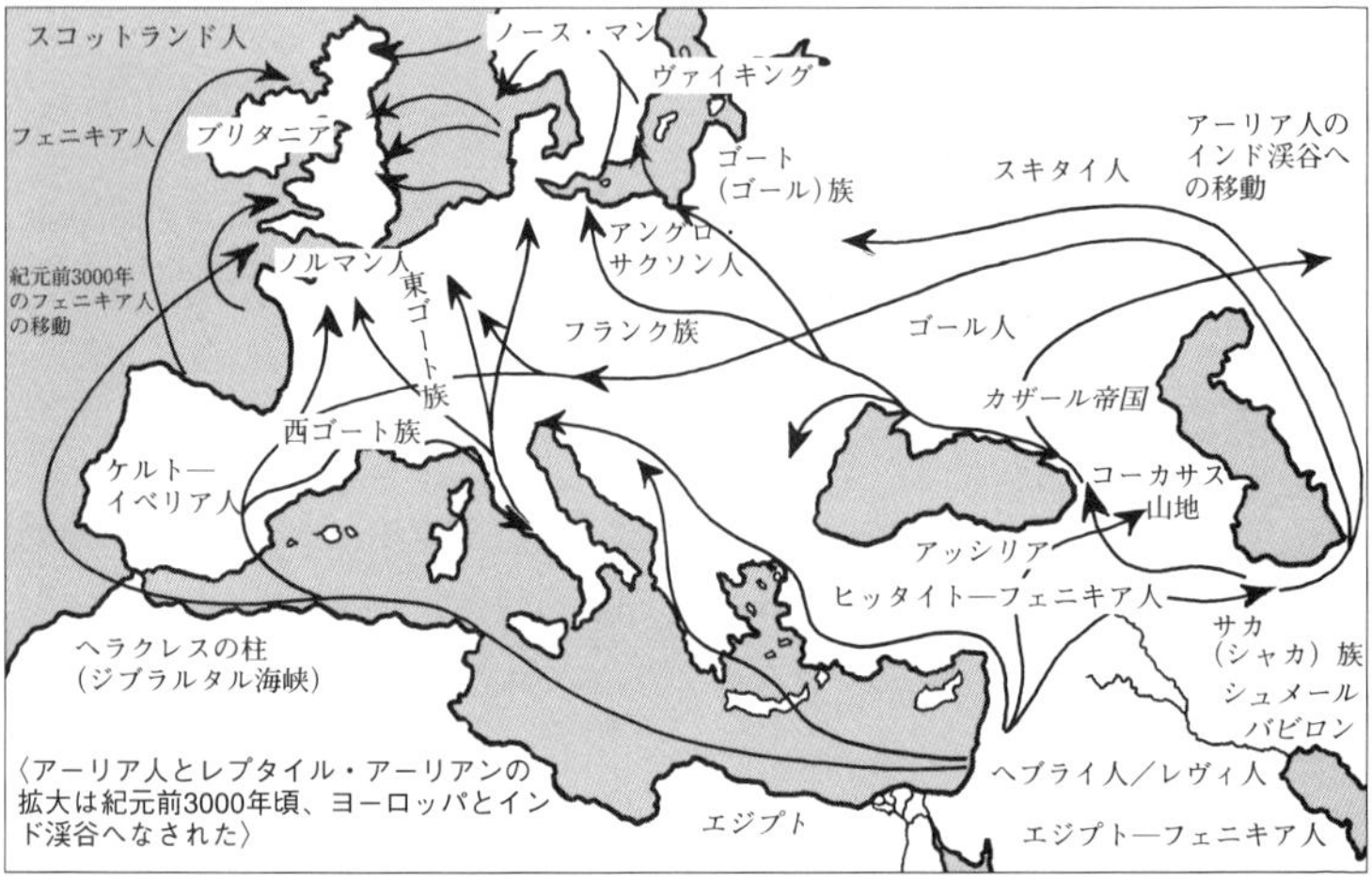

〈図８〉アーリア人とレプタイル・アーリアンは種々の名のもと、陸・海路を伝ってヨーロッパへと進出し、大英帝国の拡大から世界を掌握する

た、そのなかには北イタリアへと侵入するものもあった。ローマの歴史家サルスティウスは、ローマ軍がいくたびとなく「キンブリ族」に敗北を喫したようすを記録している。彼は、キンブリ族はゴール人であったと述べている。他のローマの歴史家たちも、キンブリ族はケルト人（ゴール人）であったと述べている。

彼らは三つの部族に分かれていた。東北フランスのベルグ族、中央フランスのゴール族、南フランスからピレネー山脈にかけて居住していたアキテーヌ族である。紀元前二世紀頃までにこのゴール／ケルト人（コーカサス山地からやって来たキムメリオス白人種）は、中欧および北イタリアを占領し、イタリア全土をも征服しようという動きに入っていた。紀元前二八〇年頃、彼らは小アジアへと侵入し、自らの祖先の地を再占領したのだった。歴史学教授ヘンリー・ローリンソンは言う。「これら二回の小アジアへの大侵入は、同じ種族によって行なわれたものである。最初の者たちはキムメリオス人と呼ばれ、次の者たちはゴール人と呼ばれていた」

小アジアにおけるゴール人の中心地はフリギアと呼ばれていた。そこはのちに、ガラティア（ゴール・アティア）と呼ばれるようになった。新約聖書（キリスト教書）には、パウロが書いたとされる「ガラティア人への手紙」が収められているが、これはその地域（ゴール・アティア）の人々に宛てられた手紙ということになっている。キムメリオス人（キンブリ族）はウェールズにも入っており、今もなおウェールズ語では、ウェールズのことをキムルと呼んでいる。

＊――ブッダのシャカ族もまた「アーリア―スキタイ人」の血流だった

アーリア人の一派であるスキタイ人は、コーカサス地方から北へと移動してヨーロッパへと入った。スキタイ人の聖なる紋章には、蛇、雄牛（ニムロデ／タウルス）、火（太陽、知識）、テオ（エジプトではパーンと呼ばれていた神）が描かれていた。ローマ人は彼らスキタイ人のことを、サルマティア人あるいはゲルマーニ人と呼んでいた。このゲルマーニとは、ラテン語の「ゲルマヌス（純粋な）」からきており、スキタイ人は「純粋な血流の者たち」として知られていた。現在われわれが使っている「ジャーマン」や「ジャーマニー」といった言葉も、やはりこれに由来するものである。スキタイ人がゲルマーニ人と呼ばれるようになった経緯については、プリニウスやストラボンといったローマの歴史家たちの著作に説明されている。

他方、ブリテン島に侵入したアングロ・サクソン人は、ローマ人からはゲルマーニ人とも呼ばれていた。その昔オールド・サクソニーと呼ばれていた地域は、現在は北ドイツおよびオランダとなっている。アングル人もサクソン人もその起源は同じである。両者はともに、古代中近東コーカサス地方からやって来たキムメリオス―スキタイ人である。一〇六六年、征服者ウィリアムに率いられたノルマン人たちは、ヘースティングスの戦いに勝利してブリテン島へと侵入したが、彼らもまた、キムメリオス―スキタイ人の一派であった。

ノルマンやノルマンディーといった名は、もともとは北方人を意味する「ノース・マン」であった。というのもノルマン人は、北方のスカンディナヴィアからフランスへと侵入してきた部族であったからだ。スカンディナヴィア神話のヒーローであるオーディンは、アサハイム（アサランド）からやって来たというが、このアサハイムとは、スキタイ人の地かインド・アーリアの地であったと考えられる。そこからオーディンは、西暦二〇〇～三〇〇年頃、大軍を率いてスウェーデンを征服したと言われている。彼の軍はスヴェアーと呼ばれていた。そして今もなおスウェーデン語では、スウェーデンの地はスヴェリーゲ、すなわち「スヴェアーの土地」と呼ばれている。

コーカサス地方から東方へと移動し、紀元前一七五年に中国国境へと到達したスキタイ人（アーリア人）の一派は、サカ族として知られるようになった。この頃の中国の記録には、インドへの避難を余儀なくされたソク‐ワン族のことが述べられている。ソク‐ワンとは「サカ族の王侯たち」という意味である。記録によれば、サカ族は、険しい山道を抜けて、アフガニスタンからインドへと避難したという。紀元前一〇〇年頃に発行されたコインから判断するに、サカ王国は、インダス川上流、カシミールとアフガニスタンのあいだにあったと考えられる。また、世界宗教たる仏教が生まれたのも、サカ族（アーリア―スキタイ人）の支配地域からであった。紀元前四六三年にブッダが生まれたとされる地域は、紀元前五〇〇年頃までにはシャカ族（サカ族）の支配地となっていた。ゴータマ（ブッダ）は、シャカムニ、すなわち「シャカ族の教師／獅子」と呼ばれていた。

これらのことは、すべての大宗教とその「ヒーローたち」がみな同じ起源から発していることを知るとき、非常に重要な意味を持ってくる。スキタイ人やサカ族、キムメリオス人やキンブリ族、これらはみな同一の種族であった。このことは、バビロンから始まる古代のキャラバン・ルートに隣接するザルゴス山地にある、ベヒストゥーン村の石碑の文章から確認されている。その碑文は、紀元前五一五年にダリウス大王の命令によって彫られたものであり、バビロニア語、エラム語、ペルシア語の三つの言語それぞれによって同じ内容が述べられている。そして、エラム語版、ペルシア語版で「サカ族」となっている部分は、バビロニア語版では「キミリ（キンブリ）族」となっている。

＊――スカンディナヴィア人もフェニキア人などアーリア純血種の末裔

中近東コーカサス山地に発祥したアーリア人は、それぞれさまざまな名で呼ばれる同一の宗教およびその宗教的ヒーローの物語とともに、自らもそれぞれ違った名称で呼ばれながら、ヨーロッパ、インド、さらには中国へと、各方面へ拡大していった。彼らのなかに潜んでいたレプティリアン混血種の血流は、支配権を狙って暗闘し、最終的には王族や司祭階級や軍事的指導者としてその目的を達成し、すべてのできごとをコントロールできるようになった。私は、彼らを一括りにバビロニアン・ブラザーフッドと呼んでいる。

アーリア人の一部にバビロニア人がいたことは、古代の碑文や呼称によって確認されている。たとえばカッシーという呼称（自称）が最初に使われたのは、西暦紀元前三〇〇〇年頃、フェニキア人によってであった。続いてこの呼称（自称）は、メソポタミア地域を支配したバビロニア人によって採用されている。このカッシーという名称は、エジプトにいたフェニキア人のあいだで、個人の名としても使われている。また、このカッシーという名称は、ローマによる侵攻を受ける以前のブリテンの王の称号「カッティ」の語源となっている。それらブリテン王の一人は、サン・ホースをはじめとする太陽のシンボルの描かれた「カッス」コインを発行している。

アーリア人が各地へと拡大を始めたのは、紀元前三〇〇〇年よりも前のことであった。

繰り返し強調しておきたいのだが、その最初のものが海路によって各地へと渡ったフェニキア人なのである。公認の歴史においては、彼らの存在は非常に小さく取り扱われ、その正体は曖昧《あいまい》にされたままであるが、彼らは非常に進んだ高度な技術を持った人々であった。彼らフェニキア人の正体を知ることなしには、われわれ自身どこからやって来て今現在どのような状態にあるのかを理解することは不可能である。彼らフェニキア人は、西暦紀元前何千年もの昔に、ヨーロッパ、スカンディナヴィア、アメリカなどの各地に、自らの遺伝子と知識をもたらしたのであった。それについてはL・A・ワッデルが、その著書『ブリトン、スコット、アングロ・サクソンのフェニキア的起源』のなかで説明している。

王立考古学協会の特別研究員であったワッデルは、一生をかけてその証拠を追い求めていた。彼は、フェニキア人の正体が、今まで言われてきたようなセム系ではなく、アーリア白人種であったことを証明している。事実、フェニキア人の墳墓の発掘によって、彼らが、セム系とはまったく違う、長頭のアーリア人種であったことが判明している。古代フェニキア人は、小アジア、シリア、エジプトに航海の拠点を置き、クレタやキプロスといった地中海の島々へと、あるいはギリシアやイタリアへと植民していった。

彼らが伝えた知識はのちに、クレタ島ミノア文明やギリシアやローマの文明を開花させることとなった。彼らはまた、レプティリアン（爬虫類型異星人）によって乗っ取られる以前のエジプト文明において、黒幕的「ブレーン」の役割を果たしていた。エジプト人たちは、フェニキア人のことを、パナグやパナサ、あるいはフェンカーと呼んでいた。そして彼らはギリシア人からはフォニカスと呼ばれ、ローマ人からはフェニケスと呼ばれていた。エジプト人たちが、自分たちの神を青い目をした白い肌の人物として描いていたのは、まことにうなずけることである。また、世界中の他の文化においても、まったく同じ例をみることができる。

フェニキア人と呼ばれるこの進んだ種族は、白い肌と青い目を持っていた。これは、レプティリアン混血種および火星由来の白人種の身体的特徴と見事に一致している。現在ではスカンディナヴィア人が、このような身体的特徴を最も純粋に受け継いでいる。それもそのはず、スカンディナヴィア人は、フェニキア人をはじめとするアーリア純血種の末裔なのだ。これは、ナチスの提唱したアーリア「支配種」神話の元ネタとなっている。もちろんナチスは、ブラザーフッド系の秘密結社によって作られたものである。

＊――フリーメーソン創始、ソロモン神殿建設、先史時代のアメリカ侵入、エジプト・火星のピラミッドもフェニキア人

読者はフリーメーソンの伝説上の創始者、「ラム・アビフ」の名はご存じだろうか。ソロモン神殿の建設者とされている彼は、フェニキア人であったとされている。また、ツタンカーメンの父であるファラオ、イクナートンの祖父は、フェニキアの高級司祭であった。エジプト神話に登場する不死鳥フェニックスの正体は、フェニキアの太陽神ベルを象徴する「太陽の鳥」であった。のちには孔雀《くじゃく》や鷲が代用されるようになった。

ＮＡＳＡの科学者、ヴィンセント・ディピエトロとグレゴリー・モレナールによって、エジプトにあるような巨大なピラミッドが、火星のシドニア地方に発見されている。この事実は、両者のピラミッドが同一の火星人種によって建設されたと考えるとき、非常に重要な意味を持ってくる。また、ゼカリア・シッチンの言うように、アヌンナキは地球に来る前にすでに火星に入植していたとするならば、火星と地球とでのピラミッドの一致は当然、それと非常に深い関係があると考えられる。

フェニキア人の活動範囲は、地中海や中近東に限られたものではなかった。彼らは、紀元前三〇〇〇年頃にブリテン島に上陸している。また、北米のグランド・キャニオンには、エジプト（フェニキア）の遺跡のような物が残っており、さらにブラジルでは、見まごうことなきフェニキアの遺物が発見されている。フェニキア人たちは、「クリストファー・コロンブスによるアメリカ大陸発見」という捏造《ねつぞう》された公式発表の何千年も前に、すでにアメリカ大陸に上陸していたのだ。

アメリカ原住民の神話には、進んだ知識とともに海を渡ってやって来た「白い神々」の話があるが、それは単なる神話ではなく、実際にあったことなのである。何千年もの昔に東方より来てアメリカに上陸した彼らの正体は、アーリア人およびレプタイル・アーリアン（爬虫類人の遺伝子を受け継ぐアーリア人）であった。大洪水の直後、シュメールに文明を与えたとされている「ｇｏｄｓ（神々）」の正体も、やはり彼らレプタイル・アーリアンであった。コロンブスに続いてアメリカ大陸へと入って来た白人の侵略者たちは、原住民たちが自分たちと同じ神話体系を持っているのを知って驚いた。それもそのはずだ。

なぜなら、それらはすべて、同一のアーリア人種にその起源を持っているのだから。

フェニキア人として知られていたアーリア人は、シュメールやヒッタイトなど、さまざまな名称で呼ばれていた。彼らの中核はレプタイル・アーリアンであった。また、フェニキア人によるアメリカ大陸上陸のはるか以前、レプティリアンによる直接のアメリカ大陸侵略があったものとも考えられる。アメリカ大陸の存在を知る進んだ種族がいたという証拠としては、一五一九年に編纂されたハージ・アーメドの海図などがある。そこには、アラスカを通ってシベリアへと至る街道の敷かれた北米大陸や、氷床のない南極大陸の姿が、非常に正確に描かれている。

英国ウィルトシア州エイヴバリーにあるストーンヘンジ（環状列石）は、ブリテン島に上陸したア

ストーンヘンジ全景。火星の「人面構造物」と共通するものが……

ーリアーフェニキア人の手によって造られた物である。彼らアーリアーフェニキアーシュメール人は、ストーンヘンジのようなすばらしい構造物を建設するに充分な進んだ知識を有していた。天文学、占星術、聖なる幾何学、数学、そして地球の磁気エネルギーライン・ネットワークについての知識がそれだ。研究者L・A・ワッデルは、ストーンヘンジの列石の一つに、シュメールのマークを発見したと主張している。

一九四五年から一九六一年にかけてオックスフォード大学の名誉工学教授であったアレクサンダー・トム教授は、「ストーンヘンジを建設した古代人たちは、ピュタゴラスの生まれる何千年も前に、ピュタゴラスの定理を知っていた」と言っている。トム教授は、一九六七年の著書『マグネティックサイト・イン・ブリテン』のなかで、「それらの列石は単に幾何学的パターンに従うのみならず、周囲の地形と調和するように、そして、何よりも特定の時期の太陽や月や星の位置に照応するように配置されている。特に、春分・秋分や夏至・冬至の際の、日の出や日の入りの太陽の位置や、周期の極点に達したときの月位置を基準に設置されている」と述べている。それは巨大な天文学的時計であった、と彼は言う。

しかし、それだけにとどまるものではない。それは巨大なエネルギー受容変換器なのだ。

地球のマグネティック・グリッド（磁場格子）は、レイ・ラインや子午線や竜脈などといった名で呼ばれる磁力線から構成されている。それらの磁力線が交差する地点では、エネルギーが螺旋《らせん》状に絡み合って渦をなしている。交差する磁力線の数が多いほど、エネルギーの渦はより強大なものとなる。このようなエネルギー・システムを熟知していた古代人たちは、そのようなパワーの発生する場所を、自らの聖地として定めていたのだ。

＊――――同種族が建設した火星「人面」構造物と英ストーンヘンジの共通点

渦や螺旋は、自然界に普遍的に見られる構造である。たとえばわれわれの銀河は渦を巻いている。水が渦を巻くのはもちろんだし、頭のてっぺんもつむじを巻いている。さらにＤＮＡ分子も、二重螺旋構造を持つことで知られている。カリフォルニアに住む私の友人、科学者のブライアン・デスボローは、「ハルトマン・グリッドと呼ばれる、十二本もの磁力線が地中へと収束していく地点がある」と私に語った。「それはどこにあるんだ？」と私は尋ねた。

すると彼は、「イングランドのエイヴバリーだ」と答えた。そこはまさに、少なくとも五千年以上前、進んだ知識を持っていたフェニキアーシュメール人が、ストーン・サークルを設置するのに選んだ場所であった。

さらにその周辺地域には、ヨーロッパ最大の塚であるシルバリー・ヒルや、ウエスト・ケネット・ロング・バローなど、一連の遺跡が取り巻くように存在している。それらは、エナジー・グリッド（地球の発する磁力線によって構成される格子状のエネルギー場）の中枢に、一種の「回路」を形成しているのである。私はエイヴバリーの近くに二年ほど住んでいたことがあるが、そこは非常に強力なエネルギーを感じる場所であった。そこはまた、ミステリー・サークルが頻繁に出現する地域でもある。特に複雑な形のものが出ることで知られている。

さらに興味を引くことがある。それは、エイヴバリーと火星とのつながりだ。火星表面のシドニアと呼ばれる地域に、あの有名な、明らかに人工の構造物と思われる「火星の顔」がある。その研究者として最も有名なのは、アメリカ人のリチャード・C・ホーグランドであろう。科学ジャーナリストの彼は、ウエスト・ハートフォードとニューヨークの二つのプラネタリウムの館長であり、NASAのゴダード・スペース・フライト・センターの顧問であった。ホーグランドは、その著書『火星上の遺跡』のなかで、『顔』やピラミッドは、五十万年前の火星の夏至の日の出を基準点として建設された巨大なエリアの一部である」と主張している。

五十万年前というと、アヌンナキによる地球到来の五万年前にあたる。火星キドニアのピラミッドなどの構造物と、エイヴバリーのストーンヘンジは、同じ種族によって建設された物であるという見解については、まず確かであろうと私は考えている。実際にエイヴバリーの遺跡は、シドニアの構造配置に照応している。この二つの地域の地形図を重ね合わせて見るならば、両者の構造物配置が驚くべき一致をみせていることがわかるだろう。

このことは、ホーグランドの研究チームによって実証されている。また彼は、その「火星の町」が、地球上の構造物が建設される際に用いられたのとまったく同じ幾何学的法則に従って建設されている

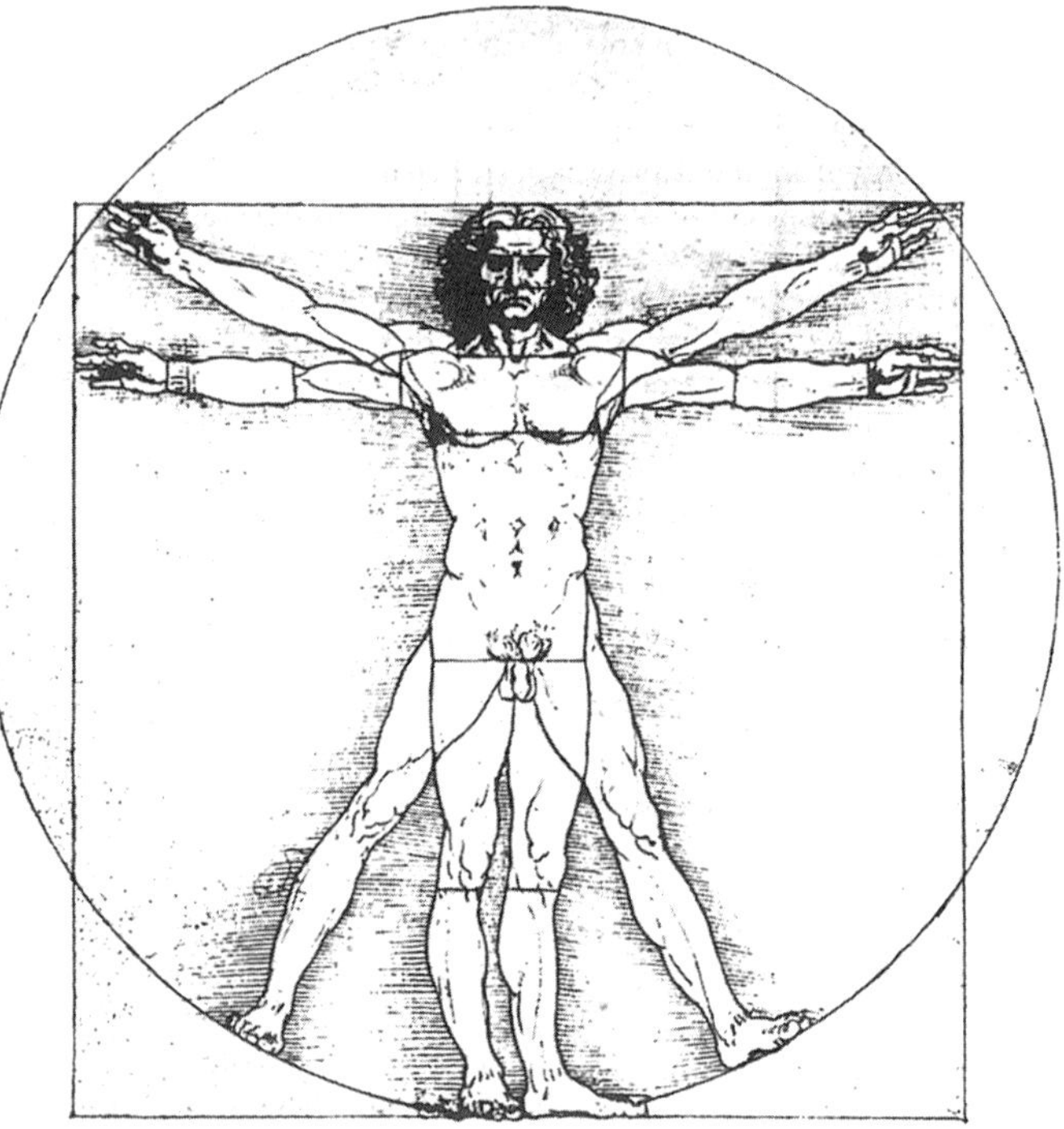

〈図９〉聖なる幾何学に従ったレオナルド・ダヴィンチのこの絵は、「黄金の分割比」として知られている

ことを発見している。ストーンヘンジやギザのピラミッド、メキシコのテオティワカンやジンバブエの古代遺跡、これら地球の古代建築物に見られるのとまったく同じ数学的配列が、すなわち聖なる幾何学が、「火星の町」シドニアにも用いられているのだ。

聖なる幾何学の中心となる「黄金分割」は、イタリアの芸術家レオナルド・ダ・ヴィンチ（一四五二〜一五一九年）によって、円の中にあってその円周へと両手足を伸ばす男の姿として表現されている（図９参照）。あとの章でも説明することになるが、ダ・ヴィンチは秘密結社ネットワークの指導的人物であった。このことを考慮するならば、彼が電話の到来を予言し、基本的に現在のものとまったく同じ飛行機やヘリコプター、戦車や自転車の設計図を、十五～十六世紀の時点ですでに描いていたという事実は、まったくうなずける話である。

＊――――緯度一九・五度、歳差運動、エナジー・グリッドなど秘力を熟知していた古代シュメール人

もう一つ常に現われてくる要素がある。

それは、一九・五度という緯度だ。たとえばピラミッドや寺院など、あらゆる古代建築は、この緯度に合わせて建てられていることが示唆するものだ。ハワイ火山帯、金星のシルド火山帯、火星のオリンパス・モンズ火山帯、海王星の黒点、木星の赤点、太陽の黒点活動。これらはすべて、南北一九・五度の緯度帯に位置している。黒点は太陽が強烈な電磁波エネルギーを発している部分であり、火山は惑星がエネルギーを放出している部分である。すなわち一九・五度という緯度帯は、対流表面のエネルギー交換ポイントなのだ。

古代秘密結社の上層部の者たちは、これらのことを熟知していた。

たとえば古代シュメール人は、「歳差運動」について知っていた。それは、非常にゆっくりとした地軸の「ぶれ」によって生じるものであり、その結果として地球は、数千年ごとに黄道十二宮を移っていくのである。一つの「宮」を抜けるのには二千百六十年かかり、黄道十二宮のすべてを回るのには二万五千九百二十年が要される。この二万五千九百二十年というのは、われわれの太陽系が、銀河系の中心を軸として、銀河を大きく一回りする際の周期でもある。そしてわれわれは今、この周期の極点を迎えようとしており、それゆえに生じるであろう巨大な変化に直面しようとしている。

世界中の古代寺院はすべて、その幾何学的配置において、歳差運動のサイクルを反映している。しかし「原始的な」人々がこのような進んだ知識を持っていたとは、なんとも驚くべきことではないか？　古代フェニキア―アーリア人のエリートたちは、地球のエナジー・グリッドが人間の意識に与える影響について、莫大な知識を有していた。われわれは結局、地球の磁場の中で生きている。だから地球の磁場が変化するならば、われわれ自身もその影響で変化せざるをえないのだ。たとえばもしあなたが水の中に住んでいるとするならば、あなたは水質の変化の影響を受けざるをえないだろう。そして、われわれが生活している「エネルギーの海」についても、これとまったく同じことが言えるのだ。

すなわち、太陽系の惑星の運動は、地球の磁場を変化させることによって、われわれに巨大な影響を与えているのである。このことを決して一般の人々には知らせまいとしたブラザーフッドは、キリスト教をはじめとする宗教を利用して、占星術を悪魔の業として断罪させ、一般の人々のあいだから抹殺させた。さらに時代が進むと今度は「科学」を利用し、占星術を単なる迷信として爪弾きにさせたのであった。

もしあなたが開かれた心とともに調査・研究を進めるならば、ストーンヘンジなどの「神秘的な」構造物は、その神秘のヴェールを取り払って、「神秘」などではないその真の姿を見せてくれるだろう。数々の歴史的・考古学的証拠が指し示すところによると、それらは、中近東コーカサス地方に発祥したフェニキア―アーリア人によって建設されたものである。ブリテン島内に散在する泥灰質の断層面に描かれた「神秘的な」白い馬、これもまた彼らの手によるものであった。

本章を書く前私は、ウィルトシア州アフィントン（エイヴバリーからそう遠くない）にある、ブリテン最古の有名な「白い馬」を見に行ってきた。説明のプレートには、紀元前三〇〇〇年に描かれた

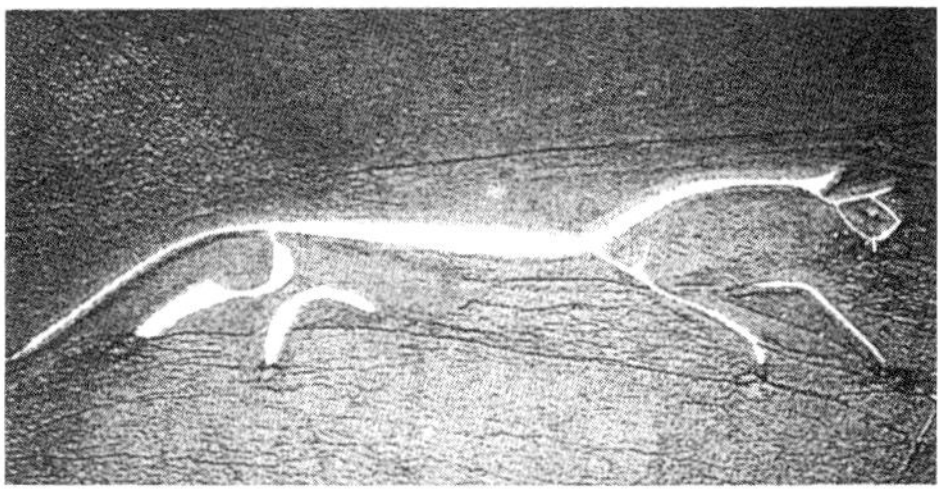

英国ウィルトシア州ウーフィントンの白馬。この絵が描かれたのは紀元前3000年頃と推定されているが、それは古代フェニキア人がブリテン島にやって来た時期と一致している。古代フェニキア人にとって、白馬は太陽の象徴であった

ものだと書いてあった。紀元前三〇〇〇年といえば、ちょうどフェニキア人がブリテン島に渡って来た頃である。しかしフェニキア人たちはどうして白い馬を描いたのであろうか？　その答えは簡単だ。彼らフェニキア人の信仰の中心は太陽であり、白い馬は太陽の象徴であったのだ。エイヴバリーのストーンヘンジをはじめ、ブリテン島内には数々の驚くべき構造物が散在しているが、これらを造り上げた知識は、フェニキアの王族や司祭階級に、すなわちフェニキア―アーリア人に浸透しついにはその主導権を握ったバビロニアン・ブラザーフッドに由来するものであった。それらの知識のなかには、波動音の放射によって特殊な磁場の状態を作り出し、巨大な岩を重力から解放するという技術までもが含まれていた。

西暦紀元前三〇〇〇年という時期は非常に重要である。これはフェニキア人がブリテン島内で活動していた時代であるが、ギザのピラミッドが建設されたのも紀元前三〇〇〇年前後である。この年代は、モルタルに混ざって残っている木炭の粒子をトレースするという、最新の放射性炭素年代測定法によって割り出された値である。

＊――竜退治伝説は火星人と爬虫類型異星人の激烈な闘争の象徴

古代中近東に発したアーリア人は、さまざまな名で呼ばれていた。ヒッタイト、フェニキア、ゴートなどの名称は、みなアーリア人の別名である。これら一見別々の文化を持つように見える民族のル

ーツをさかのぼっていくと、必ずと言っていいほどに同じ起源に辿り着くのだ。L・A・ワッデルの調査したところによると、ストーン・サークルは「ハレ・ストーンズ」と呼ばれることがあるそうだ。

この「ハレ」とは、ゴートの称号「ハリ」や「ヘリア」、あるいはヒッタイトの称号「ハリ」や「アリ」「アーリアン」に由来している。すなわち、「ハレ」・ストーンズとは、「アーリアン」・ストーンズなのだ。まったく同様に、「ハリ」・クリシュナとは、「アーリアン」・クリシュナという意味である。ヒンドゥー教がアーリア人によってもたらされたものであるという事実を考慮するならば、それもまた当然であろう。

また、カンバーランド州ケジックにはキャスルリッグ・ストーン・サークルがあるが、「リッグ」とは、ゴート族の王の称号である。そして、ゴート族とはアーリア系の種族である。事実、アーリア系キリキア王国の王族たちの彫像を見ると、ゴート族風の衣装を身にまとっている。また、ケジックという地名自体、「ケス族の住み処《か》」、すなわちヒッタイト系（アーリア系）カッシ族（カッティ族）の居住地域という意味である。さらに、カンバーランドという州名は、古代シュメールに起源を持つキムリック人に由来する。もともと「アーリアン」という言葉は、「高貴なる者」という意味のフェニキア語からきている。さらに言うならば、シュメーリアンは「Sum-ARIAN（アーリアン）」であり、アリストクラシー（貴族階級）は「ARIAN-stock-racy」なのだ。

ところで、聖地や神殿の入り口に見られるように、古来よりライオンは主要なシンボルとして用いられてきた。それは、古代アーリア人がライオンを太陽の象徴として用いたことに端を発している。ゆえに、ライオンの体を持ったスフィンクスは、占星術のうえでは獅子座に相当し、太陽による支配を意味している。

こうしたことから何が言えるだろうか？「ブリティッシュ」の文化や伝説のすべては、古代フェニキア人に由来している。かの有名なセント・ジョージの竜退治の物語は、カッパドキアの聖ジョージの竜退治伝説がその原型となっている。小アジアの都カッパドキアは、古代フェニキア人の中心地であった。この聖ジョージと竜との烈しい戦いの伝説は、はるか遠い昔にあった火星人とレプティリアン（爬虫類型異星人）とのあいだの激烈な争いのようすを、象徴的に物語っている。聖ジョージ（イングランド）の赤十字、聖アンドリュー（スコットランド）の赤十字、聖パトリック（アイルランド）の赤十字、スカンディナヴィア諸国の国旗（十字旗）、これらはみな、フェニキア人による勝利の印としてもたらされたものであった。

（図11）

（図10）

〈図10〉スコットランドのクレイグ・ナーゲット・ストーンに刻まれているスワスティカは、古代フェニキアの太陽のシンボルでもあった。これは〈図11〉にもあるように、古代フェニキアの高級女司祭のローブの上にも見ることができる

赤十字の正体は、太陽を象徴するフェニキア―アーリア人のシンボル、火炎十字である。ナチスによって利用されたことで有名なスワスティカ（鉤《かぎ》十字）も、古代フェニキア―アーリア人のシンボルである。フェニキアの太陽神ベルに捧げられた岩（スコットランドのクレイグ・ナーゲットで発見された）の上に、このスワスティカを見ることができる（図10）。また、フェニキアの高級女司祭のローブも、スワスティカによる装飾が施されていた（図

11)。

スワスティカという名は、「幸福」を意味するサンスクリット語「スヴァスティ」からきており、ナチスが四五度回転させて破壊的シンボルとして利用するまでは、スワスティカはポジティヴな意味合いを持つシンボルとして考えられてきた。スコットランドのダムフリース―ギャロウェイ州には、さまざまな文字や印の彫り込まれた岩、ニュートン・ストーンがある。これを解読したL・A・ワッデルは、その彫り込みがフェニキア―ヒッタイト人の手によるものであり、その岩が彼らの太陽神ベル（ビル）に捧げられたものであることを明らかにしている。

＊――女神ブリタニア、バラティ、サラスバティ、ダイアナもみなアーリア神話

英国（ブリティッシュ）の古典的シンボルである女神ブリタニアは、フェニキアの女神バラティをその原型としている。フェニキアの女神バラティと英国（ブリティッシュ）の象徴ブリタニアを、ぜひとも次ページの図12で見比べていただきたい。

小アジアにおけるアーリア―ヒッタイト―フェニキア人の中心地キリキアでは、バラティは女神ペラテアとして崇拝されていた。これはのちにディアーナ（ダイアナ）崇拝となった。すなわち、ディアーナもブリタニアも、元は同じであったのだ。バラティは女王（女神）であり、バラートは王（神）である。この両者は、古代バビロニアの神格であるニムロデ（王）とセミラミス（女王）を言い換えたものである。古代アーリアの「王族」は、バラートと呼ばれていた。ブリテン（Barat-ain）やブリティッシュ（Barat-ish）といった名に現われているのと同様、古代インド文化のなかにも、バラートやブリハートなどの名を目にすることができる。

たとえば古代インドの聖典『ヴェーダ』は、「バラート王は、自らが創始した王朝をバラート朝と

〈図12〉瓜二つの古代フェニキアの女神バラティ（右）と英国の守護神ブリタニア（左）。両者は古代バビロンの女神セミラミスや同エジプトの女神イシスと同一神格である

名づけた。彼以降、その王朝の威信は瞬く間に広がった」と伝えている。「パラート」や「プラート」、「プリディ」といった名は、すべて「バラート」から派生したものである。その原型は、「バラート・アナ」、あるいは「ブリタード・アナ」であった。

接尾語の「アナ」は、ヒッタイト―シュメール―アーリア語で「者」という意味である。ゆえに「バラート・アナ」や「ブリトン」は、「バラート族の者」という意味になる。アーリア白人種によって支配されていた地域には、このような名が数多く残っている。たとえば「イラン」という国名であるが、これは「エアリ・アナ」あるいは「Air-an」から派生したものであり、「アーリアンの土地」という意味である。

インドの聖典『ヴェーダ』には、ブリハードの名で知られていた女神、バラティのことが語られている。サラス・ヴァティ川は、女神バラティの聖地であったと伝えられている。そしてヒッタイト―フェニキア人の地キリキア（小アジア）にも、サラス川が流れている。

このサラス川は、新約聖書（キリスト教書）に登場する聖パウロの生まれ故郷、タルススから海に注いでいる。新約聖書の物語は、アーリア人の太陽神崇拝を基礎にして作られたものである。また、フェニキア―アーリア人は蛇を崇拝していたが、ヒンドゥー神話のなかにも、変身能力を持った蛇神ナーガが登場する。古代アーリア人の神話を原型とするインドの聖典『ヴェーダ』は、半人半蛇の神ナーガが、一瞬にして死をもたらすようすを描写している。蛇神ナーガは、ブッダの誕生の際にそのしている。

姿を現わしたと言われている。また、クリシュナを主人公とする神話においても、重要な役割を果たしている。

ローマ人たちのあいだでは、バラティは運命の女神フォルトゥーナとして知られていた。ローマ人の描いたフォルトゥーナの姿は、フェニキア人の描いたバラティの姿や、英国の女神ブリタニアの姿とそっくりであった。「海洋民族フェニキア人」から連想されるように、これら同一神格の女神たちは、すべて「水」と関係している。エジプト神話には、「水の女神」ビルスが登場するが、これもバラティから派生した神格である。それもそのはず、エジプト文明の黒幕はアーリア―フェニキア人であった。西暦紀元前六八〇年、バビロニアの皇帝は、「エジプトの女神ビルスは、海を超えたフェニキアの神であった」と述べている。その昔フェニキアの拠点「ミノア」として知られていたクレタ島では、女神ブリト-マーティス（バラティ）が崇拝されていた。ギリシア―ローマの神話によると、彼女は伝説のフェニキア王フェニックスの娘であったとされている。

ちなみに、このブリト-マーティスは、のちに女神ディアーナ（ダイアナ）として広く知られるようになった。女神ディアーナは、猟装の姿で描かれる狩猟の女神でもある。葬儀を取り仕切った弟のスペンサー伯が強調していたように、ダイアナ皇太子妃の名は、古代の狩猟の女神ディアーナにちなんでつけられたものであった。

*――のちのローマ人は〝野蛮人〟が建設したブリテン島街道を補修したにすぎない

古代ブリテンの王たちは、自らの部族を「カッティ」と呼んでいた。この名前は、彼らの発行したコインに示されている。また、小アジアのアーリア―ヒッタイト族やシリアのフェニキア人たちも、自らをカッティと呼んでいた。さらに、コーカサスをたってインドへと入り、ヒンドゥスタンを支配したアーリア人たちも、カッティヨと呼ばれていた。このカッティという言葉は、フェニキア語からヘブライ語へと翻訳され、さらにそこから旧約聖書（ユダヤ教書）の翻訳を通じて、英語の「ヒッタイト」になった。また、カッシという名は、西暦紀元前三〇〇〇年頃のフェニキア第一王朝の称号として使われるとともに、バビロンの王朝によっても採用されていた。

だが以上のような事実は、なんら驚くべきことではない。彼らは根本的に同一の民族であったのだから。事実、古代インド叙事詩に登場する王たちの名は、メソポタミアの王たちの名と一部一致している。また、エジプト最古の文明は、アーリア人の手によるものであったことが判明している。これらアーリア人のなかには、爬虫類人系《レプタイル》アーリア人の血流が潜んでいた。彼らレプタイル・アーリアンは、古代よりその支配力を増大させ続けてきており、今まさに世界をその手にせんとしている。

L・A・ワッデルが指摘しているように、英語、スコットランド語、アイルランド語、ゲール語、ウェールズ語、ゴート語、アングロ‐サクソン語など、これらすべての言語は、古代アーリアーフェニキア語が、ヒッタイト語やシュメール語を経由して派生したものである。現代英語で使われている単語のうちの約半数は、その音と意味において、シュメール語、キプロス語、ヒッタイト語にその起源を持っている。古代シュメール語は「神々の言語」と呼ばれ、世界中の言語の原型となったと言われているが、私としては、そのシュメール語さえも、それ以前のはるか太古の世界の言語から派生したものであろうと考えている。おそらくその起源は、アトランティスか、あるいは現在ブリテン島と呼ばれている地域であったに違いない。ワッデルは次のように述べている。

「遠い昔フェニキアの植民地であった地域では、さまざまな言語で書かれた古代文献が発見されている。キプロス語、カーリア語、アラム語（シリア語）、リキア語、リディア語、コリント語、イオニア語、クレタ語（ミノア語）、ペラスギ語、フリギア語、カッパドキア語、キリキア語、テーベ語、リビア語、ケルト語、そしてゴートのルーン文字。これらはすべて、アーリア―フェニキア人の航海者たちによって使われていた、アーリア―ヒッタイト―シュメール語表記の地方的ヴァリエーションであった。地中海沿岸に広がってヒッタイト文明を伝えた彼らは、ヘラクレスの柱（ジブラルタル海峡）をも超えてブリテン島へと上陸していた」

われわれは公認の歴史教育によって、ブリテン島に住んでいたのは野蛮人であり、「文明化」されたのはローマが入って来てからのことであったと信じ込まされている。しかしそれは違う。事実、ローマ人自身まったく反対のことを述べている。ローマの記録によると、「ブリトン人は大いに文明化されており、その生活習慣はゴール人のものとほとんど同じであった」となっている。発掘されたコインが証明しているように、ブリトン人たちは、ヨーロッパ大陸とのあいだに金貨による交易を行なっていた。ローマ人たちが「文明化されていない者たち」と呼んでいたのは、沿岸のフェニキア文化の影響を受けることのなかった、ブリテン島内陸部に住むほんのわずかな人々のことであった。ブリテン島内の「ローマ街道」の大部分は、実はローマによって造られたものではなかった。ローマ人たちは、すでにブリトン人たちによって造られていた道を、単に補修したにすぎなかったのだ。

＊――ゲール唱歌とリビア人の歌、アラブ遊牧民とアイルランドの歌、スペインの古歌はまったく同じ

ローマ人たちは、ブリトンの軍隊の優秀さを、特に戦車の用い方の巧みさを、感嘆の念をもって絶賛した。この「ブリトン」戦車隊の姿は、エジプトのファラオ（王）ラムセス二世によって記述されている、西暦紀元前一二九五年のカデッシュの戦いに参加したヒッタイト（カッティ）軍戦車部隊の姿とまったく同じであった。西暦紀元前三五〇年、ローマの入ってくる約三百年前、冒険家にして科

学者のピシアスは、ブリテン島の周囲を航海し、緯度の入った科学的な地図を作成している。ピシアスは、小アジアにあったフェニキアの港湾都市、フォッカの出身であった。その頃までにフェニキア人たちは、錫《すず》貿易のルートを確立していた。彼らは、イングランド西部のコーンウォールで採掘された錫を、ゴール地方（フランス）を通って地中海岸のマルセーユ港へと運び、そこから船で、地中海・エーゲ海の各地へと輸送していた。コーンウォール州内に最初に造られたフェニキアの錫貿易港は、イクティス、あるいは「セント・マイケル・マウント」と呼ばれていた。キリスト教のヒーローである聖ミカエル（マイケル）は、実はフェニキア人の神だったのだ。

古代ブリテン島やアイルランドが、北アフリカや中東の文化と密接な結びつきを持っていたという証拠は無数に存在している。「腐敗の元を知りたければ金の流れを追え」という格言があるが、今のわれわれにとっては、「民族や文化の源流を知りたければその言語を追え」が正解だ。現在アイルランドでは英語が話されているが、それ以前はゲール語が使われていた。ゲール語は、それよりもさらに古い失われた言語から発展したものである。

中世にスコットランドにやって来た宣教師たちは、ゲール語を話すことができたが、古代民族の流れをくむピクト人と話すのには専門の通訳が必要であった。また、ゲール語を話す九世紀アイルランドの王コーマックは、「アイルランド南西部マンスター州の人々は、『鉄の言葉』を話す」と言っている。

このように、ゲール語よりも古い言語が存在していたのは明白な事実であるが、ゲール語自体も、中東の文化と深い結びつきを持っている。アイルランド南部のコナマラ州には、ゲール語を主要言語とする人々が住んでいる。彼らのあいだに伝わる古い歌「シーン・ノス」は、アイルランド音楽の原型となっているが、これは中東に古《いにしえ》から伝わる唱歌に酷似している。かなり聴き馴れた人でさえも、ゲール唱歌とリビア人の歌う歌とを区別することはほとんど不可能なほどだ。これについて、『アイリッシュ・タイムズ』の音楽評論家であるチャールズ・アクトンは次のように書いている。

「砂漠の夜、アラブ遊牧民の歌う物語ふうの歌に何時間も聴き入ったことのある人ならわかるだろう。アイルランドのシーン-ノスの歌い手が、彼らのものとまったく同じ声楽様式とリズムを用いていることを。スペインに伝わる古い歌『カントー・ジョンドー』についても、これとまったく同じことが言える」と。

＊エジプト在住の地理学者プトレマイオスは、アイルランドの十六部族名をすべて知っていた

古代、アイルランドとスペイン、スペインと北アフリカのあいだには、巨大な海上貿易ルートが存在していた。古代フェニキア—アーリア人の知識や文化、血流が入ってきたのは、このルートを通じてのことであった。アイルランド西部の港湾都市ゴールウェイにあるスペインふうの門は、このことを示している。

また、「バッタリング（乱打）」として知られるアイルランドの踊り「コナーマラ」は、事実上スペインのフラメンコとまったく同じものである。さらに、アイルランド南東部ウェクスフォードのママー（無言劇役者）によって演じられる棒踊りは、北アフリカにその起源を持っている。ママー(Mummer)という言葉自体、「モハメッド(Mohammed)」からきている。そして、アイルランドの古典的シンボルとなっているハープ（竪琴）は、もともと北アフリカの楽器であるし、アイルランドのシンボルであるシャムロック（シロツメクサ）も同様である。事実エジプトでは、三つ葉の草はみなシャムルークと呼ばれている。さらに、ローマ・カトリック信者の持つロザリオ（数珠）は中東に

由来するものであり、今でもエジプト人たちのあいだで使われている。また「ナン（修道女）」という言葉はもともとエジプトの言葉であるし、彼女たちの衣装は中東に由来している。

『ケルト文学講義』の著者、アルボア・ドゥ・ユヴァニエーユによると、中世アイルランド人は「エジプト人」と呼ばれていたという。事実、アイルランドに現存している文献とエジプトの書物のあいだには、はっきりとしたつながりがみられる。たとえば、中世アイルランドの『ケルズの書』や『デュローの書』には、エジプトふうの色彩やイラストが用いられている。これらの書物に使われている赤の色は、地中海地域に生息する昆虫、ケルモコッカス・ヴァーミリオから抽出されたものである。また、その他の色も、地中海地域に育つ植物、フロゾフォラ・ティンクトリアをその原料としている。さらに、エジプトの神オシリスの肖像に見られる胸前に両腕を重ねるポーズは、アイルランドの書物のなかにも見ることができる。また、アラン島の特産品となっているアイルランド・セーターのデザインは、古代エジプトの流れをくむコプト教会の修道士たちによってもたらされたものである。編み物の歴史に関するある専門家は、そのように言っている。

アラン（これもアーリアンを意味しているものか？）島の主流をなす血流は、他のアイルランド人たちとはまったく違っている（古代この島に上陸したフェニキア―アーリア人だと思われる）。また、アイルランドに古くから伝わる舟プーカンは、北アフリカにおいて発明されナイル川で使われていた。ところで、北アイルランド南部アーマー市の近く、ナヴァン・フォートでは、西暦紀元前五〇〇年頃のものと思われるバーバリー・エイプの骨が発掘されている。今日、バーバリー・エイプといえばジブラルタルに棲息する動物ということになっているが、紀元前五〇〇年頃には、北アフリカ一帯に棲息していた。また、二千年前のアイルランドには、多くのリビア人傭兵が住んでいたと言われている。西暦二世紀、エジプトのアレクサンドリアに住んでいた地理学者プトレマイオスは、アイルランドの十六の部族の名をすべて知っていた。また、アイルランドに伝わるスポーツであるハーリングは、モロッコに伝わる競技タコートにそっくりである。

＊――アイルランドに散在するフェニキア起源円塔は、ドラコ（竜座）対応に配置されている

アイルランドに伝わる宗教的儀式は、フェニキア―アーリア人の影響を受けた地域の文化がすべてそうであるように、太陽に焦点を置いている。その一つを例にとってみよう。

たとえばアイルランド・ニューグレンジの塚（石室を持つ古墳）には長さ一二・メートルの狭い通路があるが、これは、十二月二十一～二十二日の冬至の日の出の方角にぴったりと一致している。冬至の朝、通路をまっすぐに抜けた日の光は、中心にある石室の中を黄金色に照らし出すのだ。クレタ島ミノアの古代宮殿をはじめとする地中海文明の数々の遺跡も、これとまったく同じ構造を持っている。ある東洋学者によると、アイルランドに散在する独特の円塔は、古代フェニキアにその起源があるという。以上のような事実はすべて、私が明らかにせんとしている話の筋にぴったりと符合している。フェニキア人たちは、アヌンナキ・レプティリアンによる世界支配の中心地たる中近東からやって来たのだった。フィリップ・カラハン教授の研究によると、アイルランドに散在する円塔は、北の空の星座に、特にドラコ（竜座）に対応するような配置で建てられているという。

アイルランドとモロッコのベルベル人とのつながりについては、特に述べておかねばなるまい。彼らは山の民で、なかには金髪碧眼に白い肌の者もいる。彼らは、北アフリカ北岸のアトラス山脈と深い結びつきを持っている。そしてこのアトラスという名は、伝説上のアトランティス王ポセイドンの息子アトラスの名にちなんでつけられたものである。このようなベルベル人の芸術は、アイルランド

のものと非常に多くの共通点を持っている。また、両者の言語の発音は非常によく似ているため、ゲール語を話せる者ならば、ベルベル語を容易に習得することができる。ベルベル人の主要な血族であるマッティールやマットゥーガやマッギールは、明らかに、アイルランドやスコットランドのマクティールやマクドゥーガルやマクギールと同族である。このマク（マック）という接頭語は、「〜の子供たち」という意味である。アラブではこれと同じ意味を示すのに「ビニ」という接頭語を使っている。たとえば、ビニ・マッティールという具合になる。

さらには、ベルベル人の土地に最初に踏み入った宣教師たちは、彼らがアイルランド人やスコットランド人とまったく同じバグパイプを使っているのを見て非常に驚いたという。はるか昔アイルランドに侵入して来た人々は、「皮袋を持った者たち」と呼ばれていたが、アイルランド南西部のケリー州に伝わる羊の皮製の太鼓は、モロッコの太鼓ビンディルと瓜二つである。ちなみにヴァイオリンやギターといったよく知られた楽器も、北アフリカにその起源を持っている。

その昔、アーリア人の一派であったヴァイキングは、アイルランドに侵入し、その後多くの町を建設した。現在の首都ダブリンもそのうちの一つである。非常に高い船首と船尾を持つことで有名なヴァイキングのガレー船は、フェニキア人によって設計されエジプト人によって使われていたものとまったく同じである。アイルランド・ニューグレンジ古墳の石室には、その設計図が描かれているが、それは何千年もの昔に彫り込まれたものである。

ところで、ウェールズでよく知られているイドリスという名は、イスラムでは何世紀ものあいだ、聖人や王の名前として使われてきた。また、大英博物館所蔵のイスラム・ディーナール金貨には「オッファ」と刻印されているが、このオッファとは、八世紀イングランドの古王国、マーシアの王の名である。彼は、イングランドとウェールズのあいだに、約一九〇キロもの長さを持つ「オッファの防壁」を築いたことで知られている。ちなみにウェールズという名は、「外国人の土地」を意味する「ウェアラス」からきている。ウェールズ人たちは、スコットランド人と同様、ヴァイキング以前に、すでにアイスランド周辺など北の海を探険していた。ウェールズのマードック王子などは、コロンブスよりも三世紀も早く、アメリカ沿岸に到達していたと言われている。これは充分に根拠のある話だ。もし彼がフェニキア人の古代知識にアクセスできる立場にあったとすれば、彼はアメリカ大陸の存在を知っていたはずだからだ。キンブリ族（ウェールズ人の祖先）の聖者ビードは、「われわれは、大洪水後に聖書の地よりブリテン島へとやって来た東方の民である」と語っている。

＊「アメリカ」の名、真の由来は「アーモリカ（ブルターニュ）＝海に顔を向けた土地」だった

アイルランド人がウェールズやコーンウォールに入って来ると、土地を追われた人々は、フランス沿岸のアーモリカ地方へと移民した。この地域は現在、ブリタニー（ブルターニュ）と呼ばれている。ブリタニーにはカルナックの立石群遺跡があるが、このカルナックという地名はエジプトに由来している。また、ブレトン語（ブルターニュ語）は、ウェールズ語とコーンウォール語の混合物である。すなわちアーリア系の言語である。ブリタニーとは「小ブリテン」という意味であり、やはりバラートやバラティに由来している。

さらに言うならば、アーモリカ（ブルターニュ）とは、「海に顔を向けた土地」という意味である。まさに大西洋から接近していったときのアメリカ大陸の姿そのものである。実はこれこそが、アメリカという名の真の由来だったのだ。

アメリカという名は、スペインでクリストファー・コロンブスから新大陸の探険を請け負ったフロ

ーレンス（フィレンツェ）出身の探険家「アメリゴ・ヴェスプッチ」の名に由来していると一般には言われているが、もちろんこれは表向きの偽装にすぎない。また、アイルランド・アーリア人の植民を受けたマン島は、北ウェールズのアングルシー島と並んで、ブリテンにおけるドルイドの二大聖地の一つとなった。ドルイドの大司教たちは、この二つの島を拠点としていた。古代ブリテンの司祭階級の最高位であった彼らは、フェニキア人の知識を継承していたが、のちにはバビロニアン・ブラザーフッドの知識をも受け入れた。マン島に伝わる「三本足」のシンボルは、古代フェニキア人が使っていた太陽の象徴スワスティカと同じ系統のものである。また、アイルランドには、エチオピアとのつながりもみられる。

アメリカの研究者ウィンスロップ・パルマー・ボズウェルは、その著書『エチオピアの森に住むアイルランドの魔法使いたち』のなかで、アイルランド民話とエチオピアの伝説との類似性を指摘している。エチオピアの人々やベルベル人たちは、バオバブの木に対し非常に深い尊崇の念を持っているが、「バンバ（バオバブ）」とは、アイルランドの古名である。

北アフリカ一帯にみられるこのような樹木信仰は、ブリテン島やヨーロッパでは、ドルイド信仰者たちのあいだで行なわれていた。古代近東に生まれたレプティリアンと人間との混血種、ティーターン族（巨人族）は、その長身から、しばしば木として象徴されていた。ジョアシム・ドゥ・ヴィレニューヴは、一八三三年の著書『フェニキアン・アイルランド』のなかで、「アイルランドのドルイドは、フェニキア航海者の『蛇の司祭たち』であった」と述べている。

ここから、ケルト神話に登場する邪眼の王バロルは、北アフリカの神バールのアイルランド版であったことがわかる。五月の祭りベルテーンは、実はバールに捧げられた儀式だったのだ。そして邪眼とは、レプティリアンの持つ催眠的視線を象徴している。フェニキアの太陽神ベル（ビル）は、カナン人たちのあいだではバールと呼ばれ、バビロニアではニムロデとして知られていた。当時エールやゴールと呼ばれていたアイルランドやフランス、そしてブリタニアで、ドルイドは神秘主義の伝承者となっていた。しかし、何百年もかけてアーリアの司祭階級に対するコントロールを確立したバビロニアン・ブラザーフッド（レプティリアンの血流を受け継ぐ者たちによる超秘密結社）の影響を受けた一部のドルイドたちは、その根本から腐敗してしまった。

＊――――ドルイド黒魔術を悪用するバビロニアン・ブラザーフッドの大衆心理操作基地「ハリウッド」

ドルイドという言葉の起源については定かではない。「賢者」や「魔法使い」を意味するゲール語「ドルイド」が起源だとも考えられるし、「樫《かし》の木の男たち」を意味するアイルランド語「ドルイ」に由来しているとも考えられる。ドルイドの神秘主義は、洞窟の闇の中や、彼らの最高神格（監視者）を象徴する樫の木の森の中で伝授されていた。また、樫の木に付随するヤドリギなども、聖なる物と見なされるようになった。もちろん樫の森（ウッド）自体、聖（ホーリー）なるものの象徴であった。ロサンジェルスのハリ（ホーリー）ウッドの名はこれに由来するものである。世界的映画産業の中心地「ハリウッド」は、バビロニアン・ブラザーフッドによる世界的大衆心理操作のための最も重要な道具である。ハリウッドは、人類の感性に魔法をかけているのだ。占星術や天文学についての深い知識を有していたドルイドたちは、毎年十二月二十五日に、太陽の誕生（再生）を祝っていた。彼らにとっては月も重要な意味を持っていた。特に六日目の新月と満月が、聖なる月とされていた。

現代フリーメーソンの「青位階《ブルー・デグリー》」と同じく、ドルイドの秘儀参入者たちも、三つのグループに分けられていた。古代の森の中でそれぞれのレヴェルに応じて与えられていたドルイドの教えと、現代のフリーメーソン・テンプルの中で伝えられている教義とは、事実上まったく同じものである。ドルイドの第一段階はオーヴェイト（第三級吟唱詩人）と呼ばれるレヴェルであり、その衣服は「学び」を意味する緑色とされていた。その上がバード（吟遊詩人）で、「調和と真理」を示すスカイ・ブルーの衣装を身にまとっていた。彼らには、神秘の秘蔵された二万節ものドルイド詩を暗唱するという課題が与えられていた。さらにその上の段階がドルイドと呼ばれ、彼らは「純粋な太陽」の色である白のローブに身を包んでいた。また、最高位のドルイド大司祭になるためには、昇進して六つのレヴェルを通過しなければならなかった。

ドルイドは長きにわたって、人々のあいだに巨大な影響力を持っていた。そして、バビロニアン・ブラザーフッドに乗っ取られてからは、邪悪な儀式に手を染めるようになった。これら秘密結社ネットワークの常として、一般の人々には基本的な道徳規範が与えられ、真の知識は厳格な秘密主義のもとで秘儀参入者にのみ伝えられることになっていた。有名な秘教家エリファス・レヴィは、彼らのヒーリングの手法について次のように述べている。

「ドルイドたちは、磁力を利用して治療を行なっていた。……彼らの用いた万能薬は、ヤドリギと蛇の卵だった。これらの物質は、ある特殊な方法で処理されると、アストラル・ライトを引きつけるのだ。儀式の手順によって切り倒されたヤドリギは、強力な磁力を帯びるのである」

他の神秘的宗教と同様、ドルイドにおいても、進んだ知識は一般の人々からは隔離されていた。そして知識を独占する者たちの一部は、ときにそれを良くないことに利用したのである。私は、決してドルイドの全部を責めているわけではない。現代のドルイドにネガティヴなイメージをかぶせようなどというつもりは毛頭ない。知識は本来中立的なものであり、善にも悪にも用いることができる。しかし、ドルイドがレプティリアンによる浸透を受け、人身供犠を行なうようになってしまったことは確かである。ブラザーフッドは今もなお、彼らの黒魔術の一部としてドルイドの儀式を利用している。

*――エナジー・グリッド中心地ゆえにブリテン島を聖地にしたブラザーフッド戦略

中近東と、ブリテン島およびアイルランドとのつながりを示す証拠は、これまでに無数にあがっている。民族、知識、文化、言語、神格、象徴、儀式、これらの流れを追えば簡単にわかるだろう。しかし疑問に思うことはある。これら二つの地域のあいだでの行き来が始まったのは、西暦紀元前三〇〇〇年頃だったのだろうか、それともそれよりもずっと前のことだったのだろうか？　金星による大洪水の前から交流があって、その流れの方向はそれ以後とは反対だったとも考えられる。

中近東の文化の起源は実はブリテン島にあり、紀元前三〇〇〇年以降に文化の流れが逆転したのかもしれないということだ。今のところ詳細な証拠をあげることはできないが、私の見解はそのような方向に近づいている。ブリテン島やヨーロッパが地球的大変動の影響をもろに受けたとするならば、その地域に住んでいた進んだ種族が、近東をはじめとする安全な地域へと移動した可能性は充分に考えられる。ともかく、バビロニアン・ブラザーフッドをはじめとする進んだ知識を持った者たちが、ブリテン島にただならぬ関心を持ち、そこに進出して拠点を築き上げたことは確かである。

そのようにして築き上げられたロンドンは、今もなお世界操作の中心地である。ロンドンがそのような場所として選ばれたのには、ある重要な理由があった。それは、その地域のエネルギー場と深く関係している。ブリテン島は、ブラザーフッドにとっての聖地であった。それは、ブリテン島が地球のエナジー・グリッドの中心であったからだ。ストーン・サークルや塚など、古代遺跡がブリテン島内に集中しているのは、なにもゆえなきことではない。地球のエネルギーを利用して人々の意識を操作する方法を知る者たちは、エナジー・グリッドの中心を自らの活動拠点としたのだった。それ以後

エナジー・グリッドの中心地として、イングランド銀行は世界の金融センターたるべくブラザー・フッドにより設けられた。その影響力は今も非常に大きなものがある

またもやオベリスクとドーム。テームズ川を挟んで後ろに見えるのが、ヨーロッパで最も高いと言われるカナリウォーフ・ビル、手前が新たに建設されたミレニアム・ドームである。このすぐそばをグリニッチ本初子午線通っているが、それは単なる偶然の一致ではない

ブリテン島は、アジェンダの中心地となったのである。

地球磁場格子の重要ポイントであるロンドンは、ブリテン（バラート・ランド）の首都であるのみならず、バビロニアン・ブラザーフッドのコントロール・センターでもある。

彼らにとってロンドンは、「ニュー・トロイ」であり「ニュー・バビロン」なのだ。トロイの木馬で有名な小アジアの都市トロイは、アーリア人の中心地であり、ヒッタイト（アーリア系）の古都であった。レプタイル・アーリアンの血流の多くが、トロイを拠点としていた。

自らの真の起源を知る秘密結社ネットワークの上層部の者たちは、今でもトロイを聖地として崇めている。ギリシア語やヘブライ語で「三つの場所」を意味するトロイ（トロイア）は、キリスト教の三位一体の暗喩にもなった。この三位一体という概念は、キリスト教が古代宗教から盗み取ったものである。

トロイ（トロイア）は英語では「トリポリ」となるが、トリポリとは、ブラザーフッドのフロントマン、カダフィ大佐によって支配される現在のリビアの首都の名である。重ねて言うが、アヌンナキ（爬虫類型異星人）の純血種や混血種とのゆかりの深いトロイの名は、ブラザーフッドの伝える物語のなかに、強迫観念のごとく繰り返し現われている。

ギリシアの詩人ホメーロスによって書かれたとされている一大叙事詩『イーリアス』は、「トロイは、ギリシアの神ゼウスの息子でティーターン族（レプティリアンの血流）のダルダノスによって建設された都である」と伝えている。ゼウスは、鷲や蛇としても描かれていた。彼はアルカディア（スパルタ）で生まれたとされている。そしてトロイ戦争後、多くのスパルタ人が、現在のフランスへと植民している。以上からもわかるように、「ニュー・トロイ」という名は、同一の血流と深く関係しているのだ。

＊――ロンドン＝ニュー・トロイ＝ニュー・バビロン、パリ、ヴァティカンはブラザーフッド帝国の最重要拠点

多くの人は知らないが、ロンドンは「ニュー・トロイ」として建設された都市なのである。西暦紀元前一二〇〇年前後のトロイ崩壊直後、王族であったアイネイアースは、トロイの遺民を率いてイタリアへ植民したという。そこで彼は、ラティウム（ラテン）の王ラティーヌスの娘と結婚した。ローマ帝国の血流が生じたのはここからであった。そして西暦紀元前一一〇三年頃、アイネイアースの孫ブルートゥスは、トロイヤ人の一団（スペイン植民地の者たちも含む）を率いて、ブリテン島に上陸したと言い伝えられている。彼らはブリテン島のことを、南岸に多く見られる白い断崖にちなんで、「グレート・ホワイト・アイランド」と呼んでいた。

イングランド南西部、デヴォン州トルベイ近くの島には、その地域では最古の港町トートネスがある。そこにあるブルートゥス・ストーンと呼ばれる石碑には、トロイの王子ブルートゥスが上陸した地点だと記されている。ウェールズの古い記録によると、ブルートゥスは、ブリテンの三つの部族から王に推戴されたという。そしてブルートゥスは、「カエル・トロイア」すなわちニュー・トロイを建設した。この都市はのちにローマ人たちによって、ロンディニウムと呼ばれるようになった。こうしてロンドンは、バビロニアン・ブラザーフッド帝国の作戦本部となった。

ロンドンは現在も、パリ、ヴァティカンと並ぶ最重要拠点である。アーサー王伝説においてロンドン（ニュー・トロイ）は、東の要の町トロイナヴァントとなっている。そしてアーサー王の町キャメロットは、明らかに「火星の町」を意味している。

そして、ドイツ人考古学者ハインリッヒ・シュリーマンによって発見されたトロイ遺跡の上に見ら

れる印は、ブリテン島に散在する巨石の上にも見ることができる。両者はともに、古代フェニキアー——アーリア人が用いた太陽の象徴であるスワスティカによって装飾されている。彼らの子孫である白人種が世界を乗っ取ったことは明白である。誰が世界の支配権を握っているか、周りを見ればすぐにわかるだろう。白人だ。

これら白人種の中枢を握っていたのが、ニュー・バビロン（ニュー・トロイ）に拠点を置くレプティリアンの血流であった。彼らは今も、ロンドンを拠点に世界を支配している。エリートの血流は、低層四次元のレプティリアンによって完全にコントロールされている。

しかし、同じアーリア人でもエリートに属さない大部分の者たちは、このことについて何も知らない。次の章では、アヌンナキ・レプティリアンのネットワークが、人類を精神的従属状態に追い込むために、宗教をいかに利用したかについて焦点を当てていきたい。

神の子なる悪の太陽神たち

第4章

秘教の象徴体系を狡猾に操作、
人類を精神地獄に

＊キリスト教など大宗教は、恐怖や罪悪感で人間を精神の牢獄に閉じ込めてきた

宗教ほどレプティリアンの計画に役立ってきたものはない。今もアメリカでは、宗教は人々の精神を支配し思考を制限している。キリスト教愛国派の人々はブラザーフッド（はるか古代より続く超秘密結社）の陰謀の多くの側面を見抜いてきたが、残念ながら「キリスト教自体が彼らの陰謀」であることには気づいていない。

ことわっておくが、なにも私はすべてのキリスト教徒を非難しているわけではない。キリスト教信仰を通じて、その「愛の精神」を発揮している人も大勢いるのは事実だからだ。ただ私は、キリスト教会とその傲慢な教義について言っているのだ。その偏狭な生命観が二千年ものあいだ、人々を精神の牢獄に閉じ込めてきたのもまた事実なのだ。

ヒンドゥー教、キリスト教、ユダヤ教、イスラム教などの大宗教は皆、その起源を同じくするものである。それらはみな、七千年前の大洪水の直後アーリア人やそのレプティリアン（爬虫類型異星人）との混血種が出現した中近東から派生したものだ。これらの宗教は、人々の精神を恐怖や罪悪感によって封じ込めるべく作り出されたものだ。

イエスやモハメッドのような「救世主」に従う者のみが「神」によって救われると言う。これはバビロンの僧侶たちが人々に語っていたこととまったく同じだ。ニムロデ崇拝は、宗教による人民支配の原型であった。そんな駄ぼらであっても、信じない者は未来永劫に地獄の業火で焼かれ続けるというのだ。恐るべきことに、何十億もの人々がこのような詐術に陥れられてきたのだ。それは今も続いている。自分だけがそうなるならまだましだろうが、宗教に陥れられた人々は他の人々も引き込まな

ければ気が済まない。これはゆゆしきことだ。

ところで、本書の読者の方々にはキリスト教圏の人が多いと思う。そうしたことから、ユダヤ教やキリスト教を例にして、いかにして象徴的寓話が真実に化け、人々の精神を支配する強力な手段となったのかを説明していこう。

宗教が作り出された背景を知るためには、古代フェニキアやバビロンの時代へとさかのぼらなければならない。古代宗教の中心は太陽だ。前述したように古代の秘教的司祭団は、太陽が超巨大な電磁波エネルギーの発生源であり、人間の日々の活動に多大な影響を与えていることを熟知していた。太陽は実に太陽系の全質量の九九パーセントを占めている。

このことからしても、太陽はまさに太陽系そのものであると言ってよいだろう。太陽が変化すれば、その一部であるわれわれも変化する。太陽が発するエネルギーの周期的変化を理解すれば、さまざまなできごとに対して人類がどのような反応を示すかを知ることができるだろう。

あらゆる宗教がそうであるように、太陽崇拝も二層構造をなしている。古代世界の司祭団は、太陽の持つ巨大な影響力を深いレヴェルで認識したうえで、太陽をその秘教体系の中心に据えていた。一方で一般の人々も太陽を崇拝していたが、それは太陽の光と熱が豊かな実りを与えてくれるという単純明白な事実によるものだった。これは聖書についても同様だ。秘儀を受けた者は、一般のキリスト教徒やユダヤ教徒とはまったく違った形で聖書を読む。彼は、数秘学（数のもつ理や数霊によって万象を解読しようとするもので、ピュタゴラス教団［学派］やカバラのものが有名だが、同様の思想は洋の東西を問わずある）を用いて聖書のなかに隠された象徴や暗号を読み取るだろう。これに対し一般の信者は、それを単に文字どおりに受け取るだけだ。つまり、同じ書物が、秘密結社の成員に秘教的知識を伝える役割を果たすとともに、一般大衆に対しては宗教監獄を作り出しているというわけだ。

なんとも恐るべき詐術ではないか。

＊――太陽を中心とする秘教の象徴体系が巧みに織り込まれているキリスト教物語

太陽を中心とする象徴体系を理解すれば、あらゆる大宗教の正体が見えてくるはずだ。

古代の秘教的秘密結社の者たちは、一年を通じた太陽の運行を象徴化していた（図13）。あとの章でも説明するが、この象徴体系は今でも古代バビロニアに発祥したブラザーフッドによって利用されている。古代フェニキアの女神バラティの持つ十字の入った丸い盾は、この象徴体系を表わしている。なお女神バラティはブリタニアとも呼ばれる。古代人が利用したゾディアック（黄道十二宮、ギリシア語で「動物の輪」という意味）は、十文字（十字架）によって四つに区分されているが、これは四季を示している。この十文字の中心に位置しているのが太陽だ。この象徴体系を見れば、キリスト教以前の多くの神々の誕生日がなぜ十二月二十五日となっているのか説明がつく。十二月二十一～二十二日、北半球では冬至となり、太陽の力は一年のうちで最低

〈図13〉古代人が作り上げた太陽年周期の象徴体系からは、さまざまなシンボルや寓話が生まれている。〈図12〉に見られるバラティやブリタニアの盾はこの象徴的円十字と同じものである

は、その力の絶頂点である夏に向かって再び象徴的な旅を始める。

それゆえに古代人たちは、太陽は十二月二十五日に「生まれる」と考えていた。クリスマスをはじめとするキリスト教の祭りは、異教の祭典を言い換えたものにすぎない。三月二十五日のイースターの日には、太陽は牡羊座に入る。このときに古代人は、生贄《いけにえ》に羊を捧げた。神々、特に太陽の神をなだめるためだ。そうすることによって豊かな収穫が得られると信じられていた。言い換えるならば古代の人々は、羊の血を流すことによって自分たちの罪が許されると信じていたのだ。

古代バビロンの神タンムズ（女神セミラミスの息子）は、生贄の羊とともに十字架にかけられ洞窟の中に運び込まれたが、三日後に洞窟の入り口が再び開けられたとき、その死体は消えていたという。これはどこかで聞いたような話だ。

古代の人々は春の太陽を乳幼児と考え、夏は強健な若者、秋は年とともに力を失いつつある男、冬の太陽は老人であると考えた。また古代人たちは、太陽の光を金髪に見立て、秋になるとその金髪が短かくなるので太陽の力が弱くなると考えた。これは旧約聖書のサムソンの物語を想い起こさせる。サムソンとはサム・サンであり太陽のことなのだ。彼は長い髪を持ったすさまじく強い男だった。彼の力の源はその頭髪であり、髪を切られた彼は一気にその力を失った。「デリラの家」に入り彼女に心を許すようになったのがサムソンの運の尽きだった。これは太陽が「処女宮」へと入り衰退期の秋に近づいたということだ。物語の結末でサムソンは、最後の力を振り絞って二本の柱を押し倒す。これは古代エジプトのブラザーフッドから現代のフリーメーソンに至るまで、非常に長いあいだ使われ続けてきた象徴表現である。以上のように、サムソンはそのまま太陽であり、その物語は太陽の年周期を象徴する寓話なのだ。

キリスト教では、イエスは人々の罪を贖《あがな》って死んだ神の一人子ということになっている。しかし、これとまったく同じ話は、イエスの名が聞かれるよりもはるか以前、古代の神々のなかにも見受けられる。イエスという名前自体、定かなものではない。「イエス」は、あるヘブライ語名のギリシア語表現だからだ。「神の子」という表現は、少なくともアーリア系ゴート族のキリキアの王が「太陽の神の子」という称号を用いたときにまでさかのぼれる。「太陽神の子」というのはエジプトのファラオの称号でもある。ニューエイジ宗教では、霊的階層組織の高位者サナンダこそがイエスの正体であるということになっている。

彼は地球にエネルギーを注ぎ込むために救世主として転生してきたという。イエスの正体は異星人だと言う者もいる。ダヴィデの血流を受け継ぐユダヤの王であるとも言われている。

しかし、果たしてイエスは実在したのであろうか。モーセやソロモンやダヴィデもだ。

私は、彼らは実在の人物ではないと断言する。聖書のほかには、彼らが実在していたという信頼に足るべき証拠は存在しない。聖書自体も非常に疑わしい。彼らは何に由来するのだろうか。

*——旧約聖書編纂はバビロンのレプティリアン秘密結社の指導下、レヴィ人が書いた

紀元前七二一年、イスラエル王国はアッシリアによって滅ぼされ、イスラエル人・カナン人は捕らわれの身となった。しかしユダ族とベニヤミン族はその後百年以上存続し、前五八六年バビロニアに征服され捕囚の民となった。古代バビロンは、レプタイル・アーリアンの階層制秘密司祭団の首都であった。このバビロンにおいて、ヘブライの司祭階級であったレヴィ族は、「真実を覆い隠す歴史」の製作にとりかかった。またブラザーフッドは、古代の知識を独占すべく世界中の図書館の破壊を画

策していた。そんな彼らが真実の歴史を公に書き記したりするだろうか。「一般大衆向けの歴史」を捏造《ねつぞう》したと考えるのが筋だろう。バビロン捕囚期にシュメールの知識や神話を得たレヴィ人は、架空の物語に象徴的真理を織り交ぜて旧約聖書の基礎を作り上げた。いわゆるイスラエル人がそれらの書物を作ったわけではなかった。

レヴィ人が旧約聖書の基礎となった書物の製作にとりかかったとき、イスラエル人はすでに各地に散らされていたからだ。『トーラー（ユダヤの律法）』を構成する「創世記」「出エジプト記」「レヴィ記」「民数記」はすべて、バビロン捕囚期およびそれ以降にレヴィ人によって書かれたものである。現代のユダヤ人が従っている律法を作り上げたのは、人間を生贄にし、その血を啜《すす》る黒魔術の集団だったのだ。同様に多くの狂信的キリスト教徒が、彼らの作り上げたものを神の言葉として引用しているる。それは決して神の言葉などではない。それは、レプティリアンおよびそのアーリア人との混血種の指導下にあったレヴィ人の言葉なのだ。

シュメールの粘土板（シュメール文書）は、「創世記」がシュメールの伝承をまとめたものにすぎないことを雄弁に物語っている。シュメール神話のエディンは、レヴィ人の手によって聖書のエデンの園へとその姿を変えた。モーセは葦《あし》の茂みの中でエジプトの王女に見つけられたが、この話はシュメール人・バビロニア人によって語り継がれたアッカド王サルゴン一世の物語とまったく同じだ。モーセの物語は史実ではなく作り話なのだ。ヤコブの息子たち以来の十二部族の物語や「出エジプト記」などみなそうだ。

これらの書物は、バビロンのレプティリアン秘密結社の指導を受けたレヴィ人が書いたものである。一般の人々は文字どおりに読むだけだが、それらの書物は秘儀を受けた者たちだけが理解できる象徴や暗号に満ちている。レヴィ人によれば、モーセは山の頂上で神より戒律を授けられたということになっている。われわれはいくたびも山という象徴を目にするが、それは山の頂上が神たる太陽に近いからだ。シオンの山とは太陽の山という意味だ。東の山々から昇る太陽は、今でもブラザーフッドの用いる主要な象徴である。

*――カバラはレヴィ人がエジプト秘教神官団から盗み出した知識

イスラエルの子孫たるユダヤ人の物語の大部分は架空のものである。しかし、そのヴェールの下には真実が隠されている。現在に至るまでの数千年間、ユダヤ人ほど精神的に捕らわれの身とされてきた人々はいなかった。なぜなら一般のユダヤ人たちは、ユダヤ上層部のブラザーフッドによって、情け容赦ない残酷な迫害を通じての奇怪な精神操作を受け、彼らの計画を推進するために利用され続けてきたのだから。「ユダヤ」のロスチャイルド家は、莫大な金をナチスに出資することによって、一般のユダヤ人たちを恐るべき悲惨な結末へと追い込んだ。レヴィ人の「出エジプト記」は、「いわゆるヘブライの知識が、バビロニアン・ブラザーフッドの浸透を受けたあとのレヴィ人によって、エジプトの秘密神官団は、「エホヴァ」の啓示を神聖な学問に対する窃盗行為と見なした。秘儀を受けたフリーメーソンの歴史家マンリー・P・ホールは言う。「エジプトの国家宗教を支配したのは黒魔術であった。人々の精神活動は、神官団によって作り上げられた教義に従うことによって完全に麻痺させられていた」と。

レヴィ・バビロニアンによる大衆支配やそこから派生したキリスト教などの宗教の場合もこれとまったく同じだ。このことはぜひとも銘記しておくべきである。ユダヤ教もキリスト教もイスラム教も、すべてその教義の根幹は、バビロン時代のレヴィ人によって作り出された物語である。言い換えるならば、現在まで続いている精神支配の起点は古代バビロンであったということだ。

レヴィ人がエジプトから盗み出し、バビロン滞在中に発展させた知識体系は、のちにカバラの名で知られるようになった。カバラの語源は、口伝という意味のヘブライ語「QBL」である。これは、秘密結社の成員に極秘の知識を伝達するのに使われる。カバラはユダヤの秘密教義と言われているが、事実ユダヤは、ヴァティカンと同様にバビロニアン・ブラザーフッドの前線部隊なのだ。カバラとは、旧約聖書などの書物のなかに暗号化されて隠された秘密の知識である。これに対し旧約聖書を文字どおりに解釈したのがユダヤ教である。

表と裏、これはすべての宗教に共通する手口だ。「エズラ記」（ラテン語のほう）のなかに出てくる五人の書記の名、ガリア、ダブリア、ツェレミア、エカヌ、エズレルは、レヴィ人の用いた暗号のいい例だ。それらの名前の意味は以下のごとし。

●ガリア：古代の書記が用いた記号で、「本書には隠された意味がある」という印。
●ダブリア：句や文章を形成している単語。
●ツェレミア：象徴。曖昧な表現で示されたもの。
●エカヌ：変形され二重化されたもの。
●エズレル：「エズラによる作品」という意味。

これら五人の書記の名を合わせると、「注意。本書のなかに出てくる曖昧な象徴的語句は二重の意味を持っている。それはエズラの手によるものである」という意味になる。

＊――――聖書は神の言葉どころか、秘数十二・七・四十を頻出させたオカルト的暗号書

ヘブライ語の旧約聖書のなかに隠された、未来を預言する暗号を解き明かしたと称する『聖書の暗

号』という本がある。その暗号の一つでは、リー・ハーヴェイ・オズワルドがケネディ大統領を殺害すると預言していたという。しかし「ケネディを殺したのはオズワルドだ」などと今でも信じている人がいるのだろうか。まったく、このような『聖書の暗号』には疑問を呈せざるをえない。だが聖書には秘儀を受けた者にしかわからない暗号が隠されているということなら、それは事実である。

聖書の登場人物の多くは、象徴の役割を果たすべく創作されたものである。実在の人物も登場するが、象徴体系に合致するように人物像を作り変えられている。

少し例をあげてみよう。すべての神秘主義に共通するテーマの一つに、主人公（神）を中心とする十二人の追従者（弟子、騎士）がある。十二という数は、一年の十二の月や黄道十二宮を示している。これに黄道十二宮を周る太陽（神）を加えると聖なる一と十二で十三となる。十二や十三といった数がさまざまなところで繰り返し現われるのはこういうわけだ。イスラエルの十二支族、イシュマエルの十二人の息子たち（すべて首長となった）、イエスの十二人の弟子たち。ブッダやオシリスやケツァルコアトルにも十二人の弟子たちがいた。アーサー王と十二人の円卓の騎士、ヒムラーとナチSSの十二人の騎士。「黙示録」に登場する女（イシス、セミラミス）は、十二の星の冠を被っている。

スカンディナヴィアなど北方で広まっているオーディンを中心とする神話も、中近東からやって来たアーリア人に由来するものである。オーディン神話には十二人の語り部がつきものだ。またもや聖なる十二と一だ。これらの物語はあくまでも事実を物語るものではないが、神秘主義の象徴体系を見事に形成している。これらの象徴は、ブラザーフッドの秘密結社ネットワークによって現在でも使われ続けている。国旗、兵器の塗装、宣伝や企業のロゴ・マークなどを見れば、それがよくわかる。ブラザーフッドが作り上げたEU（欧州連合）は、十二の星の輪をそのシンボル・マークにしている。聖なる数字と幾何学について話を続けよう。エジプトの石像の縦横の比率は、大きいものであれ小さいものであれ、十二か六の倍数か約数となっている。

聖書には七や四十といった数が頻繁に出てくる。七つの精霊、七つの教会、七つの燭台、七つの灯、七つの封印、七つのラッパ、七人の天使、七つの頭に七つの冠を戴いた「黙示録」の獣。ヨシュアはエリコの町の周囲を七日のあいだ回った。そのとき七人の司祭が先導したが、彼らは七つの角笛を持っていた。七日め、ヨシュアの軍が町を七周したとき、町の城壁が崩れ落ちた。ノアの箱船には、七つがいずつの動物と七つがいずつの鳥が乗せられた。洪水が始まったのは神の言葉から七日後のことだった。ノアが再び鳩を飛ばしたのは、最初に飛ばしたときの七日後であった。彼はさらに七日待って鳩を飛ばした。第七の月の十七日、箱船はアララト山の上に停まった。ノアは二十七日に箱船を出た。洪水後、彼の七百年紀が始まった。グノーシス派のアブラクサスやギリシアのセラピスといった象徴的神格の多くは、たいてい七文字で表わされる。

次によく出てくる数字、四十はどうか。アダムが楽園に入ったのは四十歳のときで、その四十年後エヴァが来た。大洪水の雨は四十日と四十夜のあいだ続いた。セトは四十歳のとき天使に連れ去られ、四十日のあいだその姿を見せなかった。モーセがミディアン人の所へ行ったのは四十歳のときだった。彼はそこに四十年間滞在した。ヨセフがエジプトに入ったのは四十歳のときだった。イエスは四十日を荒野ですごした。聖書は神の言葉などと言われるが、それは違う。それは神秘主義の暗号で書かれた書物だったのだ。

＊――――ヘブライ語はエジプト神秘主義結社で使われていた「聖なる」言語

アラビア文学も秘儀を受けた者によって書かれたものであり、同様の暗号がちりばめられている。「アルバインド（『四十』という意味）」は四十という数に関係する話を集めたものであり、そのなかの暦には四十の雨の日と四十の風の日がある。これと同種の本には、七に関連する話を集めた「セパイド」というものもある。これらの数字は、月日や黄道十二宮と関連しているが、それ以上にもっと深い意味を持っている。数というものは、波動の周波数をも表わすものである。それぞれの周波数は、特定の数、色、音に共鳴する。特定の数、色、音に対応する特定の周波数のなかには非常に強力なものもある。象徴《シンボル・マーク》もまた周波数を表わすものであり、人間の潜在意識に作用する。秘密結社のマークや国旗、企業のロゴ・マークや広告に、特定のシンボル・マークが散見される理由はここにある。

レヴィ人によって作られた書物のほかには、モーセが実在したという歴史的証拠はない。モーセというのはエジプトの王《ファラオ》アルケナートンの別名であったと言う人もいる。そのような可能性もあながち否定できない。いずれにせよ「モーセ」に関係する公式記録は存在せず、モーセという名はなんら歴史的根拠を持たない。エジプト全土に蔓延《まんえん》した疫病などモーセの物語に関する記述が現われたのは、それが起こったとされるときから何百年ものちに、バビロンのレヴィ人が「出エジプト記」を書いたのが最初であった。物語のなかでは、エジプトのすべての家畜が三度も殺されている。それらの家畜たちは殺されるとすぐに蘇ったとでも言うのだろうか。エジプト中の初子の死は歴史的事実ではない。過越しの祝いはなんら歴史的根拠を持たない。それはレヴィ人によって作り出されたものなのだ。ドアに小羊の血を塗るというのは、古代の太陽神に捧げられた生贄の羊を暗示している。

レヴィ人がバビロン入りする以前は、モーセ五書に関するヘブライの公式記録は存在しなかった。エジプト時代のイスラエル人については、「申命記」でさえ寄留民として言及している。決して奴隷とは言っていない。ではモーセなどという名はどこから出てきたのだろうか。かつてエジプト神秘主義の最高位に達した者はムーセ、モーセ、モーセスなどと呼ばれていた。「紀元前三世紀のエジプトの歴史家マネトーは、ヘリオポリス（太陽の町）の司祭でもあり、のちにモーセー（モーセス）の称号を得た」と、ユダヤ人の歴史家ヨセフスは述べている。モーセという言葉は、「連れ去られた者。水から拾い上げられ、神の使者として育て上げられた者」を意味している。エジプト神殿の祭司長はエオヴェあるいはエオヴァと呼ばれていた。エホヴァという名はこれに由来するものだ。ヘブライ語は実はエジプトの神秘主義結社のあいだで使われていた聖なる言語なのだ。

当時エジプトで一般に使われていたのは、現在コプト語として知られている言語である。神秘主義結社が使っていたのは、ある場所から次の場所への移行を意味する「ABR」という言語だった。事実、より偉大なる知への移行こそが神秘主義の要諦であった。「ABR」は秘儀を意味する「アンブル」となった。これはアンブリック、ヘブリック、ヘブライック、そしてヘブライとも表記された。ヘブライ語のアルファベットは二十二文字から成り立っている。しかし「モーセ」の時代以前のオリジナルはたった十文字しかなく、それを理解できたのは司祭たちだけだった。

＊――ソロモン王も妻、妾たち、宮殿も実在せず、すべて太陽系内の惑星、月、小惑星の象徴

ヘブライ人とは、いわゆるイスラエル人やユダヤ人のことではなかった。それはエジプト神秘主義結社の秘儀を受けた者たちのことであった。少なくともヘブライ人の始祖たちはそうであった。ヘブライ人やユダヤ人を「人種」的に特定できないのも無理もないことだ。司祭を意味するユダヤの人名コーヘンは、司祭や王子を意味する古代エジプト語カーヘンに由来するものである。ユダヤの伝統と言われる割礼ですらエジプト神秘主義からきたものであり、少なくとも紀元前四〇〇〇年にはすでに行なわれていた。割礼を受けていない者は秘儀を授かることができなかったという。

ヘブライ宗教やヘブライの律法などというものはエジプトには存在しなかった。ヘブライ人などと

オベリスクが２本だったことがはっきりわかるエジプトの神殿入口。オベリスク消失ののちも右側には基台が残っている

いう「人種」は存在しなかったからだ。エジプトの宗教はただ一つだけだった。

ヘブライと呼ばれる人々とその宗教・言語が表に出たのは、のちにレヴィ人として知られるようになったエジプト神秘主義の秘儀を受けた者たちが、その知識をエジプトの外に持ち出してからのことだった。彼らは自らの出自を隠蔽するために、「歴史」を作り上げたのだった。ヘブライ人やユダヤ教というのは、エジプト人やエジプト宗教のことなのだ。

例のピラミッドをはじめ、今日のブラザーフッドのシンボルの多くがエジプトに関連している理由の一つはここにある。

このギザの大ピラミッドのシンボル・マークは、エジプト神秘主義のなかで非常に深い意味を持っている。エジプト神秘主義の神殿の入り口には、二本の巨大なオベリスクが聳《そび》え立っていた。フリーメーソンはこれを二本の柱として表現し、その建物の中には二本の柱が立てられた。サムソンが押し倒した二本の柱とはこれのことだ。神秘主義結社の秘儀を受けた者は、秘密の名前を授けられる。このようなしきたりは現在のブラザーフッドにまで受け継がれている。ヘブライ人の出自は、ヒクソスのエジプト侵入とも関係があるようだ。エジプトの歴史家マネトーは、蛮族がやって来てエジプトを支配したと述べている。その後エジプトから追い出された彼らはシリアへと移り、エルサレムと呼ばれる町を建設したとマネトーは言う。ヒクソスは、古代シュメールの地からやって来たというハビルに酷似している。ハビルは旧約聖書ではアブラハムの一族として描かれている。

ソロモン王とその神殿は象徴的なものである可能性が極めて高い。それにソロモン王が実在したという確たる歴史的証拠も存在しない。そのうえ彼の名が刻まれた碑文はただの一つも現存しない。レヴィ人が数々の書物を作り上げる以前、ギリシアの歴史家ヘロドトス（紀元前四八五～前四二五年）はエジプトや中近東を旅行し、その地理や歴史を調査して回った。彼はソロモンの王国についてまったく見聞していない。イスラエル人のエジプト脱出や追跡して来たエジプト軍が紅海に飲み込まれた話など、彼はまったく聞いていない。プラトンもエジプトや中近東を旅行しているが、やはりそのような話はまったく聞いていない。それらがすべて作り話だからである。ソロモンの名を三つに区切ったソル―オム―オンは、それぞれが三つの異なる言語における太陽神の名前である。

マンリー・Ｐ・ホールは、「ソロモンの妻や妾たちは、彼の宮殿たる太陽系内の惑星や月や小惑星の象徴である」と述べている。ソロモンの神殿は、太陽の支配する領域を象徴しているのだ。『タルムード』では、ソロモンはカバラの奥義を理解し悪魔を使役する大魔術師として描かれている。これは、でっち上げられたヘブライの「歴史」のなかに隠された秘密の知識を象徴するものであろう。

ソロモン神殿の建設のようすを詳しく述べている「列王記」や「歴代誌」は、実際はそれが書かれたとされているときより五百～六百年後に書かれたものである。「歴代誌」のソロモン神殿建設についての記述は途方もないものだ。十五万三千六百人の人夫を使って七年がかりの建設工事が行なわれたという。アーサー・ディノット・トムソンの試算によると、その費用はなんと六九億ポンドにも上るそうだ。トムソンが試算を行なったのは一八七二年のことであった。現在の貨幣価値に換算するとはるかに巨大な額になるはずだ。

こんな数字は馬鹿げている。作り話であることのいい証拠だ。ソロモンにまつわる数々の話は何かの象徴なのだ。決して文字どおりに受け取るべきものではない。

*――精神の病が深い世界一極悪な人種主義の書『タルムード』はレヴィ人が作成した

さらに話を進めよう。もしソロモンが実在しなかったとするならば、彼の父ダヴィデが実在したと信じる理由はどこにもなくなる。そもそもダヴィデについての記述は、レヴィ人によって作り上げられた旧約聖書のほかには存在しない。そう、旧約聖書以外にはダヴィデが存在したという証拠はどこにもないのだ。つまりダヴィデの物語もやはり作り話だったのだ。興味深いことに「ダヴィデからイエスへと続く血流はマグダラのマリアによってフランスに持ち込まれ、のちにメロヴィング朝を生み出した」というようなことが、最近出版された数々の著作のなかで取り上げられている。研究者の一人、L・A・ワッデルも次のように指摘している。

「アブラハムをはじめとするユダヤの族長たち。モーセをはじめとする預言者たち。サウル、ダヴィデ、ソロモンといったユダヤの王たちについては次のことが言える。すなわち、かなりあとになって登場する二、三人の王を別とすれば、これら旧約聖書の登場人物たちが実在したという確たる歴史的証拠は存在しないのである。そのような事実を述べた碑文もなければ、ギリシアやローマの歴史家による記述も見あたらないのだ」と。
　このような結論は、ユダヤ人に対してのみならず人類全体にとっても驚愕《きょうがく》すべきものである。モーセの律法は実はレヴィ人の律法であった。それはレプティリアンとその混血種からなるブラザーフッドによって作り上げられたものだったのだ。それは決して神の言葉や神の法などではない。バビロン時代以来編纂され続けてきたすさまじい量の『トーラー』および『タルムード』は、個人の日々の生活をこと細かく規定するものであり、人間精神に対する砲撃と言ってもよいほどのものであった。山の頂上で「神」によって与えられた以外のいかなるやり方も許されないと言うのだ。これを書いたレヴィ人は、その事実を隠蔽するためにモーセの物語をでっち上げた。あらゆる事態をカバーすべく次々と「律法」が付け加えられ、いくたびとなく改訂が施された。
　レヴィ人によって作られたこの書物は非ユダヤ人を排撃する病的な人種主義に満ちており、少しでもユダヤに挑戦する者があれば徹底的に「殲滅《せんめつ》」するように説いている。これはまさに黒魔術のやり方であると、マンリー・Ｐ・ホールは述べている。そこには思いつく限りの残虐な殺害方法が、これでもかというほどに列挙されている。『タルムード』は世界一極悪な人種主義の書である。その精神の病の深さを示すいくつかの例をあげてみよう。
「ユダヤ人だけが人間であり、非ユダヤ人は家畜である」（ケリトゥフス六ｂ、七八、イェバムモス六一）
「非ユダヤ人はユダヤ人の奴隷となるために創られたものである」（ミドラーシュ・タルピオス二二五）
「非ユダヤ人との性交は動物との性交と同じである」（ケトフボス三ｂ）
「非ユダヤ人は病気の豚以上に忌避されるべきものである」（オラク・カイーム五七、六ａ）

「非ユダヤ人の出生率は極力抑えられなければならない」（ゾハール一一、四b）
「雌牛やロバを失っても取り返しがつくように、非ユダヤ人についても取り替えがきく」（ローレ・デア三七七、一）

これらは単に凶悪な人種主義というにとどまらない。もう一度よく読んでていただきたい。それはまさに、ドラコ・レプティリアンとその手下どもが人類に対してとっている態度そのものなのだ。このような恐るべき内容は一般のユダヤ人によって書かれたものではない。一般のユダヤ人たちは、このような恐るべき信仰の犠牲者なのだ。

＊――「反セム」主義という糾弾は、世界陰謀の真相に迫ろうとする研究者を貶めるために利用されている

確認しておきたい。『タルムード』はレヴィ人によって書き上げられた書物である。その彼らは、バビロニアのレプティリアン・ブラザーフッドの血流に属する秘密司祭団であり、ユダヤの人々に対してはアドルフ・ヒトラーほどの誠実さも持ち合わせてはいなかったのだ。だからユダヤ人を責めるのは筋違いだ。それこそブラザーフッドの思う壺なのだから。「分割して支配せよ」は彼らの基本戦略だ。

彼らの行なった巧妙な操作は、ユダヤ人と非ユダヤ人の双方に巨大な恐怖を生み出した。二世紀に完成されたユダヤの口伝律法『ミシュナ』は、このような操作に大いに役立った。ベルゼン強制収容所の生き残りであるイスラエル・シャハク氏は、『タルムード』に挑戦し、それを暴露しようとする数少ないユダヤ人の一人である。その著書『ユダヤの歴史、ユダヤの宗教』のなかでシャハクは、「ユダヤ」（レヴィ人、ブラザーフッド）の律法の拠《よ》って立つすさまじい人種主義に焦点を当てている。

今日いわゆる正統派のラビたちによって主張されている極端「信仰」は、非ユダヤ人の生命を救うことを禁じている。さもなければユダヤ人にとって良くないことが起こると言うのだ。ユダヤ人同胞から利子を取ることは禁じつつも、非ユダヤ人からはできる限り多くの利子を取るようにユダヤの律法は定めている。

非ユダヤ人の墓地の前を通るユダヤ人は呪いの言葉を吐かなければならず、非ユダヤ人の建物の前を通るときは神にその破壊を願わなければならないと言う。ユダヤ人どうし騙し合ってはならないが、非ユダヤ人に対してはその限りではないとのことだ。ユダヤ人は非ユダヤ人に生まれなかったことを神に感謝し、クリスチャンが絶滅するよう神に祈るそうだ。宗教的に厳格なユダヤ人は、栓を抜いたあとに非ユダヤ人の手が触れた瓶のワインは飲んではならないことになっている。

ユダヤ人作家アグノンは、ノーベル文学賞を受けた直後、イスラエルのラジオ放送で次のように語った。「非ユダヤ人を称賛することが禁じられているということを私は忘れてはいない。しかし今回の場合は特別な理由がある。すなわち、彼らは一人のユダヤ人に対し、その代償としてノーベル賞を与えてくれたということだ」。ユダヤ人と呼ばれる人々の信仰体系はこのような代物だ。にもかかわらず彼らは、「ユダヤ人に対する人種差別」を常に非難するのだ。ユダヤ教の信仰体系こそが究極の人種主義だ。「反セム主義」の叫びは、世界陰謀の真相に迫ろうとする研究者を貶めるために利用されている。一九三〇年代から四〇年代にかけてのシオニスト（太陽崇拝カルト）上層部の人々をよく知っていたユダヤ人ベンジャミン・フリードマンは、反セム主義という言葉は英語の語彙《ごい》から取り除かれるべきだと主張した。

「反セム主義という言葉は、現在、ある一つの目的のためにのみ使われている。それは一種の中傷語である。いわゆるユダヤ人たちは、自分たちの目標達成の邪魔になっていると思われる者に対しては、利用可能なあらゆる手段を使って『反セム主義』のレッテルを貼って貶めるのである」

このような役割を果たしているものの一つに、アメリカを拠点に世界中で活動している組織がある。ブラザーフッドの陰謀を暴露しようとする者は、この組織によって「人種差別主義者」の烙印を押されるのである。

この組織はＡＤＬ（ユダヤ人名誉毀損防止協会）と呼ばれており、私自身その標的とされている。しかし逆に私は満足している。私が正しい方向へと向かっていることの証《あかし》のように思えるからだ。ＡＤＬは、自分だけは潔白であるというポーズをとりたがる非ユダヤ人の追従者たちによって支持されている。たとえ聖人君子ぶった「反―人種差別主義」でも、自分たちの政治的利益に関係なくすべての人種差別に反対するというのであれば、私はそれを認めるのにやぶさかではない。しかしＡＤＬの「反―人種差別主義」は、偽善の臭いが鼻につくのだ。

一般のユダヤ人の大多数はレヴィ人の過激な人種主義に従おうとはしておらず、特にユダヤ人のあいだのみでの結婚を要求する厳格な人種律法には反対している。多くのユダヤ人は、悪意に満ちたレヴィ階級によって、生まれたときから恐怖を植えつけられ、教義に凝り固まった彼らの操り人形として育て上げられている。彼らレヴィ階級は今日では過激派シオニストとも呼ばれているが、本来はパリサイ派のタルムード主義者である。彼らは、バビロンのレプティリアンのために働くレヴィ人の作った「律法」を施行する、狂信的なラビたちによって支配されている。このような出自を持つ宗教に従っている人々の多くは、その起源について何も知らず、それが壮大な歴史的陰謀であるなどとは夢にも思わない。

そのような真相を知っているのは、宗教による人民操作を行なう秘密結社ネットワークの頂点に位置する少数のエリートだけだ。

＊――ユダヤ・非ユダヤ教徒に潜み暗躍、謀略活動するレプティリアン系人種

少数のエリートたちからみれば、ユダヤ人であろうとカトリックであろうとイスラムであろうと、支配対象であることに変わりない。これらすべての宗教や人種といったものの欺瞞性は、今日ユダヤ人と呼ばれている人々の実情を見れば明らかだ。あるユダヤ人の人類学者は言う。ユダヤ人なる「人種」は存在しない、と。ユダヤというのは信仰であって人種ではない。だから「ユダヤ人」という概念はまったくの捏造である。ユダヤ人研究者アルフレッド・M・リーレンタールは次のように述べている。

「ユダヤ人種主義がアーリア人種主義と同様のたわ言であるという主張に、あえて異議をさしはさもうとする人類学者はいない。自然人類学では、人類全体を三つの人種に分類している。すなわちニグロ（黒人）、モンゴロイド（東洋人種）、コーカソイド（白人）の三種がそうである（学者によってはオーストラリア人種を第四の人種として付け加える場合もある）。ユダヤ教の信仰を持つ者は、この三つのうちのどの人種のなかにも見受けられるのだから」

ここで真に留意すべきは、ユダヤ教徒のなかにも他の文化に属する者のなかにも、レプティリアンの血を受け継ぎ秘密裡に活動している特別な人種が潜んでいるという事実である。

そのような血流の者たちは、宗教や文化を利用して人類を操作し、監獄のなかに追い込もうとしている。レヴィ人は彼らの一翼を担っている。自らをユダヤ人と呼ぶ人々のほとんどが、彼らがイスラエルと呼んでいる地域とのあいだになんら遺伝的なつながりを持たないことを知るならば、われわれがいかに欺瞞で覆われた世界に生きているかがわかるだろう。

それ自体でっち上げである「ユダヤの歴史」は、アラブ人の住むパレスティナの地に「ユダヤ人国

家」を作り上げるという強引な計画を正当化するのに利用された。

ユダヤ人作家アーサー・ケストラーは、イスラエルを建設した人々の大部分が、イスラエルの地にではなく南ロシアにその起源を持つことを暴露した。「ユダヤ人」の遺伝的特徴と言われている鉤鼻は、イスラエルの地にではなく南ロシアやコーカサス地方に由来するものであったのだ。紀元七四〇年、カザール人と呼ばれていた人々が、ユダヤ教へと大量改宗したのだった。ケストラーは次のように述べている。

「カザール人は、ヨルダンやカナンの地からやって来たのではなかった。彼らはもともと、ヴォルガ川流域やコーカサス地方に居住していた。遺伝子的にみれば彼らは、フン族やウイグルやマジャールとの関係が深い。アブラハムやイサクやヤコブとのつながりはほとんどないだろう。ようやく明らかになりつつあるカザール帝国の真実は、残酷な歴史の捏造があったことを物語っている」

ユダヤ人と呼ばれている人々には、大きく分けて二つの流れがある。セファラディーとアシュケナジーである。セファラディーとは、十五世紀に追放されるまでスペインに住んでいた者たちの子孫である。一方のアシュケナジーは、カザール人の子孫である。

一九六〇年代、セファラディーの人口が約五十万人であったのに対し、アシュケナジーの数は千百万人であった。彼らアシュケナジーはイスラエルの地となんら歴史的つながりを持たないにもかかわらず、旧約聖書において神が彼らに約束した地であるという理由で、パレスティナの地を侵略しイスラエル国家を樹立したのであった。旧約聖書を書いたのが誰だかわかっているのだろうか。それは彼らの司祭階級であるレヴィ人だ。そして新約聖書を書いたのは誰だかわかっているのだろうか。それはバビロニアン・ブラザーフッドである。人々はレヴィ人を操っている勢力によって支配されているのだ。それはバビロニアン・ブラザーフッドである。

＊――レプティリアン創作の監獄宗教に共通な十二月二十五日、処女から生まれ、人々の罪を贖い死ぬ「神の子」

ここでクイズを一つ。この人は誰でしょう？

彼は精霊の働きによって、無原罪懐胎により処女から生まれた。またそのことによって古代からの預言の条件を満たした。

彼が生まれたとき、時の王は彼を殺そうとしたので、彼の両親は彼を抱いて逃げた。

彼を殺そうと躍起になった王は、二歳以下の男の子を皆殺しにした。

天使や羊飼いが彼の誕生の場に居合わせた。そして黄金・乳香・没薬《もつやく》が誕生祝いとして贈られた。

彼は救世主として崇められ、道徳的で謙虚な生活を送った。

彼は数々の奇跡を行なった。たとえば病人を癒す、盲目の者に視力を与える、悪霊を祓う、死者を蘇らせる、等々。

彼は、二人の盗賊とともに十字架にかけられた。しかし彼は地獄から甦り、天国へ昇った……。

いかがであろう。彼の正体はイエスだと思われたのではないだろうか。残念だがそれは違う。これらは、東方の救世主ヴィリシュナ（ヴィシュヌの化身クリシュナ）についての記述だ。

ヴィリシュナは、イエスが生まれたとされているときよりも千二百年も前の神なのだ。

古代世界には、「人々の罪を贖うために死んだ救世主たる神々の系譜」があった。それは、中近東・コーカサス山地のレプタイル・アーリアン（爬虫類人系アーリア人）に発するものである。以下に列挙するものはすべて、イエスの物語と同様の救世主物語の主役となった「神の子」たちである。

たとえば、ヒンドスタンのクリシュナ。インドのブッダ（シャカ）。バミューダのサリヴァーナ。

また、エジプトのオシリス、ホルス。スカンディナヴィアのオーディン。カルデアのクリテ。ペルシアのゾロアスター。フェニキアのバール、トート。チベットのインドラ。アフガニスタンのバリ。ネパールのジャオ。ビリンゴニーズのウィットバ。シリア、バビロンのタンムズ。フィリギアのアッティス。トラキアのカモルキス。ボンゼスのゾアル。アッシリアのアダッド。シャムのデーヴァ・タットト、サモーカダム。テーベのアルキデス。日本のミカド。ドルイドのヘサス、エロス、ブレムリラム。ゴールのトール（オーディンの息子）。

そして、ギリシアのカドモス。マンダイテスのヒル、フェタ。メキシコのジェンタウト、ケツァルコアトル。女預言者たちの世界君主。フォルモサのイスキー。プラトンの聖なる教師ソクラテス。カーカの聖なる者。ギリシアのアドニス（処女イーオーの息子）。ローマのイクシーオン、クゥイリーヌス。コーカサスのプロメーテウス。アラビアのモハメッド（マホメット）……。

これらのほとんどが「神の子」であり「預言者」なのである。中近東・コーカサス地方に発祥した者たちに占領されたり、その影響を強く受けたりした地域に発生した監獄宗教は、これらの神々の名のもとに打ち立てられている。中近東・コーカサスは、レプタイル・アーリアンの故郷である。ほかにも「神の子」には、キリスト教以前の異教の神ミトラや、ギリシアや小アジアの神ディオニュソス（バッカス）などがいる。

これら「神の子」は処女から生まれ、人々の罪を贖うために死んだ。そして、彼らの誕生日は十二月二十五日である。ミトラは十字架にかけられたが、三月二十五日に復活した。これがイースター（復活祭）の起源だ。ミトラ教の儀式は、山羊座と蟹座の象徴で飾られた洞窟の中で行なわれる。山羊座は太陽が最低となる冬至を象徴し、蟹座は太陽が最高となる夏至を象徴している。ミトラは、しばしば有翼のライオンとして描かれた。それは太陽の象徴であり、現在でも秘密結社によって使われている。

*――世の光、真理であり命、パンの地生まれ、良き羊飼い、十字架、三十歳で洗礼、山上での誘惑――ソックリさんのイエスとホルス

高位メーソンのあいだに見られる「ライオンの足」の象徴は、古代ミトラ教秘密結社に由来するものであった。ミトラ教の儀式に参加する者はライオンと呼ばれ、額にエジプト十字を入れられた。第一段階の儀式参加者は、霊的自己を象徴する頭部に、太陽の光を象徴する冠を被らされた。ニューヨーク港の自由の女神像が被っているのと同じものだ。このような儀式は古代バビロンのニムロデ、セミラミス、タンムズの物語にまでさかのぼる。

ミトラは神の子たる太陽神であり、人類に永遠の命を与えるために死んだと言われている。ミトラは蛇の巻きついたライオンとして象徴的に描かれる。また、ミトラは天国への鍵を持っていると言われている。これはニムロデの象徴であり、イエスの十二使徒の一人であるペテロが天国への鍵を持っているという話はこれに由来するものである。ペテロとは、バビロニア神秘主義結社の高位階者の名であった。ミトラ教の儀式を完了した参加者たちは、パンをミトラ神の肉として食べ、ワインをミトラ神の血として飲んでいた。キリスト教以前の多くの異教の神々と同様にミトラは、その誕生に際して賢者の訪問を受け、黄金・乳香・没薬を贈られたという。

古代ギリシアのソクラテスについても、その弟子プラトンが同じようなことを言い伝えている。キリスト教は、自らが否定した異教的太陽崇拝そのものなのだ。それは、キリスト教が邪悪なものとして排斥した占星術でもあった。教皇は、それを秘密の知識として独占していた。もちろんローマ教会の高位階者たちも、この事実を知っている。彼らは、それを一般人には知られたくないのだ。

ミトラ教は、ペルシアからローマ帝国全域に広がった。さらに、その教義はヨーロッパ全域に広がっていた。現在のヴァティカンの所在地は、古代ミトラ教の聖地だった。古代ローマ帝国領で現在はドイツやフランスやイギリスなどとなっている西ヨーロッパ全域には、ミトラ神の像や象徴の彫り込まれた石板が数多く残っている。キリスト教ローマ教会は、ペルシア―ローマの太陽神ミスラ（ニムロデ）を基礎として打ち立てられたものだ。ミスラは、より古い時代にインドでミトラと呼ばれていた神でもある。バビロニアやシリアで崇拝されていたタンムズやアドニス（主）は、十二月二十四日の真夜中に生まれたと言われている。これらもまた、太陽の神々なのだ。

ホルスは、エジプト版の「神の子たる太陽神」である。バビロニアのタンムズから派生したホルスは、のちにイエスの雛形となった。このような事実は、キリスト教の信頼性にとって致命的である。

それは次の一致からうかがえる。イエスは世の光であった。ホルスもまた世の光であった。イエスは、道であり真理であり命であった。ホルスもまた、真理であり命であった。イエスはベツレヘム（パンの家）で生まれた。ホルスはアヌ（パンの土地）で生まれた。イエスは良き羊飼いであった。ホルスも良き羊飼いであった。七人の漁夫がイエスと同じ舟に乗った。イエスは十字架によって象徴される。ホルスも十字架で象徴される。イエスは三十歳で洗礼を受けた。ホルスが洗礼を受けたのも三十歳のときだった。イエスは処女マリアの子だった。ホルスは処女イシスの子であった。イエスの誕生は、星によって予兆された。ホルスの誕生もまた、星によって予兆された。イエスは、子供のときに寺院で教えていた。ホルスもまた、子供のときに寺院で教えていた。イエスには十二人の弟子がいた。ホルスにも十二人の追従者がいた。イエスは明けの明星だった。ホルスもまた、明けの明星だった。イエスは、キリストであった。ホルスは、クルストであった。イエスは、山上でサタンに誘惑された。

ホルスは、山上でセトに誘惑された。

＊――ニムロデ、クリシュナ、ブッダ、アフラマズダ、オシリス、アイアコスもイエス同様「死者の審判者」

イエスは、「死者の審判者」であるとも言われている。やはり他の神々も同じように言われている。ニムロデ、クリシュナ、ブッダ、オルマズド（アフラマズダ）、オシリス、アイアコスなどがそうだ。

イエスは、アルファでありオメガである。始まりであり終わりである。クリシュナ、ブッダ、太上老君、バッカス、ゼウスなどもそうだ。

イエスは、病人を癒したり死者を甦らせたりするなど数々の奇跡を行なったと言われている。クリシュナ、ブッダ、ゾロアスター、ボチア、ホルス、オシリス、セラピス、マルドゥク、バッカス、ヘルメスなども、同じような奇跡を行なったと言われている。

イエスは王家の血筋に生まれた。ブッダ、ラマ、フォーヒ、ホルス、ヘラクレス、バッカス、ペルセウスなどもみなそうだった。

イエスは処女の子として生まれた。クリシュナ、ブッダ、老子、孔子、ホルス、ラー、ゾロアスター、プロメーテウス、ペルセウス、アポロ、マーキュリー、バルドル、ケツァルコアトルなどもみなそうだ。

イエスは、将来もう一度生まれてくるとされている。そうだとするならば、天空はたいへんに混雑することになるだろう。というのも、クリシュナ、ヴィシュヌ、ブッダ、ケツァルコアトルなどもまた、同様に生まれ変わってくるからだ。イエスの誕生を示す「星」の話の起源は、地平線の上に昇る星を夢に見たというバビロニアのニムロデの話にまでさかのぼる。占い師たちは彼に、偉大な君主となる子が生まれる予兆だと告げたと言われている。このような話は何度も使い回されているのだ。イエスは神話上の人物なのだ。

イエスは、神の子たる太陽神として形作られた。「世の光」とはまさにそういうわけだ。「世の光」というフレーズは、「唯一神」を象徴するものとしてアーリア―フェニキア人によって使われていた。それは、アブラハムが生まれたとされているときよりも数千年も前のことだった。唯一神の概念を創り上げたのはアブラハムではないのだ。彼らはまた、唯一神たる太陽を、「真の十字架」を用いて象徴した。

（図14）▶

◀（図15）

〈図14〉この石碑に描かれているのは、古代フェニキアの太陽神ベル（ビル）である。後光は太陽の光を象徴している。イエス・キリストも、これと同じように描かれているが、それはイエスが太陽の象徴だからである。〈図15〉幼な子イエスを抱いたマリアの姿だと思われるかもしれない。しかし、ここに描かれているのは、息子ホルスを胸に抱く古代エジプトの女神イシスの姿である。バビロンであればこれは、タンムズを抱く女神セミラミスの姿となる

クリスチャンたちは、イエスの頭の後ろに光の輪をつけて描くが、フェニキア人たちもまったく同じように太陽神ベル（ビル）の頭の後ろに光の輪をつけて描いていた（図14）。太陽はエジプト宗教の中核であった。エジプトの人々は、一日の「旅」の「最高点」に達した太陽に祈りを捧げていた。当時の人々は、太陽はその父の神殿のなかで働いているのだと考えていた。これら太陽の神々には、

たいてい処女なる母がいる。セミラミスやニンクハルサグがそうだ。エジプトの女神イシスは女性的創造力の象徴であり、もしそれがなかったならば太陽すらも存在しえないと考えられていた。

長い時の流れのうちに、かつては異星人の「神々」の名であったものが、異教的概念を記述するのに使われるようになった。時代や文化によって異なるさまざまな名前が、同じ一つの概念を表わすのに使われてきた。たとえば福音書のなかでは、ホルスがイエスとなり、イシスがマリアとなっている。太陽たるイエスの母で処女のマリアは、いつも赤子イエスを抱いた姿で描かれるが、これはホルスを抱くイシスの姿と同じである（図15）。これらは実在の人物ではなく象徴的なものである。イシスは処女宮を象徴するものとなった。

マリアもそうだ。イシスもマリアも「海の星」や「天界の女王」といった称号で呼ばれることがあるが、これらはともに、バビロンで天界の女王と呼ばれていたセミラミスに由来するものである。キリスト教もユダヤ教も、その実体はバビロン宗教である。

＊――神秘主義的秘密結社の高位階者レオナルド・ダ‐ヴィンチは知っていた！

現在でも、バビロン宗教と同一の太陽崇拝型宗教を世界中で目にすることができる。シュメール、バビロン、アッシリア、エジプト、ブリテン、ギリシア、ヨーロッパ全土、メキシコおよび中米、オーストラリアなど、世界中至る所で目にすることができる。それは、キリスト教が生まれる何千年も前に生まれた世界宗教であり、異星人にその起源を持つものである。太陽や火を崇拝するのはインド宗教の核心であり、その儀式においては太陽の一年の運行が図式化される。

イエスの物語は、太陽や占星術に関する秘密結社の象徴であふれている。王冠は太陽の光の象徴である。自由の女神像に見られる冠がそうだ。先に十文字と円の図（190ページ）で示したように、十字

〈図16〉レオナルド・ダ-ヴィンチの「最後の晩餐」を見ていただきたい。中心に座すイエスは太陽であり、三人ずつ四つの組に分かれた弟子たちは黄道十二宮を象徴している。この絵は〈図13〉の円十字の絵画版なのだ

架もまた太陽と占星術の象徴である。シオン《太陽》修道院の院長《グランドマスター》であったレオナルド・ダ-ヴィンチは、そのような象徴を用いつつ、あの有名な「最後の晩餐」を描いている（図16）。

彼は、イエス（太陽）を中心に、十二人の弟子たちを三人ずつの四組に分けて描いた。

これは占星術的な象徴である。レオナルド・ダ-ヴィンチは神秘主義的秘密結社の高位階者であり真実を知っていたのだ。ダ-ヴィンチは、イエスの弟子の一人を女性として描いているが、これは、イシス、バラティ、セミラミスといった女性の神格を象徴しているものと思われる。

さらに、これは「M」の一字で象徴されるが、マリアやマドンナ（セミラミス）といった名前はここから派生したものだ。イエスは十二月二十五日に生まれたとされているが、これは「不滅の太陽」宗教に由来するものだ。また、彼はイースターの日に十字架の上で死んだとされている。これは古代の物語の繰り返しなのだ。古代エジプト人は、十字架に磔《はりつけ》にされたオシリスを占星術的象徴として描いた。古代人たちの信仰によれば、太陽は十二月二十一〜二十二日に「死に」、復活には三日を要するということだ。福音書ではイエスの「死」から「復活」まで何日かかっているだろうか？　三日だ！　バビロンの太陽神タンムズが復活するのにも三日が必要とされた。「ルカによる福音書」は、イエス（太陽）が十字架の上で死んだときのようすを語っている。

「すでに昼の十二時頃であった。全地は暗くなり、それが三時まで続いた。太陽は光を失っていた。……」（「ルカによる福音書」第23章44、45節）

神の子たる太陽が死に、世界は闇に包まれた。そしてそれは「三」時間続いた。ヒンドゥーのクリシュナ、仏教のブッダ、ギリシアのヘラクレス、メキシコのケツァルコアトルなど、イエス以前の多くの神々が死んだときにも、同様に世界が闇に包まれたと言われている。イエスは死んだのちに地獄へと下りたと言われる。クリシュナ、ゾロアスター、オシリス、ホルス、アドニス（タンムズ）、バッカス、ヘラクレス、マーキュリーなどもみなそうだ。そしてイエスは死から甦った。クリシュナ、ブッダ、ゾロアスター、アドニス（タンムズ）、オシリス、ミトラ、バルドルも同様だ。

イエスがイースターの時期に十字架にかけられたというのは一つの象徴だ。春分の日は、太陽（イエス）は白羊宮に入っている。「黙示録」の羊はその象徴だ。紀元前二〇〇〇年頃、メルキゼデクの神官団は羊の毛皮でエプロンを作り始めた。この象徴的習慣は、現代フリーメーソンにまで続いている。イエス（太陽）が闇に勝利するのはイースターの日である。闇よりも光、夜よりも昼のほうが長くなり始める春分の日である。世界は再生した太陽の力によって回復させられるのだ。春分の日は古代エジプト人にとって聖なる日であった。女神イシスは羊頭の姿で描かれることもあるが、これは白羊宮の季節を、生命を生み出す自然の力が豊かな春を象徴している。

＊――聖なる十字架すらもキリスト教のオリジナルではなかった

昔のキリスト教徒たちにとって、イースターは十二月二十五日と同じぐらい大事なものだった。ミトラも十字架にかけられてから三月二十五日に復活したと言われている。イースターの日は今では太陽が白羊宮に入った第一日めと正確に定められてはいないが、その象徴的意味合いは今でも残っている。キリスト教の祭日は「日」曜日だ。キリスト教の教会は、信者が東に向かって礼拝するような形で祭壇が備えられている。イースター・エッグやホット・クロス・バンズでさえもキリスト教独自のものではない。例の色づけ卵は、古代エジプトやペルシアなどで、すでにイースターの供え物とされていた。ウェストミンスター修道院では「クリスマス・ツリーは異教的なのでやめるべきではないか」などと議論されていたというが、これはまったく皮肉な話だ。なぜならキリスト教をはじめとして、すべての宗教はそもそもが異教なのだから。

イエスの物語は、太陽の象徴をはじめとして、神秘主義結社に由来する数々の儀式的・象徴的要素を含んでいる。宗教的象徴としての十字架は世界各地の文化に見られる。アメリカ原住民、中国、インド、日本、エジプト、シュメール、古代ヨーロッパ、中南米、等々。仏教の「命の輪」では二つの十字架が重ね合わされている。また徽章や兵器の塗装に数多く見られる「羽を広げた鳥」は、十字架を表わしている。

十字架の古い形の一つにT型十字がある。ローマへの反逆者たちの磔刑《たっけい》に使われたのはT型の十字架だった。T型十字は古代ドルイドの神フーのシンボルであり、現代フリーメーソンではT型定規のシンボル・マークとして使われている。エジプトのアンサタ（アンク）十字（生命の象徴）は、十字架の頭の部分に輪がついたものである。アンサタ十字やT型十字は、古代中米の石像などにも散見される。

それらの十字型は水との関係が深かった。古代バビロニア人は、彼らに文明をもたらした水神の紋章として十字型のマークを使っていた。ところで半身半蛇の東洋の神ナーガもまた水に棲んでいると言われている。人類を救うために死ぬ「救い主たる神」という概念は古代のものである。古代インドの諸宗教には、キリスト教よりも何百年も前に磔《はりつけ》にされた救い主たる神がいた。それはコーカサス地方のアーリア人に起源を持つ神である。このヒンドゥーのキリスト（救い主）であるクリシュナは、イエスのように十字架に磔にされた姿で描写されていることもある。ケツァルコアトルは、十字架を背負って海から上がって来たとされている。そしてその十字架に磔にされた姿で描かれることもある。

神秘主義の象徴体系のなかでは、金の十字架は啓蒙の光を、銀の十字架は純化を、卑金属の十字架は屈辱を、木の十字架は熱望を、それぞれ象徴している。この最後の木の十字架は、命の木の象徴であるとともに、木の上や木の十字架の上で死んだ救い主たる神を象徴するものである。神秘主義的な異教の儀式のなかには、十字架にぶら下がったり十字架形の柩のなかに横たわったりするものもある。それは、物理的次元の欲望たる肉体の死を、そして霊的自己の目覚めを象徴している。釘を打ち込むことや血があふれ出ることもまた、神秘主義結社の象徴である。

＊――――

あらゆる異教の神々の命日に合わせて「祝福されたロンギヌス」の槍で刺殺されたイエス

はっきり言おう。イエスの磔刑は寓話である、と。隠された意味を伝えるための象徴なのだ。それは現実に起こったことではない。だが人々はそれが実際に起こったことだと「信じ込まされて」いる。しかもイエスは死んだあとに復活したとされているが、これはいかなる意味を持つのだろうか。パウロは、「コリント人への手紙一」で次のように述べている。

「死者の復活がなければ、キリストも復活しなかったはずです。そして、キリストが復活しなかったのなら、私たちの宣教は無駄であるし、あなたがたの信仰も無駄です。さらに、私たちは神の偽証人とさえ見なされます。なぜなら、もし本当に死者が復活しないなら、復活しなかったはずのキリストを神が復活させたと言って、神に反して証をしたことになるからです。死者が復活しないのなら、キ

リストも復活しなかったはずです」(「コリント人への手紙一」第15章13〜16節)

　彼は、イエスの死からの復活が現実のものでなかったとするならば、キリスト教信仰はその基礎を喪失すると明確に言っているのだ。だが、もし本当にそうだとするならば、キリスト教は絶体絶命の窮地に陥ってしまう。

　まず第一点として、イエスの復活についての福音書の記述には相互に数多くの矛盾点がある。間違ってなのか意図的にかは知らないが、原本からの複写はさまざまな形で変えられているからだ。

　そして第二点としては、復活というのはやはり古代宗教の太陽についての象徴であるということだ。キリスト教の生まれるはるか以前のペルシアでは、明らかに死んでいる若者が蘇らせられるという儀式が行なわれていた。その若者は救い主と呼ばれ、彼の受難は人々の救済を贖うためのものだと信じられていた。司祭たちは彼の墓を見守り続け、春分の日の真夜中になると柩を外に運び出し、次のように唱えた。「喜べ、聖なる秘儀を受ける者たちよ。汝らが神は蘇る。その受難と死は汝らの救済のためであったのだ」。エジプトのホルスについてもインドのクリシュナについても、これと同じような話がある。両者ともキリスト教が生まれる数千年も前のことだ。

　聖書によれば、イエスは雲に乗って帰って来ると言われている。雲のあいだには何が見えるだろうか？　それは太陽だ。イエスの墓は、再生の前の太陽が下りていく闇を象徴している。すべての神秘主義結社の儀式には、必ずと言っていいほどになにか洞窟のような暗い閉ざされた場所が利用される。地下室や、アメリカ原住民のサウナ・テントのような場所が使われる。十字架からはずされたイエスの脇腹を貫いた槍の話もまた、神秘主義結社の象徴だ。

　イエスの脇腹を槍で突き刺したローマの百人隊長ロンギヌスは、その返り血を目に浴びて盲目を癒されたという。改宗したロンギヌスは、残りの生涯を異教の偶像の破壊に努めることによってキリスト教のために捧げたそうだ。だが百人隊長が盲目であったというのはおかしな話だ。もしそうだったとするならば、任務が務まらないではないか。これもまた別のところにオリジナルのある話なのだ。スカンディナヴィアの救い主バルドル（オーディンの息子）もまた、盲目の神ホッドによってヤドリギの槍で突き刺された。

そもそも三月十五日とは、あらゆる異教の神々の命日なのだ。ホッドに捧げられたこの日は、のちにキリスト教の「祝福されたロンギヌス」の祭日となったのだ。まったくお笑い草だ。

*――洗礼、堅信者、天国と地獄、光と闇の天使、堕天使――キリスト教自体が妖教そのもの

福音書では魚の象徴が繰り返されているが、それはバビロンのニムロデ（父）とタンムズ（子）を示しているのだ。イエスが魚として象徴されるもう一つの理由は、占星術の双魚宮（魚座）からくるものである。イエスが生まれたとされている頃に、地球はちょうど魚座の二千年紀に入ったのだった。新たな時代が生まれようとしていた。イエスは魚として、その新たな魚座の時代の象徴となったのだ。地球の歳差運動の法則によれば、われわれは新たな水瓶座の時代に入ろうとしている。現行の聖書（ユダヤ教書）は「世界の終わり」について語るが、これは誤訳である。ギリシア語の「aeon（アイオーン）」は「世界」と訳されたが、本来の意味は「時代」である。われわれが直面しているのは世界の終わりではない。それは二千百六十年続いた魚座の時代（アイオーン）の終わりを意味しているのだ。

キリスト教がその出現によって、異教に取って代わったのではなかった。キリスト教自体が異教そのものなのだ。シュメール、エジプト、バビロンからその信仰を受け継いだペルシアは、現在キリス

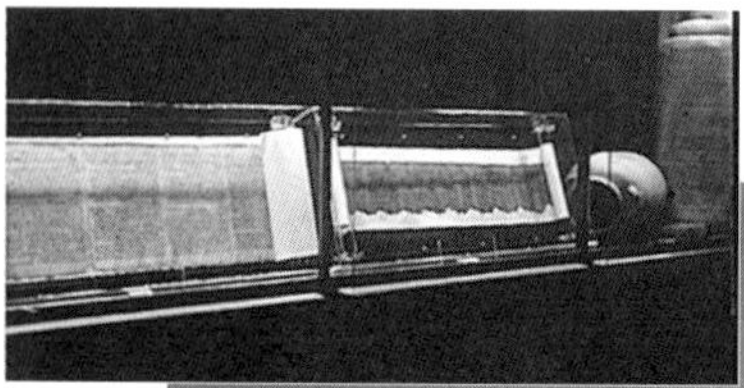

◀イスラエル博物館に展示されている「死海文書」

▶エッセネ派の拠点だったクムランの風景

ト教のものと思われているさまざまな要素をすでに持っていた。洗礼、堅信式、天国と地獄、光の天使と闇の天使、堕天使などがそうだ。キリスト教はこれらを取り入れ、独自のものとして主張し始めたのだ。

イエスが生きていたとされる時代、エッセネ派は死海の北端部クムランを拠点としていたと言われている。しかしブライアン・デズボローの調査研究によると、当時その場所は癩病患者収容所であり、エッセネ派の人々は死海沿岸部の別のより適切な場所に住んでいたものと思われる。公式の「歴史」を守りたがる権威からの圧力にもかかわらず、一九四七年にクムラン付近の洞窟で発見された死海文書（巻物）は、エッセネ派の信仰と生活習慣について多くの知識を与えてくれる。

悲惨な結末に終わった紀元七〇年のユダヤ反乱のあいだ、多くの文書がローマ人に見つからないように隠されていた。ヘブライ語やアラム語で書かれた五百もの文書が発見された。そのなかには旧約聖書関連のものも含まれていた。「イザヤ書」

の草稿が完全な形で見つかっており、それは旧約聖書のものよりも一世紀も前のものであった。エッセネ派の生活習慣と社会組織に関する数多くの文書が発見されている。それによるとエッセネ派は、レヴィ人によって作られた旧約聖書の掟に厳格に従っていたようだ。彼らと同じようにしない者は、すべて彼らの敵であった。彼らは、ローマの占領に対して頑強に抵抗した。彼らは、エジプトのテラペウタイ派（アレキサンドリア近辺で共同生活をしていた極端なユダヤ禁欲主義者の一派）のパレスティナ分派であった。

そうして彼らは、エジプト古代世界の秘密の知識を継承していた。テラペウタイ派（セラピストなどの語源で「治癒者」の意味がある）とエッセネ派は、「メシー」（エジプト鰐、すなわち「ドラコ［竜］」）のシンボルを使っていた。メシー（エジプト鰐《わに》）から採れた油は、竜の宮廷の権威の名においてファラオに注がれた。

〈図17〉ユダヤの司祭たちが被るマッシュルーム型の帽子は、彼らの儀式において重要な役割を果たす幻覚作用を持つキノコを象徴している

エッセネ派は薬物についての詳細な知識を有していた。また古代から神秘主義結社の秘儀には、意識を特別な状態に移行させる幻覚剤が使われていた。「聖なるキノコ」は秘密結社のなかで非常に重要なものであり、ユダヤの高位階の司祭はそれを示すがごとくマッシュルーム形の帽子を被っている（図17）。彼らはそれを使って特別な儀式を行なっていたのだ。その特別なキノコは「神の子たる太

陽神」を暗示しており、太陽の周期と結びつけて考えられていた。そのキノコは、日の出の前に最大の敬意をもって摘まれていた。

このキノコに関する儀式の象徴は、聖書やそれ以前の文献のなかに数多く現われている。

聖なるキノコやその他の薬物に関する秘密の知識は、古代シュメールにまでさかのぼるものである。テラペウタイ派は、アレキサンドリアにたいへんに栄えた大学を持っていた。そこから彼らは、中東各地の支部へと特使を派遣していたのである。ここにもまたエジプト神秘主義結社とのつながりがみられるのだ。

*――ブラザーフッド高位階者にして秘教的数学者ピュタゴラスを唱道していたエッセネ派

エッセネ派はピュタゴラスの学問を唱道していた。ギリシアの哲学者であり秘教的数学者であったピュタゴラスは、ギリシアとエジプトの神秘主義結社の高位階者であった。高名な歴史家ヨセフスによると、エッセネ派の人々は、世界を支配する力ある者たちの名を決して明かさぬように誓わされていたという。そのような誓いは、神秘主義結社の流れをくむものだ。エッセネ、テラペウタイの両派は、キリスト教の洗礼に酷似した儀式を行ない、儀式参入者の額に十字架の印をつけていた。旧約聖書の「エゼキエル書」に見られるように、これは啓蒙された者の象徴であり、ミトラ教をはじめ数々の太陽神崇拝の儀式で同様のことが行なわれていた。

エッセネ派は、性行為など人間の身体的作用を汚らわしいものと見なしていた。この点で彼らはローマ教会の先駆者であったと言えるだろう。事実ローマ教会は、信仰や習慣や用語など、エッセネ派から数多くの要素を取り入れている。死海文書のなかの二つの巻（一つはヘブライ語、もう一方はアラム語で書かれている）は、われわれが占星術と呼んでいるものを多分に含んでいる。惑星の運行が個人の性格と運命に影響するというあれだ。

エッセネ派は占星術を行なっていたが、占星術の象徴体系は福音書や旧約聖書のなかにも一貫している。エッセネ派、テラペウタイ派から派生した初期のキリスト教徒たちは、ユデア（現在のパレスティナ）周辺の他の民族やローマ人たちと同じようなことを行なっていた。イエスが生きていたとされる時代の作家フィロンは、彼の論文のなかで、テラペウタイ派の瞑想的生活について述べている。彼らは太陽に向かって神に祈り、聖なる書物の隠された意味を見つけるべく学問に励んだという。また彼らは、それらの本のなかに寓話として隠された自然の秘密を求めて瞑想したという。聖書はそのような過程のなかで書かれたものだ。今日そのような秘密の言葉は、ブラザーフッドの支配する国家や大企業によって使われている。国旗や大企業各社のロゴ・マーク、兵器に描かれたマークなどの形で目にすることができる。

エッセネ派や新約、旧約の両聖書に関連する秘密結社に、ナザレ派と呼ばれるものがあった。モーセやサムソンといった旧約聖書の登場人物はそのメンバーであったと言われる。イエスやその兄弟のヤコブ、洗礼者ヨハネやパウロなどもそうだったという。「使徒行伝」はパウロのことを次のように言っている。「……というのもわれわれは、この厄介な男が世界中のユダヤ人の煽動者であり、ナザレ派の首謀者であることがわかったからだ」と。前述したような聖書の人物たちは実は存在しなかった。しかし聖書は、そのなかにちりばめられたナザレ派の象徴によって、秘密結社と密接に結びついている。

エッセネ派とナザレ派は、同じ秘密結社から分派したものであるようだ。ユダヤ人の歴史家ヨセフスによると、エッセネ派は白い衣装を身にまとっていたという。これに対しナザレ派は、古代エジプ

創作されたイエスの言葉から存在するようになったナザレの風景

トのイシスの司祭と同様な黒装束に身を包んでいたそうだ。

　黒は、歴史を操作し続けてきたバビロニアン・ブラザーフッドの色だ。そのような歴史を通じて黒は、権威（法律の世界を見よ）や死と結びついた色となった。黒は、伝統的に教授職の色でもある。その黒いガウンと黒い帽子はおなじみだ。いわゆる角帽は、円と正方形であり、フリーメーソンの象徴である。

　さて、イエスの奇跡のなかでも最大のものは、彼がナザレの地からやって来たことだろう。なぜなら当時ナザレという土地は存在しなかったからだ。イエスは言った。「そこをナザレとしよう。そこはナザレだったのだ」。あるいはやはり、ナザレなどという土地はまったく存在しなかったのだ。ナザレという名は、詳細に書かれたローマの記録にもまったく出てこない。福音書の時代について記述したどんな書物にも、その名を見つけることはできない。ナザレ人イエスの「ナザレ」は、土地の名前ではない。それは、秘密結社ナザレ派のことを指しているのだ。

＊――――聖書の「契約」とはフリーメーソンの歴史的大計画、レプティリアンの地球乗っ取り計画のことだった！

エッセネ派、テラペウタイ派、ナザレ派の三位一体は、旧約聖書と新約聖書の掛け橋となりキリスト教を生み出した。草創期のキリスト教徒たちは、ナザレ人と呼ばれていた。

ナザレ派秘密結社の儀式は、今日でもキリスト教会のなかに見ることができる。ナザレ派は黒い衣装を身につけていた。キリスト教の聖職者もそうだ。クムランに住んでいたナザレ派の人々は自分たちの罪を洗い流すための沐浴の儀式を行なっていたが、これがキリスト教の洗礼の儀式となった。ナザレ派は象徴的にパンを食べワインを飲んでいたが、キリスト教のミサはこれに由来するものだ。

W・ウィン・ウェスコットは、アドルフ・ヒトラーとナチスの出現に大きな役割を果たした悪魔主義秘密結社「黄金の夜明け（黄金の曙）」の創始者であった。ことの内幕を知る彼は、その著書『魔術メーソン』のなかで、「現代フリーメーソンの起源は、エッセネ派およびそれ以前の古代秘密結社にまでさかのぼる」と語っている。現在でもキリスト教徒はアラビア語でナスラニと呼ばれるし、『コーラン』ではナサラやナザラといった名称が用いられている。

これらは「ノズリム」というヘブライ語にその起源を持つものである。ノズリムとはノズレイ・ハーブリット、すなわち「契約を守る者たち」という意味である。

このノズレイ・ハーブリット（契約を守る者たち）は、サムエルやサムソンが生きていたとされる旧約聖書の時代にまでさかのぼることができる。サムエルはレヴィ人の指導者として描かれている。バビロニアン・ブラザーフッドの指令のもとに、聖書――タルムードの巨大な欺瞞の体系を創り上げた

聖書「カナの婚礼」の物語の一シーン。「ヨハネ伝」では、イエスはこのとき“水をワインに変える”最初の奇蹟を行なう（ダヴィッド画、ルーブル美術館蔵）

イエスの血流を描いたシャルトル大聖堂の「エッサイの木」

のはレヴィ人たちであった。「契約」とは、フリーメーソンの歴史的大計画、レプティリアンの地球乗っ取り計画のことなのだ。

秘密の知識を持つ「神に選ばれた者たち」の血流は、聖書をはじめとする無数の書物のなかで「ぶどうの木」や「ぶどう畑」として象徴的に表現されている。旧約聖書は、「あなたはぶどうの木をエジプトから移し」と表現している。「イスラエルの家は万軍の主のぶどう畑、主が楽しんで植えられたのはユダの人々」という表現もある。

しかし、この「ぶどう」として象徴されている血流は、決してダヴィデ王の血流などではない。ダヴィデ王などは初めから存在しなかったのだから、ダヴィデの血流などありようがないのだ。

ぶどうの象徴はバビロンおよびエジプトにさかのぼる

ものである。

ギリシアの神秘主義結社では、彼らの太陽神ディオニュソス（バッカス）はぶどう畑の守護神でもあった。ぶどうの成長には何が必要だろうか？　それは太陽だ。太陽を中心とする象徴体系に織り込まれた「イエスの血流たるぶどう」は、実はアヌンナキ・レプティリアン（爬虫類型異星人）にまでさかのぼる王族や僧侶の血流を示すものなのだ。

新約聖書にはカナの地での婚礼の場面があるが、これは現実の結婚式のことを言っているのではない。これもやはり象徴なのだ。太陽と大地、男神と女神の結合を示すものだ。カナンの地では毎年春になると、「カナンの婚礼」という豊饒を祝う性的儀式が執り行なわれていた。イエスが水をぶどうに変えたのは、福音書のなかの象徴的なカナでの婚礼の場面でのことだった。

いずれにしろ、ぶどうを育て上げワインにするのは、太陽の熱と大地の水だ。ゼウスとセメレーの息子であるバッカスは、水をワインに変えたと言われている。エッセネ派の儀式のなかにも水とワインに関連する用語が出てくる。

エッセネ派、テラペウタイ派、グノーシス派は、「隠された意味」に精通していた。太陽、天文学、占星術、血流、秘密の知識や儀式、神秘主義結社の内部で使われている数々の名前。イエスの物語は、そのようなものの象徴で満ちあふれた巨大な寓話の体系なのだ。

旧約聖書は、秘教の暗号が複雑に織り込まれた物語の集まりであり、文字どおりに読んでいてはわけがわからない。新約聖書は、そんな旧約聖書の映し鏡なのだ。簡単に言ってしまえば、「聞く耳のある者には聞かせなさい」ということだ。「秘儀を受け秘密の知識に通じている者は、私の言わんとしているところを理解するだろう。秘儀を受けていない者には昔ながらのほら話を信じさせておけばいい」というのが彼らの言い分だ。

＊――聖餐式でのパンとワインは、生贄の動物や人間を実際に食べた食人儀式に由来する！

聖書にまつわる「作り話」をいくつか暴露してみよう。

●聖書に出てくる「大工」という言葉は誤訳である。ヘブライ語の「ナガー」が、ギリシア語の「ホ・テクトン」を経て、英訳の「大工」となった。これらの言葉は、元来「大工」を意味するものではなく、「なんらかの技術に熟達した者」を示す言葉であり、教師や学者などもそのなかに含まれていた。

●イエスは馬小屋で生まれたのではなかった。どの福音書にもそんなことは書かれていない。いわゆるクリスマスはまったくのつくりごとである。イエスが馬小屋で生まれたというアイディアは、「宿屋には空き部屋がなかったので、イエスはかいば桶に寝かせられた」とする「ルカ書」に由来するものだろう。しかしこの英訳の元となったギリシア語版では、「部屋（カタルマ）」には場所（トポス）がなかったので」となっている。「マタイによる福音書」では、イエスは家のなかにいたとはっきり言っている。「家のなかに入った彼らは、母マリアと一緒にいた赤子を見つけると、跪《ひざまず》いてその子を崇拝した」。かいば桶は、しばしば揺り籠《かご》の代用品として使われていたが、そのときは馬小屋のかいば桶を部屋のほうに持ってきたのであって、赤子を馬小屋まで抱いて行ってかいば桶に寝かせるというようなことは決してなかったのだ。

●イエスの誕生シーンは、アッシージ（イタリア中部の町）の聖フランシスが一二二三年に作り上げたものだ。彼は、土地の人々や家畜を集め、イエスの誕生シーンを再現しようとした。この誕生シーンが、広く人々の心に定着することとなったのだ。イエスが木彫りのかいば桶に寝かされたシーンはイタリア全土で有名になり、のちに全世界へと広がった。クリスマスの日に贈りものをするのは、もともとはキリスト教の習慣ではなかった。それはキリスト教よりもはるか以前の異教で、新年を祝う際になされていたことだった。キリスト教徒たちは、他のすべての場合と同じように、単にその習慣を借用したのだった。

●ユダヤの預言では、救い主メシア（エジプト鰐メシーから採れた油を注がれた者）の名はエマニュエルとなっているが、福音書のメシアはイエスである。キリスト教徒たちは、毎年クリスマスの日にエマニュエルについての聖書の預言を引用する際、このことにまったく気がついていないようだ。子供たちが毎年クリスマスに、マリアやヨセフや羊飼いや賢者やロバ・牛・羊に扮してイエスの誕生劇をするのを思い出していただきたい。数えきれないほど多くの世代が、架空のイエス誕生シーンを本当にあったこととして信じ込まされてきた。この馬小屋でのイエス誕生シーンは、聖フランシスが誤訳を元に作り上げたものである。クリスマスが十二月二十五日となっているのは、太陽の再生を祝う異教の真冬の儀式に由来するものだからだ。今年は例の衣装を身につける前に少し考えていただきたいものだ。

●キリスト教の聖餐式ではキリストの肉としてパンを食べ、キリストの血としてワインを飲むが、これは生贄の動物や人間を実際に食べた食人儀式に由来するものである。

キリスト教の用語の大部分は、ギリシア語からきている。キリストやクリスチャニティー（キリスト教）という言葉自体ギリシア語だ。チャーチ（教会）は領主の館という意味のギリシア語である。エクレシアスティカル（教会の）という言葉について言うならば、エクレシアとはギリシアの民会のことである。アポストル（使徒）、プレズビターやプリースト（長老、司祭）、バプティズム（洗礼）、これらはみな本来ギリシア語である。

＊――結局、聖書は占星術的秘教暗号を埋め込んだ象徴的な寓話集を装う宗教監獄操典

もう少し続けてみよう。

●福音書をみるだけでも、イエスがテロリストたちと親密であったことは明らかである。シモン・マグスは、熱心党のシモンとして知られていた。彼は、ローマからの解放を求める「自由の闘士たち」の指導者であった。彼は、狂信者（ギリシア語表記はKananites）のシモンとも呼ばれていた。これが英語版ではカナン人（Canaanite）のシモンと誤訳されているのだ。イスカリオテのユダの「イスカリオテ」は、暗殺者を意味する「シカリウス」に由来するものである。シカリー（短刀の息子たち）と呼ばれるテロリスト・グループがあったのだ。ちなみにシカーとは湾曲した短刀のことである。シカリウスがギリシア語ではシカリオテとなり、のちに英語に翻訳される際にイスカリオテと誤訳された。熱心党やシカリーは、北アイルランドのＩＲＡのようなやり方で、ローマ軍の補給部隊を襲撃していたのであった。

●イエスと一緒に二人の盗人が十字架にかけられたことになっているが、窃盗で十字架にかけられるようなことは当時なかった。またもやキリスト教以前の異教の物語が剽窃されているのだ。福音書のなかで語られているようなイエスの「犯罪」に対する刑罰は、ユダヤ当局による石打ちの刑であるはずだ。ローマ人によって刑が加えられるようなことは決してなかったはずだ。

●ローマの行政官ポンティウス・ピラトは、イエスの死に対して自分に責任がないことを群衆に示すために手を洗ったということになっている。しかし自らに罪がないことを示すために手を洗うというのはエッセネ派の習慣であった。聖書では、過越しの祝いのときに囚人を解放する習慣が

聖書の舞台エルサレム——ここに真実はどれほどあるのか？

あったということになっているが、そのような事実はまったくなかった。当時そのような習慣はなかったのだ。まったくのつくりごとである。

こうしてみてくると、聖書のなかの作り話については一冊の大著が書けるだろう。事実そのような本がある。『聖書の神話』、まったくもっともな題名だ。私がこの章で述べたようなことについてより詳しく知りたいのであれば、この本がお薦めだ。イエスが実在したという確たる証拠はどこにもない。考古学的な証拠もなければ、歴史文献上の証拠もない。何もないのだ。それは、ソロモン、モーセ、ダヴィデ、アブラハム、サムソンなど、数多くの聖書の「スター」たちについても同じことだ。

われわれが知っているのは、レヴィ人の手による文献（旧約聖書）や福音書の物語だけだ。イエスの存在を証明しようと必死になったキリスト教の著述家たちは、ユダヤ人歴史家ヨセフスの著作のなかに密かにイエスに関する記述を書き加えている。四十人以上もの作家たちが、イエスが生きたとされる時代について記述しているが、イエスのことについてはいっさい言及されていない。イエスほどの人物について何も述べられていないのはどういうことだろうか。

フィロンは、イエスが生きたとされる期間をすべてカバーしたユデア（現在のパレスティナ）についての記録を残している。彼はエルサレムの近くに住んでいた。エルサレムはイエスが生まれたとされている町である。その際ヘロデ王が数多くの赤子を殺させたという町でもある。しかしフィロンは、これについてまったく記録していない。フィロンは、イエスがエルサレムに入り人々の期待を集めたとき、イエスが十字架にかけられたとき、そして復活したとき、そこにいたはずである。そのようなすばらしいできごとについてフィロンは、何か少しでも言及しているだろうか？　彼は何も述べていない。一言もだ。ローマの記録にも何も残っていない。ユデアでのできごとに詳しかったギリシアやアレキサンドリアの著述家たちも何も記録していない。

なぜだ？　そんなことはいっさい起こらなかったからだ。それは占星術的な秘教の知識を伝えるための暗号が埋め込まれた象徴的な寓話なのだ。そしてそれは、バビロニアン・ブラザーフッドの象徴体系を基礎とした宗教監獄を作り出すための媒体でもあるのだ。人類は幻惑され続けてきた。今それが明らかになろうとしている。たいへんな時代だ。

血の十字架を掲げた征服

第5章

「善男善女」の多次元宇宙意識への
秘儀参入は断じて許さない！

＊——世界的救世主神話は大衆の精神を操作するため茶番的にひねり出したもの

キリスト教会は、空想のうえに打ち立てられた茶番劇だ。この二千年間、フロックコートを着た男たちによって売り歩かれたおとぎ話を何十億もの人々が信じてきたという現実をみれば、大衆を支配することがいかにたやすいかがわかるだろう。そしてキリスト教について言えることは、ユダヤ教、イスラム教、ヒンドゥー教など、ほとんどすべての宗教に当てはまる。

これらの宗教は、同一の勢力によって同じ目的を達成するために作られたものである。世界中の救世主神話は、同一の作戦計画のもとに打ち立てられている。それは大きく三点に絞れるだろう。

①あなたは原罪とともに生まれてきた。あなたがこの地上に生まれた最初から、あなたは無価値なものだった。

②あなたは、「救い主」を信じることによってのみ救われる。司祭たちの言うとおりにしなさい。

③もしそれに従わないのであれば、あなたは地獄の業火の中で永遠に焼かれ続けることになるだろう。

このようなやり方によって、何千年ものあいだ、恐怖と罪悪感とが作り出され続けてきたのだ。赤子に死なれたカトリック教徒の母親は、わが子の魂がどうなるのかを案じて深い悲しみにくれるという。ほんの数日しか生きられなかった赤子たちは、イエスへの信仰を持つことができないからだ。彼らは天国へ行くのだろうか。それとも地獄へ行くのだろうか。私はアメリカのテレビで、あるカトリックの番組を観たことがある。そのなかで、長いフロックコートを着た男（神父）がそのことを質問された。

彼は言った。「それは非常に深い神学的な問題です。赤子の魂はリンボー（冥界の辺土）へ行きます（いつまでそこでさまよい続けるのだろうか？）。あるいは両親の行ないによって天国へ行けるかどうかが判定されます」

司祭の行ないによって判定されるのでなくて本当によかった！　イエスを信じることによってのみ救われるというのであれば、イエスの名前さえ聞かれないような地域に住んでいた何十億もの人々はどうなったのだろうか。彼らはすべて地獄の業火で焼かれるというのだろうか。

キリスト教の神なんて糞喰らえだ。そんなことが本当であろうはずがない。それは、レプティリアンの秘儀を受けたバビロニアン・ブラザーフッドが、大衆の精神を操作するためにでっち上げた作り話なのだ。

＊――架空の新約聖書、キリスト教を創作した首謀者はローマの名門《レプティリアン》ペソ一族

その日も私はこの章を書くために、福音書がどうやって生まれたのかを必死になって調べていた。そのときだった。私が事務所の本棚の上段に手を伸ばしてある本を取り出そうとして、別の小さな本が床に落ちた。今まで見たことのない本だったが、その題名が私の気を惹《ひ》いた。それは、アベラード・ロイヒリンの『新約聖書の本当の著者』（初版一九七九年、合衆国）だった。それは、「大いなる秘密」を知るインナー・サークル（歴史上最も排他的な秘密のグループ）について語ったものだった。

このグループのメンバーは、宗教・政治・学問など各界の指導者たちだった。彼らはイエスについての真実を知っていたが、決して人々にそのことを知らせようとはしなかった。私はこの本の結論が私のものと同じであることに驚いた。福音書は宗教監獄を作り上げるべく書かれたものであるというのがその結論だ。その本は私が前述したような象徴体系には触れていないが、新約聖書を生み出した

一族について述べている。新約聖書が自らの著作であることを示すべく彼らは、新約聖書のなかに暗号を組み込んだという。

そのなかの一つに「40」という数字がある。「40」という数字はMという文字にも置き換えられる。マリアのMだ。Mという文字は、今日でもブラザーフッドにとって非常に重要な意味を持っている。われわれはそれを至る所で目にすることができる。マクドナルドのマークもその一つだ。われわれはのちに、大企業がいかにしてブラザーフッドの象徴を企業ロゴとして用いているかを目にすることになるだろう。Mはマリアやマドンナの頭文字であるとともに、セミラミスをも意味している。

ロイヒリンのこの本は、数秘術を使った複雑なものであるが非常に説得力がある。詳しく知りたいのであれば、手に入れて読んでみることをお薦めする。その冒頭の文章は次のようなものだ。

「新約聖書・教会・キリスト教、これらはすべてローマ貴族カルプルニウス・ペソの一族が作り出したものである。新約聖書は架空の物語である。イエス、マリア、ヨセフ、すべての弟子たち、十二使徒、パウロ、洗礼者ヨハネ。これらはすべて架空の人物である。ペソ一族が物語と登場人物とを作り上げたのである。彼らは物語を特定の時代と場所に結びつけた。つまりヘロデ一族やガマリエルやローマの行政官といった実在の人物たちを物語のなかに登場させたのである。しかしイエスや彼を取り巻く多くの登場人物たちは、すべて架空のものなのだ」

このペソ一族は、政治家、執政官、詩人、歴史家などを輩出してきた名門である。彼らはローマ帝国の秘密結社ネットワークに属していた。そしてそれは、現在のレプティリアン・ブラザーフッド(爬虫類型異星人による超秘密結社)にまでつながるものである。ブラザーフッド系の企業であるアメリカン・エクスプレスのロゴ・マークがローマ軍兵士となっているのもそういう理由があってのことだ。

＊――代々のペソの家系は、ネロに処刑されるも、セネカ、プリニウスと共謀、四つの福音書を捏造したローマ皇帝アントニヌスまで輩出

ペソ一族は、ヌマ・ポンピリウスの息子カルプスの子孫であると称していた。ヌマ・ポンピリウスとは、ローマの創始者ロムルスの後継者である。彼らはそのようないわれを持った名門一族であった。このようなローマの血流はトロイからやって来たと言われている。今、われわれがみようとしているのは、コーカサスおよび中近東にまでさかのぼる由来を持つ一族なのだ。

紀元前一二〇〇年前後のトロイ崩壊のあと、「王家」（すなわちレプティリアン）の血を引くアイネイアースが、生き残った人々を率いてイタリアに植民したという。そこで彼はラティウム人の王族と婚姻関係を結んだ。この血流がのちにローマ帝国として出現するのである。伝説によるとアイネイアースの孫ブルータスは、トロイア人の一団（そのなかにはスペイン各地の植民地からやって来た者たちもいた）とともにブリテン島に上陸し、ブリトン人たちの王となりニュー・トロイを建設した。それが現在のロンドンである。

一族の長であったルキウス・カルプルニウス・ペソは、ヘロデ王の孫娘と結婚していた。ロイヒリンの研究によると、多くの筆名を使っていたペソは、紀元六〇年頃に、マルコによる福音書の原型である『原《ウル》・マルコ』を書き上げたという。彼の協力者には、あの有名なアナエウス・セネカがいたが、両者はともにネロ皇帝によって六五年に処刑された。このときをもってペソ一族の名はローマの歴史の表舞台から姿を消すことになる。

それが再び表舞台に現われたのは紀元一三八年、ペソの孫アントニヌスがローマ皇帝になったときだった。しかしこのとき以来、ペソ一族はアントニヌスの一族と呼ばれるようになった。いずれにせ

よペソの名は歴史から消え去ってしまったのである。

ルキウス・ペソの死からアントニヌスが皇帝になるまでの七十三年のあいだに、キリスト教の基礎となる書物が書き上げられた。父ルキウス・ペソがネロによって処刑されたあと、その息子アリウス・ペソはシリア総督となった。セスティウス・ガルスと名乗った彼は、ほかにも多くの名前を使っていた。さらに、彼はユデア（現在のパレスティナ）のローマ軍を指揮する立場となったのだった。

彼は、ヴェスパシアヌスがその鎮圧の任にあたった紀元六六年のユダヤ反乱に深くかかわっていた。ネロ皇帝は六八年にアリウス・ペソの放った刺客によって暗殺されたとロイヒリンは言う。父ルキウス・ペソがネロによって殺されているのだから、それはもっともなことだろう。ペソ一族はヴェスパシアヌスを背後から支援しつつ自らも勢力を伸ばした。ヴェスパシアヌスは六九年にローマ皇帝となった。一年後、ローマ軍はエルサレムを破壊し、契約の聖櫃《せいひつ》（アーク）を含む神殿の宝物をローマへと運び去った。ローマはバビロニアン・ブラザーフッドの秘密結社ネットワークの中心地であった。

アリウス・カルプルニウス・ペソは次のような順番で三つの福音書を書き上げたとロイヒリンは言う。「マタイによる福音書」（七〇～七五年）「マルコによる福音書」（七五～八〇年）「ルカによる福音書」（八五～九〇年）という流れだ。「マルコによる福音書」「ルカによる福音書」は、現在読まれているのと同じものが完成された。なお、「ルカによる福音書」の製作にはプリニウス（ローマの政治家・作家）の助力があった。そして「ヨハネによる福音書」は、アリウスの息子ユリウスによって一〇五年に完成された。ロイヒリンの言うように「イエス」は架空の人物であり、その物語は、旧約聖書のなかのエジプトでのヨセフの物語の焼き直しであると同時に、エッセネ派や古代の異教の要素を多分に含んでいる。それはすでに私が詳述したとおりだ。物語に登場する何人かのヨセフはペソの創作であり、暗号の一部でもある。ペソ（Piso）をヘブライ文字に直すと、「Yud,Vor,Samech,Fey」

となる。これを続けて綴ればヨセフとなる。

＊――『ユダヤ戦記』著者ヨセフスも含むレプティリアン、ペソ一族の発明品を巨大監獄宗教に熟成させたコンスタンティヌス帝

ペソが使ったもう一つの暗号は「60」という数字である。ロイヒリンは、イエスの物語と、ペソがその元ネタとして使った旧約聖書のヨセフの物語とのあいだの数多くの類似点を指摘している。ヨセフには十二人の兄弟がいた。イエスには十二人の弟子がいた。ヨセフは銀二十枚で売られた。イエスは銀三十枚で売られた。兄のユダがヨセフを売ることを提案した。ユダがイエスを売った。ヨセフのいたエジプトではのちに男の初子たちが殺された。イエスの一家は男の初子の皆殺しから逃れるべくエジプトに避難した。アリウス・ペソは、自分の四人の息子たちをイエスの弟子たちに見立てた。ヨハネはユリウス、ヤコブはユストゥス、シモンペテロはプロクルス、アンドリューはアレキサンダーである。

ユリウス、ユストゥス、プロクルスは、父に続いてそのまま新約聖書の執筆にあたった。ペソはイエスに、旧約聖書の預言、特にイザヤ書の預言を果たさせた。ペソ一族は旧約聖書にも手を加えたと、ロイヒリンは言う。旧約聖書のうちの十四の外典はペソ一族の作だという。「エズラ記」「マカバイ記一」「ユディト記」「トビト記」「ベルと竜」などがそうだ。ペソ一族はストア学派だった。ストア学派は、人々は恐怖と希望によって統制されなければならないという信条を持っていた。まさにバビロニアン・ブラザーフッドのやり方だ。新旧の両聖書から生み出された宗教を説明するのにこれ以上の言葉があるだろうか。

私が前章で一、二度言及したユダヤ人の歴史家フラヴィウス・ヨセフス、その正体はアリウス・ペ

ソである。ペソ（筆名はフラヴィウス・ヨセフス）やその孫娘の婿であったプリニウスが公式に発表した書物においてイエスのことにまったく言及していないのは、当時そんなことを言っても誰も信じようとはしなかったであろうし、そんなことをすれば自分の信用を失ってしまうだけだったからである。「イエスの物語」が事業として受け入れられるようになったのは、かなりの時間が流れ、その起源がまったくわからないようになってからのことだ。ヨセフスは公式記録において、ユダヤの名門ハスモン家の末裔ということになっている。

そして、彼はローマと戦ったことになっている。反乱の終局において彼の仲間たちは自決したが、降伏した彼はローマに助命されたという。さらに三十年間、彼は皇帝によってローマに引き留められたという。彼がユダヤの「歴史」を書いたのは、その頃のことだとされている。さらに彼は皇帝の孫娘と結婚し、ローマ貴族の仲間入りを果たしたという。なんともすばらしい経歴だ。ヨセフスの正体は、ローマ貴族アリウス・カルプルニウス・ペソなのだ。そして彼は、息子たちや孫娘の婿であったプリニウスらとともに、福音書をはじめとする新約聖書を書き上げたのである。

プリニウスは、聖イグナティウスの名で数々の書簡を書き残している。彼らはさまざまな名前を使っていた。初期教会の「教父たち」、その正体は彼らペソ一族であった。ローマ貴族ペソ一族のこのような発明品を、巨大な監獄宗教へと完成させたのは誰だろうか？　それはコンスタンティヌス帝である。彼はペソ一族と同じくバビロニアン・ブラザーフッドの人間であった。そのための恰好の道具となったのがローマ教会である。

ジェフリー・ヒギンズはその大著『アナカリプシス（Anacalypsis）』において、ローマがニュー・バビロンとして建設された経緯を見事に示してくれている。キリスト教が古代バビロニアの象徴であふれているのも不思議ではない。すべては人間の精神を封じ込める宗教監獄を造り上げるためのことだった。今日でも、キリスト教会の高位階者たちはそのへんの事情を熟知している。教会のエリートたちは、ずっと昔からそのことを知っていたのだ。彼ら自体がキリスト教と呼ばれる神話を創り上げた秘密結社の一部なのだから。

＊――聖骸布伝説、聖杯伝説、アーサー王物語創作も、秘密結社「聖堂騎士団」得意の象徴操作

トリノの聖骸布と秘密結社「聖堂騎士団」とのつながりについてはいろいろと取り沙汰されてきたが、そのような話はまったくの本末転倒である。秘密結社のほうがキリスト教と呼ばれる神話を作り出したのであり、聖骸布の伝説はそのプロパガンダなのだ。イエスとキリスト教を作り出した勢力は、現在も世界を支配している。たとえば、ローマ大学建築学部は現代フリーメーソンの先駆であった。ただ単に名前が変わっただけである。

ローマ人たちは、とっくの昔に例の直角定規とコンパスのシンボルを使っていたのだ。彼らが使っていたポンペイの神殿は、紀元七一年のヴェスヴィアス火山の大噴火で埋まってしまったが、発掘されたその神殿には六芒星「ダヴィデの星」のマークが彫り込まれていた。また同時に、一つの頭蓋骨と、ディオニュソス建築師団（三年ごとに行なわれる古代ギリシアのディオニュソス（バッカス）神への密儀に発する秘密結社［教団］で、密儀中でも建築術と装飾術を神聖なものとしこの知を管理した。彼らの設計・建設物には「ソロモン王の神殿」があるという）によって初めて用いられたと言われる黒板とが発見された。これらの象徴的事物は、現代フリーメーソンでも使われている。

ところで、歴史的に著名なローマに対するユダヤの反乱は、マサダに立て籠ったユダヤ民族主義者たちが全滅した紀元七四年まで続いている。マサダとは、死海を眺望する平坦な山の頂きに造られた

マサダ要塞跡の風景

堅固な要塞であり、死海沿岸に避難していたエッセネ派の最終拠点であった。ユダヤ民族主義者たちがローマ軍によって殲滅されたとき、ナザレ派の多くが、メソポタミア、シリア、トルコへと逃れたと、紀元二〇〇年頃トルコに住んでいた歴史家ユリウス・アフリカヌスは記録している。

アリマタヤのヨセフは、イエスの言葉を伝え広めるべくフランスへと旅立ったと言われている。ヴァティカンの司書バロニウス枢機卿は、ヨセフは紀元三五年にマルセイユに到着し、のちにブリテンに渡ったという。「マグダラのマリア」と「イエス」の子もまた、「十字架」のあと、南フランスへ向かったと言われる。この話が、イエスの血流がフランスのメロヴィング朝となったという聖杯伝説の根拠となっている。こんなものはまったくのほら話だ。バロニウスなどというヴァティカン図書館司書は存在しなかったのだから。フランス南部プロヴァンス地方といえばなんだろうか？　ペソ一族の広大な領地はどこにあったろうか？　ゴール地方、そしてプロヴァンス地方だ。

「ぶどうの木」（血流、知識）といえばプロヴァンス。まさにそのとおりだ。これが何世紀ものちに聖杯伝説となったのだ。

アーサー王（アナザー・サン＝もう一つの太陽）の物語も、やはりまた一つの象徴である。それはタロット・カードをはじめ、何世紀ものあいだヨーロッパなかの音楽・芸術の主題となってきた。聖杯は、十字架にかけられたイエスから流れ落ちる血を受けたと言われている。しかしそれは、古代の春分の日の儀式で生贄にされた羊から流れ出る血の象徴であり、さらに深く言うならば、それはレプティリアンの「神々」にまでさかのぼる血流を象徴しているのだ。聖杯伝説の初期の文献では、聖杯はサングラールと呼ばれている。サングラールとはフランスの古語で、「王家の血筋」という意味である。この王家の血流は、レプティリアンと人間との混血の血筋である。「イエス」とはまったく関係がない。

＊

ペソ一族はでっち上げた架空の人物
ペテロ、パウロの後継者を自称し新宗教信者《クリスチャン》獲得に奔走

太陽神をもとに構成されたキャラクターだったイエスは、われわれがパウロと呼ぶ男によって、超自然的な神の子として描かれたのである。聖書の物語におけるパウロの改宗前の名は、タルソスのサウロである。パウロはユダヤ人の両親のあいだに生まれた。パリサイ派でヘブライ宗教の熱心な信者であったにもかかわらず、彼はローマの市民権を持っていた。ローマ人となったユダヤ人といえばほかに誰かいなかっただろうか？　ヨセフスだ。そしてヨセフスとは、聖書を書いたペソの筆名だ。初期のキリスト教徒たちを迫害していたパウロは、ダマスカスへと向かう道の途中で改宗することとなった。奇跡が起こったのだ。イエスが現われて彼に語りかけた。「なぜ私を迫害するのか」と。しか

しこの話には三つの類型《バージョン》がある。

イエスが彼に語りかけた、というのがその一つめ（「使徒行伝」9章7節）。偉大な光を見た、というのが二つめ（「使徒行伝」22章9節）。しかしこのときは声は聞こえなかったという。

そして三つめの話では、イエスが彼に未来の使命を伝えた、という（「使徒行伝」26章13節）。パウロなる人物は、プリニウス（軍人としての名はマキシマス）とユストゥス・ペソとが作り出した架空の人物像である。彼らは、一族の者や知人たちをパウロの物語に登場させている。たとえばパウロの盲目を癒した「アナニアス」という「使徒行伝」のなかの人物は、ネロによってルキウス・ペソとともに処刑されたアナエウス・セネカがそのモデルとなっている。「ローマの信徒への手紙」のなかには、「わが同胞ヘロディオンによろしく」というフレーズがある。これはペソ一族とヘロデ王家とのつながりを示す暗号である。キプロス、クレタ、マケドニア、小アジア（現在のトルコ）、ギリシア、これらの地にイエスの言葉を伝えたのはパウロではなかった。それをやったのはプリニウスやペソ一族だったのだ。

紀元一〇〇〜一〇五年、ユストゥス・ペソ、その父アリウス・ペソ、そしてプリニウスの三人は、一族、友人、奴隷を引き連れて、小アジア、ギリシア諸都市、アレキサンドリアなどを回り、各地の貧民や奴隷たちを、自分たちが作り出した新しい宗教（キリスト教）の信者にした。最初の教会は、プリニウスによってビチュニアとポントゥスに建設された。彼は、八五年以来、何度もそれらの地を訪れている。

ポンティウス・ピラトのファースト・ネーム「ポンティウス」は、プリニウスたちが訪れた土地の名「ポントゥス」に由来している。ペソ一族によって最初に書かれた福音書である「マタイ書」や

「マルコ書」では、単に「ピラト」だけだった。それがプリニウスとともに書き上げられた「ルカによる福音書」では、突然ファースト・ネームがついて「ポンティウス・ピラト」となっているのである。「ルカによる福音書」は、プリニウスがポントゥスを訪れ始めた頃に書かれたものである。

プリニウスの書簡によれば、九六年と九八年、ユストゥス・ペソはテュリウス・ユストゥスという名でビチュニアに滞在していたという。他のペソ一族もエフェソスにいたという。そこは女神ディアーナ（ダイアナ）を崇拝する秘密教団の根拠地であった。

女神ディアーナは、イシスやセミラミスやバラティなどと同一の神格である。各地においてペソ一族の者たちは、使徒や司教と自称した。自らが作り出した架空人物であるペテロやパウロの後継者であると自称していたのだ。聖イグナティウスの正体はプリニウスであった。聖ユスティヌスはユストゥス、ローマ教皇クレメンスはユリウス、聖ポリュカルポスはプロクルス、主教パピアスはユリアヌス（ユストゥスの息子）であった。

この頃にはペソ一族のポンペイア・プロティナ（本名クラウディア・フェーべ）がトラヤヌス帝の妻となっており、ペソ一族はローマ帝国最上層部からの強大な援助を受けつつ自分たちの人民操作活動を展開することができた。彼女は、「ローマの信徒への手紙」のうち〈ティモテへの手紙〉〈クレメントへの手紙〉のなかでは、「私たちの姉妹フェーベ」「クラウディア」「クラウディン」として登場している。

＊

ミトラ教の聖地がヴァティカンの丘に、「イエスの聖餐式」も荊冠も天国への鍵も同教の借り物

ペソ一族およびプリニウスは、自らが作り上げた物語のなかに、バビロニアン・ブラザーフッドの

太陽崇拝の象徴体系を組み込んだ。

サウロ（パウロ）の出身地とされている小アジアのエフェソスは、キリキア人の首都であり、ミトラ教太陽崇拝の中心地であった。キリキア人によってローマへと伝えられたミトラ教は、ローマを中心に帝国全土へと広がった。小アジアはまたディオニュソス建築師団の地でもあった。ミトラもディオニュソスもともに象徴的な太陽神であり、十二月二十五日に生まれ、そしてわれわれの罪を贖うために死んだと言われている。すべてのキリスト教徒がイエスについて信じていることと、ローマ人やペルシャ人たちがミトラについて信じていたこととはまったく同じなのだ。

日曜日はミトラ教徒にとって聖なる日だった。ミトラは太陽神だからだ。彼らは日曜日のことを「主の日」と呼んでいた。ディオニュソスは処女から生まれたと言われている。そして彼は、ぶどうの木、われらが主、救い主、死者の審判者、約束を果たす者、再び生まれ出ずる者、神の一人子、などと呼ばれていた。ディオニュソスの頭上には次のような言葉があったと言われている。「私は、命であり、死であり、そして復活である。われは、羽根冠（太陽）を戴く」

作家H・G・ウェルズも、パウロがイエスのことを表現するのに使ったフレーズはミトラ教のものと同じだと指摘している。イエスの聖餐式はミトラの聖餐式だったのである。「彼らが飲んだのは霊的な岩からでしたが、その岩こそキリストだったのです」（「コリントの信徒への手紙一」）というパウロの言葉とまったく同じものが、ミトラ教の文献のなかに見られる。単に名前が変わっているだけだ。福音書のなかでペテロは、ローマ教会が拠って立つべき「礎石」となった。ローマのヴァティカンの丘は聖ペテロの地だと言われてきたが、はるか以前そこはミトラ教の聖地だった。現在でもその跡が残っている。ペソ一族がミトラ（ミスラ）教を、「ミス・ラ・クリスチャニティー」（キリスト神話）へと変えたのだ。

以前はミトラ教の聖地だった上に建つヴァティカン

すべての教皇は、初代教皇ペテロの後継者としてその権威を維持してきた。これは聖書のなかのイエスの言葉、「あなたはペテロ。私はこの岩の上に私の教会を建てる」をその根拠としている。ペテロを教会の礎石たる「岩」としたほんの四節後には、それが打ち砕かれている。「イエスは振り向いてペテロに言われた。『サタンよ、引き下がれ。あなたは私の邪魔をする者。神のことを思わず、人間のことを思っている』」

ペテロは天国への鍵を持っていると言われている。しかしこれは神秘主義結社の象徴の焼き直しだ。双面の神ヤヌスは、叡智の神殿の鍵を持っているという。ミトラは天国への鍵を持っている。そしてヤヌスはエアヌスであり、エアヌスとはバビロンのニムロデが持っていた称号の一つだ。聖ペテロの後継者とされるローマ教皇が持つ金と銀の鍵は、秘密の教義の象徴なのだ。教皇とその背後にいる者たちは、その意味を熟知している。金と銀は、太陽と月を象徴する貴金属だ。ペテロとパウロはネロ皇帝によるキリスト教徒迫害のなかで殺されたと言うが、そのような証拠はどこにもない。そのような事実はなかったのだ。ネロに殺された二人の人物とは、ルキウス・カルプルニウス・ペソとその友人アナエウス・セネカであった。時の流れとともに、秘教的象徴体系を持つ秘密結社の太陽崇拝は、象徴的意味を持つ文献の表面的な逐語訳を基礎とする単なる宗教へと変えられたのである。

＊―――「キリスト教教会組織の功労者」コンスタンティヌス帝は無敵の太陽神アポロ崇拝の大神官

キリスト教とは、このような薄弱な根拠のうえに立てられているものだったのだ。キリスト教会は単一の組織として出現したものであるかのように教えられているが、それは事実ではない。さまざまな見解を持った党派が、「真理」の覇権を求めて相争っていたというのが事実だ。そのなかでも最も大きな対立は、イエスを超自然的な神の子とするパウロの見解に従う一派と、イエスは神ではなく人間であるとするアリウス派との争いだった。

アリウスとは、エジプト・アレキサンドリアの聖職者である。彼は、イエスが神の子であるという見解に対し疑問を抱いた。エホヴァは神は自分だけであると言わなかっただろうか。神が父と子と精霊の三者であるというようなことがありうるのだろうか、と。そもそも「三位一体」は異教の概念である。これはエジプトやバビロンのものなのだ。成熟した大人の世界であれば、人に押しつけるのでない限り、何を信じようと許されるべきであろう。たとえそれがナンセンスであり間違っていようともだ。しかし不幸にも当時は、相手と違った考えを持つことは許されなかった。パウロの見解を奉ずる一派とアリウス派とは、お互いに激しく争ったのだった。このような点を考慮すれば、現在知られているようなものとしての統一的教会組織を作り上げたのは、ペソ一族およびプリニウスの敷いた路

コンスタンティヌス帝の母の“発見”による「聖墓」教会

線に従ったコンスタンティヌス大帝であった。
　コンスタンティヌスは、紀元三一二年にローマ帝国の皇帝となった。ローマ西部の皇帝に選出されるまでの彼は、ブリテン征服の任にあたって情け容赦のない将軍として勇名を馳せていた。皇帝の座を狙った彼は、競争相手たちをその子供たちも一緒に次々と殺していった。そんな帝位をめぐる激しい争いのなか、ローマ近郊のミルヴィアン橋で、彼は「この征服とともに」という言葉とともに宙に現われた十字架を見たという。
　次の晩イエスの幻が彼の前に現われ、「あなたの旗に十字架を描きなさい。そうすれば勝利が与えられるであろう」と言ったという。これはキリスト教の伝説である。よくできた話だが、とても現実にあったことだとは思えない。コンスタンティヌス帝は、イエスの幻に会ったことによってキリスト教に改宗したと言われている。しかしその話は多少無理がある。コンスタンティヌス自身キリスト教徒であったことは一度もなかったからだ。最期の安心を得るために死の床でイエスの言葉を受け入れたというようなことならばあったかもしれないが。

コンスタンティヌス帝が崇拝していたのはギリシアの太陽神アポロだった。彼は生涯、この無敵の太陽神を崇める異教の大神官であり続けた。イエスが彼によって十二月二十五日という誕生日を与えられたのはそれゆえだ。エルサレムの大キリスト教神殿を造ったのも彼だ。彼の母であるヘレナは、キリスト教の物語の跡をたどるべく当地へと派遣された。イエスの誕生の場所、十字架にかけられた場所、墓があった場所、天に昇った場所、これらの場所を発見したとされているのは彼女である。今でもエルサレムへのガイド・ツアーに行けば見ることができる。コンスタンティヌスは、イエスが十字架にかけられた所だと母ヘレナが言う場所に三六二年に聖堂を建てた。

現在その場所には「聖墓」教会があり、「イエスが十字架の上で死んだ場所」を見に来る何百万ものキリスト教徒たちを引き寄せている。またヘレナは、三つの木製の十字架を発見したという。それは磔刑のときから三百年もあとのことだった。彼女はなんと賢い女性だったことだろう！

＊

ブラザーフッド翼下のローマ大学建築学部、コマチーネ結社はコンスタンティヌス帝とともに政治的利益のためキリスト教を助成

しかし真実はもっと深いところにある。コンスタンティヌスは、ペソ一族やプリニウスと同じく、バビロニアン・ブラザーフッドの一員であった。ある研究者によれば、コンスタンティヌスがエルサレムに建設した聖堂は、この町の聖なる幾何学パターンの一部だそうだ。

ローマ大学建築学部は、コマチーネ・マスターズ結社と深いつながりがあった。コマチーネ結社は、キリスト教が支配的になりつつあったコンスタンティヌス帝およびテオドシウス帝の治世に、急速にその勢力を拡大した。ローマ大学建築学部もコマチーネ結社も、ともにバビロニアン・ブラザーフッ

ソロモン神殿（右・フリーメーソンの手による想像復元モデル）とディオニュソスの密儀の祭を描いた図

ドの重要な一部門であった。コマチーネ結社は、北イタリアのコモ湖のコマチーネ島にその本拠地を置いていた。コモ湖の近辺にはスイスの麻薬マネーロンダリング・センターであるルガノなどがあり、バビロニアン・ブラザーフッドの重要拠点となっている。そのメンバーである二人の英国人、フィリップ殿下とその師であるマウントバッテン卿は、一九六五年コモ湖でのビルダーバーグ年次総会に出席している。

コマチーネ結社は各ロッジ（支部）ごとにグランドマスター（支部長）によって統轄されており、儀式では白い手袋やエプロンを着用し、独特な握手の仕方など秘密のサインを使ってお互いが結社員であることを確認していた。これらすべては、フリーメーソンが設立されたとされるときよりも数千年も前から続いてきたことなのだ。ロンバルディア王の後援を受けたコマチーネ結社は、イタリア全土のメーソンおよび建築技術者の指導勢力となった。コマチーネ結社は古代ブラザーフッドであるディオニュソス建築師団の後継であり、古代の異教神殿を造り上げた者たちと、キリスト教の大聖堂を築き上げた者たちとを結ぶ掛け橋であった。両者とも同じブラザーフッドが建てた物なのだ。古代神殿で祀られていたのは異教の神々だった。そしてキリスト教の大聖堂もまた、異教の神々を祀った神殿だったのだ。その唯一の違いといえば、後者は「イエス」を崇拝するために建てられたと一般大衆に信じられていたことぐらいだ。

聖ベルナールは、神を「縦の長さ、横幅、高さおよび深さ」であると定義した。彼は、エネルギー場における数と幾何学の効果を熟知していたのだ。「数がすべてである」とピュタゴラスも言っている。数の比率や幾何のパターンが持つパワーは、一般大衆には決して明かされることのなかった「大いなる神秘」であった。

コンスタンティヌス帝とその背後のブラザーフッドは、政治的利益のためにキリスト教を育成した。そして一般の人々は、容易にイエスを自分たちの信仰体系のなかに取り入れた。それは、イエスの物語がミトラをはじめとする当時信仰されていた太陽神の神話にピッタリと符合したからだ。キリスト教は、多くのミトラ教徒を取り込んだ。彼らがすでに信仰していたものとキリスト教のあいだには、その名前を除けばほとんど違いはなかった。コンスタンティヌス帝の発したミラノ勅令によってキリスト教徒に対する迫害が終わったと言われているが、それはなにもキリスト教に限られたことではなかった。それは、すべての一神教に対する迫害を禁止したものであった。

一つの迫害が終わるとすぐに別の迫害が始まった。ローマ教会が、キリスト教の信仰を拒む者たちを、拷問したり火あぶりにしたりし始めたのだ。何千万もの人々が、「平和の君」の名のもとに殺害された。三二五年、キリスト教信仰の内容を決定すべくニケーア（現在トルコのイズニック）へと旅立つ前に、コンスタンティヌス帝は妻と長男を殺害している。このとき決定された教義が現在まで続いているのだ。彼は、キリスト教の統一教義を確立することによって、パウロの見解を奉ずる者たちとアリウス派とのあいだの激しい争いを終結させようと考えた。彼は三百十八人（これもまた一つの神秘的な数である）の司教たちを一斉にニケーアに集め、将来の統一教義がどのようなものになるべきかを決定するよう命じた。その結果、各党派のあいだで喧喧囂囂《けんけんごうごう》の議論が噴出した。すなわちイエスは父と子と聖霊の三位一体の一面なのだろうか？　等々だ。多くの文書は引き裂かれ、殴り合いの喧嘩となったのであった。

＊――より高い多次元的意識へ直観する「女性的エネルギー」を抑圧すべく作られた男の砦、キリスト教

もしあなたがクリスチャンであれば、あなたが熱心に信仰している教義がこのようにして決定されたのだということを知っておいていただきたい。このような大論戦の末、アリウス派は敗北し、ローマの独裁権力によってニケーア信条が確立された。以下、この「犬の朝飯」の内容をあげておくのでよく読んでいただきたい。

「われわれは、唯一なる神、全能の父、万物の創造主、見えると同時に見えざるもの、これらの言葉で形容される神の存在を信じる。同時にわれわれは、唯一の主にして父なる神の一人子たるイエス・キリストを信じる。父なる神の一人子たるイエス・キリストは、神のなかの神、光のなかの光、真の神のなかの真の神たる父と同一の実体である。天と地のすべてのものは、このような神の実体によって構成されている。イエス・キリストは、われら人類を救済するために肉体を持ってこの地上に降りられ、受難の三日後、再び天へと昇られた。そして聖霊とともに生者と死者を裁くべく、再びこの地上に帰って来られるであろう」

ここでイエスは、父なる神と同一の実体であると述べられている。古代バビロンでは、ニムロデと

その子タンムズは同一の神格であると言われていた。母セミラミスは「聖霊」とも称されていた。父と子と聖霊とは、ニムロデ―タンムズ―セミラミスのことなのだ。キリスト教とは、当初から完璧にバビロン宗教だったのだから。今日でもローマのあるイタリアは、大秘密結社の中心地である。そのことは私が『……そして真理があなたを自由にする』で詳述したとおりである。ヴァティカンは、ブラザーフッドによって完全に支配されている、彼らの最重要拠点の一つなのだ。

キリスト教（ユダヤ教やイスラム教も同様）は、レプティリアンの計画のなかのもう一つの重要な目的を果たすべく作られている。その目的とは、女性的エネルギー、すなわち多次元的意識のより高いレヴェルへと通ずる直観力、これを封殺することである。もしあなたが自分の女性的エネルギーたる直観力を抑圧してしまうならば、それは自らの高次元意識のスイッチを切ってしまうことであり、自らの低次元意識に支配されてしまうことになるだろう。愛や叡智など高次元の表現から隔離されてしまい、あなたの耳目を爆撃する操作された「情報」のなすがままになってしまうだろう。ブラザーフッドが男性的エネルギーによって支配される世界を創り上げようとしてきたのもそのような理由によるものだ。事実その試みは少なくとも表面的には成功しているようにも見受けられる。いわゆる「マッチョマン」（男っぽい男）は女性的エネルギーから隔絶されており、大きくバランスを失った人間である。

コンスタンティヌスのニケーア信条が、女性について無視していることに注意していただきたい。「神は、私たち〈men〉《人間》を救済するために、肉体を持ったイエスとしてこの地上に来られた」。キリスト教はその始まりからして、女性的エネルギーを抑圧すべく作られた男の砦だったのだ。クウィントゥス・テルトゥリアヌスのような初期教会の創設者たちは、女性が司祭執務室に入ることを禁じたばかりでなく、女性が教会のなかで口をきくことさえも禁じていた。女性にも魂があると初めて公式に認められたのは、一五四五年のトレント公会議でのことだった。そのときの賛成票と反対票の差はわずか三票だった。

＊――ゾロアスター、バラモンの反女性原理を踏襲するキリスト教は、古代の叡智を大罪「魔女狩り」で封殺

キリスト教の反女性的教義の萌芽は、その映し鏡であるゾロアスター教（預言者ゾロアスターを信奉する宗教）にもみることができる。ゾロアスター教は、ペルシアやトルコ、トールス山脈地方や聖パウロの通り名となった地タルソスに発祥した。預言者ゾロアスターは激烈な反女性主義者であった。「女性は天国には入れない。夫を自らの君主として絶対的に服従しない限りは」というのが彼の言葉である。この哲学をそっくりそのまま写したのがヒンドゥーのバラモン教なのである。これは数十世紀もの昔にアーリア人によってインドに持ち込まれたものだ。聖パウロ（ペソ一族とプリニウス）はこの反女性的教義をキリスト教において継続し、二千年ものあいだ女性の意識を抑圧する恐るべき社会構造を作り上げてきた。聖パウロの言葉を紹介しよう。

「妻たちは夫に服従しなければならない。キリストがわれわれの主《あるじ》であるように、夫は妻の主なのだから。教会がキリストに従うのであれば、妻たちはあらゆる面において夫に従うべきである」「しかし、女性が男性にものを教えたり権威を行使したりせず沈黙のうちにいるのであれば、私はそれを許容しよう」

キリスト教会は、極端な男性的波動たる太陽エネルギーを絶え間なく発することによって古代の知識を秘密にしておく、という目的のために作られた。キリスト教会は、知識を一般大衆のあいだに出回らないようにしておくための絶好の媒体となった。そして秘密にされた知識は、歴史の黒幕たちに

よって邪悪な目的のために利用されてきた。調和的女性エネルギーの封殺と知識の秘蔵の結果生じたのが「魔女狩り」だった。

「魔女」として迫害されたのは、チャネラー、霊媒、超能力者、千里眼といった者たちだった。このような他の領域（次元）との交流は、キリスト教以前の生活においては日常的なことであった。チャネラーたちは昔は、預言者、託宣者、神に選ばれた器、などと呼ばれていた。三四一年生まれの聖ヒエロニムスは、そのような魔女狩りの指導者の一人であった。

*――バビロニアン・ブラザーフッド秘儀参入者のホンネ「どうすれば超能力者の出現を抑え、無知な庶民たちを支配下におけるか」

聖ヒエロニムスは、文献を収集しラテン語訳聖書を完成させたことで知られている。その彼は、チャネリング（他次元との精神的交流）を非合法のものとするよう教皇を説得した人物だった。教皇の発した勅令によって、「神に選ばれた器」は「悪魔に選ばれた器」や「魔女」と見なされた。このような侮蔑的な言葉は、これまで多くのキリスト教徒たちによって使われてきた。

たとえば、イングランドとスコットランドの両国王を初めて兼ねた人物であるジェームズ一世が、一六一一年に編纂させた聖書では、魔女を糾弾するような一節がある。彼はその言葉に従い、何千もの女性を魔女として拷問し処刑した。ヒエロニムスは、司祭を神と人間とのあいだの仲介者であると考えた。彼は、人々が直接に神とつながることを許さなかった。人々が公式の教義に反論したり、認められていない知識を教授し合うなどというのはもってのほかだった。彼は言う。

「われわれは、『預言を否定するというよりはむしろ、聖書に一致しないようなことを言う預言者を受け入れることができないのだ』と彼ら（つまりチャネラーたち）に言っているのだ」

しかしそう言いつつも、ローマ教会を生み出したバビロニアン・ブラザーフッドの秘儀参入者たちは、人々には禁止した超能力を使い、他次元との精神的交流を行なっていた。彼らの思惑はこうだ。われわれは「どうすれば超能力者の出現を抑え、無知な庶民たちを支配下に置いておけるだろうか。われわれは彼らにイエスのおとぎ話を信じ込ませた。われわれはこの地上で一度生きたあと、神によって天国行きか地獄行きかを決定されるのだと。われわれは人々を騙して信じさせた。フロックの男たち（司祭たち）は神がわれわれに何をお望みかを知っていると。秘教的なことにかかわる者は悪魔であると。

さらにもう一点、われわれは創造の源である性エネルギーには注意しなければならない。人々の性エネルギーを封じてしまわなければならない。さもなければ彼らに力の源を残すことになる。性エネルギーさえ封じてしまえば、われわれは人類を虜《とりこ》の状態にしておくことができる」

ここで聖アウグスティヌスに登場してもらおう。ヒッポの聖アウグスティヌスは、初期教会の教父たちの多くがそうであったように、北アフリカの出身だった。彼は若いときに充分な性交渉が持てなかった。三十一歳で劇的にキリスト教に改宗した彼は、性を忌まわしいものと考えるようになった。禁煙を始めた人がタバコのことをことさらに体に悪いと言うのと同じだ。彼は、女性が一人で自分の家に入って来ることを許さなかった。たとえそれが自分の妹でもだ。しかし子供をつくるのにほかに方法はない。性行為がなければ種は滅びてしまう。彼はこの事実に衝撃を受けたのだった。

＊――千年前の一人の教皇が命じたことで、
　　無数の子供たちが性的欲求不満の司祭たちに凌辱され続けてきた

しかしながらこの聖アウグスティヌスは、決して性行為を楽しんではならないと主張した。アウグスティヌスの性に対する意見を紹介しよう。

「夫たちよ、妻を愛せ。ただし純潔にだ。肉体の働きは子供をつくるのに必要な場合にのみ許される。つまり他に子供をつくる方法がないために、自らの意志に反してそれを行なわなければならない、ということだ。それはわれわれアダムの子孫に与えられた罰なのだ」

このような性に対する態度は、一〇七四年、教皇グレゴリウス七世による独身司祭制へと結実した。今でもローマ・カトリック教会の司祭たちはみな独身だ。千年前に一人の教皇が命じたことでそうなったのだ。それ以来、性的に欲求不満の司祭たちによって無数の子供たちが虐待され続けてきた。

アウグスティヌスは性を原罪と結びつけた。神に対して罪を犯したアダムとエヴァの子孫たるわれわれは罪人として生まれてくる、というのが「原罪」の考え方である。このような理論によれば、イエスは原罪を負わずして生まれてきた唯一の者である、ということになる。彼は処女懐胎によって生まれたからだ。しかし彼の母はどうなのだろうか。彼女は原罪を負っていたに違いない。ならばその一部がイエスにも受け継がれたと考えるのが妥当ではないだろうか。結局ローマ教会は矛盾に直面することになる。そこで彼らは、今度はマリアまでも無原罪処女懐胎によって生まれたと主張するのであった。ではマリアの母はどうなのだ。彼女に原罪はなかったのだろうか。もし原罪があったならば、それはマリアへと受け継がれているはずだ。

もういい加減にしてくれ。なんて馬鹿げた話なんだ。しかし何十億もの人々がそれによって支配されてきたのだ。キリスト教の教義は、恐れ・罪の意識・暴力という牙を人間の精神に突き立ててきた。私自身は、原罪《オリジナル・シン》はありうると思っている。しかしその原罪は文字どおり私に固有《オリジナル》のものだ。もしあなたが罪を犯すならば、それはあなた自身の罪だ。

われわれの霊的・精神的・心理的状態は、チャクラ（サンスクリット語で「光の輪」という意味）として知られているエネルギーの渦と密接に関係している。あるレヴェルから次のレヴェルへと不均

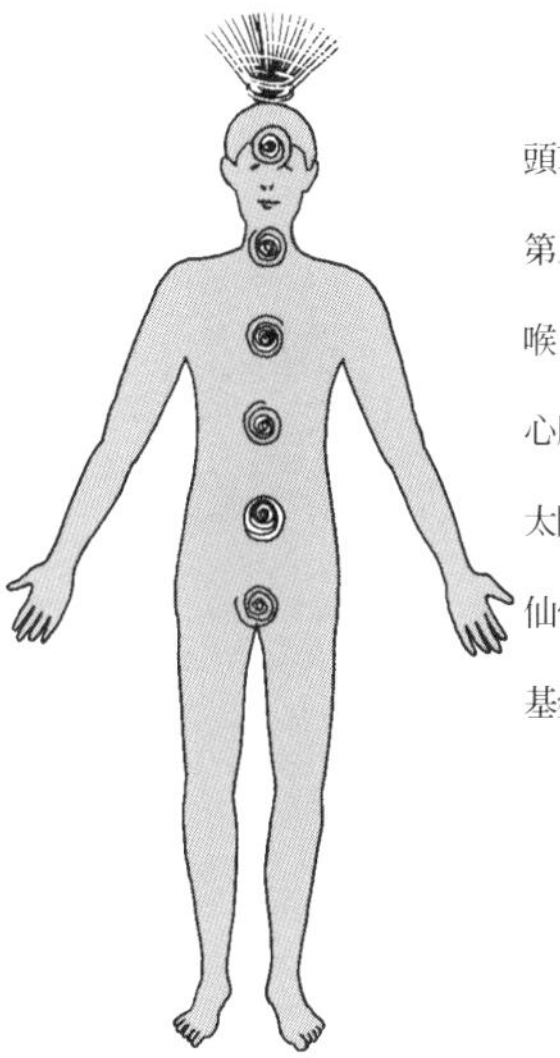

〈図18〉チャクラとは、人間の体の正中線上に存在する、渦状のエネルギー交流システムである。これが開かれると、我々は大宇宙の意識につながって、無限のエネルギーを引き出すことができる。これが閉じられた状態においては、我々は大宇宙の意識から切り離されており、精神と肉体の「断片」として活動するしかなく、その霊的潜在能力を開花させることはできない

衡状態が伝播《でんぱ》していくのは、これらチャクラを通じてである（図18）。

われわれ人間は、心理的に過度のストレスにさらされると、正常に思考することができなくなる。心理レヴェルの不均衡状態は精神レヴェルへと伝播する。そしてそれが是正されないのならば、最終的には身体レヴェルまで移行する。心理的ストレスが身体的な病気を引き起こすのはこういうわけだ。身体的な病気（dis-ease）は、同時に心理的な不安（disease）でもあるのだ。

心理的な不均衡は、身体面においてある種の化学変化として現われる。現代医療（および国際的製薬会社）が、長年にわたる副作用と多額の金銭という莫大なコストをかけて「治療」しているのは、このような肉体面における化学変化である。

彼らが取り扱うのはあくまでも症状であって、原因ではない。大部分の医者（doctor）は、誤った教義を植えつけられているため、人間の身体がどのようなものなのかわかっていないのだ。

しかし、製薬会社を支配する者たちは真実を知っている。彼らは、症状ではなく原因を治療するよ

うな真の治療法が表に出るのを、あらゆる手段を利用して封殺している。

＊――宗教が強制する「恐れと罪」意識が運命を切り拓く創造的パワーのチャクラ・バランスを破壊

私たちの意識の領域へとエネルギーを吸い上げてくれるのもこのチャクラだ。チャクラがフル活動している状態になれば、われわれは莫大なエネルギーを取り入れることができる（特に脊髄の基底部にあるチャクラから）。

基底部チャクラをはじめとする七つのチャクラを脊髄に沿って上昇したエネルギーは、頭頂の王冠チャクラから天へと突き抜ける。これについて私は、拙著『私は私、私は自由』のなかで詳しく説明した。その理由はあとの章で説明するが、われわれが自らのエネルギー場に多くのエネルギーを吸い上げれば吸い上げるほど、われわれは自らの運命を切り拓く創造的パワーをより多く生み出せるようになる。そのため、われわれを支配しようとする者たちにとっては、われわれが吸収するエネルギーを極力低く抑えておくことが最重要課題となる。彼らがわれわれの性意識を操作する理由はここにある。

さて、チャクラを三つ下から順にあげると、基底部チャクラ、その上の性チャクラ、さらにその上の太陽神経叢《たいようしんけいそう》チャクラ、となる。この太陽神経叢チャクラは感情のレヴェルと密接につながっており、不安や緊張から落ち着かなくなったり腹痛が起こるのはこれによるものだ。性に対するキリスト教の「道徳的」態度は、基底部チャクラを閉ざしてしまう。それによってエネルギーの流れは混迷・衰退し、性チャクラ、感情チャクラ（太陽神経叢チャクラ）も大きくその影響を受けることになる。恐れや罪の意識は、チャクラ全体のバランスを崩すものだ。そのような調和を欠いた状態は、人間の意識の領域におけるエネルギーをも、大きく減少させることになる。キリスト教の聖職者の大部分はこのことをわかっていない。しかしキリスト教を支配してきたローマ教会最上層部とその背後にいる者たちは、それを熟知している。彼らは、一般大衆には決して明かされることのなかった秘密の知識の流れをくむ者たちである。いく世代もの人々が、その意識および潜在意識に、性に対するキリスト教的なとらえ方を刷り込まれてきた。そうやって条件づけされた世代が、また次の世代を条件づけするのに役立ってきた。しかし性はすばらしいものだ。それは喜びである。他の人間に対して愛を肉体的に表現できるというのはすばらしい能力だ。

あなたの性のあり方がどのようなものであっても私はかまわない。愛は愛だ。とにかくそれを表現すればいい。アウグスティヌスや教皇グレゴリウス七世が性をどのように考えていようとそれはかまわない。彼らが自分たちの考えを人に強制しない限りは。

＊――「忌まわしき性」という強迫観念がクンダリーニのエネルギーを抑圧、宇宙次元の意識から切り離す

東洋、すなわち中国をはじめとするアジアでは、性エネルギーに関する知識が何千年ものあいだにわたって保持されてきた。西洋ではこのような知識が、悪魔主義的秘密結社の独占物であったのとは対照的である。性エネルギーは創造に用いられるのはもちろんだが、破壊のために利用することもまた可能である。

東洋の宗教においては、性エネルギーの意識的創造はタントラとして知られている。このように東洋では、性行為は陰（女性）と陽（男性）との調和的結合として正しく理解されている。タントラの真髄は、脊髄の基底部に封じられている性エネルギーであるクンダリーニを活性化することにある。

このクンダリーニは、とぐろをほどいて真っすぐ伸び上がろうとする蛇の姿で象徴される。
タントラ修行者は、性行為における絶頂を意識的に遅らせることによって、クンダリーニを元の状態である「精」からより高いエネルギーである「氣」（気）へと変化させ、さらには最高の発現形態である「神」へと昇華させるのである。エネルギーは活性波動状態になるまで脊髄に沿って上下の環流を繰り返される。この波動が人間を宇宙へと結びつけるのだ。本書の終わりのほうでその重要性と科学的根拠を説明しよう。

クンダリーニがあなたのエネルギー場を突き破って爆発するとき（私の場合は一九九〇年から九一年にかけてのことだった）、あなたは精神的・感情的・霊的に（ときには肉体的にも）大爆発を起こすだろう。だが、そのパワーをコントロールする術を身につけるまではたいへんだ。タントラを活性化することは「内に明かりを灯す」と表現されるが、私の場合はまさに核爆発であった。タントラはコントロールのきいた形でこのプロセスを進めるものであるが、無制限なやり方は驚くべき体験をもたらしてくれることがある。いったんクンダリーニが覚醒すれば、それは自らの運命を創り出すための莫大なエネルギーを絶えることなく供給し続けてくれる。悪魔主義者たちは、性行為をその儀式の中核に置いている。彼らは、身の毛もよだつような目的のために、クンダリーニの性エネルギーを利用するのだ。しかしそれは私たち自身を解放するために使うこともできる。

性を忌まわしいものとするキリスト教の強迫観念は、クンダリーニのエネルギーを抑圧し、人間を宇宙次元の意識から切り離してしまうのだ。

＊―――当時の賢人たちに見破られていた、キリスト教開教から信者を騙し続けてきた事実

聖書は道化芝居の寄せ集めだ。聖書の作者は誰だと聞かれれば、普通の人ならばマタイやマルコやルカやヨハネだと答えるだろう。人々はなんとなくそう思わされているが、それは「教会の公式見解」ですらない。福音書などの聖書の文献は、ペソ一族やプリニウスによって書かれたもののなかから、キリスト教会の上層部によって選ばれたものである。聖書のなかに収録されたものよりも、はるかに確証性が高く充分に入手可能な文献は数多く存在した。しかしそれらの文献はことごとく破壊され、あるいは教会の公式見解に沿うように書き変えられた。哲学者ケルススは、三世紀頃の教会指導者たちに対して鋭く次のように言っている。

「あなた方は話をでっち上げるが、それを本物らしく見せる技術すら持ち合わせていない。あなた方は再三再四、あなた方自身のテキストである福音書を、自分たちへの反論に対処するために恣《しい》意的に書き変えた」

一九五八年、エルサレムの東にあるマー・サバの修道院で、ある文書が発見された。それは、教会がいかに自分たちの都合のいいようにイエスの物語を書き変えてきたかを明らかにするものであった。それはコロンビア大学の考古学者モートン・スミス博士によって発見されたもので、そのなかには、エジプトはアレキサンドリアの司教クレメンス（初期教会の教父）からテオドロスと呼ばれる同僚に宛てられた書簡も含まれていた。それによって「マルコによる福音書」の隠されていた部分が明らかとなった。イエスの物語のなかに、神秘主義結社の儀式のようすを描写した部分があったのだ。それはイエスがラザロを蘇らせた場面だ。

隠されていた文献では、「蘇生」の前にラザロはイエスに呼ばれている。つまり彼はもともと死んではいなかったのだ。さらにもう一つ、キリスト教にとって致命的な記述がある。どうもイエスは「マルコによる福音書」に登場する「裕福な若者」と同性愛の関係にあったようだ。ここで私は同性愛そのものを非難しているわけではない。私は、自らの選択によってそのような人生を歩む者を祝福する。私が言いたいのは、キリスト教会はその始まりから信者たちを騙し続けてきたということだ。

「クレメンスの手紙」は、カルポクラテス派と呼ばれるグノーシスの一派からこのようなイエスの話を聞いて混乱した一人のキリスト教徒に対して答えている。そうしたイエスの話は、アレキサンドリア教会の中枢からグノーシス派に漏れたものだろう。クレメンスの答えは、「教会の公式見解に反するものは否定されなければならない。たとえそれが真実であったとしても」というものであった。彼はその手紙のなかで、教会の公式見解に疑問を呈する人々について次のように言っている。

「たとえ彼らが真実を語るとしても、真理を愛する者は決して彼らに同意してはなりません。彼らが自らの過ちを押し進めるとしても、秘密の福音書がマルコによって書かれたなどと認めてはなりません。誓ってそれを否定しましょう。真実というものはすべての人に語られるべきものではないからです」

このようなクレメンスの言葉は、ブラザーフッドの宗教フロント（宗教の看板を掲げた謀略機関）が歴史を通して取り続けてきた態度そのものである。教会の信徒の大部分は、彼らが受け入れるべく作られた教義を受け入れてしまっている。このような「宗教」組織の中枢には、真実を知る秘密のグループがあるのだ。それはまさに組織のなかの組織であり、その正体はレプティリアン・ブラザーフッドである。宗教というものを最初に作り出したのはそのような者たちであった。彼らが編纂した聖書は、二千年たった今でも世界を強力にマインドコントロールしている。

*――「天国と地獄」の精神監獄効能を失わせる
「異端」「狂った教義」輪廻転生思想を信ずる者は破門

三八二年に教皇ダマススの秘書となったヒエロニムスは、ラテン語訳聖書作成の任にあたった。ラテン語は当時ローマの公用語だった。できあがった聖書は、ヘブライ語版、ギリシア語版からの翻訳で、ヒエロニムス自身の偏見も加味されていた。

彼の作成したラテン語訳聖書は、ウルガタ（Vulgate）聖書として知られている。ウルガタというラテン語は「通俗的な言葉」という意味であり、それから派生したのがvulgar（悪趣味な）という言葉である。まさにぴったりだ。

ヒエロニムスは、ニケーア信条にそぐわない文献を削除して編集した。彼の同僚には性的エネルギーに否定的態度をとる教父アウグスティヌスがいた。ヒエロニムスとアウグスティヌスは、女性は道徳的・霊的に男性より劣っており、性をはじめとする地上的快楽は霊性を閉ざす諸悪の根源である、ということで意見が一致していた。彼らは、十二の福音書、九つの使徒言行録、三十一の書簡などさまざまな文献を審査した。彼らは、どれが「正統」なものであるかを決定し、それ以外のものは異端として排除した。彼らの選択はカルタゴ会議で支持され、さらに百年後、教皇イノケンティウス一世によって承認された。ヒエロニムスのウルガタ聖書は、ラテン語版聖書として広く受け入れられるようになった。そして一五四五年のトレント公会議では、ウルガタ聖書がローマ・カトリックにおいて唯一正統な聖書であると確認された。

キリスト教徒の大部分は、聖書の内容を知らなかった。ラテン語が読めなかったからだ。聖書が何をすべしと言っているのか、司祭の言うことを信じるよりほかに道はなかった。聖書を英語に翻訳した者たちは処刑された。司祭たちが人々を支配するのに使っていたテキストの内容が人々に知られては困るからだ。

五五三年、ユスティニアヌス帝の強い影響力のもと、コンスタンティノープルにおける第二回公会議において、生まれ変わり信仰が異端とされた。教皇が出席しないまま、会議で次のように決定された。「生前の霊魂の存在を信じ、そこから導き出される狂った教義を信じる者は、即座に破門されなければならない」

彼らの言う「狂った教義」とは、「われわれは、経験を通じて進化へと向かう、終わることのない旅を生きている。われわれは、現在この肉体をもってする行動、および来世の肉体をもってする行動に対して全責任を負っている」という思想だ。このような輪廻転生の思想を受け入れてしまうと、人々を脅して「神」の言うとおりにさせるための「天国や地獄」がその力を失ってしまう。「異端」の烙印によって、多くの知識が人々のあいだから奪い去られてしまった。

コンスタンティヌス大帝以降、ローマ皇帝たちは初期キリスト教の教義に影響を与えてきた。三八〇年テオドシウス帝は、キリスト教をローマの国教とした。フロックコートの男たち（キリスト教の司祭たちのこと）の力は一気に拡大した。バビロニアン・ブラザーフッドがローマにその碇《いかり》を下ろしたのだ。公認の教義からはずれた者は無残にも処刑され、彼らの持っていた文献は破壊された。それらの文献は、バビロンのニムロデ崇拝に関するものだった。そのような虐殺は、単なる権力盲者たちによるものではなかった。それは冷徹に計算されたものであり、人々のあいだからキリスト教以外の生命観を奪い去り、恐怖による支配を完成させるという目的を持っていた。レプティリアンとその手先たちは、そこを抜け出すことが死を意味するような精神の牢獄を作り上げたかったのだ。

＊――イスラム教もまた魚の頭形スカルキャップを被る　ニムロデ、セミラミス崇拝の監獄宗教

南フランスを占拠していた西ゴート族（アーリア人）は、四一〇年にはローマにも侵入し略奪を繰

り返すようになっていた。しかしその頃までにローマ教会はローマ帝国の精神的支配権を握っていたため、ローマ帝国の崩壊後、教皇はその支配権をそのままごっそりと手にすることができたのだった。ローマの独裁が教皇の独裁へと変わり、それはその後何百年も続いた。かくしてヨーロッパは虐殺の地となった。教皇は人々を支配し続けた。では教皇を支配したのは誰だろう？　それはバビロニアン・ブラザーフッドだった。

　彼らは今も世界を支配している。ヘブライ宗教やキリスト教を発明したのは、秘密の知識の地下水脈を支配する者たちである。それらの宗教は、儀式の衣装までもがそっくり同じである。ユダヤ人たちはスカルキャップ（頭蓋用帽子）を被っている。では教皇が被っているのは何だ？　これもスカル

ローマ法王の被っている魚の頭の形をした帽子は、古代バビロンの神ニムロデを象徴している

マルタ十字は、英国の王冠の上部にも見られる

ナチス（第12章ほかに詳述）の制服にもマルタ十字が採用されている。加えて古代からの「髑髏（どくろ）と骨」「スワスティカ」「鷲」など使用

キャップだ。頭の後ろを剃るのは神秘主義結社の司祭の象徴だ。ユダヤ教とキリスト教は、その被りものにせよ儀式にせよそっくりだ。それらは起源を同じくするものだからだ。魚の頭の形をしたミトラ(キリスト教の司教冠)は、ニムロデの象徴である。

監獄宗教トリオの最後にくるのがイスラム教で、これまたスカルキャップを被っている。イスラム教は、六一二年に「啓示」を受けたという「預言者」マホメット(モハメッド)によって創始された。イスラム教の起源も、キリスト教やユダヤ教と同じバビロン由来の宗教である。ムスリム(イスラム教徒)たちは、イスラム教をユダヤ―キリスト教と連続したものととらえており、自らの祖先をアブラハムだと信じている。アブラハムは、シュメールの都市ウルからエジプトへ向かったと言われている。イスラム教徒たちは、アブラハムがメッカのカーバ神殿を建てたと信じており、世界中から巡礼に訪れている。しかし黒い岩を御神体とするカーバ神殿は本来、異教の女神セミラミスを祀ったものなのだ。

魔術結社「黄金の夜明け(黄金の曙)」の創始者であるW・ウィン・ウェスコットは、その著書『魔術メーソン』のなかで、「アブラハムによってメッカに運び込まれたとされている黒い岩は、もとは古代の異教の儀式に使われていたものだった」と述べている。この「新たな」宗教のなかにも、あなたはまたもやブラザーフッドの象徴を見ることになる。三日月と偃月刀《えんげつとう》は、月と金星を示している。金星は明けの明星、すなわちルシファーである。ヴィーナス(金星)とは女神セミラミスの称号でもある。イスラム教は、モーセやダヴィデやイエスが全能の神によって送られた預言者であるという考えを、キリスト教から受け継いでいる。しかし、これら三人の人物はブラザーフッドの発明品なのだ。神の啓示によるとされるイスラムの教典コーランは、九十二もの節でイエスに言及しており、彼を実在の人物と見なしている。イスラム教もまた、キリスト教と同じように、人間の精神を監獄に閉じ込めるべくブラザーフッド・ネットワークによって作り出されたものである。

＊ブラザーフッド・アジェンダは、同類のイスラムとユダヤとキリスト教の流血対立をもくろんできた

さらにイスラム教には、「分割して支配せよ」というもくろみも込められていた。「モハメッドは最後の預言者であった。ゆえに最も重要である」とムスリムたちは信じている。正統派のムスリムたちは、そのような意味で、クリスチャンもユダヤ教徒もイスラム教に改宗すべきであると考えている。ムスリムたちは、モハメッドの教えを拒む者たちに対する聖戦「ジハード」を義務づけられている。「イスラム」とは「服従すること」を、「ムスリム」とは「服従する者」を意味するというが、実にぴったりの名称である。歴史上の血で血を洗う争いの多くは、自らの教義を他に押しつけようとするイスラム教、キリスト教、ユダヤ教の欲望から生まれている。これらはみな、同じ起源を持っているというのに。いや、同じ起源を持った精神操作であるがゆえにそうなるのだ。

イスラム教の神アラーは、ユダヤ―キリスト教の神エホヴァと同じ神であるという。イスラム教の教典は『コーラン』であるが、イスラム教では旧約聖書のモーセ五書も承認されている。しかしモーセ五書は、実際にはバビロン以降のレヴィ人によって書かれたものである。そして「モーセ」とは、エジプト神秘主義結社における称号の一つなのだ。

女性に対する抑圧装置であり、血で血を洗う争いの原因であるこれら三大宗教監獄が同じ地域で発祥したのは単なる偶然の一致だったのだろうか。その始まりにおいて「啓示」を受けた人間が決定的な役割を果たしたという点も共通している。

モハメッドは、日頃訪れていた洞窟のそばで「啓示」を受けた（ヴィジョンを見た）と言われてい

る。ミトラやイエスのようなスーパースター太陽神の物語には、必ずと言っていいほどに洞窟や暗い場所が出てくる。モハメッドに訪れたのは聖書に出てくる天使ガブリエルだったと言われている。そのときモハメッドは、意識を失いトランス状態にあったという。そのような状態にあるモハメッドに対し、ガブリエルはメッセージを与えた。モハメッドが目を覚ましたとき、そのメッセージは彼の心に刻み込まれていたという。このガブリエルのあとに訪れたのは、今日まで何百年ものあいだ続いた血の海のような闘争の時代だった。

モハメッドと彼の後継者たちは、自らの教義を力ずくで押しつけようとしたのだった。イスラム教は、キリスト教やユダヤ教の反対物ではない。むしろ同じものなのだ。名前は違っても精神的にはまったく同じものであり、結局はレプティリアンによる支配の道具である。イスラム教もまた、神秘主義結社によって作り出された宗教だ。そのテキストは秘教の暗号で書かれている。一般大衆はそれを文字どおりの物語として表面的に受け取るだけだ。開明的なイスラム指導者によって秘密の知識の一部が一般のあいだに出回った時期もあった。それは社会発展の刺激剤となった。イスラム支配下のスペインやバグダッドでは科学が発達した。イスラム世界とユダヤ―キリスト教世界との対立を深めることは、現在でもブラザーフッドのアジェンダの一部である。

＊――――高位メーソンも絡む仕組まれたマインドコントロール教団、モルモン教、エホヴァの証人の登場

「ヴィジョン（啓示）」宗教の一つであるモルモン教も、ブラザーフッド・ネットワークとのつながりが非常に深い。モルモン教（正式には「末日聖徒イエス・キリスト教会」）は、一八二三年にモローニという天使に会ったというジョセフ・スミスによって創始された。モローニは彼に「永遠なる福

音書のすべて」と「アメリカ大陸原住民の起源」とが書かれている黄金の板の存在を語った。そして、それが封印されていた場所が彼に明かされた。

一八二七年、「ウリムとトンミム」という「魔法石」の助けを借りた彼は、それを英語に翻訳した。「ウリムとトンミム」とは、レヴィ人の司祭やイスラエルの王たちが預言を受ける際に使ったと言われるものだ。それは、動物の指の骨でできた小立方体のことで、神秘主義結社の聖なる会堂のなかで使われていた。モルモン教もまた、同じ根から発する永遠なるイエス神話の一つなのだ。スミスによると、その黄金の板は「エジプト語の一種」で書かれていたという。これを元にして二年後に『モルモン経《けい》』が完成され、一八三〇年にはモルモン教会が設立された。その二本柱はスミスとブリガム・ヤングという男だった。彼らはともに、ニューヨークの中枢ロッジ出身の高位メーソンだった。

モルモン教会の発展の裏には、ロスチャイルド銀行のアメリカ支部であるクーン・ロエブ商会からの多大な融資があった。ロシア革命を資金援助し、第一次世界大戦の交戦国の両側に融資を行なったのも彼らだ。モルモン教もまた、ブラザーフッドの発明品なのだ。モルモン教は聖書を認めているが、スミスの書物もまた同様に神によって与えられたものであるとしている。彼らはシオン（太陽）の教区と呼ばれるコミュニティーを建設し、最終的にはユタ州のソルトレイクシティーに落ち着いた。あとの章で述べることになるが、このモルモンの都から世界的マインドコントロール・プログラムが進められているのだ。奇妙なことにこれら宗教はどれも同じパターンだ。ヴィジョン（啓示）による正当化のあとにやってくるのは、教義の刷り込みによる精神操作、恐怖による専制支配だ。

キリスト教・ユダヤ教から生まれたもう一つのマインドコントロール教団としては、ヘブライの怒れる神エホヴァを崇拝するエホヴァの証人があげられる。その指導者であるチャールズ・テイズ・ラッセルは、小児性愛者の高位階メーソンだった。これらの宗教は、人々を支配するために、人々のあいだに争いの種を播くために作り出された。「分割して支配せよ」だ。聖母マリアなど聖書の登場人物たちのヴィジョンは、何百年ものあいだ、同じパターンでキリスト教信仰を強化し続けてきた。人々は実際には、イエスをはじめとする聖書の登場人物たちがどのような姿をしているのか知らない。しかし人々は、その姿をいつも絵画などで目にしている。聖書の物語に関連したヴィジョンを見た者には、神殿が与えられてきた。しかし、それ以外のヴィジョンを見た者には、悪魔の使者としての烙印が押された。

かつて合衆国海軍情報局で働いていたウィリアム・クーパーは、異星人が合衆国の権力中枢に対し「われわれは、宗教・悪魔崇拝・魔術を通じて人類を支配してきた」と語ったという内容の秘密記録文書を見たと言っている。事実人類は、宗教や悪魔主義を通じて精神操作を受けて支配されてきた。ただ一つ疑問が残る。その裏には地球外生物（または地球内部生物）の存在があるのだろうか？　クーパーは問う。「われわれの精神を操作し、われわれを支配し続けてきた宗教を創ったのは彼らなのだろうか？」

私は声を大にして言う、「まさにそのとおりだ」と。

浸潤する「黒い貴族」

第 *6* 章

フェニキア、ヴェネチア
そして「英国《ブリタニア》を完全に支配せよ！」

＊――戦争・暗殺・海賊行為・容赦なき貿易・金融詐欺で猛威を振るってきたフェニキア―ヴェネチア人

大衆支配のための宗教は紀元後の時代に入ってから確立されていったが、政治・金融の面においても、バビロニアン・ブラザーフッドはその勢力を拡大させていった。

そのような勢力拡大において重要な役割を果たしたのが、イタリア、スイス、ドイツ、オランダを経てニュー・トロイ―ロンドンへと渡った純血種および混血種のレプティリアン（爬虫類人）たちだった。彼らが崇拝していたのはニムロデだった。たとえばイタリアという国名は雄牛という意味の言葉に由来しているが、その雄牛はニムロデを象徴している。

四六六年、彼らは、現在ヴェニス（ヴェネチア）として知られている北イタリアの地に、フェニキア人として入植した。これらのフェニキア人は、ヴェネチア人として知られるようになった。彼らは強力な海上貿易金融帝国を築き上げた。存在しない金《かね》（マネー）を貸しつけて利子を取るという手法がその中核であった。バビロニアン・ブラザーフッドの最大の特徴の一つであるこの金融詐欺は、何千年ものあいだ続いてきたものであり、今なおこの地球の財布の紐を握っている。

あなたが銀行に融資の申し込みに行くとき、銀行は一枚の紙幣を新たに印刷するわけでもなければ、一枚のコインを新たに鋳造するわけでもない。銀行は単に融資の額の分だけの数字をあなたの口座に書き加えるだけだ。その瞬間からあなたは、紙の上に書かれた数字に対し、実際に利子を支払わなければならなくなる。銀行は無からマネーを創り出し、それに対してあなたに利子を支払えと言っているのだ。もしほかの誰かがこんなことをするならば、詐欺罪で逮捕されてしまうだろう。しかし銀行は毎日合法的にこれをやっている。

このシステムは古代バビロンで生まれ、何千年ものあいだ拡大し続けてきた。このシステムが脅かされるようなことはほとんどなかった。このシステムを作り上げたブラザーフッドは、王侯貴族や政治指導者をもその支配下に置いていたからだ。このシステムを人々に押しつけるのは容易なことだった。王侯貴族や政治家自身がブラザーフッドだったのだ。このようにして創り出されたマネーは、「法定不換紙幣《フィアット・マネー》」として知られている。

バビロニアン・ブラザーフッド支配下のフェニキア―ヴェネチア人は、戦争や暗殺や海賊行為、そして容赦なき貿易・金融操作を通じて、その富と権力を拡大した。彼らは、自分たちの都合に合う国を援助したが、アジェンダにそぐわなくなればその国を破壊すべく画策した。自分たちに対立する個人や企業や国家を破産させるというのが、彼らの常套手段だった。彼らのこのようなやり方は、今では世界的に行なわれている。ブラザーフッドは現在、世界銀行、ＩＭＦ（国際通貨基金）、ＷＴＯ（世界貿易機構）、ＢＩＳ（国際決済銀行）などの中央銀行ネットワークを通じて、世界の貿易・金融システムを支配している。

＊――ヴェニス―スイス―ロンドンと欧州に寄生繁殖した「黒い貴族」もレプティリアンの血を受け継ぐ存在だった

ヴェニスのレプタイル・アーリアン（爬虫類人系アーリア人）たちは、貴族階級と婚姻関係を結び、貴族の称号を金で買い、さらには貴族の称号をでっち上げるようなことまで行なった。その結果、一七一一年頃から、彼らは「黒い貴族」としてヨーロッパ中に知られるようになった。フェニキア人（レプタイル・フェニキアン）は、貴族階級となった。彼らは北イタリアを中心に活動し、ジェノヴァ、ロンバルディア地方、さらに北上して、現在スイスとして知られている地域にまでその勢力を伸ばした。

ロンバード（ロンバルディー）の名は、今でも広く金融の世界で使われている。たとえば、世界の金融センターであるロンドン・シティーの「ロンバード通り」が有名だ。北イタリアのロンバルディア地方は、紀元前四世紀頃にロンバルド族と呼ばれるアーリア系「ケルト人」の侵入を受けた。彼らは北方ゲルマンの血をもたらした。彼らはのちに、同じアーリア系のフランク族（フランスという名はこれに由来）に同化吸収された。両部族はもともと、レプタイル・アーリアンによって支配されていた同じ白人種が分岐したものであった。今日同様、これらのレプティリアンやその傀儡《かいらい》たちは人間の姿をしてはいたが、人類を囲い込むという長期的大計画に従って行動していた。われわれの感覚ではとらえきれないほどの長大な計画だ。

スイスは、今なおブラザーフッドにとって重要な金融の砦だ。スイスが決して他国からの攻撃を受けない理由はここにある。またスイスは、周辺諸国のすべてがかかわっているような戦争にも、決して巻き込まれることがない。スイスは戦争を創り出す者たちの一大金融センターであり、彼らは自分たちの金が危険にさらされないように常に手を打っているのだ。彼らのアジェンダを知れば、なんと簡単に歴史がみえてくることだろうか。

ヴェニスは何世紀ものあいだ、レプティリアンの血を引く者たちの拠点であった。彼らは東洋にまでその手を伸ばした。ヴェネチア人マルコ・ポーロの『東方見聞録』は有名だが、彼には公の歴史では明らかにされていない側面があった。現存するヨーロッパの王室は、英国のウィンザー王家も含め、レプティリアンの血を引く黒い貴族の末裔だからである。ウィンザー家をはじめとするヨーロッパの各王室が、悪魔主義やフリーメーソンなどの秘密結社とのつながりが非常に深いのも、言ってみれば当然のことだ。私はあとの章で、奇怪な人間操作の記録とでも言うべきウィンザー家の歴史と、そのレプティリアン悪魔主義の姿を明らかにしたいと思う。

ここで言うものはこうだ。黒い貴族は英国の「一族」と緊密な関係を築き上げたが、一〇六六年にブリテンを征服したノルマンディー公ウィリアムや、ヴァイキングの血を引くセント・クレア一族は、もともとレプティリアンの血流であった。英国貴族階級と合流した黒い貴族は、英国貴族の称号を獲得した。黒い貴族による英国乗っ取りにおいて重要な役割を果たしたのが、サヴォイ家とエステ家である。ロンドンの有名ホテルの名でも知られているサヴォイ家は、一一四六年から一九四五年にかけてイタリアを支配した。一方エステ家は、一一〇〇年代から、イタリア統一の行なわれた一八六〇年まで、北イタリアのフェラーラ地方を支配した。

黒い貴族の英国浸透・乗っ取りの例は数多くあげられる。第九代サヴォイ伯ピエトロの娘のエレアノールは、英国王ヘンリー三世と結婚した。これによって黒い貴族サヴォイ伯ピエトロは、ヘンリー三世から英国に広大な領地を与えられ、リッチモンド伯の称号を受けた。これを足掛かりとして彼は、英国貴族と黒い貴族とのあいだに数々の縁談を持ち上げた。彼の弟ボニファティウスは、カンタベリーの大司教にまでなった。黒い貴族は、英国の教会を何世紀ものあいだその始まりから支配してきた。現在、英国国教会の長はエリザベス二世女王である。黒い貴族の正体は、レプティリアンの純血種および混血種であり、純粋なバビロニアン・ブラザーフッドである。ヨーロッパの権力を一手に握る彼らは、そのアジェンダを次の段階へと進めようとしている。

＊――――

ウィンザー家をはじめ英国王室貴族、銀行ウォーバーグ家、フィアットのアニェッリ家、メディチ家の正体は黒い貴族だった

ナッサウ伯ルーペルトとオルデンブルク伯クリスチャンは、今日まで続くヨーロッパの王家の創始

者であった。彼らはともに、十一世紀から十二世紀にかけて生きていた人物である。それは、バビロニアン・ブラザーフッドたる黒い貴族が、全ヨーロッパ完全支配計画を開始した時期であった。

ルーペルトから派生した家系としては、ヘッセン-ダルムシュタットおよびヘッセン-カッサルの系譜、ルクセンブルク大公家、バッテンベルク家（のちのマウントバッテン家）、オランジェ-ナッサウ公、オランダ王家などがあげられる。

クリスチャンからの線としては、デンマークおよびノルウェー王家、シュレスヴィヒ-ホルンシュタインおよび英国王となったハノーヴァーの系譜などがある。現在の英国王室であるウィンザー家は、ハノーヴァーから派生したものである。

黒い貴族、レプティリアンの血流としてはさらに、ノルマンディー公爵家（征服者ウィリアムやセント-クレア家は、レプティリアンの血族から援助を受けていた）、ザクセン-コブルク家（ウィンザー家の血流）、プランタジネット家（英国においてテューダー朝やステュアート朝を生み出した）などがある。

これで、英国の王室や貴族階級の正体が黒い貴族であることがよくわかっただろう。セント-クレア一族やブルース家をはじめとするスコットランド貴族たちも、その正体は偽装した黒い貴族であり、古代から続くレプタイル・アーリアンの血流である。彼らは権力を求めて闘争を繰り返してきた。彼らは自らの正体に、そして誰によって自分たちがコントロールされているのかに気づいていない。しかし彼らはみな同じアヌンナキ・レプティリアンの血流に属しており、自分たち自身を宗教的権威および政治的権力の座にあるべき貴族として認識している。

現代の金融ビジネスで有名な一族のほとんどは、バビロニアン・ブラザーフッドからくる黒い貴族の流れをくむ者たちである。銀行業で有名な名門ウォーバーグ（ヴァールブルク、またワーバークと

ロンドンのセントポール寺院（以下、オベリスクは335ページを参照）

パリのパンテオン

ドームやオベリスクを典型例に、世界中の主要都市は聖なる幾何学に従って建設されておりどの都市においても同様物を見ることができる。写真はワシントンの国会議事堂

も記される）家は、ヴェニスの最盛期を飾った大銀行家一族たるデル・バンコ家の末裔である。巨大自動車産業フィアットで有名なアニェッリ家もまた、黒い貴族の血を引く一族である。

フィアットといえば、フィアット・マネー（法定不換紙幣）という言葉を覚えておいでだろうか。アニェッリ家は、政府を動かしイタリアを支配している。ヴェニスの有力な黒い貴族といえばメディチ家であるが、クリストファー・コロンブスの「アメリカ大陸発見」航海のスポンサーとなったのがこのメディチ家である。その理由はのちほど明らかにしよう。メディチ家は芸術家レオナルド・ダ・ヴィンチのスポンサーでもあった。ダ・ヴィンチは、秘密結社ネットワークの指導的人物であった。ダ・ヴィンチは未来の技術発展の内容を予言することができたが、それは彼が一般人には決して知らされることのなかった秘密の知識を持っていたからである。彼の有名なスケッチ、円の中にあって円周へと手足を伸ばす男の図は、幾何学における黄金の比率を象徴している。世界の主要な聖地は、この黄金率に従って位置づけられ設計されているのだ。

＊――「ヒトラーを援助したオカルト一族ロスチャイルド家」の正体もレプティリアンだった

黒い貴族の勢力は北方のドイツへと拡大した。現英国王室のウィンザー家が生まれたのはこのような流れのなかでだった。一九一七年に家名を変えるまで、彼らはザクセン-コブルク-ゴーダ家と呼ばれていた。はるか古代、バビロンにその起源を持つヴェニス―ロンバルディアの黒い貴族。この黒い貴族の流れをくむドイツの王族、それが彼らの正体だ。ウィンザー家はレプティリアンの純血種であり、彼らはそれを自覚している。黒い貴族がその勢力圏をドイツへと拡大させたとき、デル・バンコ一族はヴァールブルク家の名で知られるようになった。彼らはユダヤだと自称しているが、実はレプタイル・アーリアンの血流である。ユダヤだと自称するヴァールブルク家やロスチャイルド家が、アドルフ・ヒトラーのような人物を財政的に援助したという事実の裏には、このような真相があった（詳細については、『……そして真理があなたを自由にする』を読んでいただきたい）。

一九九八年、南アフリカでの講演旅行の最中に私は、八〇年代に南アフリカ大統領であったP・W・ボタ氏から個人的に招待を受けた。南アフリカ共和国を支配する者たちについての情報を私に伝えたいと言うのだ。

彼は大統領であった頃、英国ロスチャイルド家からの代理人たちを招待する機会があったそうだ。その際に彼らは、「かつてドイツのユダヤ人たちが所有していた金がスイスの銀行口座に眠っています。もしあなた方がわれわれの呈示する利子率を受け入れてくださるならば、この資金を南アフリカ共和国に融資いたしましょう」と条件を切り出してきたと言う。続けてボタ氏は、「私はその言葉に憤慨しました。もちろんその申し出を拒否しました」と私に語ってくれた。

ヒトラーによって迫害されたユダヤ人たちから盗まれた金は、スイス銀行に保管されていたのだ。第二次世界大戦以来ロスチャイルド家は、その金を貸しつけて儲けてきたのだ。ロスチャイルドがユダヤ人たちのことをどう考えているか、もうわかっただろう。しかしロスチャイルドにまつわる真実を暴露しようとする者は、ユダヤ人や政治的左翼たちによって「反セム主義」のレッテルを貼られてしまうのだ。

ユダヤ人たちは自分たちが操作を受けていることに気づいていない。また左翼の人々は、操られていることも知らず「自らの正義」に陶酔するロボット人間だ。「右翼」の思考・行動様式がわかれば、「左翼」のそれもみえてくる。結局は彼らの「両建て戦略」だ。

ロスチャイルド家は、もともとはバウアー家と呼ばれる一族であった。彼らは、中世ドイツにおける有名なオカルト一族であった。その発祥の地はイスラエルではない。コーカサス山地である。彼らは、人間の姿をした変身《シェイプ・シフト》レプティリアンである。ブラザーフッドのエリート一族は、時に応じてその名前を変えていくのが常だ。歴史を通して同じ血の一族が権力の手綱を握っているという事実を、一般の人々に悟られないようにするためである。

＊――イングランド銀行設立認可でニュー・トロイ（ロンドン）建設の念願を果たしたブルータスの後継者オレンジ公

黒い貴族は、一時アムステルダムにその本拠を置いていた。彼らの多くはユダヤ人と自称していたが、その正体はさまざまな経路を辿ってきたアーリア系の者たちであった。その一部はフェニキア―ヴェネチア人の子孫たちであり、その他の者は、八世紀にユダヤ教への大量改宗の行なわれたコーカサス山地からやって来た、カザール系のアーリア人たちであった。われわれがユダヤ教と呼んでいるものは、キリスト教と同様、古代アーリア人による太陽崇拝の派生物なのだ。

アムステルダムの指導層は、古代バビロンの黒魔術を受け継ぐ者たちであった。彼らは、レプティリアンに操られた白人種であった。オランダの白人たちが南アフリカに入植したのは、黒い貴族がアムステルダムを本拠としていた頃のことであった。一六八九年、このような黒い貴族の一人、オレンジ公ウィリアムが英国の王位につけられた。これによって、アムステルダムのレプタイル・アーリアン指導部はロンドンへとその本拠を移し、数千年前にブリテン入りしていたレプタイル・アーリアンの同族たちとの合流を果たした。英蘭両国の一般国民たちは、何も知らない将棋の駒だった。それは今も同じである。

一六八八年、オレンジ公ウィリアムは、イングランド（女神バラティの地）のトルベイ海岸に上陸した。それは、ニュー・トロイ（ロンドン）の建設を夢見たブルータスが、トロイ人たちを率いて紀元前一一〇三年に上陸したのと同じ場所だった。今でもブリクスハムの漁港には、その到来を記念したオレンジ公ウィリアムの像が立っている。もちろんウィリアムは秘教の徒であり、彼の主治医であったヨハン・シュヴァイツァー（ヘルヴェティウスという名でも知られている）は、錬金術を使って鉛を金に変えたと言われている。

オレンジ公ウィリアムは、女王メアリーの夫として英国王ウィリアム三世となった。今日まで続いているアイルランドの苦しみは、ウィリアムによる奇怪なアイルランド操作に始まったものだ。一六九四年、ウィリアムは、イングランド銀行の設立を認可した。これによって、すでにブリテンに住みついていたレプタイル・アーリアンの貴族階級と合流した黒い貴族は、「ニュー・トロイ」つまりロンドンを、世界金融の中心地へと仕立て上げたのだった。

ロンドン・シティーといえば、今なお国際金融の中心地である。ロンドン・シティーの金融センタ

ロンドン・シティー——世界の金融センターの一大拠点の風景。ここにおいて「存在しない金」が播き散らされていく

ーの入り口には、白地に赤い十字架の描かれた盾を抱えた有翼竜の像が立っている(322ページ写真)が、これは古代アーリアの太陽神の象徴であり、薔薇《ばら》十字会や、シュメール以来のレプティリアンの血流をも暗示している（詳細は後述）。イングランド銀行以前にも、レプタイル・アーリアンの黒い貴族たちによって、すでにいくつかの中央銀行が作られていた。アムステルダム銀行（一六〇九年）、ハンブルク銀行（一六一九年）、スウェーデン銀行（一六六一年）などがそうであるが、やはりイングランド銀行が傑出している。これらの中央銀行は、存在しない金を政府に貸しつけ、それに対して利子を請求するのだ。この利子は結局、一般国民が税金として負担することになる。中央銀行に対する政府の負債が大きければ大きいほど利子も大きくなる。ゆえに国民の負担する税金も大きくなる。

　ご理解いただけただろうか。われわれは催眠状態に置かれてきたのだ。そろそろ目を覚ますときだ。政府自身が利子なしの通貨を発行するのは不可能なことではない。そうすれば私有銀行カルテルに利子を支払う必要もなくなるだろう。政府がそのような簡明なシステムを導入しないのは、銀行システムを支配するバビロニアン・ブラザーフッドによって、政府自体がコントロールされてしまっているからだ。

＊――トカゲと蛇の紋章キャヴェンディッシュ家とも結ぶ古代アイルランドの
レプティリアン・エリートの血を受け継いでいるケネディ家

バビロニアン・ブラザーフッドはあらゆる国々にその支部を張り巡らせており、国境を超越した統一的な視点に立ってその戦略を推進している。政府による利子なし通貨の発行を目指すような指導者が現われたとしても、経済的・政治的にすぐさま潰されてしまう。相互に結び合わされた各国中央銀行は、巨大なネットワークを形成している。その統合作戦本部となっているのは、ブラザーフッドの砦たるスイスのジュネーヴにある国際決済銀行（ＢＩＳ）である。

君主政体を牛耳るブラザーフッドは、右翼や左翼などの政治的党派を作り出すと同時にそれらをコントロールしている。かつて英国において「急進派」であった自由党は、ヴェネチア党として知られていた。その上層部は、さまざまな外観を装ったレプタイル・アーリアンの党派によって形成されていた。人々の前ではそれぞれ独自性を持っているかのように振る舞う政治家たちも、政権の座についてしまえばその政策はみな同じである。彼らの装いは、人間の精神を誤魔化す手品のようなものなのだ。

オレンジ公ウィリアムを英国王位につけた者たちを数え上げれば、レプタイル・アーリアン―フェニキアンのエリート人名録ができあがる。この長いフェニキア貴族（英国貴族）のリストのなかには、デヴォンシャー公ウィリアム・キャヴェンディッシュの名がある。信じられないほどの富をもたらすイングランド銀行、その設立に寄与したのは彼のような者たちであった。キャヴェンディッシュ家の本拠地は、ダービーシャーのチャッツワース・ハウスである。ここは今は観光地となっており、私も行ったことがあるが、非常に邪悪な気を感じる場所であった。このようなブラザーフッドの大邸宅では、何世紀ものあいだ、身の毛もよだつような所業が重ねられてきているのだ。

キャヴェンディッシュ家の紋章はトカゲと蛇だ。彼らの起源を思えばまったく似つかわしいものだ。ジョン・F・ケネディの妹キャサリンがデヴォンシャー家の相続人と結婚したことによって、キャヴェンディッシュ家はケネディ家と結びついた。夫たるデヴォンシャー公が第二次世界大戦中に死んだとき、妻であるキャサリンはその所領の相続を主張したが、彼女は都合よく飛行機事故で死んでしまった。ケネディ家もまた、古代アイルランドの王族（レプタイル・フェニキアン）にさかのぼるエリートの血流である。

オレンジ公ウィリアムの英国王位継承は、スコットランドの貴族たちにも支持された。スコットランドといえば、レプタイル・アーリアンの貴族たちが数多く蟠踞《ばんきょ》する地である。紀元前数千年には、フェニキア人たちはすでにスコットランドの地に入っていた。しかし、「スコットランドの血流」として有名な一族が入って来たのは、北フランスおよびベルギーからだった。それは一一二四〜一一六五年、デーヴィッド一世やマルコム四世がスコットランドを統治していた時代のことであった。

スチュアート、シートン、ハミルトン、キャンベル、ダグラス、モントゴメリー、ベイリオル、グラハム、リンゼイ、キャメロン、カミン。これら典型的な「スコットランド系」の名前がスコットランドに登場したのはこの頃である。これら「フランドル系」の血流は、古代シュメール、バビロン、小アジア、コーカサス地方に発祥し、さまざまな経路を経てヨーロッパへと入って来たものである。スコットランドに入った彼らは、およそ百五十年のあいだにその地を掌握した。有名なスコットランド王のロバート・ブルースは、ブルゲ（現在のベルギー）領主ロベルトの子孫である。ベルギーは、今なおブラザーフッドの最重要拠点の一つだ。

＊――――ブラザーフッドの手駒だったカール・マルクスの妻は
キャンベル一族とアーガイル公爵家双方につながる

スコットランドとイングランドが争いを繰り返してきたのはみなさんもご存じのことと思うが、その実態はアジェンダの主導権をめぐるエリートどうしの争いであった。彼らのなかにはレプティリアンもいれば、そうでない者もいた。

ブルース家とセント・クレア（シンクレア）家は、ともにレプティリアンの血流であった。キンネアードのスコットランド貴族ジェイムズ・ブルースは、このブルース一族の子孫であった。彼は一七六八年、幻の書『ケブラ・ナーガスト』を求めてアビシニア（現在のエチオピア）へと旅立ち、一七七三年に三冊の「エノク書」を携えてヨーロッパに帰還した。ジェームズ・ブルースはフリーメーソンだった。彼が所属していたのは、スコットランドでも最も古い部類に属する、エディンバラのキャノンゲイト・キルウィニング第二ロッジであった。

現英国王室のウィンザー家は、ロバート・ブルースをはじめとするスコットランド貴族の血流やアイルランドやウェールズのエリートの血流をも受け継いでいる。遺伝子的にドイツ系レプタイル・アーリアンの血流であることは言うまでもない。ヨーロッパ中のすべての王家と同様ウィンザー家も、オレンジ公ウィリアムとつながりの深い黒い貴族の代表格であり、バビロニアン・ブラザーフッドである。彼らの正体は、シェイプ・シフトしたレプティリアンである。

バルカラス・アーガイル伯爵夫人であったアナ・キャンベルは、若き貴公子ウィリアム（オレンジ公）の女家庭教師であり、彼がジェームズ二世を追い落とすべく一六八八年にイングランド入りしたとき、その傍らには初代アーガイル公アーチバルド・キャンベルがいた。このアナ・キャンベルの子孫の一人にジェニー・フォン・ウェストファーレンがおり、彼女はキャンベル一族とアーガイル公爵家の双方と結びついていた。そしてこのジェニー・フォン・ウェストファーレンは、なんとあのカール・マルクスの妻であった。マルクスは、共産主義を作り出すために使われたブラザーフッドの手駒だった。恐怖によって世界の人々をばらばらにし、そして支配する。共産主義とはそのための大仕掛けなのだ。

マルクスは、ユダヤ人であるにもかかわらずユダヤ人を軽蔑していたと言われている。しかし実を言うと、彼はユダヤ人ではなかった。彼はブラザーフッドの血流に属していた。ブラザーフッドによって作り出された教義「マルキシズム」、彼がそのフロントマン（表舞台で活躍する役者）となりえたのはそのためだ（『……そして真理があなたを自由にする』を参照されたい）。

相互に絡み合ったこれらの血流は、何百年ものあいだ政治・経済上有力な地位を独占し続けてきた。その系譜は細部に至るまで記録されている。どの血流がレプティリアンに憑依されやすく、どの血流が憑かれにくいか、というようなことまでわかっている。レプタイル・アーリアンの血筋から条件を満たす者が選抜される。その者がいまだ秘儀を受けておらず、レプティリアン意識と直結していないような場合は、彼または彼女は秘密のクラブへの招待を受けることになる。

それらの血流のあいだでの相互交配には限りがない。現バルカラス伯は、カウドレイ侯爵家（『ロンドン・フィナンシャル・タイムズ』を経営するウィートマン・ジョン・チャーチル・ピアソンの一族）とつながりがある。彼の母は、ウィンストン・チャーチルの祖父スペンサー・チャーチル卿の娘だった。彼の姉は、スコットランドのアソール伯爵と結婚している。アーガイル‐バルカラスの系譜は、リンゼイ家、キャンベル家として現われている。第十二代バルカラス伯ロバート・A・リンゼイは、英国四大銀行の一つナショナル・ウェストミンスター銀行の頭取になった。さらにロスチャイルド系であるサン・アライアンス保険の重役になった。この伯爵は、蔵相や外務連邦相（大英帝国時代の省の長官。外務省の大臣とは異なる）を務めたこともあった。彼の母は、チャッツワース・ハウスに居を構えるデヴォンシャー公キャヴェンディッシュ一族の出だった。これは、ブラザーフッドの血流がいかに深く相互に絡み合っているかを示すほんの一例である。

＊――大「英」帝国などではない、英国ロンドンを本拠地としたバビロニアン・ブラザーフッドの帝国

英国の有力貴族であるマルボーロ家も、オレンジ公ウィリアムを英国王位につける際に重要な役割を果たした。彼らはチャーチル家とのつながりが深く、あのウィンストン・チャーチルは、オックスフォード郊外にあるマルボーロ家先祖伝来の屋敷、ベルンハイム・パラスで生まれている。その門には、二匹のレプタイル（爬虫類）をあしらったマルボーロ家の紋章が飾られている（図19）。

戦時中に英国首相を務めたチャーチルは、自分が何をしているのかをはっきりと自覚していた。公認された歴史が伝える彼のイメージはまったくのまやかしである。たとえば彼は独裁国家から英国を守ったなどと言われているが、それは事実と違う。彼自身が戦争を創り出した専制支配層の一部だったのである。あの戦争では、相争う両国が同一の勢力によって融資を受け指導されていた。その論証については、『……そして真理があなたを自由にする』をみてもらいたいと思う。

あのレプタイル・アーリアンのエリート一族についてなら、一日中語り続けても話が尽きないほどだ。彼らは何千年ものあいだ、人類に対する支配力をあらゆる局面で確保するために、相互交配を繰

〈図19〉マールボロ家に代々伝わるドラゴンの紋章。ブレナム宮殿に見られる

り返しつつその結びつきを強めてきた。この世界は古代から、低層四次元のご主人様に操られる同一の部族によって支配され続けてきたのだ。

レプティリアンのアジェンダは、何百年もの月日をかけて実行に移されてきた。この地球を完全に乗っ取ってしまうために、レプティリアンたちは、非常に長い時間をかけて慎重にこの計画を推進している。彼らのアジェンダは、時系列に沿った明確な進行順序を持っている。現在も息を飲むような見事さで次々と事件が起こっている。これらも異次元からの指導を受ける陰謀中枢によるさしがねだ。

一例をあげてみよう。一六六五年、英蘭戦争が勃発《ぼっぱつ》するとともにロンドンに疫病が蔓延《まんえん》した。六万八千名の市民が死に、都市人口の三分の二がロンドンを離れた。一六六六年九月二日、ロンドンは大火災に見舞われた。プディング横町のパン屋が火元だったとされているが、それは一種の歴史操作工作だ。これらはすべて、オレンジ公ウィリアムを英国王にする計画の前段階だったのだ。ウィリアムが王位につくべくオランダから到着したとき、ブラザーフッドの血流の多くが、彼らの作戦本部たる根拠地を建設すべく、ニュー・トロイ―ロンドンに集結していた。彼らがロンドンに金融センターを建設できたのも、大火災が空地を作っておいてくれたからである。この新ロンドンの主任設計者はといえば、ブラザーフッド・ネットワークの高位階者、クリストファー・レン卿である。

これらはすべて偶然の一致であるなどと言えるだろうか。セント・ポール大聖堂の巨大なドームは、ブラザーフッドの古代儀式の象徴である。そのレプリカが、パリとワシントンDCに建っている（309ページに写真前出）。一つはパンテオンと呼ばれる建物であり、もう一方はキャピトル・ヒルの国会議事堂である。ちなみにキャピトル・ヒルという名は、古代ローマにあったバビロニアン・ブラザーフッドの聖なる丘にちなんだものである。オレンジ公ウィリアムの到来に続いたのは、「大英帝国」の出現だった。私は子供の頃よく不思議に思ったものだ。世界地図で見つけるのもやっとなこの小さな島国が、いったいどうやって世界帝国にまでなったのだろうか。今やその答えは明らかだ。それは大「英」帝国などではない。それは英国ロンドンを本拠地としたバビロニアン・ブラザーフッドの帝国なのだ。

＊――金融的占領という「目に見えない支配」を急浸透させ土着の文化を破壊してゆく彼らの悪魔的手法

「大英帝国」が、アメリカ、アフリカ、アジア、中国、オーストラリア、ニュージーランドへと拡大するとともに、バビロニアン・ブラザーフッドの世界支配が広がった。スペイン、ポルトガル、フランス、ベルギー、ドイツ、といった国々にいたレプタイル・アーリアンの諸分派は、英国が取り残した世界の諸地域を支配した。スペイン、ポルトガルは中南米を取った。ベルギーのレオポルド二世（レプティリアンであるウィンザー家と同じザクセン-コブルク-ゴーダ家）は、アフリカ支配・搾取において重要な役割を果たした。

こうしてレプタイル・アーリアンたちは、行く先々で土着の文化を破壊していった。彼らは、秘教的知識や真の歴史を人々のあいだから奪い去った。レプティリアンや白人種の起源について記述した古代文献の大部分は破壊され、さもなければヴァティカンの地下をはじめとするブラザーフッドの秘密図書館に収められた。われわれが真に知るべき知識を奪い去るための手段として用いられたのがキリスト教である。

今世紀に入ってからは、英国をはじめとするヨーロッパの植民地帝国は大幅に縮小している。だからといってブラザーフッドによる世界支配が弱まったと言えるだろうか。現実はその逆なのである。彼らの支配力は非常に強まっている。目に見えて明らかな独裁政治のような表立った支配は、そう長く続くものではない。遅かれ早かれそれに対する抵抗が生まれるからだ。しかし目に見えない隠れた支配ならば、永遠に続くことも可能である。その存在も知らないようなものに対して抵抗することなど不可能だからだ。

「自分は自由だ」と信じている者が、「自分は自由でない」と訴えることなどありえない。英国をはじめとする欧州列強による表立った支配が、隠れた支配へと置き換えられた。それこそがアフリカや南アメリカ、アジアや合衆国やカナダで生じたことの真相だ。英国をその典型とする目に見える帝国は、表面上は消え失せたかのようだ。しかし彼らは、それまで支配していた国々に、秘密結社ネットワークによる支配構造を残しており、その支配力はまったく衰えていない。さらに今度は、人々からの抵抗を受けるおそれがない。人々は誰が支配者なのかわからないからだ。とはいえ、世界支配の構造は本質的に極めて単純なものだ。

アジェンダを推進する作戦本部はロンドンだ。「スクウェア・マイル」として知られるロンドン・シティの金融センター。そこからテームズ川沿いに、王立裁判所、英国議会、首相官邸、英国情報部、そして最後に、ウィンザー王家として知られるレプティリアン一族の居城であるバッキンガム宮殿。

ロンドンのテンプル・バーにある空飛ぶ竜の像。ロンドンは第７章ほかに詳述の「聖堂騎士団」など、175、180ページ図に見たようなアーリア人とレプタイル・アーリアンの拡大のもと、アジェンダ遂行へのバビロニアン・ブラザーフッド系秘密結社の本拠地となっていった

シティー（金融街）の入口を飾る竜と火炎十字。それはブラザーフッドの世界操作の要の証として英国国旗にもなっている白地に赤十字の紋章は古代に連なる

英国政府は、アジェンダ推進のための単なるフロントにすぎない。真の指令は、先ほどあげたようなシティやウェストミンスターの拠点から発せられている。パリは、バビロニアン・ブラザーフッドのもう一つの最重要拠点である。ヴァティカンもそうだ。

今日「民主的」と言われている国々の政治構造をみるがいい。法律、経済、メディアなど、現代の国々の大部分にみられる構造の原型はどこで生まれただろうか？　そう、ロンドンだ。たとえばわれわれは、今でも英国のことを「議会制民主主義の母」などと言ったりする。これらの構造は、「自由」の外観を呈しつつも、背後の黒幕による無制限な支配を許すように設計されている。これらの構造こそが、英帝国が表面的に植民地から撤退しつつも意図的にあとに残していったものなのだ。まさしく悪魔的な狡猾さだ。政治的・軍事的占領が金融的占領に、すなわち「目に見える支配」が「目に見えない支配」に置き換えられたのだから。

＊――どの国でも同じようにロックフェラー、オッペンハイマー、セシル・ローズなどレプティリアンの支部長筋がアジェンダを遂行する

ロンドンのレプタイル・アーリアン・エリートは、「支部長」たる各国の一族らに対し、アジェンダに基づいた指令を発している。これによって、全世界的なアジェンダを、統一的な視点から実現させていくことが可能となる。どこの国でも同じような政策ばかりがとられているのはそのせいだ。ロンドン・レプタイル・アーリアンの合衆国における「支部長」はロックフェラー家であり、ロンドンからの監督のもと、モルガン、ハリマン、カーネギー、メロンなどの一族らと連合体を組織している。南アフリカにおける支部長は、オッペンハイマー家である。

一九九八年、私は南アフリカを三週間のあいだ旅行したが、この国こそ私の言っていることを証明してくれる典型例だ。まずはこの国の歴史を振り返ってみよう。オランダがケープに植民したのがこの国の始まりだった。黒い貴族の中心地は当時アムステルダムだった。のちに彼らはイギリス海峡を渡り、その拠点をロンドンへと移した。オランダ東インド会社は、英国東インド会社に取って代わられた。デーヴィッド・リヴィングストン博士のようなアフリカ探険家は、ロンドン・シティの影響下にある合衆国地理学協会のような組織から資金援助を受けるのが常だった。英国レプタイル・アーリアンの南アフリカ支配のもう一つの流れは、セシル・ローズ率いる南アフリカ会社によるものであった。やはりこれも、その司令部はロンドンだ。

このローズはブラザーフッドのフロントマンであり、円卓会議と呼ばれる秘密結社を通じて活動していた。円卓会議は今なお存在しており、その実態については『……そして真理があなたを自由にする』のなかで明らかにしている。

このローズの南アフリカ会社は、デビアス・コンソリデーティッド・ゴールドフィールズ（マインズ）という金・ダイヤモンド産業の一大帝国を築き上げた。現在はオッペンハイマー家が、ブラザーフッドの代理人としてこれを取り仕切っている。

南アフリカ会社から派生したものとしてはほかに、「ロンロー」の通称で知られる悪名高きロンドン・ローデシア会社があげられる。その重役としては、故タイニー・ローランドが有名だ。ロンローは、まさにぞっとするようなやり方でアフリカの人々を支配し搾取した。それは今日のアジェンダに通じている。さまざまな会社としての外観をとりつつも、初めて白人入植者が入ったそのときから今日まで、同一の勢力がアフリカ大陸を支配し続けてきた。

ネルソン・マンデラの努力によって権力の所在が少数の白人から多数の黒人へと移り変わる以前、南アフリカ株式市場上場企業の八〇パーセントがオッペンハイマー家の支配下にあり、国の基幹産業たる鉱業（金・ダイヤモンドが中心）は完全に彼らの手に握られていた。彼らは、さまざまなフロントマンを使ってメディアをも支配していた。そして「大きな変化」がやってきた。

ネルソン・マンデラが釈放され、黒人たちに「自由」が与えられたのだ。しかし、この民主主義の波ののちも、オッペンハイマー家は南アフリカ株式市場上場企業の八〇パーセントをなお支配し続けており、国の基幹産業たる金やダイヤモンドの鉱山を一手に握っている。ヘンリー・キッシンジャーの友人でアイルランド人の億万長者であるトニー・オーレイリーのような人物を使って、マスメディア支配を続行している。ブラザーフッド系企業ハインツの会長職を退いた彼は、世界中の新聞株を、金に糸目をつけずに買い漁り始めた。「民主主義への移行」の前後で、ブラザーフッドの南アフリカ支配が何か変化しただろうか？

＊——世界の真相を悟って「従順の道」を選択した オッペンハイマー家の意向をうかがう南アフリカのマンデラ大統領

実は一つだけ変わったことがある。それは誰も文句を言わなくなったということだ。「目に見える支配」が、「目に見えない支配」に置き換えられたのだ。少数派の白人による独裁の時代には、世界中からの非難の声が常にあがっていた。ロボット同様の左翼たちは大声で叫んだものだ。「まったく不公平だ、人種差別だ、暴虐をほしいままにする独裁政権だ！」と。確かにそのとおりだった。しかし今や抗議集会はやみ、マンデラは世界のヒーローとなった。

ところが現実には、以前と同じ者たちが南アフリカを支配し続けている。にもかかわらず、プラカードを掲げ肩を寄せ合ったデモ行進からの抗議の声があがることはもはやない。ソウェト（黒人居住区域）の惨状がニュースになることはもうなくなってしまった。「南アフリカは自由になった」、とされているからだ。だが、ANC（アフリカ民族会議）による政府は、以前の白人政権と同様の支配を受けており、同じくらいに腐敗している。

なぜか？　オランダのベルンハルト殿下の影響下にあるバビロニアン・ブラザーフッド系のシェル石油は、「民主化」の際にANCを全面的にバック・アップした。マンデラはオッペンハイマー家の意向をうかがうことなしに大きな決定を下すことはできない、というのはジャーナリストたちのあいだでは常識である。一九九三年マンデラは、バハマの首都ナッソーのトニー・オーレイリー邸でクリスマスをすごしている。一九九四年初頭、オーレイリーは、南アフリカ最大の新聞社を買収した。

世界的なヒーローをなぜそんなに批判するのだと思う方もいるだろう。確かにマンデラは正直な男だ。彼は、真の権力がどこにあるのかを知り、それに圧倒されてしまったのだろう。彼は、その巨大なシステムに挑戦するほどの気力が持てなかったのだ。一方、ジンバブエ大統領ロバート・ムガベのように、心底腐敗しきった黒人指導者が多いのもまた現実である。ブラザーフッドのフロントマンたる彼らは、人々を犠牲にして私腹を肥やすことしか考えていない。このような黒人独裁政権の裏にはブラザーフッドがいるのである。白人についてはいうまでもないが、黒人のなかにもレプティリアンの血流は存在しているのだ。

このような状況は世界中にみられる。同じ血流の者たちとその傀儡が、あらゆる国々の表裏両面でその権力を握っている。もちろん真に権力を握っているのは裏の人々のほうだ。アジェンダを実現するためならば、金融・メディアを支配する秘密結社は、各国の支部長を使って、どんなことでもやってのけてしまう。米ドルやメキシコ・ペソの暴落工作、政府の転覆や内乱の誘発など、必要とあらばお手のものだ。

このようにして世界は、ロンドンを中心に世界中に拠点を持つほんのわずかな人々によって動かされているのだ。そのようなブラザーフッドの拠点としては、パリ、ボン、ブリュッセル、ワシントン、ニューヨーク、スイス、ヴァティカンなどがあげられる。それは強力な上層部によって統率された見事な組織体である。逆らう者には容赦はいっさいない。非常に長いあいだ有効に機能し続けてきたのもそのためなのだ。この世界の真相とは非常に奇怪であり、一般の人々にとってはまったく信じがたいものだ。しかしあなたは今現在、見事なまでに完成された、逆らうことのできない支配のなかで暮らしているのだ。今までだって世界はずっとそうだったのだ。

跳梁席巻する太陽の騎士団

第7章

象徴、儀式、エナジー・グリッド、
黒魔術で眩惑する

＊——聖堂騎士団、マルタ騎士団、エルサレムの聖ヨハネ騎士団、テュートン騎士団の「超絶的な力」

私が繰り返し強調しているように、レプティリアン（爬虫類人）の純血種および混血種らは、そのアジェンダを現実化するため、何千年ものあいだ、膨大な秘密結社の網の目を作り続けてきた。しかし一般の人々は、政府や自分たちの人生までをも操るそのような「超絶的な力」が存在するなどとは夢にも思わなかった。そこでこれからの三つの章では、秘密結社ネットワークがいかにして王室・政治・宗教を支配したか、そしていかにしてアメリカ合衆国を作り出したかを明らかにしよう。そう、「超大国」アメリカは、今なおロンドンを本拠とするバビロニアン・ブラザーフッドの操り人形なのである。

傑出した三つの秘密結社が出現したのは十二世紀のことだった。それらは今も存在しており、世界の政治・金融・経済・軍事・メディアの頂点に立つ者たちをそのメンバーとしている。その三つの秘密結社とは、聖堂騎士団、エルサレムの聖ヨハネ・ホスピタル騎士団、テュートン騎士団である。

聖ヨハネ・ホスピタル騎士団は、その名前を何度も変えている。それは、ロードス騎士団と呼ばれていたこともあった。現在では、その「ローマ・カトリック版」はマルタ騎士団と呼ばれ、その「プロテスタント版」はエルサレムの聖ヨハネ騎士団と呼ばれている。マルタ騎士団としては、彼らの表向きの主《あるじ》はローマ教皇であり、その本拠地はローマである。聖ヨハネ騎士団としてはロンドンを本拠とし、英国女王を主君としている。カトリックとプロテスタントの両翼からなるこの組織は、その頂点において一体化している。

一一一八年（あるいはその四年ほど前）に創始された聖堂騎士団は、最初は「キリストの兵士たち」

として知られていた。聖堂騎士団は神秘のヴェールに包まれているが、彼らは「母なる女神」にその身を捧げていたと言われている。それを隠すべく彼らは、自らをキリスト教の組織であるかのごとく偽装していた。「母なる女神」は、イエスの母マリアへと置き換えられた。しかしレプタイル・アーリアン（爬虫類人系アーリア人）の秘密結社において「母なる女神」とは、エジプトの女神イシスを指している。

イシスは太陽神オシリスの妻であり、「神の子たる太陽神」ホルスの母である。イシスとはまた、ニムロデ―セミラミス―タンムズの三位一体の一面である女神セミラミスの別名である。イシス／セミラミスは、さまざまな名前をとりつつ、あらゆる国々の宗教・文化に登場している。バラティ、ディアーナ（ダイアナ）、レア、ミネルヴァ、アフロディーテ、ヴィーナス、ヘカテ、ユーノー、ケレス、ルーナなどがそうである。これらの女神はすべて、月をはじめとする女性的エネルギーを象徴している。

イシス女神像（アメンヘテプ二世墓の壁画）

英国フリーメーソンのグランド・マザー・ロッジは、ロンドンのグレート・クイーン通りに位置している。「グランド・マザー」も「グレート・クイーン」も、ともにセミラミス／イシスを意味している。これらすべての女神は、ニンクハルサグにその起源を持っている。ニンクハルサグはアヌンナキ（爬虫類型異星人）の女性であり、レプティリアンと人間の混血種にとっては「母なる女神」である。ニムロデ／オシリスといった神々は、太陽をはじめとする男性的エネルギーを象徴している。

聖堂騎士団はこの男性的エネルギーに依拠しており、彼らの用いる象徴のなかにはフェニキア的・レプティリアン的要素が見受けられる。たとえば彼らの掲げる「炎の十字架」(白地に赤十字)は、フェニキア人たちのあいだで使われていた太陽を表わす象徴であり、レプティリアンの血流をも象徴している。それは英国の国旗でもある。

*――レオナルド・ダ・ヴィンチも院長になる、のちのシオン修道院――シオン秘密結社軍事部門として発足した「聖堂騎士団」と出自の嘘

聖堂騎士団の表向きの歴史は、その初めから露骨な嘘で固められている。

たとえば聖堂騎士団は、聖地への巡礼者を保護するために創始されたと言われている。しかし最初の九年間、そのメンバーはたったの九人しかいなかった。それでどうやって巡礼者を保護すると言うのだろうか。巡礼者保護という名目が偽装であると見抜くのは、そうむずかしいことではない。しかしそれが「何か」を保護するために作られたというのは事実だった。聖堂騎士団は、のちにシオン修道院と呼ばれることになるシオン秘密結社の軍事部門として発足したのだった。「シオン」という名は、太陽を意味する古代サンスクリット(アーリア)語「シオナ」から派生したものだ。またしてもわれわれは同じ場所に辿り着いた。

『聖なる血、聖なる杯』という本によれば、シオン修道院の歴代院長のなかには、レオナルド・ダ・ヴィンチもいたという。彼は、ヴェネチアの黒い貴族にして大銀行家のメディチ家から、資金の援助を受けていた。クリストファー・コロンブスのスポンサーとなったのもメディチ家だった。聖堂騎士団草創期の重要なスポンサーは、シトー修道会の創始者である聖ベルナールと、フランスのサンクレ

ール家だった。征服王ウィリアムに率いられたノルマン人によるイングランド制覇ののちにブリテンへと渡ったサンクレール一族は、スコットランドの名門、シンクレア家となった。サンクレール／シンクレア一族はレプティリアンの血流であり、そのアジェンダは聖堂騎士団上層部の最高機密であった。

一一二四年に入団したユゴー・ド・ペイエンは、聖堂騎士団の第一代グランドマスター（騎士団長）となった。彼はシャンパーニュ伯と血縁があり、ノルマン貴族の血を引くスコットランド女性、キャサリン・セント・クレアと結婚していた。彼は文字どおりのフランス貴族（アーリア人）であった。聖堂騎士団の最初の支部は、スコットランドのセント・クレア家の所領内に作られた。聖堂騎士団の初期のメンバーのなかには、アンジュー伯フュルクもいた。彼はジョフロワ・プランタジネットの父であり、英国王ヘンリー二世の祖父であった。古代よりの聖地であるイングランド西部のグラストンベリーにあの有名なベネディクト修道院を建設した際、そのスポンサーとなったのがヘンリー二世だった。

聖堂騎士団は、その上層部においてホスピタル騎士団（マルタ騎士団）とつながっていた。そのつながりは今日まで続いている。だが、その一方で両騎士団が互いに憎み合っていたという話は数多く残っている。確かに両者の抗争の時代はあった。しかし両者は同一の組織の両翼であり、最上層部で一体となっている。そこでは何よりもアジェンダが最優先される。

一〇九九年六月、「主」の御名のもとにエルサレムに侵攻した十字軍は、イスラム教徒のトルコ人やユダヤ人たちを虐殺した。これによって「聖なる都」がキリスト教徒の巡礼者たちに開放された。ヤッファ、ティルス、アクレの港を通じて、数多くの巡礼者がエルサレムを訪れ始めた。ティルスといえば古代フェニキア人の中心地だった町である。ホスピタル騎士団は、巡礼者に寝所や食糧を供給するために、エルサレムにアマルフィ宿舎を建設した。これによって彼らの富と名声は高まった。一一一八年、教皇の後押し下にその軍事部門が設立され、九人の聖堂騎士《ナイト・テンプラー》が、「巡礼者たちを守るために」エルサレムに到着した。

＊――聖堂騎士団のシンボルは、フリーメーソンと同じ黒と白の直角定規、髑髏とX形の骨、物見の塔

聖堂騎士団員たちは、ソロモンの神殿があったと言われている「神殿の山《テンプル・マウンテン》」の隣にその拠点を与えられた。ちなみに、ソロモンという人物は実在せず、ソロモン神殿などなかったというのが私の見解である。聖堂騎士団は神殿の山の地下から古代文献や大量の金を発掘していたのだ、と言う研究者もいる。しかしいずれにせよ、一一二六年以降、聖堂騎士団は急展開をみせた。その年、グランドマスターのユゴー・ド・ペイエンは、団員を獲得して騎士団を拡大すべくエルサレムをあとにした。彼はフランスへと戻り、聖ベルナールと会見し、続いてアボット・クレアヴォーに会った。ド・ペイエンは、ベルナールの叔父で聖堂騎士団員のアンドレ・ド・モンバールとともに行動していた。ベルナールは、彼らの「猊下《げいか》への称賛の言葉」を、教皇オナリウス二世へと伝えた。このことがきっかけとなって一一二八年一月三十一日、トロワ（シャンパーニュ地方の都市）の評議会において聖堂騎士団が「正式に」設立された。

トロワ（Troyes）という名は、レプタイル・アーリアンの拠点であった小アジアの都市トロイ（Troy）に由来するものである。ロンドンもまた、はるか昔はニュー・トロイと呼ばれていた。下位の団員たちは何も知らなかったかもしれないが、聖堂騎士団はブラザーフッドの一翼であった。フェニキア赤十字を別とすれば、彼らの用いたシンボルは、黒と白の直角定規、髑髏《どくろ》とX形に重ね合わせ

られた骨、物見の塔などであった。これらは何世紀にもわたって使われ続け、現在もブラザーフッドの各組織で用いられている。

こういった黒と白の直角定規のシンボル・マークは、フリーメーソンの建物の床の上になら、必ずと言っていいほどに見ることができる。というのも、フリーメーソンとは、聖堂騎士団のもう一つの名前にほかならないからである。そして、ウェストミンスター修道院やパリのノートルダム寺院のような教会大聖堂の床の上にも例の黒と白の直角定規が見られるのは、キリスト教会がバビロニアン・ブラザーフッドのフロント（第一線の活動部隊）だからなのだ。

英国やアメリカ合衆国を含め、警察の制服の多くには、黒と白の直角定規のマークがつけられている。警察機構もまた、フリーメーソン（聖堂騎士団）によってコントロールされているのだ。髑髏と骨のシンボルは、ブラザーフッドの黒魔術儀式において、はるか古代より使われ続けてきた。しばしば人間を生贄とするそのおぞましい儀式は、今なお行なわれ続けている。そのシンボルはヴァティカンにも見られる。聖ペテロ大聖堂のドームは髑髏であり、X形に重ね合わせられたペテロの鍵は骨である。髑髏とX形に重ね合わせられた骨は、常にワンセットになっている。自らの著作である福音書のなかでペソ一族は、イエスが「十字架」にかけられた場所をゴルゴタの丘としている。いみじくもゴルゴタとは髑髏のことである。

バビロニアン・ブラザーフッド系の組織のなかに、コネティカット州ニューヘヴンのイェール大学に本拠を置くスカル・アンド・ボーンズ（髑髏と骨）という秘密結社がある。それはレプティリアンの血流の者たちのための悪魔主義秘密結社であり、彼らは人間の生き血を飲んでいる。そのメンバーのなかでも最も有名なのがジョージ・ブッシュ前大統領である。彼は、シェイプ・シフトしたレプティリアンである。彼はアメリカ麻薬ビジネスの首魁であり、幼児を虐待し次々と人を殺す悪魔主義者である。詳細はあとの章を見ていただきたい。

また「物見の塔」のシンボル・マークは、エホヴァの証人によって使われている。すでに述べたが、キリスト教であるかのような体裁をとるこの組織もまた、ブラザーフッドのフロントの一つである。その創始者チャールズ・テイズ・ラッセルは、高位階のフリーメーソンであった。彼はピラミッドの下に埋葬されている。

＊――各地に有翼竜の像、白地に赤十字、オベリスクなどシンボルを設置し強烈なエネルギー波を発生させる聖堂騎士団

トロワの評議会で正式に認められてから一年、聖堂騎士団は一挙に拡大した。彼らは、教皇から憲章と富と土地、そして三百名の新規加入者を与えられた。新規加入者はすべて貴族であり、彼らは加入の際にその持てる富を聖堂騎士団に寄進した。その結果、聖堂騎士団は、フランス、イングランド、スコットランド、スペイン、ポルトガルに広大な領地を得た。それは十年のあいだに、イタリア、オーストリア、ドイツ、ハンガリー、コンスタンティノープルにまで広がった。

聖堂騎士団の所有する農場や村落は、当然のようにイングランド中にも広がっていた。英国内の「テンプル（聖堂）」のつく地名は、昔、聖堂騎士団の所領であったことを示している。彼らの英国支部は、ロンドン市内の現在ハイ・ホルボーンとなっている場所にあった。一一六一年、彼らはこのロンドン支部をわずかに移動させた。この新支部のあった場所は、今でもテンプル・バーと呼ばれている。そこには今も、聖堂騎士団が使っていた円形に設計された古典的な寺院があり、その周りには聖堂騎士団メンバーであった者たちの墓が並んでいる。テンプル・バーで最も目立つ場所である大通りの真ん中には、有翼竜の像が立っている（322ページに写真前出）。

左から、ロンドンのオベリスク（通称「クレオパトラの針」）、パリのコンコルド広場に建つオベリスク、ワシントンＤＣに建つモニュメント

聖堂騎士団の保有地のなかには、ストランド街やフリート街も含まれていた。フリート街といえば、つい最近まで英国新聞業界のメッカだった所だ。かつてフリート街に本社を置いていたタブロイド紙『デイリー・エクスプレス』のシンボル・マークは、フェニキア―聖堂騎士団が使っていた、「白地に赤十字」が描かれた盾を持つ騎士の姿である。聖堂騎士団の保有地は、テームズ川に沿って広がっていた。彼らは、専用の船着き場を持っていた。ヴィクトリア女王の時代、ブラザーフッドはテームズ川沿いの場所にオベリスクを建て、その対岸にスフィンクスを置いた。そのオベリスクは本来エジプトのヘリオポリス（太陽の町）に立っていたものであり、現在では「クレオパトラの針」として知られている（当ページ上の写真参照）。

オベリスクは、古代エジプト―アーリア人の太陽のシンボルであり、男性エネルギーを象徴する男根像である。このようなシンボルは、多くの場合「戦勝記念碑」という形で、フリーメーソンによってさまざまな場所に配置されてきた。戦勝記念碑といえばなぜいつもオベリスクなのだろうか？　ワシントンＤＣの中心にはなぜあんな巨大なオベリスクが立っているのだろうか？　それはオベリスクが、あらゆるシンボルや地形と同様に、自らが表象するエネルギーを発生させるからだ。

イングランドのヘブデン・ブリッジ近くの巨大なオベリスク内部の石段を登ったとき、私は強烈な男性エネルギーを感じた。私は一瞬不思議に思ったが、すぐにその理由がわかった。自分自身が男根の内部にいるということに気づいたのだった。シンボルは自らが象徴するエネルギーを発生させる。シンボルとは、それを生み出した思想の物理的表現であるからだ。彼らブラザーフッドが自らのシンボルを各地に設置しているのは、なにも面白半分でやっていることではない。それは、それらのシンボルが彼らの必要とする波長のエネルギー波を共鳴させるのに役立つからだ。増幅されたエネルギー波は、人々の思考や感情に大きな影響を及ぼすことになる。

＊――――

なぜ古代、異教の聖地だったエナジー・グリッドで人間を生贄として黒魔術を執行するのか？

聖堂騎士団の地ロンドンは、今日では英国法曹界の中心地として有名である。英国では法廷弁護士になることを、「テンプル・バー（聖堂門）に行く」と表現する。法廷弁護士となった者は、インナー・テンプル、ミドル・テンプル、アウター・テンプルのうちのいずれかの法学院に所属することになる。私はこれらの法学院に所属していた経験のある人たちと話をしたことがあるが、彼らは自らが陰険であることを自覚していた。そして事実そうだった。

もしあなたが人々を支配したいならば、まずは法律を支配することだ。誰が牢屋に入れられるべき

凱旋門は、パリの巨大な幾何学的都市パターンにおいて、まさに太陽を象徴している。太陽の象徴が描かれた巨大な広場には、十二本の道路が注ぎ込まれる。ここからシャンゼリゼ通りをまっすぐ行くと、ルクソール・オベリクスのあるコンコルド広場があり、さらにその先には、黒いガラス製ピラミッドのあるルーブル美術館がある

かを決めるのは法律だからだ。警察や法曹界は、今やフリーメーソンであふれ返っている。聖堂騎士団は、今まで何世紀ものあいだ、ロンドンの中枢をその本拠地としてきた。「スクウェア・マイル」金融地区、英国議会、バッキンガム宮殿。世界支配の指令は、この地より発せられている。パリやヴァティカンがそれに呼応する。聖堂騎士団第二の拠点がパリである。

パリの道路計画のキー・ポイントであるコンコルド広場には、三千二百年前のエジプトのオベリスクが立っている。ダイアナ妃の乗ったメルセデスは、このオベリスクを通過した直後に、ポン・デ・アルマ・トンネル内で支柱に激突したのだった。

十二世紀中頃までには、聖堂騎士団の富と影響力は、ローマ教会に次ぐものにまでなっていた。彼らは、髑髏の旗を掲げた自分たちの艦隊まで持っていた。人類を「存在しない金《かね》」の奴隷とする近代銀行システムが始まったのは、ロンドンやパリといった彼らの金融センターからだった。彼らは「存在しない金」を貸しつけ、それに対して利子を請求した。まさにバビロニアン・ブラザーフッドのやり口だ。彼らは六〇パーセントもの遅延利息を課していたとの記録も残っている。

聖堂騎士団によって進められていた計画の一つに、欧州連邦の創設があった。ブラザーフッド―聖堂騎士団は、さまざまな偽装的外観のもとにこの目的を達成した。単一の中央銀行と統一された通貨を持つ欧州連合の創設は、ブラザーフッドのアジェンダの重要な柱の一つである。

聖堂騎士団によって受け継がれている卓越した知識のなかに、エナジー・グリッドに関するものがある。エナジー・グリッドとは地球が持っている磁場線のネットワークのことであり、レイ・ライン、竜脈、子午線といった名でも知られている。いわゆる「聖地」の多くは、これら磁場線が数多く交差しているポイントにあり、巨大なエネルギーの渦を発生している。このような場所で人間を生贄とする黒魔術の儀式が行なわれたならば、それによって生み出されるネガティヴなエネルギーは、ネットワークを通じて世界中に広がることになる。その結果として、われわれが生活している地球の磁場全体が、多大な悪影響を受けてしまう。もしエネルギー場が恐怖の感情で満たされるならば、人々の感情も恐怖や不安の方向へと引きずられていくことになる。

恐怖こそ、この世界を支配するものである。バビロニアン・ブラザーフッドが生まれたときからずっと、その最大の武器は恐怖であった。人々の持つ真の自己を表現する潜在能力、その発現を阻害するのに、恐怖ほど役に立つものはない。

これでやっとみえてきた。キリスト教の教会の多くはなぜ古代異教の聖地に建てられているのか、そして悪魔主義儀式の多くがなぜ夜の教会で密かに行なわれるのかが。その理由はエナジー・グリッドにあったのだ。

＊――ネガティヴなエネルギーを誘発する
シャルトルとノートルダムの「黒い聖母」崇拝の実態は女神セミラミス信仰

一一三〇年から一二五〇年にかけて、ゴシック様式の大聖堂がヨーロッパ各地に建設された。そのための資金を供出したのは、秘教の知識と技術を受け継ぐ聖堂騎士団だった。ゴシック様式は、中近東のアーリア人にその起源を持つことが知られている。聖堂騎士団によって設計された大聖堂には、ウェストミンスター寺院、北イングランドのヨーク・ミンスター寺院、パリ近郊のシャルトル寺院、そしてパリのノートルダム寺院などがある。ノートルダム（われらが聖母―イシス／セミラミス／ニンクハルサグ）寺院は、女神ディアーナ（ダイアナ）に捧げられた土地に建っており、シャルトル寺院は古代ドルイド教の聖地（はるか昔、ヨーロッパ中から数多くの人々が訪れたという）に建っている。

パリのノートルダム寺院の上には、ガーゴイルや翼竜の像が数多く見られる。これらは、メキシコのマヤ遺跡などに見られる物の小型版である。レプティリアンを象徴するガーゴイルは、聖堂騎士団をはじめ数々のブラザーフッド系秘密結社によって採用され、大聖堂や貴族の邸宅に「装飾」として用いられている

ケンブリッジ大学キングス・カレッジの有名な礼拝堂は、カバラの「命の樹」をモチーフに建てられており、英国の後期ゴシック建築の最高傑作の一つだと言われている。そのデザインは明らかに、フランスのラングドック地方アルビにある、十四世紀の大聖堂を真似たものだ。アルビは聖堂騎士団とカタリ派の中心地だった。十二～十三世紀、秘教の知識をもってローマ教会の信仰体系に挑戦していたカタリ派は、南フランスで隆盛を極めていた。これに危機感を持ったローマのバビロ

ニアン・ブラザーフッドは、教皇イノケンティウス三世に命じて「アルビ十字軍」を開始させた。凄惨な拷問や火刑を伴ったアルビ十字軍は、一二四四年のモンセギュール城攻囲戦においてそのクライマックスに達した。

ところで「キリスト教」の大聖堂にはガーゴイル（爬虫類人的な怪物）の像がよく見られる。パリのノートルダム寺院などはガーゴイルの像で覆われている（339ページの写真参照）。メキシコにあるマヤ文明の遺跡（ピラミッドなど）にも似たような姿の生き物が数多く描かれている。メキシコ大統領ミゲル・デラ・マドリッドは、マヤ人は「イグアナ人種」（レプティリアン）との混血種だったと言っている。

シャルトルとノートルダムは、「黒い聖母」崇拝の中心地だった。これもまた聖堂騎士団のものであった。「黒い聖母」崇拝は聖母マリア（イエスの母）崇拝であるかのような見せかけをとっていたが、その実は女神セミラミス（イシス、バラティ）を崇めるものであった。古代エジプト人は、女神イシスのポジティヴな態様を「白のイシス」として、ネガティヴなモードを「黒のイシス」として描いていた。

つまり、「黒い聖母」は「黒いイシス（バラティ）」であり、より直接的には、古代バビロンにおいて「聖母」として知られていた女神セミラミスのことを指している。「黒い聖母」は、女性的「月」エネルギーのネガティヴな利用を象徴している。これに対し「黒い太陽」は、男性的「太陽」エネルギーのネガティヴな利用を象徴している。さらに「黒い太陽」とは、銀河中心の太陽を意味するオカルト用語である。われわれの太陽系は、この銀河太陽を中心として、二万六千年周期で公転しているのだ。たとえば「白馬」はフェニキア人によって用いられた太陽の象徴であり、この「裏」に相当するのがブラザーフッドの象徴体系における「黒い馬」だ。この「黒い馬」は太陽エネルギーの悪用を象徴している。

「黒い馬」は、ブラザーフッドのフロントたる英国ロイズ銀行のシンボルにもなっている。キリスト教の教会に見られるイエスを抱くマリアの像は、ホルスを抱くイシスの姿の生き写しだ。聖ベルナールは、「黒い聖母」崇拝の隠れ信徒だった。彼は、「黒い聖母」崇拝の中心地であったディジョンの近くのフォンテーニュで生まれている。彼と信仰をともにした聖堂騎士団は、女性を暗示する円形の教会をいくつも建築した。円形のドームは、ブラザーフッドの象徴体系において女性の「子宮」を意味していた。

＊──大衆精神操作に露骨に女性器像をさらし、極端にネガティヴな女性エネルギーを悪用する狡猾なブラザーフッド

ニューエイジ思想は、「女性エネルギーは善、男性エネルギーは不善」という罠に陥ってしまっている。ニューエイジャーたちは、世界は男性エネルギーによって支配されていると考えている。しかし実際は、世界は男性エネルギーと女性エネルギー双方のネガティヴな両極端によって支配されているのだ。男性エネルギー、女性エネルギーというのは、なにも男女の肉体に限定されたものではない。それは男女ともに顕現させることのできる潜在的エネルギーなのだ。

もしある男性が自らの有する女性エネルギーを抑圧するならば、彼は「マッチョ・マン」となり、「自分は『真の男』たる者、攻撃的かつ支配的でなければならない」と考えるようになるだろう。この極端《ネガティヴ》な男性エネルギーを典型的に反映しているのが、あからさまな攻撃性を備え、銃を抱えた兵士たちだ。われわれは、世界は男性的な力によって支配されていると考えがちだ。われわれは、極端な男性エネルギーの現われを毎晩のようにニュースで目にしている。このような形でわれわれは、極

端な男性エネルギーを知覚することができる。これに対し、もう一方の極である極端な女性エネルギーは、常に裏に隠れている。極端な男性エネルギーの暴れ回る表舞台を、常に背後からセッティングしているのだ。そういうことであなたは、この極端な女性エネルギーの姿を目にすることはできないわけなのだ。

この極端な女性エネルギーを利用しているのがバビロニアン・ブラザーフッドであり、彼らはそれを女神セミラミスや女神イシスとして象徴している。彼らは、女性エネルギーがすべてを生み出す力であるということを熟知している。古代エジプトの女神イシスは、太陽《ホルス》さえも生んだという。この女性エネルギーは、すべてのエネルギー同様、本来中立的なものである。すべてを生み出す力たる女性エネルギーと直結することができるならば、善なるものも悪なるものも生み出すことができる。ブラザーフッドの象徴体系のなかに、女性的なものが数多く見受けられるのもそのためだ。彼らが抑圧しようとしているのは女性エネルギーそれ自体ではなく、ポジティヴで調和的な女性エネルギーの発現なのだ。

キリスト教の大聖堂は、太陽を中心とする占星術的象徴や女神を象った性的シンボルであふれている。大扉とその周囲の隆起は女性器を象《かたど》ったものであり、アーチの頂点の部分にはクリトリスまでもがついている。窓も同じように作られている。女神の方位である西に向けて作られている円花窓が特にそうだ。中世の教会には、動物の被り物をした司祭や修道士が若い女性たちと性行為をしている姿が彫刻されたものもある。今でも悪魔主義者たちがやっていることだ。アイルランドの古い教会に多く見られるシーラナギッグ・シンボルは両足を広げた裸の女性の姿を表わしており、祭壇の中には石作りの男根が収められていた。このような事実を知ったならば、神父たちはいったいどう思うだろうか。貝のような形をした「聖水の容器」もまた、女神の象徴である。教会それ自体が、象徴的な

「子宮」として設計されているのだ。

＊――ペルシア人ハッサン・サーバが創始した国際的テロリスト集団「アサシン団」はイスラム版聖堂騎士団である

ゴシック大聖堂に見られる「蜘蛛の巣《くも》」＝迷路状の装飾は、世界の運命を紡ぎ出す「女神」の力、すべてを生み出す女性エネルギーを象徴している。アメリカ原住民のあいだに伝わる「蜘蛛女伝説」もこれと同じである。アリゾナ州スパイダー・ロックの地名は、この蜘蛛女伝説から出ている。

フレッド・ゲッティングは、その著書『シークレット・ゾディアック（秘密の黄道十二宮）』（ルートリッジ・アンド・ケーガン・ポール出版、一九八七年）において、イタリア・フローレンスの聖ミニアト教会（一二〇七年建築）の大理石の床の黄道十二宮のモザイクについて説明している。一二〇七年五月末日、火星、金星、土星が金牛宮の方向に並んだ（これは非常にまれなことである）。聖ミニアト教会は、このときに合わせて建てられたのだとゲッティングは言う。歴史時代の始まりにまでさかのぼることのできる占星術は、聖堂騎士団内において最も重要な技芸であり、シャルトルにあった学校で教えられていた。クリスチャンたちは、何も知らずに「異教の神殿」（キリスト教の教会のこと）に通っているのだ。

聖堂騎士団は、時の君主たちと密接な関係を築き上げていた（フランスではそれほどでもなかったが）。莫大な富を有する聖堂騎士団は、表向き支配力を持つ王侯貴族たちを、事実上「所有」していた。その後継者たる現代のブラザーフッドが、今日の政府を所有しているのと同様である。聖堂騎士団は、イングランド王ヘンリー二世と密接な関係を持っていた。ヘンリー二世は、グラストンベリー（イングランド南西部の町）における聖堂騎士団のスポンサーだった。ヘンリー二世とカンタベリー大司教トーマス・ア・ベケットのあいだの有名な争いは、フランスからやって来た二人の騎士がベケット大司教をカンタベリー教会において殺害したことによって、一一七〇年に終結した。これは非常に興味深い事実である。

ヘンリー二世の息子、獅子心王リチャードは、非公式にではあるが、彼自身が聖堂騎士団のメンバーであった。彼は、聖堂騎士団の船や支部を利用していた。弟ジョンによってイングランドを追われたとき、彼は聖堂騎士団員に変装して脱出した。聖堂騎士団に守られた彼は、対イスラム十字軍の将として聖地エルサレムへと向かった。またリチャードは、キプロス（古代フェニキアの植民地だった島）を聖堂騎士団に売却している。さらに彼は、聖堂騎士団と、そのイスラム版とでも言うべきアサシン団とのあいだの交渉に関与していた。「暗殺者」を意味する「アサシン」という単語は、このアサシン団に由来している。彼らは、恐怖とテロによってすべてを支配した。

「アサシン」という言葉は、もともとは「大麻《ハシッシュ》を使用する者」を意味していたという。彼らは、「神のために殺人を行なうことによって初めて、天国へ入ることが許される」と若者たちに信じ込ませるために、麻薬を利用していたのだ。また一説によると「アサシン」という名は、「ハッス（破壊する）」や「アサナ（罠を仕掛ける）」に由来するとも言われている。その彼らは、ペルシア北西部（小アジア／トルコ）の山奥にあるアラムート（鷲の巣）城砦を根城に、国際的テロ戦争を展開していた。五芒星や女性器の象徴が描かれた陶器類が、この地で数多く発見されている。

アサシン団のメンバーは、白のチュニック（上衣の一種で多くは四分の三丈《たけ》の長さを持ち、一般には女性が着用する）に赤の帯を締めていた。さまざまなフロント（前線活動組織）を持ち今日まで続いているアサシン結社は、ペルシア人ハッサン・サバーによって一〇九〇年に創始された。聖堂騎士団、ホスピタル騎士団、テュートン騎士団が形成されたのもこの頃のことである。

テンプル騎士団とアサシン結社は、表面上は対立し抗争を繰り返しつつも、裏ではつながっていた。一般大衆は、今もなお同じやり方で騙され続けている。相争う二つのグループが、常に敵どうしだとは限らない。ゲームの結果を思うままにしたいのならば、両方のチームをコントロールすることだ。ただしがっぽり儲けるには、「両チームにはそれぞれ別の主人がいて、その目的も異なっている」と人々に信じ込ませておかねばならないわけなのだ。

＊――――相争う両国に戦費を融資、莫大な富と支配を手に入れるバビロニアン・ブラザーフッドの古典的手法

「対立する諸勢力を創り出し、それらをコントロールすることによってすべてを支配する」というのが、ブラザーフッドの大衆操作の骨子である。テンプル騎士団はこの方法を巧みに用いた。彼らは獅子心王リチャードの十字軍行動への護衛をしつつも、裏ではその敵対者である弟ジョン王を支援していた。

一二一五年のマグナ・カルタ（大憲章）の大合唱の裏にも、聖堂騎士団の姿があった。その立役者となったのは、イングランド聖堂騎士のグランドマスターでジョン王の顧問でもあるエイムリック・ド・サンモールであった。マグナ・カルタは君主の力を奪い、聖堂騎士団の支配力を増大させた。さらに言うならこのマグナ・カルタは、アジェンダ上はるか先に位置する「民主主義」へ向けての第一歩だった。この「民主主義」とは、「自由」の見せかけをした「牢獄」である。「目に見える支配」から「目に見えない支配へ」、というのが彼らのアジェンダだ。

私はなにも、すべての聖堂騎士団員が邪悪な意図を持っていたと言っているわけではない。彼らのなかに善意の者たちがいたのもまた確かなことだ。秘密結社の知識やアジェンダには、上から下まで

数多くのレヴェルが存在するということをまず理解せねばならない。フランス人の研究家ジャン・ロビンは、聖堂騎士団には、「小密儀」を与えられる外殻の七階級と、「大密儀」に携わる中核の三階級とが存在すると結論している。フリーメーソンをはじめとする現代の秘密結社も、およそ同じような構造を持っている。メンバーの大部分は、トップが何を考えているのか知らず、自らが推進しているアジェンダがいかなるものであるのかも理解していない。

莫大な富を有していたにもかかわらず、聖堂騎士団は税を免除されていた（現代のブラザーフッドの財団が税金を免除されているのと同様だ）。さらに彼らは、自分たちの法廷まで持っていた。彼らは、君主たちをはじめとする影響力ある人々を動かし、商業や国家を支配した。「標的」とした人物たちを従属的な立場に追い込むというのが、やり口である。その手立てとしてはおもに、脅迫や借金が用いられた。このようにして聖堂騎士団は、「標的」とされた人々に自らの命令を実行させた。それは今でも同じだ。エドワード一世は聖堂騎士団に対しかなりの額の負債があったし、ジョン王やヘンリー三世は彼らへの借金にどっぷりと首まで漬かっていた。ヘンリー三世などは、聖堂騎士団の戦功に対する褒賞を支払うため、王家に代々伝わる戴冠用宝玉までもを質入れしていたのだ。

戦争を利用するというのはバビロニアン・ブラザーフッドの古典的手法であり、今日でも広く行なわれている。戦争を作り出し、相争う両国に戦費を融資する。密かに生み出した恐怖（戦争）から、莫大な利益を上げるのだ。戦争で破壊された社会を再建する際にも、また融資を行なう。借金漬けになった国々は、さらに深くブラザーフッドの影響下に置かれることになる。戦争は、アジェンダの推進に不都合な指導者たちを除去したり、アジェンダに沿って国境線を書き変えたりするのにも利用される。二十世紀前半に行なわれた二度の世界大戦をみれば、それがわかる。その実態については、『……そして真理があなたを自由にする』のなかで詳しく説明しておいた。

ジョン王の戴冠用宝玉は、聖堂騎士団のロンドン・テンプル《聖堂》（本部）に保管されていた。このロンドン・テンプルは、ジョン王、ヘンリー二世、ヘンリー三世、エドワード一世の時代を通じて、王室の四大宝庫のうちの一つだった。聖堂騎士団は、教皇や王の徴税請負人でもあった。教会の十分の一税も彼らが集めていた。秘密のアジェンダを持った私的組織たる聖堂騎士団は、教皇や王のために税を集めていたが、そのうちのかなりの部分が、貸付けに対する利子として、直接彼らの懐に転がり込んでいた。彼らの税の取立ては非情であった。このようなやり方は、現在も世界中で行なわれている。

聖堂騎士団の禁酒と純潔の誓いは、露骨な偽善であった。中世イングランドでは、大量に酒を飲むことを「聖堂騎士団員のように飲む」と表現していたほどだ。いざ金のこととなると、彼らは仲間内においても酷薄非情であった。一線を超えてしまったメンバーに対してブラザーフッドがみせる非情さは、今日においても同じである。聖堂騎士団のパリ支部もまた、彼らに対して多大な負債を抱えていたフランス王家の主要な宝物庫となっていた。「端麗王」フィリップ四世は、一三〇七年十月に、聖堂騎士団の壊滅・追放を決意したという。少なくとも公式にはそうなっている。ことの真相、およびそれが後世に与えた影響を理解するためには、その前に知っておかなければならないことが数多くある。その背景を説明しよう。

＊――秘教の知識を受け継ぐれっきとした魔術王の血流なのに、「イエスの血を引く」などとうそぶくメロヴィング家の露骨なペテン

メロヴィング朝の血流について語りたい。テンプル騎士団とシオン結社（のちのシオン修道院）は、その始まりから同一組織の両翼であった。前掲の『聖なる血、聖なる杯』によれば、「メロヴィング王家の聖なる血筋を守ることこそが、シオン修道院の使命であった」ということになっている。これ

については、真実を覆い隠すための煙幕が数多く張り巡らされている。その一つが、メロヴィング家はイエスの血を引いているという話だ。これによるとイエスが「十字架」にかけられた直後、マグダラのマリアは、イエスとのあいだにできた子を連れてフランスへと逃れたと言うのだ。しかし、イエスもマリアも実在の人物ではない。彼らは、キリスト教以前の世界においてさまざまな形で語られ続けていた象徴的寓話に登場する架空の人物像なのだ。

架空の象徴的人物がメロヴィング家の祖先であることなど、現実であるはずがない。この作り話は、研究者の目を真実から逸らしておくために意図的に生み出されたものだ。メロヴィング家がブラザーフッドの血流に属しているのは確かなことだ。しかしそれはイエスとはまったく関係がない。メロヴィング家の血流は、五～六世紀のフランスに出現した。その初期の歴史については、パリの国立図書館に残っているフレデガーの『年代期』に多くを負っている。七世紀に生きた書記であったフレデガーは、メロヴィング朝フランク王国初期の記録を完成させるべく三十五年もの年月を費やした。

さて、フランスという名の語源となったシカンブリアン・フランク族は、レプタイル・アーリアンの「ぶどうの木」《血流》の一分派であった。フランクという名は、紀元前十一世紀に死んだ彼らの指導者フランシオの名に由来している。フランシオに率いられた一群は、トロイ（現在のトルコにあった）を出発した。彼らはのち、スキタイ人として知られるようになり、最終的にはシカンブリアン・フランク族として落ち着いたのだった。このシカンブリアンという名は、四世紀末の彼らの女王カンブラの名からとられたものである。彼らが発祥したのは黒海東北のコーカサス山地、スキタイの地である。後世にヨーロッパ全土に広がることとなったアーリア人やレプタイル・アーリアン（爬虫類人系アーリア人）の揺籃《ようらん》の地である。シカンブリアン・フランク族は、自らを「契約の民」と呼んでいた。彼らの言う「契約」とは、アヌンナキとのあいだに交わされたものだ。

シカンブリアン・フランク族は、のちにゲルマニア（現在のドイツ）を中心としたドナウ川以西に移り住んだ。「ゲルマニア」や「ジャーマン」といった名は、ローマ人たちが彼らのことを「スキタイの純血種（ジェヌイン・ワンズ）」と呼んだことに由来するものであり、彼らの中心地はケルンだった。彼らの中枢をなす血流がメロヴィング家という名で知られるようになったのは、メロヴィウス王のときからだった。彼は四八八年に、「フランク族の守護者」の称号を得ている。フランク族の指導者たちは、古代秘密結社の血流に連なる者たちであり、秘教の知識を受け継ぐ魔術王であった。フランク族の開祖であるフランシオは、ノアの子孫であると言われている。フランシオの祖先はトロイに住んでいた。

「ノアの箱船は、大洪水を生き延びたレプティリアンの混血種を象徴している」というのが私自身の見解である。鳩（セミラミス）がオリーブの枝（ニムロデ）をくわえて帰ってきたというのは、セミラミス―ニムロデの復権を意味している。ノアの子孫とは、人間とレプティリアンの混血種としての遺伝子構造を受け継ぐ者たちのことなのだ。聖堂騎士団が公認された町トロワ（フランス）は、シカンブリアン・フランク族の故郷トロイからその名を得ている。パリが建設されたのは六世紀、シカンブリアン・フランク族の中枢がメロヴィング家として知られるようになってからのことだった。パリという名は、トロイ王プリアムの王子パリスの名にちなんでつけられたものである。

トロイ戦争が始まったのは、パリスがスパルタ王妃ヘレネを誘拐したためだった。「トロイの木馬」はスパルタに勝利をもたらした。トロイもスパルタも、ともに同じアーリア系（レプタイル・アーリアンをも含む）であった。メロヴィング一族は、磁場エネルギーのヴォルテクス《渦巻》・ポイントにパリを建設し、その地下で人間の生贄を女神ディアーナ（ダイアナ）に捧げる儀式を行なっていた。領地をめぐって相争う王たちは、その儀式の場において決闘を行なったのであった。

*——「ユリの花」を名にするエリザベス女王とチャールズ皇太子は人間に変身する能力を持った純血種爬虫類人

ダイアナ妃が死亡したパリのポン・デラルマ・トンネルの直上には、ニューヨークの自由の女神の灯のレプリカが、黒い五芒星の上に置かれている

メロヴィング朝の開祖であるメロヴィウスは、異教の女神ディアーナ（ダイアナ）を崇拝していた。女神ディアーナは、イシスやセミラミスと同一の神格である。これは特に驚くほどのことではない。ディアーナ崇拝の中心地は小アジアのエフェソスだ。メロヴィング一族発祥の地トロイがあったとされる場所は、エフェソスからそう遠くはない。メロヴィング一族の者たちが女神ディアーナに人間を生贄として捧げていた地下室のあった場所は、現在はポン・デラルマ・トンネルとなっている。一九九七年八月三十一日、日曜日の未明、ダイアナ妃の乗った車があの悲惨な衝突事故を起こしたのはこの場所だった。スキタイ—シカンブリアン・フランク族—メロヴィング朝の血流に属する一分派は、北フランスやベルギーを経てブリテンへと渡り、いわゆる「スコットランドの名門」となった。それがダイアナ

ダイアナ妃が埋葬されたとするスペンサー家代々の所領の島。英国ノーサンプトン州アルソープ・パークにある。島・湖・森は古代の女神ディアーナ（ダイアナ）のシンボルであり、先の灯のモニュメントもある

妃の祖先である。

メロヴィング朝の王クローヴィスは、イリスの花を王家の紋章にしていた。イリスは中東に咲く花である。それは三つ熊手ユリとしても知られており、ニムロデおよびそのレプティリアンの血流を象徴するものであった。イリスとはラテン語で短剣を意味しており、その花は現在フランスとなっている地域の王族のシンボルとなった。古代シュメールにおいて母系を通じて受け継がれたレプティリアンの血流は、ユリの花によって象徴され、ゆえにレプティリアンの遺伝子伝達の主流となる女性たちは、リリス、リリー、リルトゥ、リレットといった名を与えられていた。リリベットやエリザベスという名も、そうした名前のうちの一つである。現在の英国女王がエリザベス（エル・リザード・バース）という名を与えられているのには、そういう理由があるのだ。

現在の英国女王は、一族のあいだではリリベットと呼ばれている。そして彼女は、レプティ

リアン遺伝子キャリアー《伝達者》の主流となっている。彼女の子であるチャールズ皇太子は、レプティリアンの純血種である。エリザベス二世女王もチャールズ皇太子も、ともにシェイプ・シフトしたレプティリアンなのだ。この事実については、あとの章において証拠をあげつつ説明したいと思う。

前述したように、現在の英国女王の正式な名前は、エリザベス（エル・リザード・バース）・ボーズ-ライアンである。その名のもとになったフルール・ド・リス（ユリの花）は、旧約聖書「列王記」7章22節にも登場している。ヤキンとボアズと名づけられたソロモン神殿の二本の柱（男根を象徴）の頂上部は、ユリの花の形に作られていたという。今日では、英国王室の正装やその建物、それに教会などに、ユリの花の装飾を数多く目にすることができる。

ワシントンのホワイト・ハウスの正面ゲートにも、ユリの花の装飾が施されている。ホワイト・ハウスもまた、レプティリアンの血流が支配する場所なのだ。アイルランドの国章に見られる三つ葉のシャムロック（シロツメクサなど）もまた同様に、レプティリアンの血流を象徴するものの一つだ。「シャムロック」は、北アフリカ語の「シャムルク」から派生したものだが、これらの象徴は、三つの角を持った姿で描かれる古代バビロンの神ニムロデや、その他あまたの異教的要素と関連している。

メロヴィング朝のシンボルとしてはほかに、魚（ニムロデ）、ライオン（レオ、太陽、権威）、蜂などがある。五世紀に死んだシルデリック一世（メロヴィウスの息子）の遺体の上に掛けられた布には、三百匹の蜂が描かれていたという。蜂は愛の女神セミラミスの象徴であり、エジプト王家の象徴でもあった。なかでもイシス／セミラミスの象徴としての女王蜂に焦点が置かれた。

＊――「聖杯」はイエスとは無関係、「カイン」の印で最も純粋に近いレプティリアン混血種の血流を象徴

メロヴィング家とは、バビロニアン・ブラザーフッドの血流のまたの名であった。メロヴィング家がイエスの子孫だというのは、シオン修道院による、神格いじりの言葉遊びなのだ。この「イエス」という名称は、バビロンの神ニムロデ（父）／タンムズ（子）の別名である。ゆえに「イエスの血流」とは、実際には「ニムロデの血流」を意味するのだ。したがってレプタイル・アーリアンの血を引く、ブラザーフッドの血流ということだ。

シオン修道院は、メロヴィング家がフランス王位回復を大義として立てている。しかし、イエスの子孫だというメロヴィング家のフランスの王位にあったことなど一度もなかったというのが事実だ。当時そんなメロヴィング家など存在していなかったのだから。これらすべては、シオン修道院によってでっち上げられた作り話なのだ。バビロニアン・ブラザーフッドの真のアジェンダを隠蔽するというのがその狙いなのだ。

彼らが隠そうとしているのは、単純で衝撃的な真実である。古代シュメールにおいて「権威の証《あかし》」であったドラゴンの紋章グラールは、カインの印としても知られていた。聖書のカインは、アヌンナキ（爬虫類型異星人）と人間の混血種として、「アダム」に続く者だった。ホーリー・グレイル（聖なる杯）と呼ばれるようになった「グラール」は、古いフランス語では「王家の血筋」という意味であった。

古代シュメールで用いられた権威の証の紋章は、薔薇《ばら》十字をちりばめた「デュー・カップ」であり、エジプト、シュメール、フェニキア、ヘブライの記録によると、赤い丸十字の印で装飾された杯として描かれている。これこそが「聖杯」の真の起源である。

「聖杯」は十字架にかけられたイエスの血を受けた杯だったなどというのはひどい嘘だ。そもそもイエスなどという人物は実在しなかったのだから。この「聖杯」こそは、最も「純粋」に近いレプティリアンの混血種の血流を象徴するものだ。それは子宮をも象徴している。レプティリアンの血流は主に母系を通じて伝えられるからだ。薔薇十字といえば薔薇十字会だが、この秘密結社は、レプティリアンの血流が権力の座を維持し続けられるように歴史の裏から画策し続けてきた。

「『聖杯』の血流はイエスの血を受け継いでいる」と主張する者のなかに、「騎士道精神にあふれる系図学者」のローレンス・ガードナー卿がいる。だが彼は、真実を知ったうえで、そのように主張しているのだ。ローレンス卿は、古代エジプトの竜の宮廷の後身たる英国君主政体の大法官だ。そしてまた、聖コランバ（鳩座、セミラミス）のケルト教会の院長でもある。さらに欧州君主評議会への首席随行員であり、ステュアート家（メロヴィング家の血流）の衛士であったこともある。彼はサン・ジェルマンの騎士としても知られており、聖堂騎士団セント・アンソニー支部の長でもある。彼をインサイダー（秘密を知る内部の者）とみても、さしつかえないだろう。彼は、どうみても真実を知る立場にある者だ。では、われわれに対して「『聖杯』の血流はイエスの子孫だ」などと言い続けるのはなぜだろうか？

＊悪魔儀式でレプティリアンへと変身する現代のシャルルマーニュを中興の祖とするハプスブルク家の連中

ローマ教会からの支持を失ったメロヴィング朝は、その力を失い、歴史の表舞台から姿を消してしまった。その後、またもやレプティリアンの「馬小屋」から出た君主が、フランクの王となった。彼、シャルルマーニュ（カール大帝）は欧州史上で最も祝福された君主の一人である。彼は、石工組合（メーソン）の初期の後援者であった。この石工メーソンはのちに、聖堂騎士団のためにヨーロッパ中にゴシック大聖堂を建設することになる。彼はトゥールーズ（フランス南西部の都市）において、薔薇《ばら》十字会の支部を設立したと言われている。

この薔薇十字会は、古代エジプトにその起源を持っており、レプティリアンの血流の象徴である薔薇十字と深く関係している。フランクの領土を一挙に広げた彼は、八〇〇年、教皇レオ三世による戴冠を受けた。これによってローマ教会（バビロン）は、西ヨーロッパ全域を支配することとなった。

ローマ教会によるヨーロッパ支配が完成されたのは、ホーエンシュタウフェン家を中核とするギベリン（皇帝派）によるローマ教会に対する軍事反乱が、ゲルフ（教皇派、バヴァリア公ヴェルフの名に由来）によって鎮圧された一二六八年のことだった。これは、すさまじい教皇独裁体制を敷いた神聖ローマ帝国を出現させた。神聖ローマ帝国皇帝の家系として最も有名なのが、十世紀のスイスに現われたハプスブルク家である。彼らは、一八〇六年の帝国崩壊までの五百年間、教皇からの支援のもと、神聖ローマ帝国の帝位を保ち続けた。

彼らは一二七八年からオーストリアを支配し、十六世紀にはスペインの王位をも得た。ハプスブルク家は、レプティリアンの血流である。高位階者の集う悪魔主義の儀式において、現代ハプスブルク家の人間はレプティリアンへと変身した。その儀式を司《つかさど》ったという高位階の女司祭がそう証言している。彼女の話にはさらに多くの内容が含まれているが、それはあとの章に譲ることとする。シャルルマーニュは、バビロニアン・ブラザーフッドのすばらしき召使いであった。彼の血流は、今もなおその力を維持し続けている。アメリカ歴代大統領のうちの少なくとも三十三人が、彼の遺伝子を受け継いでいる。

最近、メロヴィング家に焦点が当てられるようになってきた。それはフランス・ラングドック地方（ピレネー山麓とローヌ川のあいだの地方、ぶどう酒の醸造が盛ん）の小さな山の頂にあるレンヌ・ル・シャトーと呼ばれる村落の謎を解き明かそうとする何冊かの本がきっかけとなったのだ。レンヌ・ル・シャトーはかつて、シオン修道院や聖堂騎士団やカタリ派など、秘密の知識を受け継ぐ者たちの中心地の一つであった。かつて、その一帯はケルト人の居住地であった。

ケルト人の祖先は、中近東コーカサス山地からやって来たキムメリオス人やスキタイ人であった。その当時レンヌ・ル・シャトー（シャトー村）は、そこに居住していた部族の名にちなんで「レダ」と呼ばれていた。そこは古代ドルイド教の聖地として崇拝されていた所であった。なぜなら、その地には巨大な磁場が発生していたからだ。

＊――ダイアナ妃は、古代メロヴィング一族が生贄を捧げていた場所で十三番目の柱に激突

一九六〇年代後半の『赤い蛇』、と称される記録文書が、パリの国立図書館で発見された。それには、メロヴィング家の系図、メロヴィング朝時代のフランスの地図二枚、パリにおけるカトリックのオカルト研究センター「聖サルピス教会」の設計図などが含まれていた。この聖サルピス教会は、イシス／セミラミス神殿の廃墟の上に建てられていた。そこは、メロヴィング朝歴代の王たちが埋葬された場所でもあった。

ところで『赤い蛇』の日付は一九六七年一月十七日、国立図書館の購入伝票の日付は二月十五日となっている。しかし、後者の日付は偽造であることが判明した。『赤い蛇』がパリの国立図書館に入ったのは、三月二十日のことであった。このときまでに、『赤い蛇』の著者とされるピエール・フュージェール、ルイ・サンマクセン、ガストン・ド・コーケルの三人は、連続して死亡している。三月六日から七日にかけてのことだった。さらに怪しいことに、どうもこの三人は『赤い蛇』の著者ではないようなのだ。つまり誰かが謎をさらに深めようと、三人の死者の名を利用したらしいのだ。

◀ポン・デラルマ・トンネルの上を走る道路。このあたりはディアーナや冥界の女神ヘカテの地として知られていた

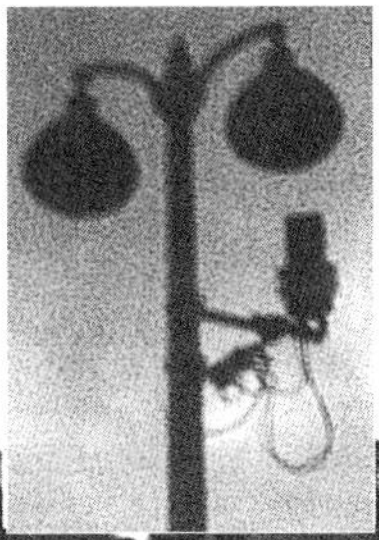

右上の写真をその一つに、リッツ・ホテルからポン・デラルマ・トンネルまでには、17機の自動撮影カメラが設置されていて、ダイアナ妃の車ほかもとらえていたはずだが、ご多分に漏れず、そのときこのカメラのスイッチは切られていた

13番めの柱（上）に激突したメルセデス（右）。ここは古代、女神ディアーナへの生贄の場だった

左からヘンリー・ポール、トレヴァー・リース-ジョーンズ、スペンサー伯爵（ダイアナの弟）。彼らはダイアナ妃事件の何かを隠している

『赤い蛇』が図書館入りしたのは、三人の死の十三日後であった。十三ページのこの文書のなかには、黄道上の十三の星座を主題にした散文詩が含まれていた。黄道十二宮に付け加えられた十三番目の星座は、蠍座と射手座のあいだに位置する「蛇遣い座」だった。『赤い蛇』では話の展開とともにこの十三という数がいくたびも現われてくる。そして、この十三という数は、聖堂騎士団において最も重要なものだったのだ。

私自身も長いあいだ、本来は黄道「十三」宮であったのだろうと考えていた。『赤い蛇』は、レンヌ・ル・シャトー近辺の地形・景観について語っているが、それはあたかも「眠れる森の美女」のお話のようだ。お姫様（女性エネルギー）は、ハンサムな王子様が起こしに来てくれるまではずっと眠り続けるのだ。理由についてはあとで説明するが、この話は十三という数と対応している。『赤い蛇』は、マグダラのマリアはイシスの象徴の一つだと言っている。少し引用してみよう。

「……昔、彼女は慈愛あふれる女王イシスと呼ばれていた。『苦しむ者はみな、私のもとに来なさい。私が癒してあげましょう』と彼女は言う。〈癒しの薬あふれる壺マグダラ〉、彼女のことをそう呼ぶ者もいた。秘儀を受けた者は彼女の真の名を知っていた。その名はノートルダム・ド・クロスだ」

女性エネルギーもレプティリアンの血流も、母系を通じて受け継がれるものだ。ニンクハルサグとエンキの介入以来、女性エネルギーはマリア、イシス、セミラミス、ディアーナ（ダイアナ）によって象徴されてきた。

再々言うように、ダイアナ妃の乗った車は、ポン・デラルマ・トンネル内の十三番めの柱に激突した。そこは、古代メロヴィング一族が、女神ディアーナに生贄を捧げていた場所だった。南フランスのサンテ・ボーメの洞窟は、カトリック公認の聖地となっている。昔そこにマグダラのマリアが住んでいたと言うのだ。これはまったくのつくりごとだ。ローマ時代、その洞窟はディアーナ・ルシフェリア崇拝の中心地だった。ディアーナ・ルシフェリアとは、「光をもたらす女神ディアーナ」という意味だ。これはまさに、ジェノアの黒い貴族にしてドミニコ会士たるヤコブ・ド・ヴォラージン大司教によって、マグダラのマリアに与えられた称号だった。

＊――――――

秘儀参入者アリストテレスの錬金術と賢者の石、黄道十三番目の星座、「蛇遣い座」記述の神秘的記録書『赤い蛇』の奇妙な符合

もう一つ興味深いことがある。一三〇七年以降、端麗王フィリップの命によって、フランス中の聖堂騎士団員が逮捕・拷問されていたとき、ル・ベズーやル・ヴァルドューやブランシェフォルトなど、レンヌ・ル・シャトーを中心とする地域では、聖堂騎士団に対する追及はまったくみられなかった。この地域は、聖堂騎士団にとって非常に重要な場所だった。聖堂騎士団は、ブランシェフォルト一族と密接なつながりを持っていた。彼らの住むシャトー・ド・ブランシェフォルトは、レンヌ・ル・シ

ャトーからわずか二マイルの場所にあった。聖堂騎士団はレンヌ・ル・シャトー近辺に莫大な金を埋蔵した、と信じている研究者もいる。ヨーロッパ中の聖堂騎士団の富の三分の一がラングドック地方に集められたことがあったのは確かだ。ローマ人はこの地域を聖地とし、異教の神々を崇拝していた。

六世紀までレン《村》ヌ・ル・シャトーは、人口三万の都市として栄えていた。ピレネーを越え南方のスペインにまで広がった西ゴート族の北の都として繁栄していた。西ゴート族はゲルマン人（テュートン人）の一種である。聖堂騎士団と同時期に出現したテュートン騎士団を作ったのは、彼らの子孫たちだった。西ゴート族の祖先は、コーカサスに発祥した白人種キムメリオス人（スキタイ人）だった。ヨーロッパからローマへと侵入し、最終的にローマの支配に終止符を打ったのは、この西ゴート族であった。古代西ゴート族の城シャトー・ド・ホープトプールが今でもレンヌ・ル・シャトーに残っており、その城には錬金術師の塔がある。

人間（男と女）を純粋な魂にまで高めるというのが錬金術の究極のテーマだが、普通の金属を金《きん》に変えるというのもまた錬金術である。錬金術の基礎理論は、古代の秘儀参入者アリストテレスによって完成された。彼は言う。

「この物理世界はすべて、第一原因が元となっている。この第一原因は非物質的なエネルギーであり、見ることも触れることもできない。この第一原因は、地水火風の四元素の形をとって物理世界に出現する。これら四元素は、乾と湿、熱と冷気という四つの属性のうちの二つをそれぞれが持っている。地の属性は冷と乾であり、乾が優位となっている。火の属性は熱と乾であり、熱が優位となっている。水の属性は湿と冷であり、冷が優位となっている。風の属性は熱と湿であり、湿が優位となっている。

一つの元素は、共通の属性を通じて他の元素に変化させることができる。たとえば火は、熱という共通の属性を持つ風へと変化させることができる。物質はすべて、これら四元素によって構成されている。すなわち、四元素を変化させることができるならば、物質を変化させることができるというわけだ。だから鉛を金に変えることも可能なのだ」

このような変化を起こすのには、「秘密の粉末」が必要だと信じられていた。それは「賢者の石」として知られるようになった物だ。ド・ホープトプール家が、この賢者の石を持っていたと言われている。文書『赤い蛇』は、黄道上の十三番目の星座「蛇遣い座」に言及した部分で言っている。「鉛である私の言葉は、純粋な金を含んでいるかもしれない」と。

＊――エナジー・グリッドの要衝レンヌ・ル・シャトーにおけるソーニエールの「発見譚」はシオン修道院のディスインフォメーションだった

五百年ものあいだラゼ伯爵家の所領だったレンヌ・ル・シャトーは、カタリ派の中心地となった。カタリ派の終焉《しゅうえん》とともに、レンヌ・ル・シャトーは衰退していった。そのうえ疫病とカタロニアの山賊によって、レンヌ・ル・シャトーは大都市から小さな村落へと完全に没落してしまった。今日のレンヌ・ル・シャトーは、風光明媚《めいび》なすばらしい土地である。不快なエネルギーを感じることさえなければ、私はそこを地上の楽園とでも呼びたいところだ。だが私は、そこで地に潜む邪悪な気を感じていたのである。

山の峰や聖地や教会を結ぶこの地域の不思議な地理パターンは、レンヌ・ル・シャトーの神秘を追求するヘンリー・リンカーンのような現代の研究者たちによって発見された。デヴィッド・ウッドとイアン・キャンベルの両氏は、彼らの著書『ジェネシス・アンド・ジェネセット』のなかで、レンヌ・ル・シャトー近辺の神秘的な地理パターンについて説明している（図20参照）。レンヌ・ル・シャトーに近いレンヌ・ル・ベンス（ベンス村）の古い記録には、女神イシスのことが言及されている。

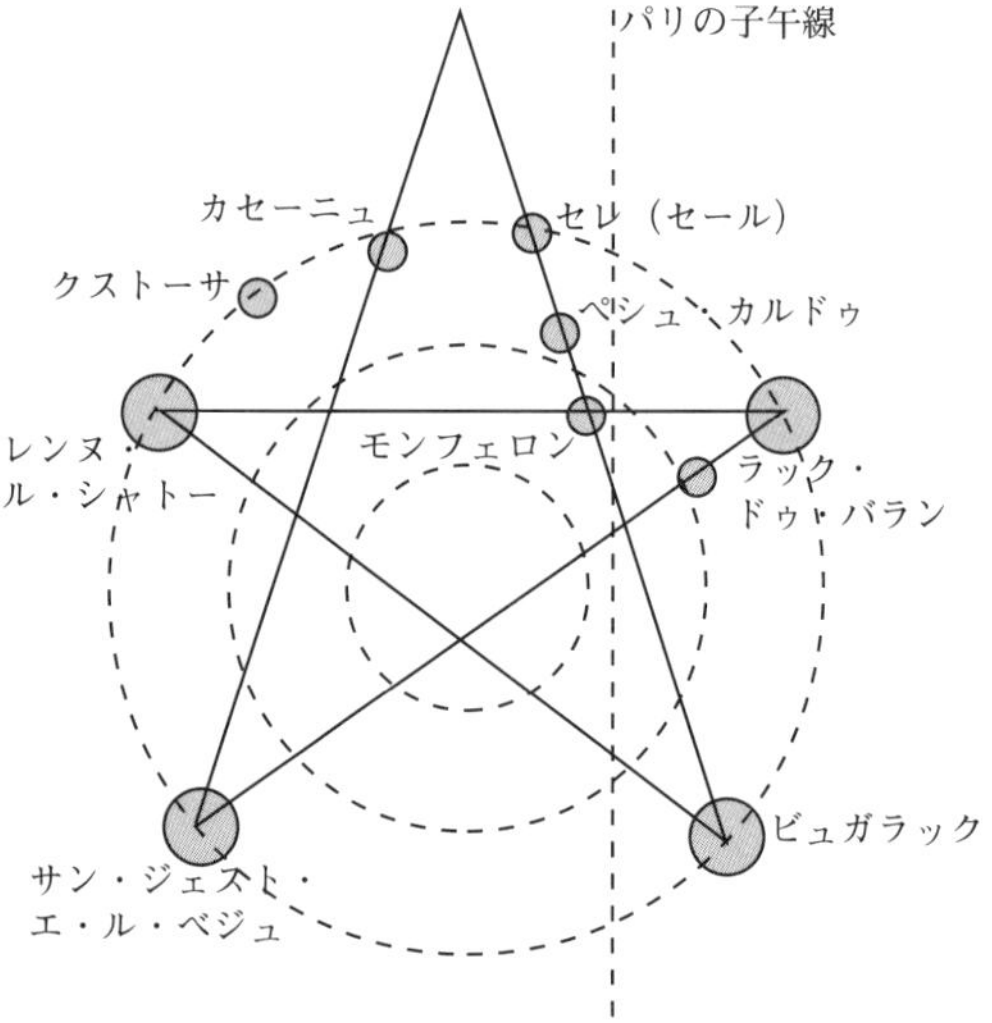

〈図20〉デヴィット・ウッドとイアン・キャンベルによって発見されたレンヌ・ル・シャトーの五芒星。教会ほかのキー・ポイントを結び作られた

十九世紀には、その村はずれでイシスの像が発見されている。ウッドとキャンベルは、レンヌ・ル・シャトーは「家の女神」、レンヌ・ル・ベンスは「水の女神」という意味であると指摘している。

本来、「家の女神」は女神ネフシスの称号であり、「水の女神」はイシスの称号である。ともにエジプトの女神のことだ。レンヌ・ル・シャトーの周辺地域は、地球のエナジー・グリッドの要衝であり、古代よりこのエネルギーの利用法を知る者たちによって注目され続けてきた。現代世界も、ヘンリー・リンカーンのBBC（英国国営放送）テレビ番組や彼の著書『聖なる血、聖なる杯』によって、レンヌ・ル・シャトーの神秘に気づき始めている。『聖なる血、聖なる杯』は、彼とマイケル・ベイジェントとリチャード・レイとの共著である。それは、一八八五年にレンヌ・ル・シャトーの聖マリア・マグダレーヌ教会の司祭となったベレンジェール・ソーニエールの物語に触発されたものだ。ソーニエールは、レンヌ・ル・シャトーの近くのモンタゼルスという場所で生まれた。このソーニエールがやって来た当時、その教会はひどい状態だった。

一八八七年、彼と二人の職人は、荒れ果てていた教会内部の修理にとりかかった。彼らが祭壇の下の敷石を剥がすと、その裏には「一頭の馬にまたがった二人の男の姿」が彫刻されていた。このシンボルこそ聖堂騎士団の最初の紋章だった。この敷石はその後、ナイト・ストーンとして知られるようになった。今では村の博物館で目にすることができる。何か重要な物を発見したと感じたソーニエールは、独力で調査を開始したのだった。

祭壇を動かした彼は、柱の中に封印の施された木の筒を発見した。その中には、彼がのちに解明することになる暗号の書かれた羊皮紙の巻物が入っていた。協会の上司カルカッソンに相談したあと、彼はパリへと旅立った。当時パリにあったローマ・カトリック教会のオカルト研究センター「聖サルピス教会」へ行くためだ。

聖サルピス教会は、パリを通る子午線の真上に位置している。そこは古代、イシス／セミラミス崇拝が行なわれていた場所だった。聖サルピス教会には、中世の文献・暗号の専門家たちが集められていた。

彼らの研究によると、ソーニエールの持ってきた羊皮紙には、メロヴィング家の家系図が書かれていたという。その家系図によると、モンセギュール城攻囲によってカタリ派が殲滅された一二四四年以降も、メロヴィング家の命脈は保たれたということだ。また、一二四四年から一六四四年にかけてのメロヴィング家の家系図もあった。それに加えてレンヌ・ル・シャトーの前司祭であり、ブランシェフォルト家付きの司祭であったアベ・アントワン・ビグーによって、一七八〇年代に編纂された二巻の羊皮紙があった。

しかし、これらすべてをソーニエールが発見したなどとはとても信じられない。およそ、真に重要なことが公にされることはない。つまり、ソーニエールが教会で巻物を発見したというのは、真実を覆い隠すための作り話なのだ。

実はビグーの手による二巻の羊皮紙は、一九六七年、シオン修道院によって意図的に漏洩《ろうえい》されたものだったのである。一般にシオン修道院発祥の地は、フランスの町トロワだと信じられている。トロワはシカンブリアン・フランク族（メロヴィング家）によって建設された町であり、聖堂騎士団が正式に発足した場所でもあったのだ。

＊――シオン修道院グランドマスター名簿に名を連ねる ダ-ヴィンチ、ニュートン、ジャン・コクトーなど錚々たる「名士」たち

シオン修道院が現われたのは、聖堂騎士団やマルタ騎士団やテュートン騎士団が出現したのと同じ頃だ。そしてシオン修道院は、聖堂騎士団と密接な関係を持っていた。だが、シオン修道院の起源ははるか昔にさかのぼることができると考える研究者もいる。シオン修道院のグランドマスター（院長）は「ナヴィゲーター」と呼ばれていた。一一八八年から一九一八年までのグランドマスターの歴代名簿が、パリ国立図書館所蔵の私家本『秘密文書』に掲載されているが、このなかには錚々《そうそう》たる人物たちが出揃っている。何人かあげてみよう。

マリー・ド・サンクレール、ジャン・ド・サンクレール、レオナルド・ダ-ヴィンチ、サンドロ・ボッティチェリ（イタリアの芸術家でダ-ヴィンチの友人）、ニコラス・フラーメル（中世の有名な錬金術師）、ロバート・フラッド（哲学者）、アイザック・ニュートン（万有引力の法則の「発見者」である彼は、「物理的に存在する物こそがすべてだ」という「科学」の創成に大きな役割を果たした）、ロバート・ボイル（ニュートンの親友である彼もまた、近代科学の創始者の一人であった）、ジャン・コクトー（フランスの著作家、芸術家）……。ソーニエールの存命中にシオン修道院院長の座に

いたのは、フランスの文豪ヴィクトル・ユゴーと、彼の親友で作曲家のクロード・ドビュッシー（薔薇十字会のグランドマスターでもあった）の二人だった。ドビュッシー作曲のメロヴィング朝歌劇『ペレアスとメリザンド』は特に有名である。

『聖なる血、聖なる杯』によると、シオン修道院の最近のグランドマスターはピエール・プランタルト・ド・サンクレールであるそうだ。彼は、ダゴベルト二世の子孫としてメロヴィング朝の血流を受け継いでいるという。メロヴィング家の跡取りであったダゴベルトは、幼少の頃アイルランドに亡命した。フランスへと戻った彼は王位を回復したが、のちに暗殺された。彼の息子は生き延びたといわれている。ピエール・プランタルトは『聖なる血、聖なる杯』の著者たちに、自らの都合のいい話を吹き込んだものと思われる。

メロヴィング家がイエスの子孫の血流だという話にはなんの根拠もない。メロヴィング家にまつわる話は、本来イエスとは何の関係もないのだ。レンヌ・ル・シャトーについて言及する際には、よくアルカディアが引き合いに出される。スパルタ領アルカディアは、ゼウスとティーターン族の伝説上の故郷だった。ティーターン族とは、トロイに住んでいたレプティリアンの血流を示している。それがメロヴィング家の血流の源流だ。イエスなどまったく関係がない。彼は実在の人物でさえなかったのだから。

ピエール・プランタルトはもちろん真実を知っていた。しかし彼はそれを秘密のままにしておきたかったのだ。一九二〇年生まれの彼は、一九四二年、パリを占領していたドイツ軍の了承のもと、『若き騎士のための征服』を発刊した。それは、メーソン―聖堂騎士団的な秘密結社「アルファ・ガラトゥ」の機関誌だった。彼は二十二歳の若さでそのグランドマスターとなっていた。彼は真実を語るような男ではない。

＊ノーベル賞詩人W・B・イェイツが夢見た「不平等こそが法」と断ずる悪魔の「レプティリアン文明」

田舎の司祭《聖職者》アベ・ベレンジェール・ソーニエールは、パリの聖サルピス教会で、院長のアベ・ビエーユと会見した。このアベ・ビエーユは、エミール・ホッフェの甥だった。このエミール・ホッフェを通じて、ソーニエールはある秘教サークルに温かく迎え入れられることになった。このエミール・ホッフェには、有名なオペラ歌手エマ・カルヴや、薔薇十字会とシオン修道院の両方のグランドマスターであったクロード・ドビュッシーがいた。

ソーニエールとカルヴは親密な関係になり、彼女はレンヌ・ル・シャトーのソーニエールのもとを訪れた。実はこのカルヴは、フランスにおけるオカルト・ムーヴメントの中心人物だった。彼女の親友には、近代薔薇十字会の創始者であるマルキス・スタニラス・ド・ガルタがいた。そもそもシオン修道院のグランドマスターのほとんどは、薔薇十字会と関係していた。カルヴの友人としてはほかに、悪魔主義者として名高いジュール・ボワがいた。彼は、有名な悪魔主義者マクレガー・メーザースの親友だった。ボワの勧めによりメーザースは、英国オカルト結社「黄金の夜明け（黄金の曙）」を創始した。そのメンバーでは、アレイスター・クロウリーがあまりにも有名だ。黄金の夜明けやクロウリーなどの分派は、ナチスとチャーチルの相方に関係していた。

ウィンストン・チャーチル卿といえば第二次世界大戦中の英国首相として知られているが、彼は古代ドルイド教を奉じる悪魔主義者であったのだ。また、サッと手を挙げる「ハイル・ヒトラー！」の挨拶は、もともとは黄金の夜明けのものであった。黄金の夜明けのメンバーには、あの有名な詩人、W・B・イェイツがいた。彼は、クロード・ドビュッシーの友人だった。彼の夢見る理想社会は、バビロニアン・ブラザーフッドの目標とする世界を見事に描き出している。

「……最も完成された形態の貴族的文明においては、生活のあらゆる細部までもが階層秩序に従っている。偉大な人間の家の門は、夜明けとともに請願者の群れで満ちあふれる。そして世界中の富は少数者の手に集まるのだ。すべては少数者に、そして究極的には皇帝その人に依存することになる。皇帝は最高神に仕える神なのだ。法廷であろうと家庭であろうと、あらゆる場所において不平等こそが法となるのだ」

これはまさに、レプティリアンが創り上げようとしている人間社会のヴィジョンだ。もしソーニエールや彼の友人たちがエマ・カルヴのサークルで活動していたとするならば、彼らは悪魔主義のために働いていたということだ。ソーニエール自身がサタニスト（悪魔主義者）だったという確証はない。しかし彼の多くの知人たちはそうだった。フランス文化大臣や、オーストリア皇帝フランツ・ヨーゼフのいとこのヨハン・フォン・ハプスブルク大公も、レンヌ・ル・シャトーのソーニエールを訪れた。レプティリアンの名門であるハプスブルク家は、帝国が終焉した一八〇六年までの五百年間、神聖ローマ帝国の支配者であり続けた。シオン修道院、メロヴィング家、レンヌ・ル・シャトー、これらは互いに結びついて巨大な蜘蛛の巣を形成している。私はこれを解き明かそうとしているのだ。

＊

キッシンジャー、ワーグナー、ジュール・ヴェルヌら秘密結社メンバーを虜にするレンヌ・ル・シャトー一帯の秘儀的地理パターン

スイスのグランド・アルペン・ロッジ（支部）は、現代世界において最も重要なフリーメーソン・ロッジの一つだ。現在この地上において最も活動的なレプティリアンの僕《しもべ》たるヘンリー・キッシンジャー（彼自身もレプティリアンである）は、このグランド・アルペン・ロッジのメンバーである。

このロッジは最高レヴェルの世界操作に関与しており（『……そして真理があなたを自由にする』を参照のこと）、極めて悪魔的である。

かつて『メロヴィングの子孫とヴィシゴート（西ゴート）・ラゼの謎』という本が発刊された。その奥付によるとグランド・アルペン・ロッジ《支部》発行となっているが、彼らは現在それを否定している。ラゼというのは、レンヌ・ル・シャトー周辺の古名である。この本は初めドイツで発刊され、のちにウォルター・セレス-ナゼールによってフランス語に翻訳された。訳者名のウォルター・セレス-ナゼールは、ペンネームである。このペンネームは、レンヌ・ル・ベンスの教会の名からとられたものだ。レンヌ・ル・シャトーを中心とするラングドック地方に隠された秘密は、秘密結社の人間にとって極めて重大な意味を持っている。

作曲家として有名なリヒャルト・ワーグナーは、レンヌ・ル・シャトーの周辺地域の地名からとった名前を、彼のオペラのなかで使っている。『ワルキューレ』のなかにも、「魔法をかけられ、廃墟となった城の中で眠らされ続ける者」というテーマが登場する。レンヌ・ル・シャトー周辺には、廃墟となった城が数多く存在する。ワーグナーのヴァルハラの城は、レンヌ・ル・シャトーの村落から四、五キロほどの所、パリを通る子午線上に位置している。黒魔術に取り憑かれていたヒトラーは、「ナチスを理解するには、ワーグナーを理解せねばならぬ」と語っていた。ワーグナーはレンヌ・ル・シャトーのソーニエールのもとを訪れていたという言い伝えもあるほどだ。

空想科学小説で有名なジュール・ヴェルヌは、秘密の知識を有する高位階の秘儀参入者であった。『カルパティアの城』には、レンヌ・ル・シャトー周辺特有の名前が登場する。ヴェルヌの『愛国者クローヴィス』にはブガラック船長という人物が出てくるが、ブガラックとはレンヌ・ル・シャトー近くの山頂の名であり、地元の人はその山を磁石山と呼んでいる。クローヴィスとは、ご存じメロヴィング朝初代の王の名だ。レンヌ・ル・ベンスの近くにジュアンヌと呼ばれる農場がある。これもまた、ジュール・ヴェルヌの小説の登場人物の名前になっている。

＊――ソーニエールの謎解読のキーワード――
五芒星、物見の塔《マグダラ》、悪魔アスモデウス、薔薇と十字架

パリからレンヌ・ル・シャトーへと帰って来たソーニエールは、貧しい村の司祭にはとても不可能なほどの大金を使い始めた。だが彼はそれほどの富をどこで手に入れたのだろうか？　彼は、教会の隣にベタニア荘と呼ぶ家を建てた。そこに住むのは、彼と家政婦のマリー・デナルノーだけだ。また彼は、山々や谷を一望する近くの高い崖の上に塔を建てた。彼はそれを「マグダラの塔」と名づけ、図書館だと称した。私はその塔を見たことがあるが、とても図書館だとは信じられない。本を置くスペースがほとんどないのだ。それを図書館にしていたとは、とても無理な話だ。

しかし、もっと興味深いことがある。その塔は、周辺地域の教会を結んでできる円と五芒星の地理パターンにぴったりとはまった所に位置しているのである。この地理パターンは、ウッドとキャンベルによって発見された例のものだ。また、マグダラという名は物見の塔を意味する。ブラザーフッドの象徴体系において「物見の塔」とは、マグダラのマリアを意味している。このマグダラのマリアの正体は、イシスやセミラミスによって象徴される女性エネルギーのことである。

監獄宗教「エホヴァの証人」のシンボルもまた「物見の塔」である。創始者のチャールズ・テイズ・ラッセルは高位階のフリーメーソンであり、ブラザーフッドのフロントマンであった。秘密結社、そしてそれが生み出した宗教、すべては密接に結びついている。ソーニエールは、美術品や骨董品にかなりの額の金を使った。村のために給水塔を造るのにも金を出した。レンヌ・ル・シャトーへの山

道を舗装するのにも一財産を費やした。彼は、ヨーロッパ中の人士と文通し始めた。そして新たに手に入れた富で、彼は自らの教会を大幅に改装したのだった。新しくなった彼の教会は、奇妙な像や秘教のシンボルで埋め尽くされた。

彼は教会の入口に、フランス語で「ここはひどい場所だ」と書きつけた。そのドアをくぐると悪魔の像が出迎えてくれるという寸法だ。これはソロモンに使役され、エルサレム神殿の建設を手伝ったとされる悪魔アスモデウスだ。ソーニエールの没後、その遺品のなかには、鎖で縛られたアスモデウスの絵の切り抜きが発見されている。さらに彼の教会の窓ガラスには、イエスの足に香油を注ぐマグダラのマリアの姿が描かれた。足元に髑髏を配したマグダラのマリアの像もある。これは聖堂騎士団の儀式に使われる象徴だ。床にはメーソンのマークたる黒と白の直角定規が描かれている。ソーニエールの教会の装飾の特徴は、なんといっても薔薇と十字架だ。これは、古代より続く秘密結社「薔薇十字会」のシンボルだ。パリやキプロスで発見された聖堂騎士団の遺物にもまた、薔薇と十字架があしらわれていた。

薔薇は、女神崇拝と密接に関係する性的シンボルである。ローマ人たちは、薔薇のことを「ヴィーナス（セミラミス）の花」と呼んでいた。それは、ヴィーナスを祀った神殿に仕える「聖なる売春婦」の印であった。ヴィーナスの性の神秘にまつわる薔薇の「秘密の（sub rosa）」意味は、部外者には決して明かされることがなかった。女神のエネルギーたる聖母マリアは、神秘の薔薇として象徴された。ローズ（薔薇）という言葉は、性愛の女神エロスの名に由来するものだ。

薔薇十字会は、ブラザーフッド・ネットワークとつながっている。これはイエズス会も同様だ。ソーニエールの兄弟のアルフレッドはイエズス会士だった。レンヌ・ル・シャトーの博物館員は、「ソーニエールは薔薇十字会のメンバーだったのだろう」と語った。私もまったく同感だ。

彼の墓石には十字架と赤い薔薇が刻まれている。墓石の赤い薔薇は、その者の生涯が称賛に値するものであったことを、あるいはその死が時期尚早であったことを示している。シオン修道院のグランドマスターであるピエール・プランタルト・ド・サンクレールは、レンヌ・ル・シャトーのソーニエールの墓の前で奇妙な儀式を行なっていたのを目撃されている。ソーニエールは大金を使ったことについて教会組織から査問を受けたが、教皇からの後ろ楯があったおかげで難なくやりすごしている。

*ソーニエール、イシス神殿廃墟上にある聖サルピスの祝日《一月十七日》「逆さ五芒星の山羊の顔」象徴の日に、「早すぎた死《薔薇の花》」を迎える

ソーニエールは、二人の田舎司祭とともに秘密裡に活動していた。その二人の田舎司祭とは、レンヌ・ル・ベンスのアベ・ブーデとクートーシャのアベ・ジェリだ。彼らが司祭を務めた村は、レンヌ・ル・シャトーの近くだった。ピエール・プランタルトの祖父の友人であったブーデは、ソーニエールとその兄弟のイエズス会士に、かなりの額の金を与えたとの記録が残っている。彼ら三人の司祭たちが思いがけない大金を手にしていたのは明らかだ。

一八九七年、ソーニエールとブーデとの争い、そしてジェリが暗殺されたことにより、親密だった彼らの交際は崩れ去った。ジェリは何ものかを恐れるようにドアに鍵をかけ、隠遁生活に入っていた。それには理由があった。というのは彼は、ある者によって死ぬほど脅されていたのだ。しかも犯人は彼の顔見知りだった可能性が非常に高い。彼が殺されたとき、鍵は内側から開けられ、彼が備えつけていた警報ベルは鳴らされなかったからだ。殺害の直前には、どうも激しい揉み合いがあったようだった。それにもかかわらず、彼の死体は床の上にきちんと寝かされていた。そのようすはなにかしらの儀式を髣髴《ほうふつ》させるものであった。

クートーシャの彼の教会は、今となってはおなじみの例のシンボルで装飾されていた。ライオンの足、ぶどうの木、ダヴィデの星……。このダヴィデの星は、一筆書きできるほうのものではなくて、三角形を二つ重ね合わせてできる六芒星のほうだった。ソーニエールの蔵書票にもまったく同じマークが描かれていた。

ジェリの墓には、暗殺という言葉とともに、聖堂騎士団の使っていたマルタ十字がつけられている。その墓石は薔薇をあしらった装飾が施されている。薔薇十字会のシンボルである薔薇の花は、「早すぎた死」をも象徴している。

ソーニエールは、発作によって一九一七年に死亡した。発作が起こったのは、一九一七年一月十七日のことだった。これはバビロニアン・ブラザーフッドにとって重要な日付である。それは聖サルピスの祝日だ。思い出していただきたい。ソーニエールはパリにあったカトリック・オカルト研究センターの聖サルピス教会に、シオン修道院によって意図的に漏洩された例の羊皮紙の巻物を持参していたことを。

〈図21〉人間と動物の組合せの姿を持つ邪神バフォメットは悪の力を象徴する

神秘的な記録文書『赤い蛇』は、この聖サルピス教会のグランド・プランについて語っている。聖サルピス教会は一六四五年、イシス神殿の廃墟の上に、聖なる幾何学の法則に則って設計・建築された。聖サルピス教会は、シオン修道院のフロントである聖サクラメント修道会の本部にもなっていた。シオン修道院のグランドマスターであったヴィクトル・ユゴーは、この聖サルピス教会で結婚式をあげている。

この『赤い蛇』の日付は一月十七日となっており、それが山羊座であることを強調している。山羊座のネガティヴな形態は、メンデスの山羊「バフォメット」である。このバフォメットは、聖堂騎士団によって用いられた悪魔主義のシンボルなのだ（図21参照）。これは、古代イスラエル人が、荒野の神アザゼル（監視者たるレプティリアン）への生贄として山羊を捧げたことに由来している。以来アザゼルは、「逆さ五芒星の山羊の顔」で象徴されるようになった。

*―――――

分割支配戦略の一助としての内ゲバ「秘密に関与する者を殺すのも、また秘密に関与する者なのだ」

シオン修道院のグランドマスターであったニコラス・フラーメルは、その初めての錬金術実験を一月十七日の正午に行なったとされている。シオン修道院とテュートン騎士団の両方のグランドマスターであったシャルル・ド・ロレーヌの像は、一七七五年一月十七日、ベルギーにおいて公開された。もしあなたがこれらを偶然の一致だと思うのならば、私は注意を喚起したいと思う。

日時というものは、バビロニアン・ブラザーフッドにとって非常に重要な意味を持っている。それぞれの瞬間は、そのときの地球の磁場の状態に応じたそれぞれの波動を持っている。地球の磁場は、太陽の状態の変化と惑星の動きに応じて、微妙に変化し続けている。日付などに代表される数の組合せは、それぞれが独自の波動的特性を持っている。ソーニエールは、彼の財産のすべてを家政婦のマリー・デナルノーに託した。彼は終生、彼女を信頼していた。彼女は友人に次のように語ったと言われている。

「この村の人々は、黄金の上を歩いているというのにそれに気づかない。村人みんなを百年間養ってもまだ余るほどのものを、旦那様は残してくださった。いつか秘密を教えましょう。そうすればあなたはすごい大金持ちになれるでしょう」

しかし結局、彼女が秘密を打ち明けることはなかったのである。レンヌ・ル・シャトーは、数多くの秘密が隠された場所だ。長いあいだそこは、決して真実を見せてはくれない「鏡の部屋」だった。しかし今や、ヴェールが剥がされ真実が明らかにされようとしているのだ。

レンヌ・ル・シャトーの例にもみられるように、ブラザーフッドの各派は、主導権を争って水面下で激しい闘争を繰り広げている。これがまた、事態をより複雑なものにみせている。秘密に関与する者を殺すのも、また秘密に関与する者なのだ。このへんを充分に理解していないと、あなたは混乱するかもしれない。

さて、このような内部闘争はどうしても生じてしまうものである。しかし、このような内部闘争の一端を一般社会に意図的に漏らすことが、ブラザーフッド全体の役に立つということが往々にしてあるのだ。それは混乱を生み出し、彼らの分割支配戦略の一助となるからである。というわけで、彼らのアジェンダの現実化のためには、これもまた必要なことなのだ。しかしその内部抗争がアジェンダに抵触するような場合は、ブラザーフッド最上層部は即座に各派をまとめあげる。シオン修道院とその軍事部門であった聖堂騎士団とのあいだの争いが、そのような内部抗争の典型例だ。それは数世紀にわたるすさまじい闘争であった。

一一八七年、イスラム教トルコ軍に対してエルサレムを放棄した聖堂騎士団は、自らの上部組織であるシオン修道院に対する独立闘争を開始した。一年後に両組織は、北フランス沿岸の町ジゾールにおいて「楡《にれ》の木切り」として知られる儀式を行ない、正式に分離した。シオン結社はシオン修道院へとその名を変え、聖堂騎士団によって使われていた赤十字の紋章を採用した。さらにシオン修道院は、「真の薔薇十字会」の称号を採用したのだった。こうして二つの秘密結社は、それぞれ独立して活動することで合意した。しかし、シオン修道院は聖堂騎士団の富をなんとしても手に入れたかった。そこで彼らは、メロヴィング家の血を引くフランス王、端麗王フィリップを利用したのである。

＊――シオン修道院傀儡の端麗王フィリップ、聖堂騎士団潰しに狂奔するも、最上層部は同一組織

端麗王フィリップは、二人の教皇の首をすげ替えたあと、意のままに動かせる人物を教皇の座に据えた。まず彼は、教皇ボニファティウス八世を追い落とすために、部下の一人をローマ教皇庁へと送った。その後間もなく、教皇ボニファティウス八世は死亡した。さらに彼は、次の教皇ベネディクト十一世をも毒殺した。そして彼は最後に、ボルドーの大司教を「教皇クレメント五世」として即位させたのであった。次いで教皇庁を南フランスのアヴィニヨンに移した。これによってローマ教会は分裂し、フランスとローマはそれぞれ独自の教皇を擁立することになった。この異常状態は以後六十八年間も続いた。

自らに都合のよい教皇を得たフィリップは、次の獲物として聖堂騎士団に目を向けた。彼は聖堂騎士団の富がほしかったのだ。そのうえ彼らの勢力拡大をいまいましく思っていたのである。このフィリップは、シオン修道院の傀儡であった。十字軍がイスラム軍に敗れ聖地を追われた一二九一年以降、聖堂騎士団はローマ教会に対する影響力を失っていた。フィリップは、その傀儡の教皇とともに聖堂

騎士団潰しに乗り出した。

一三〇六年、彼はフランス全土のユダヤ人を逮捕し、財産を没収して国外へと追放した。続いて彼は、「一三〇七年十月十三日の金曜日、夜明けとともにフランス全土の聖堂騎士団員を一斉に逮捕する」という秘密計画にとりかかった。実は「十三日の金曜日」が不吉な日とされるようになったのは、このときからなのである。

かくしてグランドマスターのジャック・ド・モレーを含む数多くの聖堂騎士団員が捕らえられ、異端審問という名のすさまじい拷問を加えられた。しかしまた、多くの聖堂騎士団員がこの計画を事前に察知しフランスから脱出していたという証拠も残っている。

聖堂騎士団の儀式や内部規則に関する詳細な記録文書は、フランス当局による一斉捜査の前に、持ち去られるか破棄されるかしていた。パリ本部の地下金庫はすでに開けられており、フィリップの期待していた財宝はすでに運び去られていた。

そこで彼は傀儡の教皇を使い、ヨーロッパ中の君主たちに対し、聖堂騎士団員を逮捕するように圧力をかけた。しかし、これはあまりうまくいかなかった。ドイツのロレーヌ地方（のちにフランス領）の公爵は聖堂騎士団員を保護したし、ドイツの他の地方でも聖堂騎士団員が訴追されることはなかった。このようにしてフランス当局の手を逃れた聖堂騎士団は、その名を変えて以前と同様に存続した。逃げ延びた者たちのなかには、エルサレム（マルタ）の聖ヨハネ騎士団やテュートン騎士団に加わった者たちもいた。

ロレーヌ地方の貴族は「純血」に近いレプティリアン混血種の血流であり、現代の国際悪魔主義ネットワークにおいても枢要な役割を担っている。歴史にしばしば見え隠れする聖堂騎士団、聖ヨハネ騎士団、テュートン騎士団。これら三つの騎士団は一見したところ反目し合っているようにもみえるのだが、その最上層部においてはまったく同一の組織であるというのが実態なのである。

＊――フランスの異端審問官による「逮捕―拷問―死」からゆかりのスコットランドへ逃れた聖堂騎士団員たち

英国王エドワード二世は、「聖堂騎士団員を逮捕せよ」という教皇からの命令を無視し続けた。さらに強い圧力をかけられたときでさえ、王はできる限り緩やかな措置をとった。スコットランドやアイルランドの対応もほぼ同じようなものだった。しかし、ついにフランスから異端審問官たちがやって来た。なんとか「逮捕―拷問―死」という結末を免れることのできた聖堂騎士団員たちは、イングランドおよびアイルランドから脱出したのだった。なお、スコットランドでは事情はまったく違っていた。

他方、迫害から逃れようとしたフランスの聖堂騎士団員たちは船に財宝を積み込み、艦隊を組んでフランスのラ・ロシェル港から出立した。しかしその後、端麗王フィリップを利用したシオン修道院が、英国艦隊を組織させ、脱出する聖堂騎士団艦隊を襲撃して莫大な金を奪い去ったという可能性があるのだ。その可能性はかなり高いと言えよう。

いずれにしろ、聖堂騎士団員たちは、スコットランドやポルトガルへと逃れた。そしてアメリカへと。彼らは、アメリカ大陸の存在をすでに知っていた。古代アーリア人エリートの秘密知識の地下水脈につながる彼らは、数千年も前に古代フェニキア人がアメリカ大陸へと渡っていたということを知っていたのだ。

前述したように、スコットランドの対応は、他の地域とはかなり違っていたが、それには多くの理由があった。スコットランドには、セント・クレア（シンクレア）一族がいたのである。彼らは、大昔にブリテンへと渡って来た古代フェニキア人ブラザーフッドの末裔や、またずっとあとにベルギーや北フランスからやって来たブラザーフッドの血流の者たちであった。これらの一族の長であったロバート・ブルースは、スコットランドの支配権をめぐってイングランド（こちらもアーリア人の血流）と戦争状態にあった。彼は教皇から破門されていた。そのためブルースの勢力圏には、聖堂騎士団を壊滅させようとする教皇の意志は及ばなかったのである。

フランスを脱出した聖堂騎士団員の多くが、このスコットランドを目指した。彼らの船はアイルランド西岸を回り、スコットランド西部キンタイア地方のマル島、ジュラ島、イスレイ島のあたりに上陸した。キルモリーやキルマーティンに見られるように、この地方の沿岸一帯には、聖堂騎士団員の墓や遺跡が数多く残っているが、それはこのような経緯からである。上陸した聖堂騎士団員たちは、やがてダルリアダ（現在のアーガイル）に入植した。その後間もなく彼らは、スコットランド史上最も有名な戦いにおいて決定的な役割を果たすことになる。

一つの顔、さまざまな魔の仮面

第8章

宗教と科学を韜晦《とうかい》、「レプティリアン・アジェンダ」は必ず実現させる！

＊――「バノックバーンでの戦い」でイングランド軍を総崩れ殲滅した
突如スコットランド軍支援の「未知の部隊」屈強の聖堂騎士団

聖堂騎士団がフランスからスコットランドへと逃れてくる前、ロバート・ブルースの対イングランド戦役の状況は惨澹《さんたん》たるものだった。ブルースはペースシャイアー山地への撤退を余儀なくされ、のちにアーガイルへと逃れた。そこから彼は、キンタイア半島を経て北アイルランドに渡ったのである。ブルースはアルスター地方とのつながりが深く、そこに領地を持っていた。ブルースの称号はカーリック伯であった。このカーリックという名称は、カーリックファーガスをはじめ、アイルランドのアルスター地方の地名に数多く見られる。

アルスター地方の人々は、スコットランドと、特にスコットランド西岸地方と、長きにわたる政治的・血縁的結びつきを持っている。しかし彼らは、いくたびとなく紛争状態へと陥れられてきた。今日まで続くアルスター地方における争いの原因は、アイルランド人（カトリック）とスコットランドからやって来たスコット・アイリッシュ（プロテスタント）とのあいだの軋轢《あつれき》である。これらの紛争は、ブラザーフッドによって仕組まれ、彼らに利用された官吏によって助長されてきたのである。

アイルランド貴族の援助を受けたブルースは、一三〇七年、スコットランドへの帰還を果たした。一三〇七年といえば、フランスで聖堂騎士団潰しが始まった年だ。帰還とともにブルースは、エドワード一世に替わったばかりの新たな英国王、エドワード二世に対する戦いを開始した。ブルースの軍は、フランスから逃げて来た聖堂騎士団からの資金や武器の援助によって、大いにその力を増した。

戦争全体の帰趨を決したのは、スターリング・キャッスルの近く、バノックバーンでの戦いだった。一三一四年六月二十四日、洗礼者ヨハネの日（ニムロデの日）のことだった。スコットランド軍がイ

左から正装の聖堂騎士、入会の秘儀、団長ジャック・ド・モレー

ングランド軍を殲滅したのは、突如として「未知の騎士たち」がスコットランド軍の戦列に現われた日のことであった。決して説明されることのなかったなんらかの理由により、その増援部隊を見たイングランド軍はパニックに陥り、総崩れとなって敗走し始めた。その増援部隊はさぞや桁はずれに強い者たちであったはずだ。しかもイングランド軍は一瞬にしてそのような反応を見せたのだから、その増援部隊は遠目からでもすぐにそれとわかる特徴を備えていたに違いない。このような条件に当てはまる者たちといえば聖堂騎士団だ。その「未知の部隊」は聖堂騎士団であったに違いない。

十字軍において恐れられた屈強の戦士たちが、スコットランドの地に再び集結したのだ。このバノックバーンにおける勝利によって、こののち二百八十九年間続くことになるスコットランドの独立が確保されたのだった。その日ブルースとともに戦った者のなかには、ロスリンのウィリアム・セント-クレア卿がいた。ブルースの死んだ一三二九年、ステュアート朝が始まった。フランスのメロヴィング朝では、君主を補佐する宮廷の長を任命するのが通例であった。スコットランドも、デヴィッド一世の時代からこの制度を取り入れた。この宮廷の長はロイヤル・ステュワード（王家の家令）と呼ばれ、この地位は世襲制となった。これはのちにステュワートと呼ばれるようになった。ステュワート朝が誕生したのは、このような家令の家系からである。

メロヴィング朝の場合と同様に、スコットランドにおいても、世襲的な家令の血流がついには王家そのものとなった。ブルースの娘がステュアートのウォルターと結婚したのだ。ブルースの死とともに、彼らの長子がスコットランド王ロバート二世として即位した。ステュアート朝第一代だ。

＊キッシンジャー、渦状エネルギー横溢のウィンザー城内で、エリザベス女王より聖堂騎士団復活のガーター騎士に任ぜられる

公式に解散させられていた聖堂騎士団は、一三四八年、エドワード三世の命により再結集され、ガーター騎士団として復活した。この結社は、英国貴族を主体として現在も続いている。それはバビロニアン・ブラザーフッドのエリート・フロント《前線活動部隊》であり、「処女マリア」（その正体はセミラミス／ニンクハルサグ）を崇拝している。エドワードを主君とするこの騎士団は、ウィンザー城内の秘密の隠し部屋を使い、アーサー王伝説をモデルに円卓を囲むという形で集会を行なっていた。

ウィンザー城は、非常に強力な渦状のエネルギーを発する聖地の上に建てられている。レプティリアン（爬虫類型異星人）の悪魔主義者ヘンリー・キッシンジャーは、ウィンザー城において、エリザベス二世女王より騎士（ガーター結社員）に任ぜられている。女王はブラザーフッドのアジェンダの実現に尽力しており、ガーター騎士団は彼女の持つ主要なネットワークの一つである。エドワード三

世の名はウィンザーであった。第一次世界大戦中、ドイツふうの名前はまずいということで、英国ハノーヴァー王家は「ウィンザー」へとその名を変えたのだ。ウィンザーとは、ガーター結社を作り出したエドワード三世の名にちなんだ名称である。

　ガーター騎士団の徽章は、小さな宝石の薔薇と二十六個の金の粒が交互に並んだものだ。この二十六個の金の粒は、十三人のグループが二つ、合計二十六人の騎士たちを示している。フランスにおいても、星の騎士団、金の羊毛騎士団、聖ミシェル騎士団など、類似の結社が出現した。フリーメーソンは、聖堂騎士団やシオン修道院がその名を変えたものだ。イエズス会は、その目的や組織構造において聖堂騎士団と同じものである。イエズス会やマルタ騎士団は、ローマ・カトリックの外観を呈しつつも、その実体は秘教的知識を包蔵する秘密結社である。彼らのやっていることは、十字軍時代の聖堂騎士団がやっていたこととまったく同じだ。彼らは、フリーメーソンの最上層部と一緒になって、ヴァティカンを、すなわち教皇とローマ・カトリック教会を、それぞれ支配しているのだ。

　彼らは両面を支配している。まず、秘教の地下水脈。そして、それを邪悪なものとして排斥するローマ教会。このようなやり方で彼らはゲームを管理・統御する。そして、我々がすみやかに目覚めないかぎり、彼らはこのゲームの究極の結果をも我がものとするだろう。教皇による聖堂騎士団追放直後の経緯をみれば、、その実態がよくわかる。

　一三一二年、聖堂騎士団の所有していたすべての土地・財産は、教皇の命により、彼らの「ライバル」であった聖ヨハネ・ホスピタル騎士団に与えられた。この聖ヨハネ・ホスピタル騎士団は、のちにロードス騎士団と呼ばれ、現在ではマルタ騎士団（カトリック）と聖ヨハネ騎士団（プロテスタント）とになっている。両者は同一の勢力なのだ。テュートン騎士団についても同じことが言える。これらの組織はすべて、銀行組織などを通じて複雑に絡み合い一体となっている。

「目的を果たすためにはあらゆる邪悪な手段を利用する」という点において、彼らはみな同じである。十六世紀中頃までの二百年のあいだに、ホスピタル騎士団と聖堂騎士団は相互に深く浸透し合い、兄弟も同然の関係になっていた。一三一二年没収された聖堂騎士団の土地・財産がホスピタル騎士団のものになったというのは、あくまでも表面上そう取り扱われただけのことにすぎないのだ。

＊――「トロイの木馬」戦略――警護の名目でフランス国王を傀儡する三十三人の天才《エリート》スコット・ガード《聖堂騎士団》

聖堂騎士団は、十五世紀中頃フランスにおいて、スコット・ガード（フランス王直属のスコットランド人近衛団）としてその影響力を回復した。ロバート・ブルースが無敵のスコットランド王となったとき、彼は「古い同盟」を更改し、フランス国王シャルル四世とのあいだに新たな契約を結んだのだ。ブルースやシンクレア一族など、スコットランドを支配する血流がフランスやフランドルから渡って来たことを考えるならば、スコットランドとフランスのあいだの親密な同盟関係は特に驚くべきことではない。

一四四五年、フランス国王シャルル七世はフランスに初めて常備軍を置いたが、これはまさに聖堂騎士団そのものであった。このシャルルの常備軍の主力はスコットランド人部隊であり、彼らは最高の栄誉を与えられていた。パレードの最前列は常に彼らだった。さらにそれ以上の力を持っていたのが、エリート中のエリート、三十三人のメンバーからなるスコット・ガードであった。三十三とは、非常な重要性を持つ秘教の数字である。フリーメーソンのスコティッシュ・ライト（スコットランド位階）も三十三の階級から形成されている。スコット・ガードの任務は国王の身辺警護であり、彼らは王の寝室で眠ることさえもあった（三十三人のすべてがそこまで国王と親密だったとは思われないが)。また、スコットランド・ガードはたえず十三人ずつ拡充・増員されていった。彼らは常に、秘教的数霊術の法則に従っている。スコットランド・ガードはたえず十三人ずつ拡充・増員されていった。彼らは常に、秘教的数霊術の法則に従っている。十三は、聖堂騎士団において鍵となる数なのだ。

スコットランド・ガードの隊長たちは、自動的に聖ミシェル騎士団（秘密結社）に加入させられていた。この聖ミシェル騎士団は、のちにスコットランドにも支部を置いている。今日まで続く人類操作（マニピュレーション）を行なってきた人々はさまざまな「仮面」をつけており、表面上はそれぞれの目的を持った諸勢力が拮抗し合っているようにも見える。しかし彼らのアジェンダは一貫している。

そして、スコットランド・ガード（聖堂騎士団）は、「トロイの木馬」の天才であった。彼らは「顧問」や「外交官」として浸透し、フランスの政体を乗っ取ってしまった。シャルルは彼らの傀儡も同然であった。スコットランド・ガードのエリートたちの名が知れわたり始めたのは、この頃からである。シンクレア、ステュアート、ハミルトン、ヘイ、モントゴメリー、カニングハム、コーバーン、シートンなどの名がそうだ。彼らは、フランスやフランドルからスコットランドへとやって来た家系であり、その血流は古代中近東のアヌンナキにまでさかのぼることができる。

スコットランドを乗っ取った彼らは、次にフランスへと返り咲いたのであった。スコットランド・ガードは、秘密の知識を受け継ぐ者たちの数あるフロントの一つであり、聖堂騎士団のアジェンダが現実化された一つの姿であった。聖堂騎士団は、悪魔崇拝の儀式を行なったことで糾弾されたが、スコットランド・ガードたちも、まったく同じ儀式を執り行なっていた。名前以外は何も変わっていないのだ。

現在モントゴメリー家の一員のある人物は、『ザ・テンプル・アンド・ザ・ロッジ』の著者に対し、「スコットランド・ガードが結成されたのと同じ時期に、ある結社が作られた。モントゴメリー家の男子はみな、その結社員たる資格が与えられていた」と語っている。それはテンプル結社（聖堂騎士団）と呼ばれていたという。このテンプル結社は、のちにフリーメーソン・スコットランド位階として再浮上することになる。

＊——爬虫類人血流名門中の名門の「エルサレム王」ルネ・ド・アンジュー暗躍隠蔽の「ジャンヌ・ダルク物語」

このようなネットワークとのつながりの深い家系として、北フランス—ドイツのロレーヌ家があった。一四〇八年生まれのロレーヌ公ルネ・ド・アンジューがその代表格だ。彼は十歳でシオン修道院のグランドマスターとなり、二十歳までは叔父のド・バール枢機卿の指導を受けた。彼の一族は、レプティリアン（爬虫類人）の血流のなかでも名門中の名門であった。

彼は、数多くの称号を持っていた。プロヴァンス伯（プロヴァンスといえば、あのレンヌ・ル・シャトーのある地方である）、ギーズ伯、アンジュー公、ハンガリー王、ナポリ王、シチリア王、アラゴン王、ヴァレンシア王、マジョルカ王、サルディニア王、エルサレム王などがそうである。エルサレム王という称号は象徴的なものであるが、ブラザーフッド内においては非常に重要な意味を持っている。

彼の次の代のエルサレム王は、カール・フォン・ハプスブルクであった。カール・フォン・ハプスブルクという名は、数霊術のうえでは六六六という数字に対応する。ルネ・ド・アンジューの娘の一人は、一四四五年に、イングランド王ヘンリー六世と結婚している。一四五五年に始まった薔薇戦争では、赤薔薇たるランカスター家のヘンリー六世と、白薔薇たるヨーク家が衝突したが、この争いにおいて彼女は重要な役割を果たした。ルネ・ド・アンジューは、あらゆる方面にコネクションを持っており、巨大なネットワークの中枢に位置する人物であった。彼は、ブラザーフッドに属する者としては、まさに古典的典型とでも言うべき人物である。

ルネ・ド・アンジューは、歴史的に有名な二人の人物と深いつながりを持っていた。その二人の人物とは、クリストファー・コロンブスとジャンヌ・ダルクである。ルネ・ド・アンジューとクリストファー・コロンブスの関係は、歴史的にみて計り知れないほど巨大な意味を持っているが、それについてはもっとあとで説明しよう。

さて、ジャンヌ・ダルクは、ルネ・ド・アンジューの臣民として、バール領で生まれたようだ。表向きの歴史によると一四二九年に彼女は、「イングランドからやって来た侵略軍より祖国フランスを守り、シャルル王子をフランス王位におつけすべく、私は神より使命を与えられた」と宣言したことになっている。シャルルは、実際にシャルル七世としてフランス王となっている。彼女は、ルネ・ド・アンジューの義理の父と伯父に、彼らの集会に出席させてもらえるように頼んだ。集会が始まったとき、ルネ・ド・アンジューが現われた。

「煙幕」のなかヒロインを演じさせられた「ロレーヌの乙女」火刑台上のジャンヌ・ダルク（ルネヴー画、パリ・パンテオン蔵）

一般に伝えられている歴史では、彼女はルネに、自らの使命を果たすのに必要な馬を所望し、フランスまで連れて行ってくれる男たちをつけてくれるように頼んだということになっている。ルネの生涯を書き記した歴史家たちの記録によると、ルネ・ド・アンジューはジャンヌとともにシャルルに会いに行き、シャルルを王位につけることとなった輝かしい対イングランド軍戦役の際には、常に彼女のそばにいたという。しかし、ジャンヌ・ダルクの軍功が絶頂期を迎えた一四二九～一四三一年、彼の消息は不明となっている。

そのジャンヌは、最後には魔女として火あぶりにされてしまった。ただし、ここで注意すべきなのは、このような「ジャンヌ・ダルクの物語は歴史のうえに張り巡らされた煙幕」だということだ。われわれは、貴族の門を叩いた貧しい農家の出の娘が対イングランド侵略軍戦役の指導者に祭り上げられた、という話を信じ込まされている。しかし、ジャンヌ・ダルクが戦ったとされる対英戦役の真の指導者は、背後に潜むルネ・ド・アンジューであった。「ロレーヌの乙女」伝説を元にして演出されたジャンヌ・ダルクの物語は、真相を隠蔽するための便法にすぎなかったのだ。ここにも情報操作があったのだ。

＊――ルネッサンスの陰の中心人物ルネ・ド・アンジューのロレーヌ家で長期間、古代知識の特訓を受けていたノストラダムス

「ロレーヌ十字」として知られるようになった、横棒が二本入った十字架、これを導入したのはルネ・ド・アンジューであった。この二重十字は、のちにキリスト教会の一部で使われるようになり、「doublecrossed」(「操作を受けた」の意)という言葉の語源となった。これはレプティリアン・ブラザーフッドのシンボルであり、巨大石油産業エクソンの企業ロゴが、まさにこの二重十字のマークとなっている。エクソンを支配しているのは、ブラザーフッドのアメリカ支部長たるロックフェラー家だ。

アーサー王伝説や聖杯伝説を信じていたルネ・ド・アンジューは、秘教の学問に深く傾倒していた。

イタリアに広大な所領を有していた彼は、黒い貴族をはじめとするイタリア貴族階級と密接に結びついていた。彼は、ルネッサンスの開幕にインスピレーションを与えた者の一人であった。ルネッサンスは、古代エジプトやギリシアの知識がヨーロッパの言語に翻訳されたことに刺激されて始まったものだ。

ルネ・ド・アンジューの廷臣の一人に、ジャン・ド・サンレミーという占星術師がいた。この男は、あの有名なノストラダムスの祖父であったらしい。このことは非常に重要な意味を持っている。なぜならノストラダムスは、十六世紀、ロレーヌ家とその分派たるギーズ家が、フランス王位をめぐって競争相手たちと血みどろの争いを繰り広げていたとき、両家の宮廷に出入りしていたからだ。ノストラダムスの本名は、ミシェル・ド・ノートルダムである。この「ノートルダム（聖母）」とは、イシス／セミラミスのことを示している。フランスの研究家ジェラール・ド・セーデは、「ノストラダムスは、ロレーヌ家およびギーズ家のエージェントであり、フランス宮廷における占星術師としての立場を利用して、両家のために活動していた」と主張している。ド・セーデはさらにこう述べている。「ノストラダムスの『四行詩』は、予言というよりもむしろ、過去のできごとにまつわる象徴的教訓であり、過去の集団の暗号化されたタイムテーブルである。……ライバルたちがひしめくフランス宮廷に入る前、ノストラダムスは、ロレーヌで長期間にわたる訓練を受けている。この時期に彼は、彼の著作の基礎となった古代の知識に接近する機会を与えられたようだ」と。

ノストラダムスが桁はずれに優れた占星術師だったとしても、それは別段驚くべきことではない。彼は、他の者たちが知ることを許されない秘教の知識を与えられていたのだから。また偶然にも、ジェラール・ド・セーデも、メロヴィング家は異星人の血流であると主張している。もちろんこの説は、馬鹿馬鹿しいとして一笑に付されているが、私自身は彼の言っていることは正しいと思う。少なくとも彼らは、低層四次元に棲むレプティリアンのコントロールを受ける「王家」の血筋なのである。
十六、十七世紀、ブラザーフッドのアジェンダを進行させるべく、一連のできごとが立て続けに引き起こされた。秘教ネットワークの影響力は拡大の一途を辿り、今や全地球乗っ取りの段階に至ろうとしている。
ルネ・ド・アンジューは、ルネッサンスの陰の中心人物であった。イタリア、特にフィレンツェと関係の深かった彼は、ギリシアやエジプトの古典、それにプラトンやピュタゴラスなどグノーシス派の著作を、組織的に翻訳・出版させている。これは、ヨーロッパの特権階級間の芸術・文化を変質させ、教会の権威を揺るがせた。それは、多くの影響力ある人々を秘密結社ネットワークへと流入させたものだった。

一六一四年から一六一六年にかけての「薔薇十字会宣言」の発表によって、教会エスタブリッシュメントたちの受けるプレッシャーはさらに高まった。ドイツやフランスを中心に広がった薔薇十字会の思想は、「秘教の知恵をもって世界を改革し、宗教的・政治的自由の新時代を切り開く」というものである。カトリック教会と神聖ローマ帝国は、打倒すべき最大の敵であった。この薔薇十字会は、決して新しいものではない。薔薇十字会が最初に創設されたのは、紀元前十五世紀のファラオ、トトメス三世の時代であった。

トトメス三世の紋章は、近代薔薇十字会においても使用されている。薔薇十字会は、古代エジプトの竜の宮廷と深い関係がある。現代の研究者の多くが、薔薇十字会宣言の作成者はヨハン・ヴァレンティン・アンドレアであったと信じている。ドイツの秘教家であったアンドレアは、シオン修道院のグランドマスターでもあった。彼の前任のグランドマスターであったロバート・フラッドも、薔薇十字会思想の強力な提唱者として有名であった。

＊――エリザベス女王不義の私生児ベーコン、理性を「悪魔の淫売」と罵倒のルター、ともに薔薇十字会員

薔薇十字会員のフランシス・ベーコンは、その時代の最重要人物の一人であった。彼の影響力は、絶大なものがあった。薔薇十字会のグランドマスター（団長）であった彼は、フリーメーソン創設の立役者でもあり、近代科学の「父」でもあった。そしておそらくは、「シェークスピア」劇の真の作者でもあったようだ。彼はまた、秘密結社「兜《かぶと》団」のメンバーでもあった。

兜団が崇拝していたのは、兜を被り槍を持った姿で描かれる知の女神、パラス・アテネであった。マンリー・P・ホールなど有名なメーソン系の歴史家たちは、「ベーコンは、女王エリザベス一世とレスター伯ロバート・ダッドリーの密通の結果生まれた私生児である」とみている。

さてニコラスとアンのベーコン夫妻によって育てられた彼は、聖アルバヌス子爵および大法官として、一般世間と秘密結社の世界の双方で有名となった。ホールたちが口をそろえるように、仮にベーコンがエリザベス（エル・リザード・バース）女王の息子だったとすれば、彼はレプティリアン（爬虫類人）の血流だったことになる。そう考えれば、政治および秘密結社の世界での彼の急激な昇進も、充分うなずけるというものだ。

彼は法学院内部の秘密結社人脈を通じて、水面下の工作活動を行なっていた。ブラザーフッドの支配する法曹会の中心である法学院は、聖堂騎士団の土地であったテンプル・バーにある。ベーコンが生きていたのは、ブラザーフッドが教会を利用して戦争と混乱を拡大させていた時代であった。そのためのフロントマン（工作員）の一人が、あのマルティン・ルターであった。実際のところルターはドイツの秘密結社の出身であり、薔薇十字会員だったのだ。そして彼が個人的に使用していた印章は、

薔薇と十字架の紋章だった。

一五一七年、ウィッテンベルク大学の教授であったルターは、ヴァティカンに対し九十五ヵ条の意見書を叩きつけた。当時、教会は聖ペテロ寺院建設のための資金集めと称して免罪符を販売していたが、ルターの意見書はこれらを強く批判したものであった。その結果として、ルターは破門された。しかし彼は、その破門状をローマ教会の規則書と一緒に焼き捨て、自分自身が中心となってルター派教会を創始したのだ。これがプロテスタントの始まりだった。プロテスタントとカトリックの両派は、宿敵のように宗教的覇権を求めて相争い、ヨーロッパ全土を戦乱の渦に陥れたのだった。

薔薇十字会は、宗教的・政治的自由を目指していたはずだ。それなのに薔薇十字会の傀儡たるルターは、まったくの正反対を主張している。ある説教のなかで彼は言っている。「『理性』の顔に唾を吐け。彼女は悪魔の淫売で、腐った癩病持ちだ。それは便所に閉じ込めておかなければならない」と。

彼は次のようにも述べている。引用しよう。

「信仰の邪魔になるような愛などは地獄行きだ。……民衆が暴君に対して一度罪を犯すよりも、暴君が民衆に対して百回罪を犯すほうがましだ。……ロバが鞭打たれて使われるように、民衆も力によって支配されるべきなのだ」

＊

カトリック教徒追放の「血のエリザベス」の息子、ベーコンの訳した『欽定英訳聖書』に三万六千百九十一もの誤訳が……

英国ではジョン・カルヴィンとして知られているフランス人カルヴァンも、カルヴィン派と呼ばれる極端なプロテスタントの一派を作り上げた。このカルヴィン派から生み出された清教徒（ピューリタン）は、ヨーロッパ人による北米大陸占領において、非常に大きな役割を果たした。

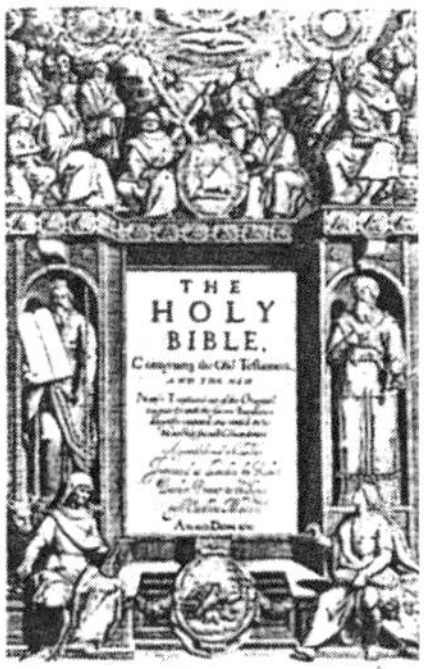

「欽定訳」聖書（右）とジェームズ一世

イングランドにプロテスタントが入ってきたのは、次のような経緯からである。イングランド国王ヘンリー八世は、後継者たる息子がほしかったが、アラゴンから嫁いできた妃のカサリンは、娘しか生まなかった。そこで彼は、彼女と離婚して、子をもうけるべく新たな妃を迎え入れたかったが、教皇クレメンス七世はそれを許さなかった。ヘンリーは敬虔《けいけん》なカトリック教徒であり（少なくとも公には）、教皇から「信仰の守護者」の称号を与えられていた。ローマ・カトリックの教皇から与えられたこの称号は、皮肉にも現代の英国王室によっていまだに保持されている。ただしそれは、「プロテスタントの守護者」という意味でである。教皇が離婚を承認してくれなかったことに腹を立てたヘンリーは、ローマ教会から独立したイングランド独自の教会を作るように議会に命令を下した。

一五三四年に至高令を発した彼は、自らを教会の最高権威とし、ローマ・カトリック教徒に対する血の迫害を開始した。ヘンリーの跡を継いだのは、彼のただ一人の息子エドワードであった。しかしエドワードは十五歳の若さで亡くなり、それに替わったのがヘンリーの娘メアリーであった。熱烈なカトリック教徒であった彼女は、プロテスタントを迫害したことで「血のメアリー」として知られている。彼女は、「六日女王」ジェーン・グレイを処刑し、自らの王位を確実なものとした。

メアリーの死後に王位についたのが、かの有名なエリザベス一世である。エリザベスは、ヘンリー八世とアン・ブーリンとのあいだの娘であった。ライバルのスコットランド女王メアリー（スチュアート家出身）を処刑したエリザベスは、自らを最高権威として英国国教会を建て直した。そして、カトリック教徒の追放を命じた彼女は、「血のエリザベス」の名を残している。なんとも素敵な一族ではないか⁉

フランシス・ベーコンが、秘密の知識を受け継ぐ高位階者として登場したのは、このような時代背景のもとでだった。彼が活躍したのは、彼の母親と思われるエリザベス一世およびそれに続くジェームズ一世の時代であった。スコットランド王であったジェームズ一世は、一六〇三年にイングランド王位を継承し、初めて両国王を兼任した人物である。

キング・ジェームズ・ヴァージョンの聖書（『欽定《きんてい》英訳聖書』）を作るにあたって、その翻訳の監修を行なったのは、ベーコンとロバート・フラッド（シオン修道院グランドマスター）であった。一八八一年になされた研究によると、キング・ジェームズ・ヴァージョンの聖書には、少なくとも三万六千百九十一もの誤訳があるそうだ。ベーコンが非常に優れた知性を持った人物だったとするならば、これほど多くの誤訳が、単なる間違いによるものだったとはとうてい考えられない。なんらかの意図によるものと考えるのが自然であろう。

＊英国情報局、CIAなど世界のスパイ・ネットワークは魔的目的でベーコン、ジョン・ディーなど秘教の魔術師の影響で創設

ベーコンは、キング・ジェームズ・ヴァージョンの作成にあたって、二つの「マカバイ書」を削除している。この二書の内容は、ナザレ派（イエスの物語の時代の秘密結社、ブラザーフッドの一派）

に敵対的である。ベーコンは、「近代科学の父」とも呼ばれているほどの聡明な人物だ。だが、この科学とは、「在る物がすべてである」として、物理的レヴェルの存在にのみ目を向ける学問である。ベーコンは、はたしてこのような「科学」を本気で支持していたのだろうか？　彼は、秘密の知識を受け継ぐ高位の秘儀参入者である。真相は常に隠されたままなのだ。

またアイザック・ニュートンやロバート・ボイルも「近代科学の父」と呼ばれているが、彼らもまた高位階の秘儀参入者であり、シオン修道院のグランドマスターであった。薔薇十字会をはじめとする秘密結社ネットワークの中心的人物であったベーコンは、キリスト教分裂化工作に深く関与していた。彼は、キング・ジェームズ・ヴァージョンの聖書を作成すると同時に、キリスト教の教義に真正面から挑戦するかのような「近代科学」を創始している。彼は、アジェンダ実現の土壌を作り出すべく、両陣営の対立を演出していたのだ。これは「分割支配戦略」の典型例である。プロテスタントとカトリックの争いが始まり、ヨーロッパに大虐殺の嵐が吹き荒れた。また同時に、プロテスタントとカトリックの両派はともに、新たに勃興しつつあった「科学」からの挑戦にさらされていたのであった。

現在英国諜報部として知られている、ヨーロッパ中に広がるスパイ・ネットワークが作られたのは、ベーコンやジョン・ディー博士、フランシス・ウォルシンガム卿など、秘教の魔術師たちの影響によるものだった。英国諜報部を作ったのは、レプティリアンの血流からなるバビロニアン・ブラザーフッドだったのだ。のちに大英帝国領全域にまでそのネットワークを拡大した英国諜報部は、アメリカにも諜報組織を作り上げた。それらのネットワークは、現在でも存在している。

ＣＩＡ（合衆国中央情報局）は、英国諜報部のエリート・メンバーたちによって作られた。日本への原爆投下を公式に命じたフリーメーソン三十三階級の大統領、ハリー・Ｓ・トルーマンのときのことであった。彼に指示を与えていたのは、ＣＩＡの前身たるＯＳＳ（戦略事務局）の長官を務めていたビル・ドノヴァンであった。

合衆国海軍情報部の元職員であったビル・クーパーによると、ＯＳＳのメンバーのほとんどは、聖堂騎士団によって送り込まれた者たちだったという。ウォルシンガムはフランス大使の任を与えられていたが、そこにはスパイ・ネットワークを拡大するという隠された目的があった。あるフランス情報部員は、英国情報部とフランスの情報局は実は同一の組織体なのだと私に語ったが、それは別段驚くべきことではない。ダイアナ妃暗殺の真相を容易に隠蔽しえたのもそのためだ。世界中に存在する各情報局の頂点は、同一のアジェンダのために活動する秘教的黒魔術結社である。

英女王お付きの占星術師であったジョン・ディーは、黒魔術師にして薔薇十字会のグランドマスターであり、新たな秘密情報組織のエージェントであった。彼は、どこからか「エノク書」を手に入れていた。彼は、超能力者のエドワード・ケリーとともに、天使（レプティリアン）との交信を通じて、「エノキアン・スクリプト」と呼ばれる文字言語を作り上げた。

ディーは、自らの報告書に「００７」と署名していた。ジェームズ・ボンドと同じだ。「００７」シリーズの作者イアン・フレミングは、二十世紀における英国諜報部員であり、黒魔術の大家アレイスター・クロウリーの友人であった。ディーは、情報を収集・操作したり、ネットワークを拡充したりしながら、ヨーロッパ中を動き回っていた。ボヘミアは、彼の出没先の一つであった。彼は、神聖ローマ皇帝ルドルフ二世と深いつきあいがあった。ディーと同じくオカルティストであったルドルフ二世は、レプティリアンの血流たるハプスブルク家の者である。影響力のあったディーは、のちに大英帝国にまでなったイギリスの膨張主義政策を組織した。プラハに滞在していたディーは、暗号で書かれたイラスト入りの本を、皇帝ルドルフ二世に渡している。その本はロジャー・ベーコンによって書かれたものだと言われるものだった。

＊――ブラザーフッドの驚くべき知識水準を示す、
十三世紀ロジャー・ベーコンが書いた「世界で最も神秘的な書物」

十三世紀の人物ロジャー・ベーコンは、フランシスコ派の修道士であり、その思想によって教会の権威を震撼《しんかん》させたことで有名である。彼は、未来について数多くのことを予見していた。すなわち顕微鏡・望遠鏡・自動車・潜水艦・飛行機の登場、そして大地は平らではなく丸いということなどだ。

一九一二年、ベーコンが書き、ジョン・ディーが皇帝ルドルフ二世に渡したという例の本を、アメリカの書籍取り扱い業者ウィルフレッド・ヴォイニッチが入手した。それ以来、この本は『ヴォイニッチ文書』と呼ばれることになった。

さてヴォイニッチからそのコピーを送られた専門家たちは、そのなかに描かれた植物は地球上には存在しなかったものだと言っている。顕微鏡で見た細胞組織のようなイラストもあれば、望遠鏡なしでは確認できない星系の図表もあった。第一次・第二次の世界大戦中、合衆国情報部の最も優秀な暗号専門家たちが、彼ら自身「世界で最も神秘的な書物」と呼ぶその本を、なんとか解読しようと試みたが誰もそれを成し遂げられなかったのだ。ただ、ペンシルヴァニア大学教授ウィリアム・ロメイン・ニューボールドは、一九二一年にその本の一部を解読したと主張している。その部分は次のように読めるそうだ。

「私は、凹面鏡の中に、星が渦巻状になっているのを見た。ペガサスの臍、アンドロメダの腰帯、カシオペアの頭」

ジョン・ディーの持っていたこの本に書かれていたことは、現代科学において確認されていることであり、アンドロメダ星雲の描写も正確なものであった。しかしそれは、明らかに地球以外の場所から見たアングルで描かれたものだったのである。この本の存在は、ブラザーフッドの驚くべき知識水準を示す一例である。何百年ものあいだ、高度な知識を有する彼らは、一方で彼らの一翼である宗教を使い、一般大衆を無知の状態に置いてきたのだった。

ジョン・ディーとフランシス・ベーコンのサークルには、ウォルター・ローリー卿など、エリザベス時代の指導的な人物のすべてが含まれていた。フランシス・ベーコンは、旧約聖書や新約聖書の著書やアーサー王の聖杯伝説の作者と同じく、神秘主義の高位階者であり、暗号を使って隠された意味を伝達していた。彼は「聞く耳を持つ者」たちに、シェークスピア劇のなかに含まれる暗号や象徴をも使って、秘密の知識を伝えていたようだ。

*――無学文盲シェークスピアの「シェークスピア劇」を書いたのはベーコン？　オックスフォード伯？

マンリー・P・ホールも、「ベーコンは、一連の暗号を使って自らがシェークスピア劇の真の作者であることを示している」と指摘してみせた。ベーコンの秘教における番号は三十三であり、シェークスピア劇『ヘンリー四世』のあるページには、「フランシス」という名が三十三回出てくるのである。またベーコンは、薔薇十字会の者が一般的にそうであったように、自分の紋章の透かしの入った紙を使っていた。その紋章は「薔薇と十字架とぶどう」をあしらったものだった。ぶどうの木は、レプティリアンの血流を示すものである。ベーコンは、二十一や五十六や七十八など、タロット・カードに関連する数字も、暗号として利用していた。そして、シェークスピアの一六二三年の二折の本の五六ページには、ベーコンの洗礼名が二十一回登場している。

初期の薔薇十字会宣言のなかには、ロータ・ムンディという用語が頻繁に登場している。「ロータ」のアルファベットを入れ替えると、「ターロー」になる。これは、タロット・カードの古名である。シェークスピアは、「バード」（吟遊詩人）という別名でも知られている。そしてこのバードとは、秘密の知識を受け継ぐ古代ドルイドの秘儀参入者をも意味していた。

コンサイス・オックスフォード辞典によると、「バード」という言葉にはもう一つの意味がある。そこには「炙《あぶ》る前の肉に載せられた、スライスされたベーコン」、などと出ている。さらに言えば、シェークスピア劇が演じられたロンドン名物のグローブ座（劇場）は、「聖なる幾何学」の原理に基づいて建築されていることを指摘したい。そしてシェークスピア劇の最終作品である『テンペスト』のなかには、数多くの薔薇十字会的要素が盛り込まれているのだ。

「シェークスピア＝ベーコン」説だけが重要なのではない。シェークスピアの作品は、十七世紀エリザベス朝秘密結社の高位階者、オックスフォード伯エドワード・デヴィアによって書かれたということも、充分に考えられるのだ。というのもデヴィアは、シェークスピアたる条件を充分に満たしているからである。事実「ベーコンよりもむしろデヴィアのほうが、シェークスピアであったという可能性が高い」、と考えている研究者も少なくない。

エイヴォン川の流れるストラットフォードの田舎から出て来た文盲の男ウィリアム・シェークスピア、そんな男によって世界的に有名な、そして優れた演劇作品が次々と書き上げられたなどというのは、まったく馬鹿げた話ではないか。ちょっと調べてみれば、すぐにボロが出てくるだろう。世の中で「真実」とされていることのなかには、このような例が数多くある。

読者と確認しておきたいのだが、「バード」の異名を持つシェークスピアが育った町ストラットフォードには、高等教育を受けられる学校は一つもなかったのである。そして彼の両親は文盲であり、彼自身も勉強にはまったく関心を示さなかった。しかし、あのシェークスピア劇は、明らかに多大な知識を持った人物によって書かれたものだ。そのような知識は、多量の読書と数多くの旅行体験によってのみ得られるものだろう。彼は蔵書をまったく持っていなかった。仮に持っていたとしても、文盲の彼はそれを読むことができなかっただろう。彼が英国から出たという記録もない。見聞を広めるための旅行をしたなどとはとうてい考えられないのだ。

しかし、ベーコンには必要とされるすべての要素がそろっていた。彼には、巨大な知識の源となるすばらしい蔵書の数々があった。また彼は、シェークスピア劇の背景となった数多くの場所に旅行している。シェークスピア劇を観れば、その作者が欧州各国の言語に精通していることがわかる。つまりフランス語、イタリア語、スペイン語、デンマーク語、ラテン語、古代ギリシア語などがそれだ。だが、これらの言語を、シェークスピアはいったいどこで習得したのだろうか?

彼は、そんなにすばらしい言語能力や知識を持ってはいなかった。彼の親友であったベン・ジョンソンの証言によると、「バード」(シェークスピア)が理解できたのは、「ラテン語がほんの少し、ギリシア語がほんのちょっと」だったそうだ。しかし、ベーコンとデヴィアは、それら数多くの言語を習得していた。シェークスピアの娘ジュディスも、文盲であったと伝えられている。二十七歳になっていたとき、彼女は自分の名前すらも書けなかったそうだ。偉大な劇作家の娘が自分の名前も書けなかったとは!

シェークスピアが自らの手で書いたとされるものは、現在六つしか残っていない。それら六つはすべてサイン(署名)であり、そのうちの三つが遺言書のサインである。そのぎこちない文字は、文字を書くことに慣れていない者がペンを持ち、その上から他の者が手を握って書かせてやったもののようにも見える。彼の遺言書の遺品目録のなかには、彼が持っていたなかで二番めにいいベッド、大型の銀メッキのボール、などが含まれていた。しかし、彼が文学作品（劇作）を書き、それを所有していたなどということは、遺言書にはいっさい書かれていないのだ！　現在でも「シェークスピアの肖像画」とされるものはいくつかあるが、それが真にシェークスピアの姿であるとの確証を得ているものは一つもない。いくつかあるシェークスピアの肖像画は、描かれた人物の風貌《ふうぼう》がすべて違っている。つまり誰もシェークスピアの風貌を知らなかったのだ。

ストラットフォードのシェークスピア記念公園に建つ座像（左）とＦ・ベーコン

「公認の歴史」を信じ込まされた数多くの人々が、「シェークスピアの生家」を見ようと、世界中からストラットフォードを訪れている。しかし当のシェークスピアは、「シェークスピア劇」など一つも書かなかったのだ！　これが真実だ。そしてこのことは、公式に「歴史的事実」とされている作り話が、一般の人々の思考や行動に対し、いかに大きな影響を与えているかということを示すほんの一例である。では、真実ではない「歴史的事実」は、ほかにどのぐらいあるだろうか？

残念ながら、ほとんどすべての「歴史的事実」が、操作され捏造されたものだと言っていいくらいだ。ここで注意すべきは、シェークスピア劇の裏には、歴史的に重要なすべてのできごとの裏にあった勢力が潜んでいることである。

それがブラザーフッド・ネットワークという存在だ。ベーコンあるいはデヴィアは、『マクベス』のなかで魔女たちに語らせているではないか。「本当が嘘で、嘘が本当」であると。

*――――

ディアーナ神殿、ノートルダム寺院など古代西洋建築に足跡を残す太陽信仰の神秘主義結社「ディオニュソス建築師団」

フリーメーソン系の歴史家であるマンリー・P・ホールは、ベーコンのことを次のように言っている。

「彼は、薔薇十字会の中核的メンバーであった。薔薇十字会宣言のなかで言及されている創始者C・R・C（クリスチャン・ローゼンクロイツ）の正体が彼でなかったとしても、彼が薔薇十字会の高位階者であったことは確実である。これまで多くの研究者たちが、『エイヴォン河畔出身のバード』（シェークスピア）の正体がフランシス・ベーコン卿であることを証明しようと長いあいだ努力してきたが、それを果たせなかった。彼らは、フランシス・ベーコン卿が薔薇十字会員だったという重要な事実に着目すべきであった。なぜならシェークスピア劇のなかには、ローゼンクロイツの教義と、ベーコンの創始したフリーメーソンの奥義が隠されているからだ」

フリーメーソンの儀式や象徴体系の起源は、古代エジプトにまでさかのぼることができる。さらに深く真相を語るならば、フリーメーソンの聖なる幾何学、数と形に関する偉大な知識は、最後の大洪水以前の超古代知識だったのである。

ディオニュソス建築師団は、公共の建物や記念碑の設計・建設をその仕事としていた。バッカス――ディオニュソス（太陽）を信仰するこの神秘主義結社の起源は、少なくとも三千年前にまでさかのぼることができる。コンスタンティノープル、ロードス、アテネ、ローマ、これらの都市に建つすばらしい建築物を設計したのは、ディオニュソス団の秘義を受けた建築師たちであった。古代世界の不思議の一つに数えられるエフェソスのディアーナ神殿、これを建てたのも彼らだったのだ。

ディオニュソス建築師団は、イオニア派と呼ばれる秘密結社と結びついていた。ディアーナ神殿の建設をディオニュソス建築師団に依頼したのは彼らだった。スコットランドのイオニア島の名は、このイオニア派に由来している。ディオニュソス建築師団やソロモン兄弟団は、その名を隠して、数多くのキリスト教大聖堂を建てている。その建設資金を出したのは、あの聖堂騎士団であった。

フランス革命によって破壊される以前、パリのノートルダム寺院には、コンパスや直角定規など、薔薇十字会やメーソンの象徴が、無数に彫り込まれていた。ディオニュソス建築師団は、今日のフリーメーソンと同様に、それぞれのマスター（親方）を指導者とするコミュニティーに分かれていた。彼らはイスラエルにも支部を持っていたため、エッセネ派とのつながりを指摘する研究者もいる。先にも述べたエッセネ派とは、エジプト秘密結社のイスラエル分派であり、死海文書で有名な存在である。

ディオニュソス建築師団が崇拝する同一神格のバッカスとディオニュソスは、ともに太陽の象徴であり、十二月二十五日に処女から生まれたと言われている。フリーメーソンの創始伝説は、エルサレムのソロモン神殿の建設にまつわるものである。この創始伝説の主人公であるヒラム・アビブは、未亡人の息子であった。これは多分に象徴的なものだ。エジプトの神ホルス（タンムズ）は、未亡人イシスの息子であった。

十六～十七世紀、フリーメーソンの創設によって、私がこれまでに述べてきたさまざまな秘密結社が、そのテーマやアジェンダとともに一挙に結集させられた。ベーコンをはじめとするイングランドの薔薇十字会や聖堂騎士団が、端麗王フィリップの治世にフランスからスコットランドへと逃れてきた聖堂騎士団の物語と結び合わされた。彼らはその後、スコットランド・ガードとしてフランスに返り咲いている。そして、彼らはシオン修道院とも結びついたのだった。

＊――「知識は独占してこそ力なり」で魔女・魔法使いを徹底弾圧した、イングランド・スコットランド両国王ジェームズ一世

これら秘密結社や秘密の知識をまとめあげたのは、スコットランド王ジェームズ六世である。エリザベス一世のあとを継いでイングランド王ジェームズ一世となった彼は、両国王を兼任した初めての人物であった。彼は、スコットランド女王メアリーの一人息子であった。レプティリアン（爬虫類人）たるメロヴィング家から続くステュアートの血流が、イングランドとスコットランドの両国の王位をここに得たのである。ジェームズの後ろ楯のもと、スコットランドの聖堂騎士団の知識と、フランシス・ベーコンの薔薇十字会の知識とがフリーメーソンの名のもとに統合された。ジェームズ王と同じレプティリアンの血流であるロレーヌ王家に伝わる知識も、やはり同様に統合されている。

かくしてジェームズ王は、すべての知識をそろえたのだった。古代から存続する超秘密結社ブラザーフッドの有する企業組織や土地に、やたらと「ジェームズ」や「セント・ジェームズ」といった名がついているのはそのためなのだ。アメリカのロンドン大使は、「セント・ジェームズの宮廷への使者」とも呼ばれている。ロンドンの国会議事堂のすぐそばには、セント・ジェームズ広場がある。そこには保守党本部があり、英国最大の貿易業者組合であるトランスポート・ユニオンの本部がある。スコットランド・レプティリアンの血流であるケジック家の所有するビルが建っている。広場の中央には、聖ヨハネ（ニムロデ）教会のドームが建っている。

イングランドとスコットランドの両国王となったジェームズ一世が最初に行なったことの一つが、

フランシス・ベーコンに騎士の位を与えることだった。続いてジェームズは、ベーコンを、法務次官、法務長官、国璽尚書《こくじしょうしょ》へと続けざまに任命した。一六一八年には彼を大法官に任命し、同時にバロン・ヴェルラムの称号を与えている。のちにベーコンは、汚職事件で訴追され、公の生活を退いた。ジェームズ一世の統治が始まった頃、ジェームズ―ベーコン秘教結社が望むならば、それまで抑圧され続けたきた古代世界の知識を表に流出させることができる状況であった。しかし現実はまったくその逆をいった。

ベーコンをキング・ジェームズ・ヴァージョンの聖書（『欽定英訳聖書』）の編集にあたらせたジェームズは、民間にあって秘教の知識に通じていた人々を、「魔女や魔法使い」として弾圧し始めたのだ。そして彼は何千もの人々を虐殺した。ジェームズ自身も「魔女」をどのようにして見分け、どう取り扱うか、という内容の本まで書いている。このようなことをジェームズにさせる秘教的秘密結社の真意が、「古代より叡智を守り育て、最終的には公開すること」にあるなどと、いったい誰が信じるだろうか？　彼らがそのように考えることなど決してありえない。それは甘い考えだ。

しかし、人々の支持を得ようとするならば、周りにそのように期待させておくことは極めて有効である。そうしておいて、彼らは人々の期待をあっさりと裏切るのだ。断言しよう。私が説明してきた位階制秘密結社の人々は、その知識を公開するつもりなど毛頭ない、と。なぜなら彼らは、それを独占することによって、世界規模の支配力を得ようと考えているのだから。

「フリーメーソンや聖堂騎士団、ベーコンをはじめとする薔薇十字会は、知の守護者であった」、というような話にはもううんざりだ。今日も含めて、知識を公開するにふさわしいときは今までいくたびとなくあったが、彼らはそのようなチャンスを常に潰し続けたきたではないか。「知識は独占してこそ力なり」。彼らはそれを熟知しているのだ。したがって彼らが最も嫌がるのは、人々が知識を得てしまうことだ。だからジェームズ一世やマルティン・ルターのような者の命令によって、ヨーロッパ中の超能力者たちが魔女や魔法使いとして、牢につながれて拷問を受けたのだ。また川や湖に突き落とされて溺死させられたり、火あぶりにされたりしたのである。

「秘密の知識」を少しでも手にした者は、徹底的に潰されることを歴史は教えている。しかし、当のジェームズ一世やルター自身、「魔法使いや魔女」が用いていたのと同じ知識に通じていたのであった。

*――フリーメーソン石工ギルド起源説は隠れ蓑、「黄金の夜明け」創始者ウェスコットが明かした裏の真相

秘密の知識を伝える者たちは、二つの流れに分けられる。

その一つが、一般の人々のなかにあって知識を代々伝えてゆく者たちだ。彼らは宗教的・政治的エスタブリッシュメントからの迫害を避けるため、神話やおとぎ話といった形で、その知識を伝え続けてきた。

そしてもう一つの流れが、古代バビロンの時代より続く超秘密結社、バビロニアン・ブラザーフッドだ。知識を独占する彼らは、宗教的・政治的エスタブリッシュメントを操作し、世界を支配している。前者は、後者のバビロニアン・ブラザーフッドから、常に攻撃・迫害されてきた流れである。こうして合計約二十五万もの人々が、「魔女や魔法使い」として殺害された。英国だけでも約三万の人々が殺されているのだ。

フリーメーソン・ムーヴメントによって、ブラザーフッド・ネットワークのさまざまな要素が結び合わされた。フリーメーソンのロッジは、彼らの秘教ネットワークに属する人々の主要な集会場所と

なった。秘教的悪魔主義結社「黄金の夜明け」の創始者であるW・ウィン・ウェスコットは、秘教的知識の地下水脈につながる者であり、フリーメーソンの裏の真相に通じていた。彼は、その著書『魔術メーソン』のなかで、フリーメーソンの起源について述べている。すなわちエッセネ派、パリサイ派ユダヤ（レヴィ人）、エジプトやギリシアの古代神秘主義結社、ドイツ・ウェストファリアのフェーメ裁判所、ローマの神学校、フランスの修道会、そして薔薇十字会。これらがフリーメーソンの起源であると、彼は言う。

それでは、いわゆる公認の「歴史」をみてみよう。これによると、フリーメーソンの起源は、中世の石工組合だったということになっている。つまり、

「聖なる幾何学の知識を持っていた彼らは、数々の教会大聖堂を建設した。彼らはゴシック大聖堂を建てるようになってからは、聖堂騎士団と非常に密接な関係にあった。

しかし、ヘンリー八世の統治によって、彼らは大きく衰退してしまった。新たな教会大聖堂を建築するどころではなかった。しかもヘンリーは、自らの手持ちの資金を増やすべく、修道院やギルドから金をしぼり取り始めた。そこで石工ギルド（メーソン）は、生き残りを計るため、商人や地主や貴族たちにその門戸を開いたのであった。やがてこれら新参の者たちが、まもなくメーソンを牛耳ることとなった。これが、近代フリーメーソンの始まりである」

と。これが、フリーメーソンの起源として一般に言われていることなのだ。

しかし真相は別のところにある。聖堂騎士団や薔薇十字会をはじめとするバビロニアン・ブラザーフッドは、選ばれた者のみに秘密の知識を伝えるべく、秘教的階層組織を新たに作り上げた。それがフリーメーソンである。石工ギルドから始まったという話は、単なる隠れ蓑《みの》にすぎない。

フリーメーソンは、レプティリアン・ブラザーフッドの血流であるセント・クレア（シンクレア）

一族の中心地、スコットランドに誕生した。彼らは、エディンバラの南方にあるロスリン・キャッスルをその拠点としていた。ロスリン・キャッスルは聖堂騎士団の伝統の強く残る地域だ。またブラザーフッドの血流にはよくあることだが、彼らも自らの起源を隠蔽するために、定期的にその名を変更している。この血流がセント・クレアと名乗り始めたのは、彼らがノルマンディーに住んでいた頃のことであった。

征服者ウィリアムとともにイギリス海峡を渡り、一〇六六年のヘイスティングスの戦いに勝利した彼らは、スコットランドのシンクレア家となった。この戦いに参加した九人のセント・クレアのうち、五人がウィリアムの従兄弟であった。そして、そのうちの一人がスコットランドに入植し、スコットランドの名門となったのだった。

*――ロスリン・チャペルに描かれた草木神「グリーン・マン」由来のロビン・フッド伝説は秘かに生き続けた「異教の性的儀式」の記憶

セント・クレアという名は、クレアという名の賢者にちなんでつけられたと言われている。セント・クレア一族は、スカンディナヴィアから南下してノルマンディーを占拠した北方人種だった。しかし、彼らの真の起源は、近東コーカサス地方に出現した白人種、レプタイル・アーリアン（爬虫類人系アーリア人）であった。

一四四六年、ロスリン・チャペル建設のための基礎工事が始められ、この礼拝堂は一四八〇年代に完成した。それは秘教的・フリーメーソン的象徴の塊であり、まさにブラザーフッドの神殿といえるものであった。シンクレア一族は、各国の秘教ネットワークと広範な結びつきを有していた。フランスのロレーヌ家、ギーズ家、スカンディナヴィア、そしてブラザーフッドの金融センターたるヴェニス。これらはみな、レプティリアンのネットワークにどっぷりと漬かっている。シンクレア一族のある者は、ヴェネチアの黒い貴族ニコロ・ゼノとともに、クリストファー・コロンブスの百年前に、すでに北米大陸沿岸に上陸していた。

さて、ロスリン・チャペルに描かれていた象徴の一つに、異教の草木神「グリーン・マン」があった。ロスリン・チャペルの歴史について書いたティム・ウォレス・マーフィーは、「グリーン・マンは、古代バビロンの神タンムズと同一神格である」と述べている。ニムロデの化身タンムズは、その死の三日後に復活したとされている。このタンムズとその同一神格の神々は、緑色の顔をした姿で描かれている。また女神イシスの従兄にして夫たる神オシリスも、そのなかに含まれる。

「リンカン・グリーン」（リンカン産の明るい黄緑色のラシャ）のロビン・フッドの物語は、グリーン・マンに由来している。ロビン・フッドが初めて登場したオリジナルの伝説では、彼は妖精の一種であり、グリーン・ロビン、ロビン・オブ・グリーンウッド、ロビン・グッドフェローなどと呼ばれていた。それのシェークスピア版が、『真夏の夜の夢』に登場する妖精パックである。この妖精は、その物語のなかで、豊饒を願って夏至の夜に行なわれる性的儀式を主宰している。かつてその地の人々は五月一日のメイ・デーの日、メイ・ポールを立て、それを中心に踊りながら回る、という祭りを行なっていた。このメイ・ポールは、性と豊饒を司る女神に捧げられた男根像である。

この祭りの日、村中の生娘が五月女王（女神セミラミス）に扮《ふん》し、ロビン・フッド（ロビン・グッドフェロー）に扮した村の若者に連れられて緑の森に入り、通過儀礼ともいうべき性交渉を体験することになる。その九ヵ月後に生まれてきた子供たちにつけられていたのが、ロビンソンやロバートソンという名前だった。ロビン・フッドの物語は、重苦しいキリスト教が支配する世の中で、異教の性的儀式の記憶をなんとかとどめようとしたものだったのだ。五月と六月、ロスリンでは、『ロビン・

ッドとリトル・ジョン』の劇が、ジプシーなどの旅芸人によって演じられていた。ウィリアム・シンクレア卿は、スコットランドでジプシー追放の法律が制定されるまでは、ジプシーたちの守護者として知られていた。エジプトにその起源を持つ彼らジプシーたちは、土地から土地へ、世代から世代へ、連綿とその知識を伝え続けてきていた。そのため彼らは、長年にわたって迫害され続けてきたのである。まさしくこれは、秘教の知識を持つ彼らを圧殺しようとする、ブラザーフッドの意志によるものだったのだ。その結果として、ジプシーたちの持っていた知識の大部分は失われてしまったのである。

＊――大部分のメンバーも知らないフリーメーソン最高位階「聖堂の騎士」よりさらなる奥の院「イルミナティ位階」

フリーメーソンの位階制で最大のものは、三十三の位階を有する「スコティッシュ・ライト」（スコットランド位階）である。スコットランドはブリテン島北部の小国であるが、古代ブラザーフッドの多くの血流が入り込んでいる。前述のように、端麗王フィリップによる迫害から逃れて、フランスから聖堂騎士団が渡って来たのも、このスコットランドの地であった。

現在、聖堂騎士団は、その名を変えて再浮上している。それがフリーメーソンだ。フリーメーソンの大きな流れの一つに「ヨーク・ライト」がある。ニューヨークにちなんだ名を持つこの位階制組織は、今日に至るまで合衆国フリーメーソンの中心であり続けている。「イギリス海峡を渡りフランスに復帰した聖堂騎士団は、フランス・フリーメーソンを組織した。彼らは、スコティッシュ・ライトとヨーク・ライトの両者を支配していた。しかし、シオン修道院がその支配権を奪い取ってしまった」と、このように考える研究者もいる。おそらくそれは正しい見方であろう。しかし、彼ら多数の秘密結社は、その頂点においては常に同一の組織体である。このことは、常に心にとどめておかねばならない。ヨーク・ライトの位階のなかには、今でも聖堂騎士団の影響をみることができる。ヨーク・ライトの最高位階は、「聖堂の騎士」である。次が「マルタの騎士」、続いて「赤十字の騎士」となる。ただし、公式にされている位階が彼らのすべてというわけではない。まだその上には「イルミナティ位階」が存在するのだ。これを知るのは、ほんのわずかな選ばれた者たちだけだ。フリーメーソン・メンバーの大部分は真相を知らない。彼らはせいぜい下層三階級の青位階《ブルー・デグリー》止まりであり、何も知らないままに、真のアジェンダを隠蔽するための体のいい「表看板」として利用されている。

さて、有名なアルバート・パイクは、フリーメーソン・スコティッシュ・ライト合衆国南管区の十九世紀における指導者であり、アメリカ・フリーメーソンでは「神」とされている人物である。ワシントンＤＣには、今でも彼の像が立っている。その彼は、その著書『モラル・アンド・ドグマ（道徳と教義）』八一九ページにおいて、次のように語っている。

「ブルー・デグリー（青位階）は、寺院の外の庭のようなものだ。参入者には象徴の一部が示されるが、それには意図的に誤った解釈が施されている。彼らに真の意味を理解させる必要はない。ただ、何かしら理解したかのような気分にさせておけば、それでよいのだ」

「彼らを暗闇に置いて偽物を与えておけばよい。真実を知るのは最高位の者のみ」。それが、昔ながらの秘密結社の構造だ。下位の者たちは、ほら話を売りつけられる。十七世紀中葉、プロテスタントとカトリックの対立から起こった三十年戦争によって、ヨーロッパは、死と暴力の支配する地獄と化した。プロテスタント勢力が総崩れとなり、ローマ教会による支配が回復されるのではないか、という場面もあった。そこで英国は、プロテスタントたちの恰好の避難場所となった。ステュアート朝による保護が期待されたのだ（皮肉にもステュアート家は、プロテスタントどころかクリスチャンでさえなかったのだが）。しかし、プロテスタントの出現によるキリスト教の分裂、それにともなうローマ教会の影響力の減少は、ブラザーフッドのもくろみに合致するものだったのだ。

＊――君主もフリーメーソンも「すべてのものは使い捨て」アジェンダのみがブラザーフッドの行動原理

ヨーロッパ中の秘教が、ブリテン島に集中した。そしてフリーメーソンの創設によって、それら数々の秘教の流れが、一つの構造体にまとめあげられたのだった。フリーメーソンは、その後すみやかに、政治的・経済的人民操作《マニピュレーション》の媒体となった。フリーメーソンのメンバーたちは同一の目的を達成するために、一見対立するかにみえる、諸勢力を作り上げたうえで活動していた。

当時のアジェンダの中心は、ヨーロッパ中の君主の力を減少させ、それに代えて、ブラザーフッドの支配に便利な新たな政治システムを導入することであった。それは、古代シュメールおよびバビロンの政治社会構造に基づいたものであり、今日まで継続している。

ヨーロッパ中に引き起こされた一連の内乱（市民革命）によって、君主たちはその座から引きずり下ろされ、あるいは単なる飾り物にされてしまった。

一六四二〜四六年、イギリスでは、ステュアート朝の王チャールズ一世（フリーメーソン）が、内乱によって打ち倒され、最後には処刑されてしまった。英国の君主政体は転覆され、これに代わったのが護国卿オリバー・クロムウェル（フリーメーソン）であった。フリーメーソンがフリーメーソンに取って代わるとは、おかしな話に聞こえるかもしれない。しかし、彼らの実態を本当に理解するならば、そうおかしな話でもない。アジェンダこそが、彼らブラザーフッドの唯一の行動原理である。したがってアジェンダの推進に不都合となれば、いくらステュアート朝の王でフリーメーソンの大物であろうが、簡単にその首をすげ替えられてしまうのだ。彼らにとってステュアート朝の終焉など、さほど重要なことではなかったのである。レプティリアン・ブラザーフッドのエリートたちはアジェンダの推進者が彼らの仲間内の誰であろうと、そんなことはまったく気にすることはない。

また最も有力な血流が、世間で有名だとは限らない。真に力を持つ一族が、裏に隠れてすべてを操っている、というのはよくあることだ。くだんのステュアート家は、一定の期間はうまくやっていた。しかし、すべては「目的達成のための消耗品」なのである。このように秘密結社が工作員を利用して支配するという構造は、今やあらゆる国々に浸透している。

さて、君主による支配は終焉の時を迎えた。チャールズ一世の斬首はその象徴であった。のちにチャールズ二世が君主制を回復したが、彼はもはや完璧にブラザーフッドの傀儡であった。当然ながらオリバー・クロムウェルも同様に、ブラザーフッドの指令で動いていた。一六五五年になるとクロムウェルは、エドワード一世の命令により一二九〇年以来イングランドから締め出されていたユダヤ人（アーリア系）に、イングランドに戻って来ることを許した。アムステルダムの黒い貴族たちが、オレンジ公ウィリアムを英国王位につけようと画策し始めたのが、まさにこのときであった。

＊凶悪な清教徒カルヴィン派、黒い貴族へのお手柄は「魔女狩り」と「利子を取ること」の容認

すべてのできごとは、見事なまでに結びついている。すべてを見通す低層階次元に潜む力が、そうさせているのだ。キリスト教は分裂し、凶悪なプロテスタント諸派が誕生した。薔薇十字会員マルティン・ルターによるルター派教会、のちにピューリタン（清教徒）としても知られるようになったカルヴィン派などがそうだった。

カルヴィン派創始者のジョン・カルヴァンは、本名をジャン・コーインといい、フランス・ノアヨンの出身であった。彼は、ブラザーフッドの支配するモンタギュー大学で教育を受けた。「カトリック」イエズス会の創始者であるイグナティウス・ロヨラも、このモンタギュー大学の出身である。パリに出たコーインは、次にスイスのジュネーヴへと移った。彼はそこで、コーヘンという名に改名した。このコーヘンという名は、古代エジプト神秘主義結社においては、「司祭」を意味するものであった。ジュネーヴにおいて彼は、カルヴィニズムと呼ばれる教義を発展させた。さらに彼は、コーヘンからカルヴィンへと、再びその名を変えた。主要な布教ターゲットたる英国人に受け入れられやすくするためだ。

ほとんどすべての宗教は、元を辿れば同じ一つの勢力によって作り出されたものである。カルヴィン派もまた、計画を次の段階へと進めるための偽造宗教だった。その教義は、「モーセの十戒」を主に、旧約聖書をその字句どおりに厳守するというものであった。しかし、ブラザーフッドにとって一つ非常に不都合な点があった。まずキリスト教は、「金貸し」を、すなわち利子を取って金を貸すことを禁じていたからである。一方、「キリスト教徒の貴族階級」を利用して、イングランドを外部から操作していた黒い貴族の銀行家たちは、金貸しを合法化してイングランドを乗っ取るべく策動していた。キリスト教の名を掲げるカルヴィン派が「利子を取ること」を認めたのはそのためだったのだ。

これによる最大の受益国は、私的銀行システムの中心地となっていたスイスだった。スイスこそが、この策謀の発信源であった。カルヴィン主義のもう一つの役割をあげておこう。カルヴィン主義の他の役割は、「魔女狩り」によって、民間に残っている秘密の知識を圧殺してしまうことであった。当時、黒い貴族たちは、彼らの傀儡たるオレンジ公ウィリアムを英国王位につけるべく、チャールズ一世の排除を画策していた。一六四九年にチャールズが斬首されたのは、まさにその結果であった。

カルヴィン派は、君主制転覆の下地作りのための道具であったのだ。続いて登場したのが、フリーメーソンにしてカルヴィン主義者のオリバー・クロムウェルであった。

＊――円頭派クロムウェルの冷血な業績、チャールズ一世の公開処刑と「ユダヤ人」英国復帰の許可

クロムウェルは、背後から演出された「内乱」において見事にその役を演じ、円頭派を率いて王党派と対決した。一九二一年九月三日、アルフレッド・ダグラス卿発行の『プレーン・イングリッシュ』には、チャールズ一世処刑の真相にかかわる当時の手紙が収められている。その手紙はミュールハイム（ドイツ西部の都市）のシナゴーグ（ユダヤ教会）で、Ｌ・Ａ・ヴァン・ヴァルカートによって発見された、と説明が付されている。ドイツ語で書かれたそれらの手紙は、ナポレオン戦争以来、行方不明となっていたそうだ。

オリバー・クロムウェルからエベネゼル・プラットという男に宛てた、一六四七年六月六日付の手紙は次のようなものである。

「資金援助との交換条件で、ユダヤ人がイングランドに入国することを許可しようと思う。しかし、チャールズが生きている限り、それは不可能だ。チャールズを裁判で処刑することはむずかしい。今のところ、処刑判決を下すに足る充分な理由がないからだ。そこでチャールズは暗殺されるのがよかろう。私は自ら暗殺者を用意するつもりはないが、暗殺者の逃走を手助けするにやぶさかではない」

そして、一六四七年六月十二日付のエベネゼル・プラットからの返事は次のようになっている。

「チャールズが排除されて、ユダヤ人の入国が認められしだい、われわれは資金援助を行ないましょう。暗殺とは、少々手荒すぎるように思われます。まずは、チャールズにわざと逃亡のチャンスを与

えてはどうでしょうか。そして再び彼を捕らえて裁判にかければ、処刑判決も充分可能でしょう。『寛大な処置を』との声が上がるでしょうが、裁判を始めてしまえばこっちのものです」

この『プレーン・イングリッシュ』の内容は、あまりにも鋭く真相を暴露するものであった。そのために、発行責任者であるアルフレッド・ダグラス卿はブラザーフッド・ネットワークに目をつけられ、ウィンストン・チャーチルに対する名誉毀損で投獄されてしまった。チャーチルのような極悪の悪魔主義者を、その実態以上に悪く言うことなど不可能なことだろうに。そして、たしかにクロムウェルとプラットのあいだに交わされた手紙の内容は、実際に起こったできごとと照応しているのだ。

一六四七年十一月十二日、チャールズ一世は、実際に逃亡のチャンスを与えられ、イングランド南岸沖のワイト島にかくまわれた。今現在、私が本稿を書いている場所が、そのワイト島だ。やがて筋書きどおりに、チャールズは再び捕らえられた。「チャールズを助命する」ということで議会が収まりかけていたまさにそのとき、護国卿となっていたクロムウェルは、助命派の議員を一挙に罷免したのだった。残った議員たちによって続けられたのが、歴史にいう「残部議会」である。

クロムウェルによって、新たな裁判の開始が命令された。アムステルダムの支援者たちとの密約によって、すでにチャールズの処刑は決定されていた。チャールズの罪状を列挙した告発状は、イングランドにおけるマナセ・ベン・イスラエルのエージェント、アイザック・ドリスラウスによって書き上げられた。マナセ・ベン・イスラエルは、アムステルダムにあってクロムウェル「革命」を画策した勢力の中心的人物であった。「裁判」の結果は、チャールズの公開処刑であった。クロムウェルが「ユダヤ人」の英国復帰を許可したのは、まさにその直後のことだった。

私は、決してユダヤ人のことを責めているのではない。「ユダヤ」を隠れ蓑にしている黒い貴族や、ブラザーフッドの金融ヒエラルキーのことを言っているのだ。彼らは、一般ユダヤ人大衆を残酷に操作しているのだ。

＊――異星人系のチャーチル、民主党ハリマン、共和党ブッシュ一族に翻弄される悲劇のアメリカ

一六六一年のクロムウェルの死後、彼の追従者であった清教徒（カルヴィン派ピューリタン）たちは、チャールズ二世による王政復古後、「宗教的迫害」から逃れるために、新天地アメリカを目指した。これがアメリカ大陸原住民の悲劇の始まりだった。狂信的宗教セクトとでも言うべきピューリタンたちは、「神」の名のもとに、アメリカ大陸原住民を大量虐殺したのだ。

一方、アムステルダムからイングランドにやって来た黒い貴族の銀行家たちは、チャールズ二世の統治を切り崩すべく、この地に金融恐慌を引き起こした。最終的な形として、一六六七年、オランダとイギリスのあいだに「平和」条約が締結された。オレンジ公ウィリアム（黒い貴族）と、ヨーク公の娘メアリーが結婚したのと同じ年のことであった。

一六八五年、チャールズ二世が死に、ヨーク公がジェームズ二世として即位した。そのため、ジェームズ二世を引きずり下ろし、自分たちの傀儡オレンジ公ウィリアムを英国王位につけることが、ブラザーフッドの最大の課題となった。そこで彼らは、ジェームズ二世を支持する貴族たちを、次々と買収し始めたのである。その手始めが、レプティリアンのマールボロ公爵、ジョン・チャーチルであった。会計監査官が明らかにしたところによると、チャーチルは、六万ポンド（現在の通貨価値に換算するとてつもなく巨大な額である）を受け取っている。そのような巨額な金を彼に渡したのは、ソロモン・ド・メディナ卿やアントニオ・マチャドといった、オランダやスペインの銀行家一族の代表者たちであった。

マールボロ公ジョン・チャーチルは、あのウィンストン・チャーチル卿の先祖であった。チャーチル家のブラザーフッド・コネクションは、今日まで継続している。ウィンストン・チャーチルの義理の娘パメラは、アメリカ人のアヴェレル・ハリマンと結婚している。アヴェレル・ハリマンといえば、二十世紀におけるブラザーフッドの大物として有名である。詳しくは、『……そして真理があなたを自由にする』を読んでいただきたい。

ウィンストン・チャーチルの息子ランドルフの元妻であったパメラ・ハリマンは、民主党に多大な影響力を持ち、クリントン大統領のバック（後援者）として広く知られている。彼女は、合衆国のフランス大使として遇され、一九九七年にパリで死亡した。享年七十六歳であった。ウィンストンと名づけられた彼女の息子は、英国議会のメンバーであり、ロスチャイルド家に近い人物である。パメラ・チャーチル-ハリマンは、アヴェレル・ハリマンと結婚する前は、エリー・ド・ロスチャイルドと交際していた。

一九九五年チャーチル家は、第二次世界大戦中のウィンストン・チャーチル卿の「国民」への演説の原稿を売って、国庫から多大な金を得ている。これを決定したのは、ジェイコブ・ロスチャイルド卿が理事長を務める国家遺産保存協会であった。チャーチル-ハリマンの一族は、ブラザーフッドの血流である。パメラ・ハリマン家の先祖の一人は、ジョージ・ブッシュの先祖であるパーシー一族と共謀して、一六〇五年十一月五日の「火薬陰謀事件」を引き起こしている。ガイ・フォークスが主謀者とされた国会爆破未遂事件だ。

ハリマン一族代表のパメラが「民主党」を操り、一方でハリマン家のビジネス・パートナーたるジョージ・ブッシュが「共和党」を代表する。両党は、同じご主人様に仕えている。他のすべての国々同様、合衆国もまた一党独裁国家なのだ。ブッシュ一族は、ウィンザー家と非常に親しい仲にある。

それもそのはず、両者はともに変身《シェイプ・シフト》レプティリアンなのだ。ブッシュは、ブラザーフッドの世界操作人仲間たるヘンリー・キッシンジャーと同様に、エリザベス二世女王から騎士の位を与えられている。

＊―――――「自由、平等、博愛」のフランス革命標語は「ラムゼイ演説」系列の大東社《グランド・オリエント》フリーメーソンの産物

聖堂騎士団をはじめとした秘密結社ネットワーク間から浮上した近代フリーメーソンは、急速にその勢力を拡大した。フリーメーソン・ネットワークの中心となるのは、イングランド・グランド・ロッジである。これが公式に設立されたのは、一七一七年六月二十四日のことであった。すなわち聖堂騎士団の聖日「洗礼者ヨハネの日」であった。またエルサレム（マルタ）の聖ヨハネ騎士団とも関係の深い日である。

洗礼者ヨハネは、フリーメーソンや聖堂騎士団の守護聖人なのだ。その理由を説明しよう。洗礼者ヨハネは、古代バビロンの半人半魚の神オアンネスから派生したものだ。そしてこのオアンネスの正体こそが、みなさんご存じのニムロデなのだ。イングランド・グランド・ロッジの設立から遅れること六〜七年、アイルランド・グランド・ロッジが創設された。英国陸軍内に生まれた連隊型移動式ロッジの大部分は、イングランド・グランド・ロッジからではなく、このアイルランド・グランド・ロッジから承認を受けていた。スコットランドのブラザーフッド一族は、フランスの同族たちにフリーメーソンを紹介し始めた。そのときに活躍したのが、アンドリュー・マイケル・ラムゼイである。

ラムゼイは、スコットランド・ステュアート朝の王位継承候補者であるボニー・チャーリー王子の家庭教師であった。一六八〇年代、スコットランドに生まれたラムゼイは、シオン修道院のグランド

マスターであるアイザック・ニュートンの親友でもあった。また彼は、数々のエリート・グループのメンバーであった。薔薇十字会の一派であるフィラデルフィア会（アメリカ独立戦争が組織された町フィラデルフィアの名にちなんでいる）、フランスの聖ラザルス騎士団などがそれだ。エリート・グループの多くでは、その秘儀参入者に秘教上の名前が与えられていた。ラムゼイのブラザーフッド・ネームは、「騎士」であった。

フランスにおけるフリーメーソン拡大の立役者であった彼は、一七三六年十二月と一七三七年三月とに、彼の名を高からしめたフリーメーソン演説をしている。「ラムゼイ演説」として知られるようになったその講演のなかで彼は、フリーメーソンの歴史について次のように語ったのだった。「フリーメーソンは、ディアーナ（ダイアナ）、ミネルバ、イシス（セミラミス）を崇拝する古代神秘主義から派生したものだ。中世の石工組合から始まったというのはあくまでも俗説であり、十字軍時代の聖地エルサレムに生まれた聖堂騎士団こそが、その真の起源である。わが聖堂騎士団は、エルサレム（マルタ）の聖ヨハネ騎士団とともに、新たに秘儀参入者の組織を作り上げた。以来、われわれのロッジは、聖ヨハネ・ロッジと呼ばれるようになったのだ」と。

ラムゼイの働きによって、フランスでさまざまなフリーメーソンの流れが生み出された。そのなかでも最も重要なのがジャコバイト（ジェームズ二世派）との合流によって生まれたグランド・オリエント・フリーメーソンである。グランド・オリエントは、ブラジルやポルトガルなどの外国にも、そのネットワークを広げている。グランド・オリエントとは、「大いなる東」を意味し（このため同組織は「大東社」ともされる）、その儀式においては、さまざまな東方の神が崇拝される。それはペルシアのゾロアスター、バビロンのイシュタルやタンムズ（セミラミスやニムロデ）、ギリシアのデメテルやペルセポネーやディオニュソス、シリアのアフロディーテやアドニス、エジプトのイシスやオ

上・フランス革命の「民衆を率いる自由の女神」(ドラクロワ画、ルーブル美術館蔵)、中・フリーメーソンの関与を示す「人権宣言」に描かれた“目”、下・バスチーユ襲撃1周年の全国連盟祭(当時のフレスコ画)

シリス、ペルシアのミトラなどである。

あのフランス革命は、裏から糸を引くグランド・オリエントによって引き起こされたものだった。ブラザーフッドの観点からすれば、「人民」革命は、人々の自由とはなんの関係もない。アジェンダの一幕にすぎないのだ。有名なフランス革命の叫び「自由、平等、博愛」は、フリーメーソンの標語なのである。

*公認の物質中心主義で死後の世界を認めない「科学」は真理に到達することのない「虚学」だ

「宗教」の影響力が衰退し始めた頃、新たな精神監獄が作り出された。いわゆる「科学」がそれだ。それは真の学問ではない。「物質的世界がすべてであり、死後の世界は存在しない」というのが、現在において公式化されている「科学」だ。

ブラザーフッドは、無効化しつつあった宗教に代わるべき「精神監獄」を必要としていたのだった。それは「われわれの実体は無限の多次元的意識体であり、進化の過程にあってさまざまな経験を重ねるべく、肉体を持ってこの地上に具現化している」という真理を大衆に悟られないようにするためだ。

われわれは「死ぬ」ことはない。なぜならわれわれは、完全に死滅してしまうことができないからだ。意識はエネルギーである。エネルギーというものは、決して消滅することがない。他の形態に変化するだけだ。だから、もしあなたが「自分の実体が単なる肉体ではなく、その肉体に命を与えている無限の意識体である」と悟るならば、ご自身の生命観・世界観や潜在能力は、桁はずれに広がっていくことだろう。そしてそれこそが、世界を支配している者たちが最も恐れていることなのだ。

王立協会によって「科学」が広められたのも、そのような深い理由があってのことだった。一六六二年、フリーメーソン・ネットワークは、チャールズ二世の許可を得て、王立協会を設立した。世界初の科学振興団体である王立協会は、「科学」の方向性について支配的な影響力を及ぼすことになった。王立協会草創期のメンバーはみなすべてフリーメーソンであり、「科学」の持つ方向性が偽りのものであることを熟知していた。われわれを取り巻く状況は今日でも同じである。王立協会の創設メンバーには、またもやおなじみの名前が登場している。

王立協会の「父」とされているのは、死の直前に協会設立のインスピレーションを得たと言われるフランシス・ベーコンである。薔薇十字会のトップであった彼は、聖書の翻訳に携わるとともに、フリーメーソンを創始した。そして王立協会の中核となったのは、次のような錚々たる人士たちであった。

アイザック・ニュートン。薔薇十字会のグランドマスターであった彼は、一六七二年に、王立協会の会員となった。スコットランド・フリーメーソンのマレー卿。フリーメーソンの創立メンバーの一人であったエリアス・アシュモール。「騎士」アンドリュー・マイケル・ラムゼイ。フリーメーソンの指導者であった彼は、「科学」の世界においてなんの資格も持たないにもかかわらず、王立協会への入会を認められている。フリーメーソンにしてカバラ・クラブ（太陽クラブ）のメンバーであったジョン・バイロムも、王立協会員となっている。これに関連したニュースがある。一九八四年、マンチェスターのある家で、五百枚にも及ぶ彼の遺稿が発見された。そのなかには、聖なる幾何学（建築学）やカバラの知識などが含まれており、フリーメーソンの用いる秘教的・錬金術的象徴で満ちあふれていたのだった。

さて、ドイツとのあいだに数多くの秘教的つながりを持っていたアシュモールは、薔薇十字会の錬金術師であった。チャールズ二世の親友であった彼は、英国王を主君と仰ぐガーター騎士団の一員でもあった。彼は、アーサー・ディー（ジョン・ディーの息子）と共著で本を書いている。アーサー・ディーは、ロシアのイワン雷帝のお付き医者であった人物だ。イワン雷帝の死後、ミハイエル・ロマノフが帝位についたのは、ディーの策謀によるものだった。

＊――王立協会の裏に偏狭な「科学的世界観」を標榜するフランクリン、ダーウィン、マルサスらルナ・ソサイエティー工作員たち

アシュモールは、一六五〇年オックスフォードで結成された「見えない大学」と、非常に緊密な結びつきを保っていた。このような「見えない大学」については、フランシス・ベーコンが、その著書『ニュー・アトランティス』のなかで示唆を与えている。この「見えない大学」のメンバーのなかには、ロバート・ボイルやクリストファー・レン卿も含まれていた。科学者として有名なロバート・ボイルは、薔薇十字会のグランドマスターであった。またクリストファー・レン卿は、ロンドンのセント・ポール寺院を建てたことで有名な建築家である。ロンドンは、バビロニアン・ブラザーフッドの黒い貴族たちが支配する一大金融センターである。両者はともに、薔薇十字会のグランドマスターであった。

セント・ポール寺院をはじめ、ロンドン全体の再構成は、一六六六年の大火のおかげで可能となった。大火の直後、クリストファー・レン卿は、ディアーナ（ダイアナ）崇拝の地にセント・ポール寺院を建設している。レンを含む三人の「火災被害調査官」の一人であったロバート・フックも、王立協会員であり、秘密結社の高位階者であった。ロンドンは新たに、フリーメーソンの都市再建計画に従って建設し直された。それは、エナジー・グリッドの知識に基づいたものであり、彼らのマニピュレーション（操作）に最も都合のいいように計画されたものであった。

王立協会は、単なる科学者のグループ以上の存在である。その中核は秘密結社だ。王立協会は、人々に偏狭な「科学的世界観」なるものを与えてその精神的理解力を抑圧しようとするブラザーフッドによってコントロールされている。秘教を否定するような組織の裏には、しっかりと秘教を奉ずる者たちが配置されているのだ。この王立協会の裏には、秘教グループが潜んでいる。その名は、ルナ・ソサイエティー。彼らは月一回、満月の夜に会合を持っていた。そのメンバーの一人に、ベンジャミン・フランクリンがいた。

高位のフリーメーソンで薔薇十字会員であったフランクリンは、合衆国建国の父の一人であるとともに、フランス革命を操った者たちとも深いつながりを持っていた。彼に関する詳細については、あとの章を見ていただきたい。

さらに言えばチャールズ・ダーウィンの祖父、エラスムス・ダーウィンも、ルナ・ソサイエティーのメンバーであった。ところで、チャールズ・ダーウィンは、「自然淘汰による適者生存」を提唱した人物として知られているが、彼の理論は、「物質的に存在する世界がすべてである」という「科学」を広めるのに利用されてきた。私は、ダーウィン自身が自然淘汰の理論を信じていたとは思わないというのは、晩年の彼は明らかにそれに懐疑的であったからである。しかし、「自然淘汰による進化論」のイメージは、すっかりと定着してしまった。いずれにせよ、チャールズ・ダーウィンが「発見した」とされている「自然淘汰による適者生存」は、まったく馬鹿げた理屈である。ルナ・ソサイエティーの会員であった祖父、エラスムス・ダーウィンは、一七九四年の著書『ズーノミア』のなかで、同様の理論を概説している。

ほかに、ウェッジウッド陶器帝国のジョシュア・ウェッジウッドも、ルナ・ソサイエティーの会員であった。彼の娘は、エラスムス・ダーウィンの息子ロバート・ダーウィンと結婚し、あのチャールズ・ダーウィンを生んだのだった。トーマス・マルサスも、彼らと同じ一族の出である。彼の病的な人種差別主義は、アドルフ・ヒトラーやヘンリー・キッシンジャーなど、ブラザーフッドのフロントマンたちによって利用されてきた。レプタイル・アーリアンたちは、自分たちの媒体となる人種の純粋性を維持するために、「劣等人種」の大量虐殺を正当化する必要があったのだ。国教会の教区牧師であったマルサスは、「優れた血流の希薄化を防ぎ、人口過剰を防止するためにも、一般大衆のあいだにおける疫病と、それを誘発する劣悪な生活環境は、必要不可欠な要因である」と述べている。

＊――ブラザーフッドはアジェンダ推進のため、宗教と科学を捏造し、真理と真実を隠蔽し続けてきた

以下は、マルサスの示す「知恵」の一片である。

「われわれは正義の信念に基づいて、貧民への救済措置を廃止しなければならない。そのためには、『乳幼児には教区からの援助を受ける資格がない』と、はっきりと法律で規定されるべきだろう。乳幼児は、働くことのできる者たちと比べれば、社会的にほとんど価値がない存在である。人口を望ましい水準に維持するのに必要とされる以上の余分な子供たちは、大人たちの死によって『空き』ができない限りは、死んでしまわなければならない」

現代経済政策の主流となった経済学者、ジョン・メイナード・ケインズは、マルサスのことを天才だと考えていた。ダーウィンとその仲間たちもまた、彼のことを天才的理論家だと考えていたのだった。今世紀の人口抑制政策は、私が『……そして真理があなたを自由にする』のなかで明らかにしたように、マルサスの「虐殺原理」から出たものである。スコットランド人脈の果たした役割は大きかった。ルナ・ソサイエティーのメンバーのうちの六人は、エディンバラで教育を受けている。チャー

ルズ・ダーウィンもそうだった。さらに永遠の魂を否定し、「神」を解体した、もう一人の人物をあげておこう。それがルネ・デカルトだ。

一五九六年生まれのフランス人である彼は、「近代哲学の父」と言われている。デカルトは、ローマ・カトリック内のブラザーフッド組織であるイエズス会で教育を受けた。彼は、終生ローマ・カトリック教徒であると自称したが、彼の著書は、カトリック教会の禁書目録のなかに入れられている。彼の世界観は、のちにアイザック・ニュートンによって補強された。両者は、ともに秘教や錬金術に凝っていた。

古代世界において宗教を作ったのも、近代において「科学」を作り出したのも、同一の勢力がしたことである。「最後の審判の神」や「信じる者のみが行ける天国」を作って売った者たちは、それらが真実ではないことをもちろん知っていた。一方、「物質的世界がすべてであり、あらゆるできごとは偶然にすぎない」として永遠の魂を否定する「科学」を作り出した者たちは、自分の言っていることが真実ではないことをわかっていたのである。このような「科学」の伝統は、現在もヒューマニズム（人間中心主義）という形で継続している。一九五三年に出版されたヒューマニズム宣言書では、次のように述べられている。「この宇宙は、神によって創られたものではなく、自ら存在するものである。世界と人間の価値については、近代科学のみが唯一受け入れ可能な定義を下している。人間は死ねば存在しなくなる」と。

宗教と科学、この両極端は、さまざまな共通の要素を持っているが、ある一点には特に注目する必要がある。それはこうだ。

両者はともに、われわれ人間の実体が何であるのかという真実を隠蔽し、われわれが自らのうちに持っている運命を切り開く力の存在を否定している。われわれがそのことを悟り、自らの内に眠る無限の力とつながるならば、レプティリアンによる支配はもはや続かないだろうということだ。

バビロニアン・ブラザーフッドは、複雑に入り組んだ数多くの「仮面」から成り立っている。フリーメーソンを創設し、これら無数の「仮面」の相互連絡を計り、それらを統一的に調整するためのグローバル・ネットワークを確立した。社会の一分野に限定された「仮面」(秘密組織)もあるが、大部分のものは、一見対立するかのように見える複数の組織の両側に入り込んでいる。フリーメーソンのように大きな組織は特にそうだ。このような手法は、戦争を引き起こしてきた「仮面」(秘密結社)の常套手段であった。現在まで科学、宗教、政治を主導してきたのも彼らだった。すべてはアジェンダを推進するためだ。

彼らの計画は、今や新たな段階に入ろうとしている。レプタイル・アーリアン(爬虫類人系アーリア人)は、世界の国々を支配している。アフリカ、オーストラリア、ニュージーランド。そしてその最大のものがアメリカ合衆国なのである。

呪われた自由の大地

第9章

コロンブス以前から、
ブラザーフッドはアメリカを凌辱してきた

＊――コロンブス以前アメリカに、王子ヘンリー・シンクレアやヴェニスの黒い貴族アントニオ・ゼノなど多数が上陸

現在この地球上で最も強大な国家は、アメリカ合衆国である――一般には、そう信じられている。しかし合衆国は、ロンドンによってコントロールされ続けてきた。今現在もそうである。アメリカが「自由の大地」であったことは、今までに一度もなかった。今こそ真にそうなるべきときなのだ。

アメリカが世界の大悪党と見なされる原因となったできごとのすべては、英国を中心とするバビロニアン・ブラザーフッド（古代バビロンより続く超秘密結社）によって画策されたものだ。「大英帝国」の衰退は、真の力の在り処を曖昧にするために、意図的に計画されたことであった。私がロンドンと言う場合、それは決して英国政府のことではない。政権の座にあるのが誰であろうと、英国政府は単なる外観にすぎない。すなわちネットワークの作戦司令部、それがロンドン（ニュー・トロイ）なのだ。続いて重要なのが、パリ、ブリュッセル、ローマなどだ。

アメリカ合衆国を理解するためには、歴史を深くさかのぼらなければならない。古代フェニキア人は北米大陸に上陸しており、今世紀初頭グランド・キャニオンでは、エジプトやオリエントにみられるフェニキア人の遺跡のようなものが発見されている。しかし、この事実は意図的に隠蔽された。アリゾナ州サン・バレーの町「フェニックス」の名は、その地域の真の歴史を知る者によってつけられたものだ。ウェールズ人、アイルランド人、イングランド人、スコットランド人が、コロンブス以前に北米大陸に上陸していたという証拠がある。

クリストファー・コロンブスがアメリカ大陸を発見したというのは、まったくの作り話だとしか言いようがない。スコットランド、エディンバラから四、五キロの場所に、ブラザーフッド・エリート

の「聖杯」、ロスリン・チャペルは建っている。セント-クレア（シンクレア）一族によって建てられたこの礼拝堂は、聖堂騎士団の十字架の形をしており、秘教の象徴の塊とでも言うべき物だ。基礎工事が始まったのが一四四六年、完成したのは一四八〇年代のことであった。ロスリン・チャペルの石細工には、アメリカ大陸にしか見られないトウモロコシやサボテンが彫られていた。コロンブスがアメリカ大陸を「発見」したのは一四九二年である。だとすれば、これはいったいどういうことなのだろうか？

上・「新大陸」に向かうコロンブス一行（製作年不詳の木版画）、右下・コロンブス

答えは簡単だ。クリストファー・コロンブスは、アメリカに一番乗りした人物などではなかったのだ。彼以前に、すでに多くの者たちが、アメリカ大陸へと渡っていた。フェニキア人、スカンディナヴィア人、アイルランド人、ウェールズ人、ブルターニュ人、バスク人、ポルトガル人。彼らはみな、コロンブス以前にアメリカに渡っていたのだ。

ロスリンの王子ヘンリー・シンクレアも、そのなかの一人だった。そのことは、フレデリック・J・ポールによって書かれた稀覯《きこう》本『王子ヘンリー・シンクレア一三九八年新大陸への航海』のなかに述べられている。シンクレアの航海のパートナーは、ヴェニス（ヴェネチア）の黒い貴族、ゼノ家であった。

シンクレアとアントニオ・ゼノは、現在われわれがニューファンドランドと呼んでいる地域に上陸し、一三九八年にはノヴァスコシア（ニュー・スコットランド）に到着した。アントニオは、ノヴァスコシアのピクトー郡のピッチ帯（現在のニュー・グラスゴーの近く）について、手紙のなかで詳しく述べているが、それは事実にぴったりと一致している。シンクレアは、続いて現在のニュー・イングランドに上陸した。

マサチューセッツ州ボストンから四〇キロほど行った所にある町ウェストフォード。その「見晴らしの丘」と呼ばれる場所で、岩場のあいだから、剣を持った甲冑の騎士の彫像が発見されている。ケンブリッジ大学の考古学・民族学博物館キュレーター（学術専門家）のT・C・レスブリッジは、「その武器・甲冑・紋章は、十四世紀、北スコットランドの騎士のものであり、オークニー伯であった初代シンクレアのものに酷似している」と言っている。ブラザーフッドは、アメリカ大陸のことを何千年も前から知っていた。クリストファー・コロンブスは、公式の「アメリカ大陸発見」物語を作り上げるのに利用されたにすぎない。アメリカ大陸の占領をおおっぴらに開始するためだ。これがこの真相だ。

＊――義父はキリスト騎士団員でエンリケ航海王子船団船長、レプティリアン育成のコロンブスは当初からアメリカ大陸を目指していた

前章で説明したように、一三〇七年、フランスでの迫害から逃れるべく、聖堂騎士団はスコットランドへと渡った。そのとき、ポルトガルへと渡った者たちもいた。彼らはキリスト騎士団を名乗り、おもに海運業に携わった。キリスト騎士団のグランドマスターで最も有名なのが、エンリケ（ヘンリー）航海王子《ナヴィゲーター》（一三九四〜一四六七年）である。

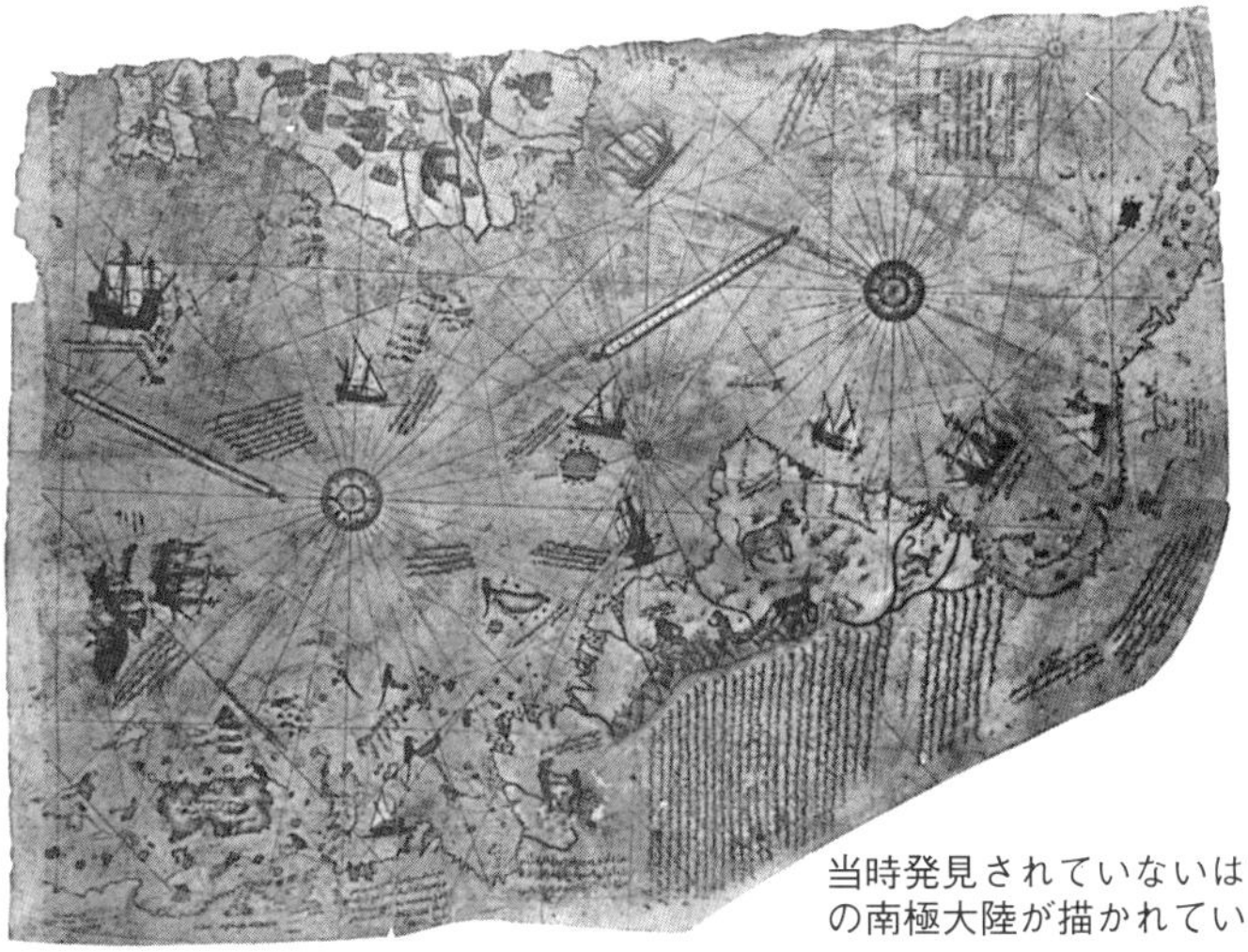

◀一五七二年のピリー・レイスの地図

当時発見されていないはずの南極大陸が描かれている

「ナヴィゲーター」とは、聖堂騎士団やシオン修道院においては、グランドマスターを意味する言葉である。その用語が、聖堂騎士団のフロント《前線部隊》たるキリスト騎士団で流用されていたとしても、それはなんら驚くべきことではない。アトランティスの跡と思われるマディラ諸島やアゾレス諸島を「発見」したのは、エンリケ航海王子の探険艦隊であった。ブラザーフッドの秘密の知識に通じていた彼らは、古代フェニキア人の航海者たちによって描かれた海図を見ることができる立場にあった。そこにはアメリカ大陸の存在も描かれていた。

ちなみに、コロンブスのアメリカ大陸発見航海(西回りインド航路開拓航海)の二十数年後、オスマン・トルコの海軍提督ピリー・レイスは、南極大陸の地図を描いている。南極大陸が公式に発見される三百年前にだ。その地図の正確さは、現代の技術によって確認されている。彼は、どうやってそのような地図を作成しえたのだろうか。彼は、古い地図を書き写したのだと言っている。エンリケ航海王子やキリスト騎士団が利用していたのと同じ情報源によるものであろう。

さらに指摘しておきたい。エンリケ航海王子船団の船長の一人（キリスト騎士団員）が、クリストファー・コロンブスの義理の父であった、という事実は重要だ。コロンブスは、当初からインドを目指してはいなかったのだ。彼は、自分がどこへ向かっているのかをはっきりと知っていた。ヴァスコ・ダ・ガマやアメリゴ・ヴェスプッチなど、多くの冒険航海者たちがポルトガルから出たのは、以上のような理由によるものだ。

フリーメーソンの歴史家マンリー・P・ホールが言うように、コロンブスは、北イタリア・ジェノアの秘密結社ネットワークと密接な関係を持っていた。北イタリアといえば、レプティリアン―フェニキアン―ヴェネチアンの黒い貴族の蟠踞《ばんきょ》する地だ。コロンブスは一時期、ロレーヌ家（レプティリアン）のルネ・ド・アンジューに雇われていたこともあった。

バビロニアン・ブラザーフッドの貴族であったルネ・ド・アンジューは、ジェノヴァやヴェネチア（ヴェニス）を含めヨーロッパ中に無数のコネクションを持っていた。コロンブス（本名コロン）は、詩人ダンテ（カタリ派の活動家にして聖堂騎士団員）に触発されたグループのメンバーだった。アメリカへと向かう彼の船に翻っていたのは、白地に赤十字（フェニキアン・レッドクロス）の旗であった。コロンブスの中心的支援者は、バビロニアン・ブラザーフッド・ネットワークの二人の高位階者だった。その一人が、ロレンツォ・ド・メディチだ。メディチ家は、ヴェネチア最強のレプティリアン一族である。もう一人はレオナルド・ダ・ヴィンチ。彼はシオン修道院のグランドマスターだった。

＊――真の任務がアメリカ「再発見」だった、
歴史に残るいくたのカボット父子など「勇敢な冒険者たち」

コロンブスがカリブ諸島に上陸した五年後、ジョン・カボットとして知られるイタリア人が、西イングランドのブリストル（聖堂騎士団の港）を出港した。ニューファンドランド、ノヴァスコシア、そして北米大陸を、公式に「発見」するためだ。ブリストルという名は、女神バラティの名に由来している（バラティはかつて、カエル・ブリトと呼ばれていた）。ブリストルは当時、騎士団の一大拠点であった。今でも市内には、テンプル・ミーズと呼ばれる場所があるが、それは当時の名残りだ。

このカボットは、英国王ヘンリー七世からの支援を受けていた。

カボットの息子セバスチャン（ヴェネチア生まれ）は、ヘンリーのために探険航海を行ない、地図の作成を担当した。セバスチャンは、カナダのハドソン湾まで航海したり、スペインの探険隊を南アメリカへ案内したりもした。カボット父子は普段から、アジアへの新航路を探し求めているのだと公言していた。しかし真相は、その公言とうらはらにスペインの南アメリカ探険も、英仏による北米探険も、ともにバビロニアン・ブラザーフッドによってお膳立てされたものだったのである。

公認の歴史では、カボットとコロンブスのあいだにはなんのつながりもないということになっている。ジョン・カボットの本名は、ジョヴァンニ・カボートという。のちに彼はヴェネチアに帰化しているが、その出身地はジェノヴァである。コロンブスがジェノヴァを中心に活動していたとき、カボートもまたそこにいたのだ。

高位のフリーメーソンであるマンリー・P・ホールは、「両者はともに、秘密結社『東方の賢者たち』にかかわっていた」と言う。彼は、その著書『アメリカの受け持つ神意』のなかで、次のように述べている。

「新世界への扉を開いた冒険者たちは、すべてマスター・プランに従って操作されていた。彼らは、発見者というよりもむしろ、「再発見」の任務を与えられたエージェントたちであった。これら勇敢な冒険者たちについては、その出自、生活、性格、考え方など、重要なことはほとんど何も知られていない。彼らの生きた時代には多くの歴史家や伝記作家がいたが、彼らについては、ただ口をつぐむか、無条件に誉め称えるかのどちらかだった」

もちろんその冒険者たちは真相を知っていた。しかし、すべてはペテンでありブラザーフッドのアジェンダの一部なのだという真実を、絶対に一般の人々には知らせたくなかったのだ。

＊――世界中で先住民を大量虐殺、「生命の真理や真の歴史」を「彼ら」は盗み破壊してきた

以降四世紀のあいだ、英国をはじめ、オランダ、フランス、ベルギー、スペイン、ポルトガル、ドイツなど、ブラザーフッドにコントロールされたヨーロッパ諸国は、世界中を略奪し、レプタイル・アーリアンによる地球支配をかつてなかったほど急激に押し進めた。スペインによる中米乗っ取りの司令官であったヘルナンド・コルテスによってとられた方法は、まさにその典型であった。

中米の原住民は独自の暦法を有しており、彼らの神ケツァルコアトルの再臨する日が定められていた。この中米のケツァルコアトルの物語と、中東のイエスの物語とは、基本的に同じものである。なぜなら、その起源が同じだからだ。

さて、白い神ケツァルコアトルが再臨するとされていたのは、西暦にして一五一九年であった。ケツァルコアトルは、「翼の生えた蛇」の名にふさわしい姿で現われるであろうと原住民たちに信じられていた。

それを知っていたコルテスは、一五一九年、羽毛を身にまとい、ケツァルコアトルが再臨するとされていた場所を選んで、メキシコに上陸したのだった。彼は、ケツァルコアトルの伝説に従って十字

架を手にしていた。そのため、王モンテスマをはじめとするアステカの人々は、コルテスのことを、彼らが待ち望んでいた神だと信じた。これを利用することによってコルテスは、たった五百九十八人の部下で、莫大な人口を支配することができたのだ。

原住民たちがコルテスの正体に気づいたときはもう遅かった。彼らに対する大量虐殺が始まったのだ。あるスペインの歴史家は、「ヨーロッパ人（アーリア人およびレプティリアン系アーリア人）の到来以降、少なくとも千二百万人の南米原住民が殺され、それよりもはるかに多くの人々が奴隷にされた」と概算している。

スペインの征服者たちは、インカやマヤをも侵略した。その際に、古代知識の大部分が意図的に破壊されたのだ。北米でも同じことが起こった。こうしてヨーロッパ人たちは、無数のアメリカ原住民を殺し、彼らの文化を地上から抹殺してしまった。アフリカやオーストラリアやニュージーランドなどの原住民も、彼らによって同じような運命を辿らされたのだ。

レプタイル・アーリアン（爬虫類人系アーリア人）にコントロールされたアーリア人たちは、大英帝国をはじめとするヨーロッパ帝国主義によって、世界を征服した。世界中至る所で、生命の真理や真の歴史（人類に対するレプティリアンの関与）に関する知識が、彼らによって盗まれ破壊されてきたのである。

四世紀にはエジプトで、多くの秘教の書物を蔵したアレクサンドリアの大図書館がローマの命令によって破壊された。これなどはその典型である。破壊されなかった書物は、ヴァティカンの地下に秘蔵された。ヴァティカン上層部に親類を持つ知人は、私に次のように語ってくれた。「私は、ヴァティカン内部を案内された。建物の下には密閉式の地下室があり、そこには古代秘教の書物があふれていた。まったく信じられないような光景だった」と。

＊――英国情報部工作員で「幼児を生贄にする悪魔主義者」だったアメリカ「建国の父」ベンジャミン・フランクリン

合衆国の基盤となった最初のイギリス人永久入植地は、十七世紀初頭に開かれたヴァージニア州ジェームズタウンだった。ヴァージニア州の名は、「ヴァージン・クイーン」エリザベス一世にちなむと言われているが、それは正しくない。真の歴史から言うならば、その名は、古代バビロンの女神、「ヴァージン・クイーン」セミラミス（およびそのエジプト版の女神イシス）に由来するものである。フランシス・ベーコン一族の多くの者も、初期の入植に参加していた。

初期の入植は、その多くがピューリタン（カルヴィン派清教徒）によって行なわれた。山高帽を被り黒い洋服を着た彼らは、アメリカ大陸の原住民を、彼らが女性を扱うのと同じやり方で……すなわち筆舌に尽くしがたい傲慢さと残酷さをもって取り扱った。入植はブラザーフッドの地球占領作戦の一環であったのだ。

アメリカ大陸へと入ったレプティリアン、ヨーロッパ貴族の血流は、のちに合衆国の指導層（大統領、政治家、銀行家、実業界のリーダーたち）を形成することとなった。アメリカ大陸における金融と土地所有が確立されていったのは、一六〇六年、英国王ジェームズ一世によって特許を与えられたヴァージニア会社の設立以降のことである。

ジェームズ一世は、フランシス・ベーコンを騎士に叙任し、続けざまに重要な地位を与え、最後には大法官の地位までも与えた王である。このジェームズ一世の庇護下で、聖堂騎士団や薔薇十字会をはじめとする多くの秘密結社が、フリーメーソンの名のもとに集結し一体となった。ヴァージニア会社設立期のメンバーの顔ぶれを見てみるといい。フランシス・ベーコン、ペンブルック伯、モントゴメリー伯、ソールズベリー伯、ノーサンプトン伯、サウサンプトン伯。彼らはみな、ブラザーフッドの血流である。ヴァージニア会社は、現在もその名を変えて存続し、合衆国を支配し続けている。

英国による北米大陸支配は、表立った支配から、より巧妙な隠れた支配へと変化した。フリーメーソンは、そのための実動部隊であった。この支配形態の変化は、歴史上は「アメリカ独立戦争」として知られているものだ。

くだんのブラザーフッドのアメリカ支配計画は、フランシス・ベーコンの著書『ニュー・アトランティス』（一六〇七年）のなかに要約されている。それは「見えない大学」の知的エリートたちがすべてを支配する、というものだ。これこそが、ベーコンの『ニュー・アトランティス』の結論なのである。

さて、ベンジャミン・フランクリンは、英国のアメリカ植民地におけるフリーメーソン指導者の一人であった。フランクリンは今もなお、自由を信じて人々のために戦った「建国の父」として尊敬されている。一〇〇ドル札の表には、彼の顔を見ることができる。ブラザーフッドのグローバル・コンスピラシー《陰謀》の多くの側面を見抜いているキリスト教愛国派の人々でさえ、フランクリンは愛国者であったと考えている。だが、それはまったく間違っている。

フランクリンは、英国情報部の工作員であり、バリバリのバビロニアン・ブラザーフッド・メンバーであったのだ。彼は「幼児を生贄にする悪魔主義者」であった。真実の歴史を見失わないように、アメリカ人は「建国の父たち」の裏の顔を調べ直さなければならない。フランクリンは、今日で言うところのヘンリー・キッシンジャーのような人物だったのだ。

フリーメーソンに関する記事を公に出したのは、フランクリンが最初であった。一七三〇年十二月八日、彼の新聞『ペンシルヴァニア・ガゼット』紙上でのことだった。彼が公式にフリーメーソンになったのは一七三一年であり、三四年にはペンシルヴァニア地区のグランドマスターとなった。その年に彼は、アメリカで初めてフリーメーソンの本を出版し、記録上アメリカ初のフリーメーソン・ロッジを、ペンシルヴァニア州フィラデルフィアに設立した。アメリカ「独立」戦争の司令部があったのが、このフィラデルフィアであった。

＊――「自由と平等」を唱えるも「知性が白人より遺伝子的に劣る」と平然、黒人奴隷を所有し続けたジェファソン

フィラデルフィアには、「リバティー・ベル（自由のベル）」がある。これは、フェニキアの太陽神ベルを象徴したものだ。フェニキアの言語は、綴りよりも音のほうが重要である。秘密の知識の伝達に必要不可欠な、レプタイル・アーリアンの象徴言語は、書かれたものよりも音声が中心となる言語である。

薔薇十字会のグランドマスターでもあった「建国の父」フランクリンは、ブラザーフッドのアメリカ乗っ取り作戦の中枢にいた人物であった。「ロンドンからの直接支配を、より効果的な現代的大衆支配へ」、これが彼らのテーマだったのだ。だから「フランクリンをはじめとする『建国の父たち』は、自由の信奉者であった」などという話に騙されてはならない。選挙で人々の支持を得て権力を手にしようとする者は、耳触りのいい話しかしないものだ。事実、フランクリンやジェファソンなど「建国の父たち」は、言うこととやることのまったく違う偽善者たちであった。言行が一致しないというのは誰にでもあることだが、彼らの場合のそれは見逃すことができないほどに巨大である。

ジェファソンは、「人間はすべて平等に創られている」と書く一方で、二百名もの黒人奴隷を所有し、「黒人は、知性が遺伝的に白人よりも劣っている」と平然と述べている。これはどう考えても矛

盾していないだろうか？　フランクリンもまた同じである。彼は「自由」という言葉を繰り返す一方で、数多くの黒人奴隷を所有していたのだから。

　フランクリンは、アメリカ独立戦争が組織された地域において、その地区のフリーメーソンの指導者であった。彼はまた、九人姉妹団やサンファン・ロッジなど、フランスのフリーメーソン・ネットワークのメンバーであった。一七八九年のフランス革命を操作したのは、これらの組織であった。さらに彼は、グランドマスター・クラスのみが参加を許されるロイヤル・ロッジ「カルカソンヌ・テンプル・ウェスト」のメンバーであった。それだけではない。フランクリンはまた、悪魔主義結社「地獄の業火クラブ」の会員であり、そこでの友人には、英国財務長官フランシス・ダシュウッド卿がいた。

　このダシュウッド卿は、世界ドルイド同盟など、数々の秘教グループとのつながりがあった。彼は、所領のウェスト・ウィコーム（ウィッカ《魔術》）に巨大な洞窟を持っており、悪魔主義や性魔術の儀式のためにそこを利用していた。彼らが性的儀式にこだわる理由については、あとの章で説明しよう。私はなにも、ドルイドやウィッカンの伝統のすべてを否定しているわけではない。私が言いたいのは、ドルイドやウィッカンの知識が悪用されているということである。それらの知識は、自らをドルイドやウィッカンと呼ぶ人々によって、良い方向にも利用されている。ただ私が本書において、ある人々のことをドルイドだなどと指摘する場合、それは、「彼らが、表ではキリスト教を使って秘教の知識を否定・弾圧しつつも、裏ではそれを独り占めにしている」という意味でその言葉を使っている。

　ダシュウッド卿と同時代の「地獄の業火クラブ」のメンバーのなかには、フレデリック皇太子をはじめ、当時の総理大臣、ロンドン市長、海軍大臣などが含まれていた。そして英国に対する「反乱」の指導者、ベンジャミン・フランクリンこそが、この「地獄の業火クラブ」の中心人物であった。実を言うと彼は、「英国諜報部員、第七十二号」だったのである。この英国諜報部は、エリザベス一世の時代、フランシス・ベーコンやジョン・ディー博士によって作られたものである。

一九九八年、ロンドンのトラファルガー広場の近く、クレーヴン・ストリート三十六番地のフランクリンの屋敷跡から、十体分の人骨が発掘された。それらはフランクリンの生きた時代の物であり、六体分は子供の骨であった。このことを大衆には、「医学研究のために密かに入手された死体だったのだろう」などと説明されているようだ。しかしフランクリンは、殺人儀式を行なうバビロニアン・ブラザーフッドの一員であったことを想起していただきたい。

英国国教会の祈祷《きとう》書を作り上げたのは、この二人の悪魔主義者、ベンジャミン・フランクリンとフランシス・ダシュウッド卿であった。それは『フランクリン―デスペンサー祈祷書』として知られている（ダシュウッドは、デスペンサー卿とも呼ばれていた）。合衆国では、それは『フランクリン祈祷書』と呼ばれていた。

＊――アメリカ独立戦争を両側から操作していたバビロニアン・ブラザーフッド

フランクリンをはじめとする「建国の父たち」は、ブラザーフッドのアジェンダを実現するため、アメリカとヨーロッパを股にかけて活動していた。フランクリンやジェファソンは、アメリカの国益を代表する者として、キー・センターのパリで活動していた。フランシス・ベーコン卿が「英国人」としてパリにあったのと同様であった。

ラファイエットをはじめ、フランスのフリーメーソンや革命家が、数多くアメリカ独立戦争に参加しているが、それはフランクリンのフランス秘密結社コネクションによるものだった。彼は、ドイツ・フリーメーソンのシュトロイブ男爵ともつながりがあった。フリードリヒ大王のプロシア陸軍将校であったシュトロイブは、アメリカ独立戦争において重要な役割を果たしている。もちろん最大の功労者は、高位階メーソンにして合衆国軍最高司令官であったジョージ・ワシントンであるが。その彼の幕僚の大部分も、フリーメーソンであった。対する英国軍のほうも、その指揮官の多くがフリーメーソンだったのだ。

英国軍最高司令官のジェフリー・アマースト卿が初めて将校になったとき、その任命辞令のために金を払ったのは、初代ドーセット公のライオネル・サックヴィルであった。一七四一年、サックヴィルと、その仲間のウォートン公は、ともにガーター騎士団員となった。英国王を頂点とするエリート結社であるガーター騎士団は、エルサレム（マルタ）の聖ヨハネ騎士団など、数々の「騎士団」に浸透し、秘密結社ネットワークを支配していた。ガーター騎士団のシンボル・マークは、赤十字の描かれた白い盾である。

そしてサックヴィルは、イタリア・フリーメーソンを設立し、それをグランド・オリエントのネットワークのなかに組み入れた。カルボナリ党やアルタ・ヴェンディタを裏から操っていたのは、このイタリア・フリーメーソンであった。サックヴィルの二人の息子、チャールズ（ミドルセックス伯）とジョージもまた、活動的なフリーメーソンであった。

そのチャールズ・サックヴィルは、一七三三年、イタリアの黒い貴族の拠点であるフローレンス（フィレンツェ）に、フリーメーソンのロッジを設立した。また彼は、ベンジャミン・フランクリンの親友であるダシュウッド卿とともに、ディレッタント・ソサイエティー（芸術愛好家協会）を設立している。チャールズ・サックヴィルとダシュウッドは、フレデリック皇太子（地獄の業火クラブのメンバー）を中心とするエリート・フリーメーソン・クラブのメンバーであった。チャールズの弟であるジョージは、第二十歩兵連隊（のちのランカシャー火打石銃連隊）の隊長となり、移動式のフリーメーソン・ロッジを組織した。このロッジの幹部の一人に、エドワード・コーンウォリス大佐がいた。彼の双子の兄弟は、カンタベリー（英国国教会総本山）の大司教であった。

一七五〇年にノヴァスコシア総督となったコーンウォリスは、その地にフリーメーソン・ロッジを設立した。彼は、英国の対アメリカ植民地戦争（アメリカ独立戦争）において英国軍最高指揮官の一人であった。コーンウォリスの部下であったジェームズ・ウルフ大尉は、アメリカ独立戦争当時の英国陸軍において、非常に重要な役割を果たしている。

一七五一年、ジョージ・サックヴィルは、アイルランド・グランド・ロッジのグランドマスターとなった。アイルランド・グランド・ロッジといえば、当時アメリカ植民地に展開していた英国陸軍内部に根を張っていた、連隊型フリーメーソン・ロッジの元締めであった。アメリカでの戦争が最高激戦期を迎えていた一七七五年、ジョージ・サックヴィルは、黒い貴族にして英国王のジョージ三世から、アメリカ植民地長官に任命されている。サックヴィルのフリーメーソン・ネットワークは、ベンジャミン・フランクリンが属していたのとまったく同じものであった。すなわちバビロニアン・ブラザーフッドは、フリーメーソンを通じて、アメリカ独立戦争の両側を操作していたのだ。これが彼らの手口なのだ。

＊――伝統的にスパイ組織の長たる役目を負ってきた
英国の逓信大臣と画策、戦勝建国アメリカをロンドンの配下に

多くの歴史家たちが指摘していることだが、アメリカ独立戦争における英国陸海軍の作戦は、まったく的はずれなものばかりであった。植民地側が勝利したというよりも、英国が自ら敗北を選んだとみるべきであろう。今やわれわれは、そのような事態がいかなる経路を通じて導き出されたのかを知

っている。英国軍は、フリーメーソンの移動式連隊型ロッジによって、すっかり浸透されきっていた。彼ら英国軍内のメーソンは、アメリカ軍の兄弟たち（メーソン）と固く結びついていたのだ。

ベンジャミン・フランクリンは、アメリカ独立戦争の最も重要な時期に、パリを拠点として活動していた。フランスやイギリスのフリーメーソン・ロッジとの連絡がとりやすいからだ。パリは、英国のスパイ・ネットワークの最重要ポイントの一つであった。いや、今現在もそうである。

英国の逓信大臣は、伝統的にスパイ組織の長たる役目を負っていた。このスパイ組織の運営という仕事は、二人の男に分担された。その一人が、フランクリンの仲間の悪魔主義者、フランシス・ダシュウッド卿であった。もう一人の男であるサンドウィッチは、ダシュウッドとともに、聖フランシス団と呼ばれる秘密結社を作り上げた。これは、もう一つの地獄の業火クラブとでも言うべき組織である。

サンドウィッチ伯爵は、対アメリカ植民地戦争における海軍作戦の最高責任者として、初代の海軍司令長官に任命された。『ブリタニカ百科事典』には、「サンドウィッチ伯爵が海軍司令長官を務めた英国海軍は、目にあまるほどの腐敗と無能力を露呈した。それは、英国海軍史における特異な時代であった」と述べている。海軍作戦の司令官であったリチャード・ハウ提督も、同様に意図的な無能さを示した。ハウは、一七七四年にフランクリンに引き合わされている。彼らを引き合わせたのは、フランクリンの妹であった。彼女はフランクリンのスパイ組織のメンバーであり、当時イングランドに住んでいたのだ。ハウはのちに、フランクリンとの会談については上司に何も報告しなかったと認めている。

一七七六年のアメリカ独立宣言に先立つ数年間、フランクリンは、ロンドン北方のダシュウッドの所領、ウェスト・ウィコームで夏を過ごしている。そこで彼らは、ダシュウッドの命令によって特別に掘られた洞窟の中で、悪魔主義の儀式を行なっていた。地獄の業火クラブの儀式が行なわれていた場所には、秘密と沈黙を象徴するギリシアの神、ハルポクラテースの像が立っていた。

指を唇に当てた子供の姿で描かれるハルポクラテースは、エジプトの太陽神ホルスと同一神格である。ハルポクラテースの像は、魔術の行なわれる寺院や洞窟の入口に、しばしば見受けられる。ダシュウッドとフランクリン（アメリカ植民地の逓信次官）は、裏から戦争を画策し、それを彼らの目標の現実化へと直結させたのであった。その目標とは、ロンドンのバビロニアン・ブラザーフッドによるアメリカ支配を、表向きはあくまでも合衆国の建国という体裁をとりつつ、目に見えない形で完成させることだった。ダシュウッド配下のエージェント、ジョン・ノリスは、一七七八年六月三日付の手紙に、「私は今日、パリのフランクリン博士からウィコームへ向けての回光通信を行なった」と書いている。

＊――有名な「ボストン茶会事件」もまた、犯行はモホーク・インディアンなどではなくフリーメーソンが仕組んだ

アメリカ独立戦争は、一七七五年、英本国による租税の引き上げが原因となって勃発したと言われている。この租税の引き上げは、英仏「七年戦争」の莫大な戦費を賄うためのものであった。この七年戦争もまた、ブラザーフッドによって企画された闘争であった。アメリカ大陸における英仏「七年戦争」の戦端を開いたのは、英国植民地軍の指揮官であったジョージ・ワシントンその人である。ワシントンは、オハイオに駐留していたフランス軍部隊を殲滅せよとの命令を発したのであった。

その一方、ロンドンのブラザーフッドによって、英本国に対する反乱の種がアメリカに播《ま》き散らされた。そして英本国によって、新たな税が次々と押しつけられたのである。それに呼応した植民地議

1775年４月19日の夜明け、英国軍をボストン郊外のレキシントン広場で植民地民兵が待ち構えた――アメリカ独立戦争の最初の銃撃戦を描いた「レキシントンの戦い」（シカゴ歴史協会蔵）

会内部のエージェントたちは、英本国に対する反乱を煽り始めた。これこそ、何世紀にもわたって使われ続けてきた古典的手法である。当然、一般大衆はすべてを額面どおりに受け取るだけだ。彼らは何が起こっているのかわけがわからないままに、巨大な事態の流れに放り込まれるのだ。「愛国者」パトリック・ヘンリー、一七六九年のヴァージニア議会による反乱を率いたリチャード・ヘンリー・リー。彼らをはじめ、「反逆者」の多くはフリーメーソンであった。

事態が尖鋭化したのは、ブラザーフッドの戦略に従う英国政府によって、アメリカ植民地に「茶条例」が押しつけられたときであった。それは英国東インド会社（ＢＥＩＣ）に、同社が大量に保有していた茶を、アメリカ植民地において無税で販売することを許可するものだった。このことが植民地商人の市場に致命的な影響を与えるであろうことは目に見えて明らかだった。

モホーク・インディアンに扮した一群が、ボストン港に停泊していた英国商船ダートマス号を襲撃し、積荷の茶を海中に投げ捨てた。歴史に言う「ボストン茶会事件」だ。もちろん彼らは、モホーク・インディアンなどではなかった。彼らの正体は、ボストンのセント・アンドリュー・ロッジのフリーメーソンたちだったのだ。彼らを率いていたのは、若き支部長ポール・リヴィラであった。この事件は、英国の命令によってダートマス号警備の任についていた植民地民兵の協力なしには、決して起こりえなかったことである。ダートマス号警備の任にあたっていた民兵隊の隊長の一人であったエドワード・プロクターは、セント・アンドリュー・ロッジのメンバーであった。

このセント・アンドリュー・ロッジは、世界で最初に聖堂騎士団位階を導入したフリーメーソン・ロッジである。このロッジのグランドマスターであったジョゼフ・ウォーレンは、スコットランドのグランド・ロッジによって、北アメリカ全体のグランドマスターに任ぜられている。

セント・アンドリュー・ロッジのメンバーのなかには、あのジョン・ハンコックもいた。「大陸議会」の指導者となり、独立宣言に最初に署名した人物である。ポール・リヴェラをはじめ、セント・アンドリュー・ロッジのメンバーのうちの少なくとも三人が、革命結社「自由の息子たち」の秘密エリート中枢「ロイヤル・ナイン」のメンバーであった。ボストン茶会事件を企画したのは、このグループである。

＊――――合衆国憲法の最大の欺瞞――紙幣を発行する「私有」中央銀行の連邦準備制度（ＦＲＢ）は、「特別区《コロンビア》」内にある

これらの情報の大部分は、フリーメーソン系の歴史家、マンリー・Ｐ・ホールの著作のなかに書かれている。彼はまた、「五十六人のアメリカ独立宣言署名者のうち、五十名がフリーメーソンだ」と

述べており、「フリーメーソンでないことがはっきりしているのは一人だけだ」と指摘している。

一七八三年九月三日、パリ条約によって、アメリカ植民地は独立国家「アメリカ合衆国」として承認された。「パリ」条約とは、まことにもって適切な名称である。パリこそ、アメリカ独立戦争を画策した陰謀の中心地だったからである。「自由」を唱った合衆国憲法は、ジョージ・ワシントン、ベンジャミン・フランクリン、エドマンド・ランドルフ、トマス・ジェファソン、ジョン・アダムズら「建国の父たち」によって作られた。少なくとも公式にはそういうことになっている。

彼ら「建国の父たち」は、フランクリンやジェファソンをはじめ、みながみな熱心な奴隷所有者であった。三十年以上にわたる奴隷所有者であったフランクリンは、自らの経営するよろず屋で、奴隷の売買を行なっていた。事実、彼は「感じのいい十五歳ぐらいの娘。水疱瘡済み。国内に入って一年以上。英語を話す。お問合せは下記へ」という奴隷売りの広告を出している。フランクリンだけではない。ジョージ・ワシントン、ジョン・ハンコック、パトリック・ヘンリーといった独立戦争の大物たちは、みな奴隷を所有していたのだ。たしかにパトリック・ヘンリーは、「自由を与えよ、さもなくば死を！」と叫んだ。だが、これはあなたの顔が黒くなければの話である。

また合衆国初期の九人の大統領は、すべて奴隷所有者であった。アンドリュー・ジョンソンは、「この逃亡奴隷を捕らえた者には別記の賞金を与える。鞭《むち》百を加えるごとに一〇ドルを追加する」との広告を出している。ジョージ・ワシントンの協力者であったエドマンド・ランドルフ（のちにヴァージニア・グランド・ロッジのグランドマスターとなった）は、合衆国の初代司法長官および国務長官に任命された人物だ。合衆国の中央政府システムを提案したのは、このランドルフであった。それは、フランシス・ベーコンの秘密結社ネットワークや例の「見えない大学」によってすでに考案されていた、「見えない支配構造」を基礎とするシステムであった。

多くのアメリカ人は、合衆国憲法は自由を保障すべく作られたのだと信じている。しかし、そこには巧妙な抜け穴が用意されている。ブラザーフッドのアジェンダは、この抜け穴を通して現実化されるようになっているのだ。

たとえば議会を通過した法案が大統領によって拒否された場合、その法案は上下両院に差し戻される。その法案が大統領拒否権を超えて成立するためには、上下両院において三分の二以上の多数で可決されなければならないのだ。つまり、大統領と、上院・下院いずれかの三分の一をコントロールしさえすれば、あらゆる法案の成立をストップできるということだ。

ところで、あなたの「自由」にとって、さらに大きな脅威となるものは何だろうか？　それは「私的権力に通貨発行権を認めること」だ。愛国者たちは、「通貨は議会が発行しなければならず、私有銀行による通貨発行は憲法違反となる」と信じている。しかし、合衆国憲法には、そのような明記はないのである。

合衆国憲法の第八節第一項は、「議会は通貨を発行し、その価値を規定することができる」となっている。つまり合衆国憲法は、「通貨発行権を有するのは議会だけだ」とは言っていないし、「議会は必ず通貨発行権を行使しなければならない」というわけでもない。

その第十節には、「いかなる州も、法定通貨としての硬貨を鋳造してはならない。そのうえ金貨および銀貨が、唯一の支払い手段でなければならない」と述べられている。では紙幣の発行はどうなるのだろうか？　憲法違反とはならないのだろうか？　それがそうはならないのだ。

メリーランド州の一部が割かれ、連邦の首都となるべく議会に移譲された。それが、ワシントンＤＣの始まりだ。ＤＣとはディストリクト・オブ・コロンビア、すなわちコロンビア特別区の謂《い》いであり、これは「州」ではない。紙幣を発行する「私有」中央銀行＝連邦準備制度（ＦＲＢ）は、この

「特別区」内にある。このコロンビア「特別区」は、各「州」に該当する合衆国憲法の多くの規定項目から、うまい具合に逃れている。賢明な「建国の父たち」は、このことを見越していたのだ。

＊――「王家（爬虫類型異星人）の遺伝子を受け継ぐ者が例外なく最終勝利者」だったアメリカ大統領選挙

合衆国初代大統領ジョージ・ワシントン。彼の座っていた椅子の背もたれには、「昇る太陽」が彫刻されていた。これは古代アーリア人の太陽崇拝の象徴である。ワシントンは、フリーメーソン・アレクサンドリア・ロッジ（ワシントンDCのそばにあり、エジプトの「アレクサンドリア」の名にちなんでいる）のグランドマスターであった。彼が合衆国初代大統領に就任したのは、一七八九年四月三十日のことだ。これはブラザーフッドの儀式の日たる五月一日（メイ・デー）の前日だ。宣誓の証人は、ニューヨーク・グランド・ロッジのグランドマスター、ロバート・リヴィングストンであった。

合衆国初代大統領の就任式は、フリーメーソンによるフリーメーソンの儀式そのものであった。ワシントンを筆頭とする政府高官たちは、フリーメーソンの正装に身を包んでいた。「建国の父たち」の大部分がそうであったように、ワシントンも英国貴族の血を引いていた。彼の祖先は、十二世紀の英国騎士にさかのぼれる。十二世紀といえば、あの聖堂騎士団が結成された時代だ。英国内乱（薔薇戦争）において王位を争ったバッキンガム公爵、その親戚の一人もまた、ワシントンの先祖であった。英国を拠点とするバビロニアン・ブラザーフッドは、合衆国を支配するためにレプティリアンの血流を利用してきた。それは今日に至るまで続いている。ワシントンは、ほんの一例にすぎない。

合衆国における各界の指導者たちの系図を調べてみるといい。大統領をはじめとする政治家たち、銀行家、大企業家、軍の大物、メディア、政府高官、諜報組織の長、等々を。もとを辿れば、彼らはみな、英国を中心とするヨーロッパの王侯貴族（レプタイル・アーリアン）の血筋である。彼らが発祥したのは、シュメール―バビロン時代の古代中近東であった。第四十二代までの合衆国大統領のうちの少なくとも三十三人が、イングランドのアルフレッド大王（八四九～八九九年）とフランスのシャルルマーニュ（七四二～八一四年）の血を引いており、十九人がエドワード三世（一三一二～一三

アメリカの実体を如実に示す米国グランド・ロッジに掲げられている額――ワシントンを中心に歴代大統領が顔をそろえる

七七年）の血を受け継いでいる。チャールズ皇太子は、エドワード三世の血を色濃く受け継いでいる。ジョージ・ブッシュとバーバラ・ブッシュはともに、同じ英国貴族の血流である。彼らは、ピアス一族の血流だ。「ピアス」の名は、火薬陰謀事件（一六〇五年の英国議会爆破未遂事件）の結果イングランドを離れた「パーシー」を、その由来とする。ブッシュに代表される合衆国の東部エスタブリッシュメントたちは、遺伝学に則って、ヨーロッパの王族や貴族（同じレプティリアンの血流）と婚姻関係を結び続けてきた。一九九六年の大統領選で「対決」したビル・クリントンとボブ・ドールでさえ、遠縁の親戚なのである。彼らはともに、合衆国大統領ウィリアム・ヘンリー・ハリソン（第九代）やベンジャミン・ハリソン（第二十三代）、そしてヘンリー三世の血を受け継いでいるのだ。ヘンリー三世は、聖堂騎士団の絶頂期と重なる一二一七〜一二七二年、イングランドの王位にあった。これらの情報は、『バーク貴族年鑑』によるものだ。

クリントンについて言えば、王家の血筋につながる度合いが、ドールよりもはるかに強い。ウィンザー王家、スコットランドのあらゆる君主、フランス王ロベール一世。これらすべてと同じ血流に属する者、それがクリントンだ。彼がブラザーフッドによって合衆国大統領に選ばれたのは、このような血流的背景によるものなのだ。

『バーク貴族年鑑』の編集長、ハロルド・ブルックス-ベイカーは言う。「ジョージ・ワシントン以来、王家の遺伝子を受け継ぐ多くの候補者が、例外なく常に大統領選の最終勝利者となってきた」と。しかし驚くべき統計ではないか。そして、この「王家の」遺伝子の正体は、レプティリアン（爬虫類型異星人）の遺伝子なのだ。

ヨーロッパを支配していたのと同じ一族がアメリカにまで広がり、そこを「自由の地」と呼んだ。しかし、アメリカ合衆国がロンドンの支配から自由であったことは一度もなかった。それどころか、アメリカ合衆国そのものが、ロンドンの「創作」であった。英国すなわち英国王家が、合衆国を「所有」し続けてきたのだ。もしあなたがアメリカ人で、初めてこのような情報を聞いたのであれば、たいへんなショックを受けたことだろう。まだ先は長い。まずはゆっくりと座って、砂糖を入れた熱いお茶で一服するといいかもしれない。

＊——英国王命令による「殺しのライセンス」
——キリスト教テロで北米原住民を統制せよ

一六〇四年、政治家、事業家、商人、工場経営者、銀行家など、各界の指導者が、グリニッジにおいて会合を開いた。続いてケント州に集まった彼らは、「ヴァージニア会社」を結成した。英国人をはじめとするヨーロッパの白人が、近い将来、北米大陸に大量に流入するであろうことを見越しての動きだった。この「ヴァージニア会社」の筆頭株主は、英国王ジェームズ一世（レプティリアン）であった。最初に特許状が発行されたのは、一六〇六年四月十日のことであった。修正・追加条項も含めたこの特許状の内容からすると、ヴァージニア会社に支配されたアメリカ植民地の実態は、次のようなものであったことがわかる。

●ヴァージニア会社は、二つの会社から構成されていた。その一つはロンドン会社、もう一つはプリマス会社（ニューイングランド会社）であった。前者は、一六〇七年五月十四日に開かれたアメリカ植民地、ジェームズタウンを管轄していた。後者が管轄したのは、あの「ピルグリム・ファーザーズ」である。一六二〇年十一月にコッド岬に到着したピルグリムたちは、十二月二十一日にプリマスの港に上陸した。アメリカの神話となった「ピルグリム・ファーザーズ」は、ヴァージニア会社の第二部門、ニューイングランド会社の職員たちであったのだ。

●ヴァージニア会社は、現在「合衆国」と呼ばれている土地の大部分、および沿岸から約一五〇〇キロの範囲内にある島嶼《とうしょ》を所有していた。このなかには、バミューダやカリブ諸島も含まれていた。ヴァージニア会社（英国王家の血族）は、アメリカ大陸で採掘される金と銀について、なんと五〇パーセントの権利を有していた。その他の資源についても五〇パーセント以上の権利を有し、あらゆる事業について、その利益の五パーセントを受け取る権利を持っていた。特許状に定められたこれらの権利は、ヴァージニア会社を所有する者たちの相続人によって、代々受け継がれてきた。つまり、この権利は永遠に存続するのだ。これらの権利を享受するヴァージニア会社のメンバーたちは、ロンドンを拠点として活動し、財産管理者や投機家や大農場主として、その名を知られるようになった。

●ヴァージニア会社の設立から二十一年間、植民地での交易活動に課せられた税は、王室会計長官を通じて、直接に英国王室へと納められた。物品を植民地の外へと輸出することは、英国王室の許可なしには決して許されなかった。もし許可なくそんなことをすれば、それらの物品は船ごと差し押さえられた。

●ヴァージニア会社の土地は、「委託使用証書」によって、各植民地へと貸与されていた。ヴァージニア会社のメンバーたちが相続したり売買したりしていたのは、あくまでも土地の永続的使用権であった。彼らは、決して土地の所有者ではなかった。土地の所有権は英国王室にあった。

●植民地は、それぞれ十三人のメンバーを持つ二つの植民地評議会によって統治されていた。しかし、最終的決定権を持っていたのは、ロンドンの国王評議会であった。アメリカ植民地の統治者は、英国王によって選ばれていた。大統領と呼ばれる現代アメリカの統治者も、その実態は植民地時代から何も変わっていない。

●英国王は、植民地評議会を通じて、植民地の人々に、アメリカ原住民をも含めたすべての者にキリスト教を強制するように命じた。当時の言い回しで言うと次のようなことになるだろう。すなわち「最大の敬意と努力をもって、神の言葉たるキリスト教を伝え広めよ。われわれの植民地内においてのみならず、周囲の地に住む未開の者たちをも、わがイングランド王国において確立された正しき信仰によって教化せよ」と。

否が応でも、キリスト教をアメリカ原住民に強制せよと言うのだ。つまり北米原住民の文化や知識を破壊せよと命じているのだ。これはカルヴィン派ピューリタンのキリスト教テロによって、植民地内部を統制せよということである。この国王命令は、まさに「殺しのライセンス」だ。原住民を拉致し、拷問を加えて殺してしまおうとも、なんらお咎めを受けないというのだから。

●ヴァージニア会社の植民地では、刑事裁判所はアドミラルティー・ロー（英国海事法）に則り、民事裁判所はコモン・ロー（英国陸事法）に従っていた。

この致命的な問題については、もう少しあとで説明しよう。

＊―――――

二つのアメリカ「USA」「usA」双方は経営責任者の英国、オーナーのヴァティカンが収奪済み

実はこれらの内容は、今日にも該当している。もう一度読み直して、ことの重大さを充分に理解していただきたい。十三州のアメリカ植民地は、一七八三年のパリ条約によって、「独立」国家としての承認を受けた。しかしその実態は、ヴァージニア会社が、「アメリカ合衆国」へとその看板を変えたにすぎなかった。あなたはご存じだろうか、二つのＵＳＡ（合衆国）があることを。「ＵＳＡ」と「ｕｓＡ」だ。

「ｕｓＡ」とは、各州からなる領域だ。それら各州の土地は、いまだに、旧ヴァージニア会社筆頭株主としての英国王室によって所有されているのである。

「ＵＳＡ」とは、ポトマック川西方のおよそ一一〇平方キロの領域、連邦首都たるワシントンＤＣである。保護領たるグアムやプエルト・リコも、これに含まれる。「ＵＳＡ」は、「国」ではない。それは、ブラザーフッド・レプティリアンの血族によって所有される「企業」である。「ＵＳＡ」とは、ヴァージニア会社そのものなのだ！　アメリカ人が社会保障番号を受け入れるということは、「ｕｓＡ」の市民が「ＵＳＡ」（英国王室所有のヴァージニア会社）に自らの主権を明け渡し、そのフランチャイズになることを意味する。では、なぜアメリカ人たちは、社会保障番号を受け入れるのだろうか？　それは、彼らが自分たちのしていることの意味を理解していないからである。

アメリカ人たちは、「合衆国は一つしかなく、連邦政府はその正統な政府である」と信じ込まされているのだ。たとえば「アメリカ人は、連邦政府に所得税を納めなければならない」と規定した法律はどこにもない。しかし、アメリカ人たちは、連邦所得税を支払い続けている。そうしなければならないと信じているからだ。ブラザーフッド支配下の連邦国税庁は、テロをもその手段としているため、連邦所得税の徴収が詐欺だと知っている者も、それを支払わざるをえないのだ。

さあ、お茶をすすって深呼吸していただきたい。話はまだまだあるのだ。

アメリカで産出される金銀についての権益や徴税権など、ヴァージニア会社のオーナーたちが持っていた特権は、「ＵＳＡ」（旧ヴァージニア会社、現在はワシントンＤＣの連邦政府）の所有者であると同時に「ｕｓＡ」（アメリカ各州）の土地を所有する英国王室によって、現在も受け継がれている。つまり「独立」以降も、それ以前と同じ割合の上納金が、連邦政府職員（すなわちヴァージニア会社の職員）によって、アメリカの人々から徴収され続けてきたということだ。大統領さえも一職員にすぎない。「ｕｓＡ」の土地を所有する英国王室は、「ＵＳＡ」の土地と機関を所有している。そのなかには、連邦国税庁（ＩＲＳ）や、連邦準備制度理事会（ＦＲＢ）が含まれる。

この連邦準備制度理事会とは、私有のアメリカ「中央銀行」であり、存在しない金《かね》（マネー）を政府に貸しつけて利子を取っているのだ。結局その利子は、最終的に納税者が負担させられている。この連邦準備制度理事会は、英国およびヨーロッパのブラザーフッド一族によって所有されている。しかし、さらにもう一ひねりあるのだ。表向きヴァージニア会社の所有となっていた莫大な資産、その真の所有者は誰であろうか？　その答えは、ヴァティカンである。

一二一三年十月三日、英国王ジョンは、「英国王単独法人」としてのイングランド統治権を、「キリストの代理人」として世界統治権を主張するローマ法王に譲渡した。その見返りとして法王は、英国王に対し、統治の執行者としての地位を与えた。言うならば、英国王室が経営責任者で、ヴァティカンがオーナーというわけだ。もちろんその裏には、ヴァティカンを操る真のオーナーがいるのだが。「ロンドンは、ブラザーフッドの作戦レヴェルの中枢である」と私が言い続けてきたのは、このような理由によるのである。

ロンドンよりさらに高いレヴェルの力の所在地が、ヴァティカンである。しかし私としては、物理的次元（われわれの住む世界）における彼らの究極レヴェルの拠点（最高中枢）は、チベットあるいはアジアのどこかの地下にあるのではないかと考えている。

このようにアメリカの人々は、巨大な詐欺によって血を吸われ続けてきた。それは今も続いている。しかし「自由の大地」とは、なんという皮肉であろうか。アメリカ大統領や政府高官は、このことを熟知している。あのジョン王は、ローマ教皇にイングランドの統治権を譲渡した。そしてジョン王を操っていたのは聖堂騎士団であった。

＊――現代でも「英国」の海事法に従う植民地「アメリカ」の金を受け取って沈黙を守る刑事裁判所

私は先ほど、「アメリカ植民地の刑事裁判所は、ヴァージニア会社およびジェームズ一世によって、アドミラルティー・ロー（海事法）に従うように規定されていた」と述べた。このアドミラルティー・ローとは、もちろん英国の海事法のことである。法廷が英国海事法に則って運営される場合、その法廷が掲げる旗の縁には、金色のふさ飾りがつけられなければならないことになっている。どこでもいいから、「ＵＳＡ」か「ｕｓＡ」の刑事裁判所を見てみるといい。金色のふさ飾りを見ることができるだろう。その他数多くの公共建築物においても同様だ。「アメリカ」の刑事裁判所は、「英国」の海事法に従っているのだ。英国王室を中心とするブラザーフッド一族は、アメリカの刑事司法をも支配しているということだ。そのコントロール・センターは、ロンドンのテンプル・バーを拠点とする秘密結社である。

聖堂騎士団（ナイト・テンプラー）ゆかりの地であるテンプル・バーは、現在は英国法曹会の中心地となっている。英国フリーメーソンのグランド・ロッジは、ロンドンのグレート・クイーン（イシス／セミラミス）・ストリートにある。このグランド・ロッジは、一七一七年に設立されて以来、世界中のフリーメーソンをコントロールし続けてきた。英国のレプタイル・アーリアンは、アメリカの裁判官、弁護士、検事、警察を、フリーメーソンを通じて支配してきたのだ。また同様に彼らは、外交問題評議会（ＣＦＲ）や日米欧三極委員会（ＴＣ）などの機関を通じて、アメリカの政治システムを操作している。アメリカの裁判官たちは、自分たちの法廷が英国海事法によって支配されていることを充分認識している。しかし彼らは、金を受け取って沈黙を守るのだ。

ロックフェラー家は、ロンドンのブラザーフッド本部からの指令によって動くアメリカ支部長である。誰がアメリカ大統領になるのかは、このロックフェラー家が決めていると言われている。すなわちロンドンのエリートが決定しているということだ。その背後にいるのが、英女王やフィリップ殿下を中心とする英国王室である。フリーメーソンの世界本部たるイングリッシュ・マザー・ロッジ、そのグランドマスターは、英国女王の従姉弟のケント公である。

さらに巨大なフレンチ・コネクションが存在する。ロンドンとパリは、ブラザーフッドの二大作戦本部であった。これら英仏の両翼は、主導権をめぐって争い続けてきたが、結局彼らは表裏一体、一枚のコインの裏表なのである。ワシントンが合衆国初代大統領となった一七八九年に起こったフランス革命は、フリーメーソンおよびその分派たる「バヴァリア・イルミナティ」の工作によって引き起こされたものであった。そのへんの詳細については『……そして真理があなたを自由にする』のなかで述べておいた。

「革命家たち」が王妃マリー・アントワネットを処刑したあと、まだ幼児であった息子のルイ王子は、パリ・テンプルに軟禁された。その二年後、彼は、主治医ノーディン博士によって、洗濯籠の中に入れられて密かに連れ出された。マルキ・ド・ジャルジェーユの知恵遅れの甥が身代わりにされ、結局一七九五年に死亡した。王子は密かにヴァンデー宮殿へ連れて行かれ、コンデ公によってかくまわれた。のちに王子は、ライン河畔の要塞へと移され、「リシュモン男爵」の名で過ごした。一八〇四年二月、彼は、元フランス王室会計長官のジョルジュ・ペイジュールとともにイングランドに渡り、英国王ジョージ三世の保護を受けるようになった。ジョージ三世といえば、アメリカ独立戦争のときの英国王である。王子は「ダニエル・ペイジュール」へと再びその名を変え、一方ジョルジュ・ペイジュールは「ジョージ・ベイショア」となった。

＊フレンチ・コネクション絡みで、マリー・アントワネット――リンカーン――ロスチャイルド――ハワード・ヒューズが血縁リンク

英国王ジョージ三世は、ダニエル・ペイジュールとなった王子に一隻の船を与え、ノース・カロライナの二四〇〇平方キロの土地をジョージ・ベイショアに託した。アメリカに到着した彼らは、英国王室の親類であるボディー家からの援助を受けた。イングランドを出港する前、王子はヴァージニア会社の株式を購入していた。

アメリカに到着した彼は、代理人のジョージ・ニューマンを使って、ゴールド・ヒル鉱山会社をはじめとするいくつかの金鉱を密かに購入した。蒸気機関の発明・実用化の波に乗って、ペイジュールは鉄道を建設し、それを関連会社に賃貸し始めた。同時に彼は、枕木を作るランカスター興産と、レールを製造するリンカントン製鉄とを設立した。このリンカントン製鉄は、のちにシカゴへと本社を移し、二つの子会社、カーネギー・スティールとプルマン・スタンダードを生み出した。機関車の燃料供給のためという名目で、連邦政府（ペイジュールが株主であったヴァージニア会社）は、線路の両側一六〇キロの範囲の土地を、鉄道会社の利用地として割り当てた。さらにその外側の土地も、約五〇キロ四方のブロックに区画され、その半数がペイジュールに売却された。

このようにして、彼とその鉄道会社は、アメリカの一等地を手に入れたのであった。以上のような立法は、一八五四年の連邦議会議事録に記録されている。ペイジュールのランカスター鉄道は、アラバマ鉱産を通じて数々の企業を支配していた。それはたとえば、コカ・コーラ、ペプシ・コーラ、ジェネラル・モーターズ、ボーイング、フォード、スタンダード・オイルなどがそうである。

ブラザーフッドによって企画・操作された一八六〇年代のアメリカ内戦（南北戦争）のあと、敗者

たる南部連合の支持者たちによって所有されていた鉄道や不動産は、連邦政府によって没収された。そしてノース・カロライナのウィルミントンにおいて、競売に付されたのである。しかしそれらは、ダニエル・ペイジュールの九人の管財人たちによって、極端に低い価格で競り落とされたのだった。ナッシュヴィルにおいて、鉄道オーナーたちと連邦政府とのあいだに、ある信託証書が取り交された。その内容は、合衆国の軍用鉄道システムの建設を委託するというものであり、輸送・通信の分野における独占権を、その開発業者に与えるものであった。これらの協定は、今日まで続いている。ペイジュール帝国の総括管理者は、ロスチャイルドの身内のリロイ・スプリングス（以前はレロイ・スプリングシュタインと呼ばれていた）という男であった。

このリロイ・スプリングスは、アメリカ大統領アブラハム・リンカーンの腹違いの兄弟であったようだ。というのは一八〇八年、ナンシー・ハンクスという女性が、スプリングスの父と関係を持ったあと、男の子を出産した。それがアブラハム・リンカーンだからだ。リンカーンは、この父から、アラバマ州ハンツヴィルの広大な土地を遺産として相続している。リンカーンはロスチャイルドの血を引いていたという噂は、このような事実から出たものだろう。一八五六年、リンカーンは、ドイツ君主レオポルトの娘に、双子の姉妹、エラとエミリーを生ませている。このうちの一方の子孫が、あの億万長者ハワード・ヒューズなのである。

＊——アメリカの「名家」を輩出し続けた
フレンチ・コネクションのペイジュールとヴァージニア会社

自らの力で成り上がったかにみえるアメリカの名家の大部分は、ペイジュールやヴァージニア会社に仕えていた者たちだった。ペイジュールの鉄鋼場の若き従業員であったアンドリュー・カーネギーは、ペイジュールから一つの鉄鋼会社を任された。それがカーネギー・スティールだ。ヴァンダービルト家は、「ビルトモアと呼ばれる『マンション』が、一族の故郷であった」と自らのルーツを語っている。しかし、これは事実どおりではない。ビルトモアは、一八八〇年代、ペイジュールの管財人によって、「ホテル」として建設されたものである。この建物は、ペイジュール家によって、九十九年の期限をつけて、ヴァンダービルト家に賃貸された。アメリカ史上最も有名な銀行家・実業家の一人であるJ・P・モルガンも、やはりペイジュールの管財人の一人であった。彼は、表看板の一つにすぎなかった。真の力を持つ者は、その裏に隠れているのだ。

合衆国内の石油や鉱産資源の出る土地は、その大部分が鉄道会社の所有となっている。そして、ペイジュールの持っていた石油や鉱産資源に対する権益は、会社支配権を得るに充分な株式との交換で、石油会社や鉱山会社に移譲されている。その他の権益は、建材会社などに賃貸された。ダニエル・ペイジュールが一八六〇年に死去したあと、彼の大帝国は孫のルイス・カース・ペイジュールによって運営され、以前にも増して急速に拡大し続けた。一八七二年、ペイジュールの会社であるチャールストン―シンシナティ―シカゴ鉄道は、ウェスタン・ユニオンという電報会社を設立した。このウェスタン・ユニオンが一八七五年に設立した子会社、AT&Tは、現在アメリカ最大の電信電話会社となっている。

またチャールストン―シンシナティ―シカゴ鉄道自体は、合衆国の私有「中央銀行」である連邦準備制度の親会社となっている。ペイジュールの帝国は、銀行業務の世界に深く手を染めていた。彼らのランカスター銀行は、ノース・カロライナ銀行となり、のちにネイションズバンクとなった。ジョージ・ブッシュが頭取を務めたテキサス最大の銀行、インターファースト銀行は、一九八七年にリパブリック銀行と合併させられ、ファースト・リパブリック銀行となった。これはその後ネイションズバンクに吸収され、さらにバンク・オブ・アメリカと合併させられた。CIAのドラッグ・マネーを資金洗浄《マネー・ロンダリング》しているのが、これらの銀行である。

これはまったく辻褄《つじつま》の合った話だ。CIA（中央情報局）の前身であるOSS（戦略事務局）は、ペイジュールの情報組織から生まれたものであった。この情報ネットワークは、軍用鉄道システムを保護するという目的で、セルマ—ローム—ドルトン鉄道会社によって組織されていたものである。それは、組織のなかの組織であった。アメリカ人たちは、誰が本当に国を動かしているのかが、まったくと言っていいほどにみえていない。アメリカを仕切っていたペイジュール一族、彼らをも支配していたのはいったい誰か？

ペイジュール一族は、現在も、彼らの帝国を通じて合衆国を支配している。しかし、さらにその上に君臨するのは、やはりお馴染みのレプティリアン一族なのだ。ペイジュールの筆頭管財人であったリロイ・スプリングスが一九三一年に死去したあと、彼のプレイボーイの息子、エリオットがそのあとを引き継いだ。彼は、郡の記録ファイル・システムの刷新を自ら推進するということでランカスター郡の庁舎からすべての記録ファイルをいったん持ち去った。記録ファイルが戻されたとき、何百もあったペイジュールの土地登記書類は、すべてエリオット・スプリングスの名義に書き変えられていた。スプリングスは、ロスチャイルドの親類であった。ペイジュールの娘たちに「帝国」を相続させないようにと、ロスチャイルドから指令が下っていたのだ。

＊————

英国の首相兼外相パーマストン卿を首謀とする
フリーメーソン秘密最高評議会が計画したアメリカ南北戦争

一九五〇年代初頭、エリオット・スプリングスの娘アンは、ニュー・ジャージーの犯罪組織のボス、ヒュー・クロースと結婚した。そしてクロースは、エリオット・スプリングスがペイジュールから盗み取ったすべての会社の会長に任命された。このクロースの娘、クランダル・クロース・ボウルズは、カロライナ連邦準備銀行の頭取となった。依然としてペイジュールのもとにあった土地や株式、これらの所有権をめぐる争いは続けられているが、大方はロスチャイルドのコントロール下にあるようだ。

鉄道会社から土地を買い、その土地の所有権は自分のもとにあると信じている人は、たいへんがっかりすることになるだろう。実はそれらの土地の登記証書は無効なのだ。土地の所有権は鉄道会社にはないからだ。それらの土地は、ペイジュール帝国から鉄道会社へと賃貸されていただけなのだ。その所有権は、ヴァージニア会社にあった。

第二次世界大戦中の合衆国大統領、フランクリン・デラノ・ルーズヴェルト（ブラザーフッドのメンバー）は言った。「政治の世界に偶然ということはありえない。偶然としか思えないようなことが起こったとしても、それはそうみえるように意図されているだけのことなのだ」

これは、アジェンダを推進させたすべての大事件に当てはまることだ。戦争、経済崩壊、アジェンダにそぐわない政治指導者を取り除くための暗殺やスキャンダル。すべては、世界中の権力を集中化するために利用される。

たとえば北米大陸上では、次の三つの大戦争が行なわれた。ヨーロッパから渡って来た白人とアメリカ原住民との戦争。「独立」戦争。そして南部諸州が連邦を脱退しようとした一八六〇年に始まった内戦（南北戦争）だ。アメリカ原住民との戦争、および独立戦争が、ブラザーフッドによってお膳立てされたものであったということについては、すでに述べた。実は南北戦争のときも、やはりその構図は同じであった。

一八四一年から四五年にかけて、パリで六つのフリーメーソン大会が開かれた。ヨーロッパ中のフ

アメリカ南北戦争を描いた当時のリトグラフ

リーメーソンが一斉にパリに集まったこれらの大会は、その裏で開かれた秘密の最高評議会を隠蔽するためのものでもあったのだ。アメリカ内戦（南北戦争）が計画されたのは、それらの秘密最高評議会においてであった。レプタイル・アーリアンによるフリーメーソン的アメリカ支配、これをさらに強化するというのがその目的である。その陰謀の中心にいたのが、英国の首相兼外相にしてフリーメーソンの長老であった男、パーマストン卿である。

フリーメーソン・スコティッシュ・ライトの二人の三十三階級が、アメリカ内乱操作のエージェントとして選ばれた。その二人とは、ケイルブ・クッシングとアルバート・パイクだ。ケイルブ・クッシングは、北部の連邦主義者として活動した。一方、スコティッシュ・ライトのアメリカ南部最高指導者であったアルバート・パイクは、南部において反乱軍を組織した。皮肉にも（そしてまったく巧妙にも）、ロンドンのフリーメーソン銀行家たちを使って南部反乱軍の設立をお膳立てしたのは、北部の人間として活動していたクッシングであった。「アーリア支配種（レプタイル・アーリアン）」を信奉する悪魔主義者のアルバート・パイクは、イタリアのグランド・オリエント・フリーメーソンの首領、ジュゼッペ・マッツィーニからの援助を受けていた。悪名高き犯罪組織であるマフィアは、このマッツィーニたちが創始したものである。

＊――アメリカ内乱の裏で悪魔主義者アルバート・パイクやイタリア・マフィアのマッツィーニと暗躍した「金の輪の騎士たち」

一八五一年、マッツィーニは、奴隷解放キャンペーンを行なうグループを、アメリカ中に作り始めた。フリーメーソンは、これらのグループを隠れ蓑として利用していた。それは内乱（南北戦争）の裏の真の動機を悟られないようにするためだ。マッツィーニが作った「ヤング・アメリカ（アメリカ青年同盟）」ロッジが、各地に設立された。それらの本部が、シンシナティ第一三三ロッジだ。それらロッジの設立資金の大部分は、英国のフリーメーソン銀行家（ロスチャイルドのフロントマン）、ジョージ・ピーボディーから出ていた。そして彼は、J・P・モルガンを、アメリカにおける資金運用の責任者に任命していた。モルガンといえば、ペイジュールの管財人であったことを思い出していただきたい。至る所で同じ名前が出てくるのに気づくだろう。

一八五三年、フランクリン・ピアス（ブッシュ一族の血流）が、第十四代合衆国大統領として選ばれた。「彼による閣僚指名の大部分は、われわれの望んだとおりになった」と、マッツィーニは語っている。ピアスは、ケイルブ・クッシングを司法長官に任命したが、これもマッツィーニが望んだとおりの「指名」の一つであった。英国フリーメーソンのコントロール下にあった彼は、船主であった父と、従兄弟のジョン・パーキンズ・クッシングとともに、英国による中国へのアヘン密売に関与していた。

ケイルブ・クッシングは、奴隷制に強硬に反対する書を著し、パイクとともに内乱（南北戦争）の立役者となった。パイクは、クッシングのホームタウンであるニューベリーポート（マサチューセッツ州）で、学校長を務めていた。そして、フリーメーソンのキャリアを一気に駆け昇ったときに彼が住んでいたのが、アーカンソー州リトル・ロックである。アーカンソー州といえば、現在はクリントンが知事を務めたことで知られているが。

内乱（南北戦争）の裏で暗躍したエリート・グループがあった。オハイオ州シンシナティに本部を置いていた秘密結社、「金の輪の騎士たち」である。悪名高きジェシー・ジェームズも、そのメンバーの一人であった。三十三階級のメーソンであった彼は、戦争資金を欲したアルバート・パイクから、北部の銀行を襲撃して回るように指令を受けていた。

一八六一年四月十二日にサムター要塞を砲撃し、南北戦争の戦端を開いたことで有名な南軍のボーレガード将軍も、やはりフリーメーソンであり、「金の輪の騎士たち」のメンバーであった。有名な奴隷制反対論者であったジョン・ブラウンは、北軍のあいだで流行した歌「ジョン・ブラウンの遺骸」を通じて、伝説の人となった。ブラウンは、フリーメーソンをはじめとする数々の秘密結社のメンバーだった。一八二四年五月十一日、彼は、オハイオ州ハドソン第六八ロッジのマスター・メーソンとなった。その彼はまた、ヤング・アメリカのメンバーでもあった。ブラウンは、ジョン・ジェイコブ・アスターの一族から資金援助を受けていた。このアスター家も、やはりブラザーフッド・レプティリアンの血流である。

フリーメーソンたちが南北両側で打ち上げたアジテーションによって、合衆国は一触即発、内乱寸前の状態にあった。一八五七年一月、大統領に選ばれたジョン・ブキャナン（フリーメーソン）は、フリーメーソンのジョン・B・フロイドを陸軍長官に任命した。ケンタッキー出身の副大統領、ジョン・C・ブレッキンリッジは、一八六〇年三月二十八日、アルバート・パイクから、スコティッシュ・ライトの三十三階級を与えられている。反乱軍たる南部連合の大統領は、フリーメーソンのジェファーソン・デーヴィスであった。最初に合衆国から離脱したのはサウス・カロライナ州であるが、そこには、パイクの指導するスコティッシュ・ライト・アメリカ南部管区本部があった。

合衆国を離脱した州の指導者たちは、みなすべてフリーメーソンであった。合衆国を離脱したのは最終的に十一州であったが、南部連合の旗には十三の星が描かれていた。十三は、フリーメーソンや聖堂騎士団の聖なる数である。

＊――リンカーン暗殺指令のロンドン銀行家が援助する「金の輪の騎士たち」をKKKへと名称変更したパイク

一八六一年三月四日、北部の連邦主義者たちによって合衆国大統領に選ばれたアブラハム・リンカーンは、南軍にも融資をしていたロンドンの銀行家たち（フリーメーソン）から、戦費融資の申し出を受けた。しかし、そこには罠があった。リンカーンは、私有の「中央銀行制度」の導入に同意せざるをえないような状況へと追い込まれたのである。

ブラザーフッドが内乱（南北戦争）を勃発させた狙いは、戦費調達のために私有の発券銀行（中央銀行）の創設に同意せざるをえないような窮状へと、アメリカを追い込むことにあった。しかし、リンカーンはこれを拒絶し、銀行家にコントロールされない政府のみがとることのできる、明確な政策を打ち出した。リンカーンは、「グリーンバック」と呼ばれる無利子の紙幣を発行し、これによって政府財政を賄ったのである。ジョン・F・ケネディ大統領も、これと同じようなことをしようとして

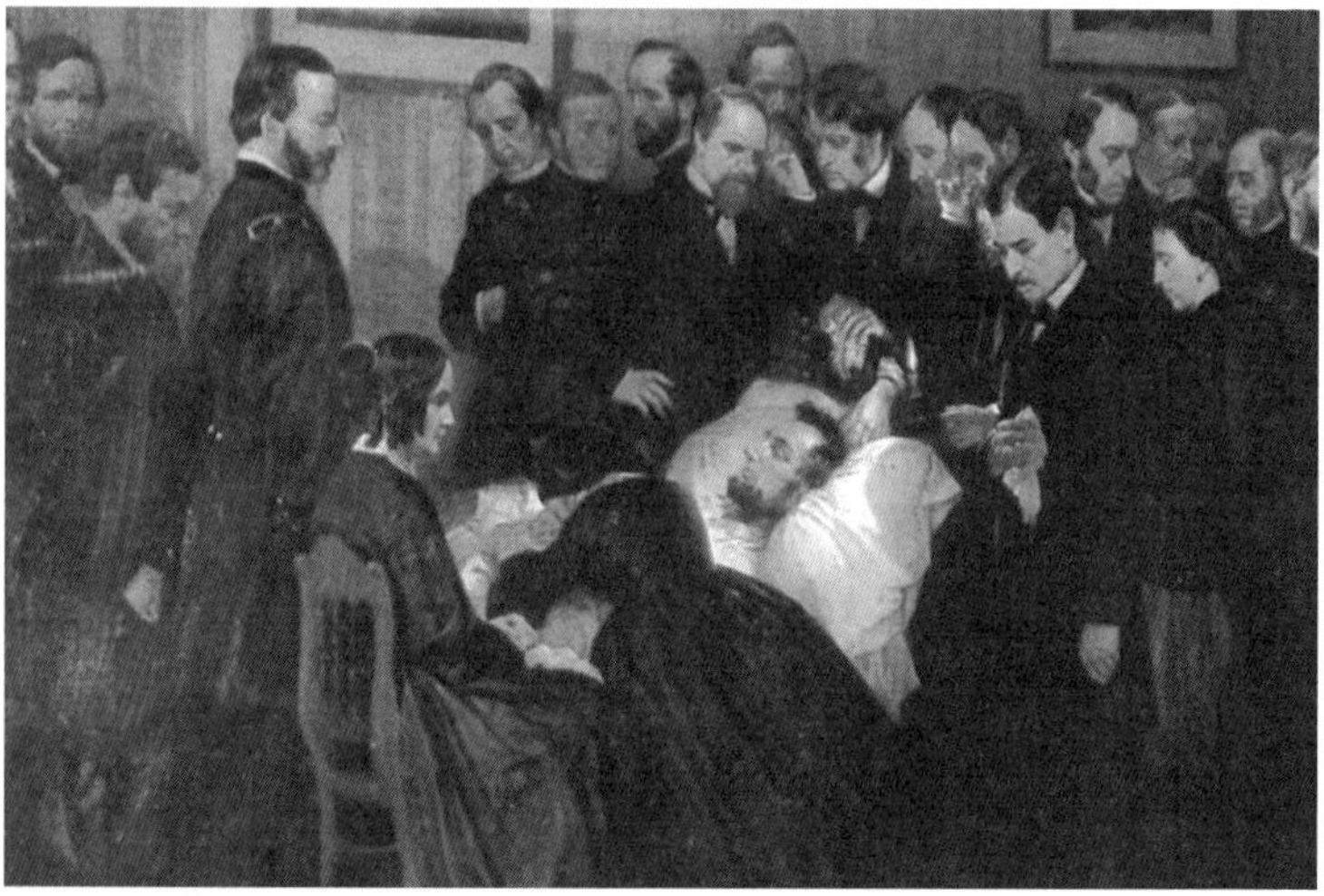

「死の床にあるリンカーンとその葬儀の列」（『ハーバーズ・ウィークリー』に掲載されたイラスト［ⓒタンジ］）

いた。このような政策は、ブラザーフッドの銀行家たちが最も嫌うところである。かくしてリンカーンは、一八六五年四月十四日、ワシントンにおいて暗殺されることとなった。一九六三年十一月二十二日のケネディ大統領暗殺も同様だ。

リンカーンを暗殺したジョン・ウィルクス・ブースは、フリーメーソン三十三階級であり、マッツィーニの作ったヤング・アメリカのメンバーであった。その彼を暗殺者として選んだのは、「金の輪の騎士たち」であった。彼らは、ロンドンのフリーメーソン銀行家たちから資金援助を受けていた。

暗殺の隠蔽工作を指揮したのは、陸軍長官のエドウィン・スタントン（フリーメーソン）であった。彼は、事件直後にワシントンDCのすべての道路を封鎖したが、ブースの逃げ道だけは空けておいた。エドウィン・スタントンは、ブースと同じ背格好の酔っぱらいを殺して死体を焼き、それをブースの死体として「認定」した。

一八六五年六月、リンカーン暗殺事件に対する

ブラザーフッドにおいて「灯」は暗殺を行なったことを示すサインをしても用いられ、アーリントン墓地のケネディ大統領の墓の上には灯が置かれていた（右上）。また、フリーメーソンは、暗殺したディーレイ広場に灯のオベリスクを建てている（右下）。左上写真は「ＫＫＫ」の儀式の風景

裁判が、インディアナポリスで開かれた。事件の関係者とされたのは次のような人々であった。英国首相パーマストン卿。フリーメーソン三十三階級であった彼は、この年に死亡している。ジョン・ウィルクス・ブース（フリーメーソン三十三階級）。ジューダ・Ｐ・ベンジャミン。彼は、暗殺を指令したロンドンのフリーメーソン銀行家たちの代弁者であった。元内務長官のジェイコブ・トンプソン。彼は、暗殺作戦の資金一八万ドルを、カナダのモントリオール銀行から引き出している。そのうえ「金の輪の騎士たち」の存在も明るみに出されたため、アルバート・パイクは、その秘密結社の名を「クー・クラックス・クラン」（ＫＫＫ）へと変更した。

　クー・クラックス・クランといえば、黒人に対するテロ行為を繰り返す、白いロープを

すっぽりと被った白人至上主義者の集団として有名だ。この「クー・クラックス・クラン」の名は、「輪」を意味するギリシア語、「ククロス」に由来しているのだ。

一八〇九年ボストンに生まれたパイクは、ハーヴァード大学で教育を受けたあとに、アーカンソー州リトルロックのスコティッシュ・ライト・ロッジ（のちにビル・クリントンのロッジとなった）のグランドマスター（支部長）となり、アメリカ・フリーメーソンのグランドコマンダー（最高責任者）となった。

そしてパイクは、一八九一年にワシントンDCで亡くなった。彼の葬儀は、フリーメーソン寺院の中の真っ黒な布で覆われた部屋の中で、真夜中に執り行なわれた。彼は、悪魔主義者の中の悪魔主義者であり、フリーメーソンの「神様」であった。今でも、キャピトル・ヒル（連邦議会議事堂のある丘）から歩いて少しの所にあるワシントン警察本部のそばには、彼の像が立っている。

＊――「自由の大地アメリカ」では、メーソン銀行家たち発行の紙幣が、利子をつけて連邦政府に貸し出される

リンカーンの死の前、すでにフリーメーソンのコントロール下にあった連邦議会は、一八六三年に国立銀行法を通過させていた。それは、連邦政府の許可によって発券銀行の設立を認めていくというものであった。メーソンの銀行家たちによって発行された紙幣が、利子をつけて連邦政府に貸し出されるということだ。リンカーン政権によって発行された無利子紙幣「グリーンバック」の時期を切り抜けた銀行家たちは、その無利子紙幣の発案者だったリンカーン政権の財務長官、サイモン・P・チェースの名にあやかった。現在デヴィッド・ロックフェラーの支配下にあるチェース・マンハッタン銀行の名は、これに由来する。

このようにみてくると、戦争や宗教など人類を分裂させ絶え間ない闘争の原因となってきた大事件のすべてが、同一のアジェンダから生み出されたものであることがよくわかるだろう。複雑に関連し合う数多くのできごとを見事なまでの手際で操作し、アジェンダを推進してきたのは、常に同じ陣営の人々であった。

私はここまで、アメリカ合衆国「建国」の真相について述べてきたが、それは現在の北アイルランド紛争とも関係している。まずは、エドワード・バンクロフト博士について語らねばなるまい。

博物学者にして科学者のエドワード・バンクロフトは、ベンジャミン・フランクリンの親友であった。彼は、ロンドンにあるブラザーフッドの「科学」フロント、王立協会において、バンクロフト研究基金を創設している。のちに彼は、ブラザーフッドのスパイ・ネットワーク・センターであるパリにおいて、フランクリンの個人的秘書となった。また彼は、フランクリンがグランドマスターを務めたエリート・グループ、「九人姉妹」ロッジにも参加している。

一七七一年、バンクロフトを代表とする秘密使節団が、パリからアイルランドへと派遣された。その翌年、英国のフランス大使であったストーモント卿は、「アイルランドから、パリのルイ十六世のもとへと外交使節が派遣された。その目的は、アイルランド独立への援助を依頼することである。この使節団は、フランクリンと密接な関係があるようだ」という情報を英国王に伝えている。それから何年かたったあと、「アイルランド人連盟」と呼ばれるブラザーフッド系の秘密結社が作られた。そのメンバーには、エドワード・フィッツジェラルド卿（詩人）や、ウルフ・トーン（アイルランド民族主義者）などがいた。一七九八年および一八〇三年のアイルランド反乱の裏には、この組織の姿があった。こうして引き起こされたアイルランドにおける紛争は、以来今日まで継続している。すべての歴史的大事件の裏には、必ずと言っていいほどにブラザーフッドの関与がある。

シモン・ボリヴァルといえば、南アメリカにあるボリヴィア共和国の建国者として知られている。ベネズエラ、ニューグラナダ、エクアドル、ペルーの解放者でもあった彼は、スペインのカディス・ロッジのメンバーであり、パリの「九人姉妹」ロッジのマスターであった。この「九人姉妹」ロッジには、ベンジャミン・フランクリンやヴォルテールをはじめ、その他フランスの革命家たちが数多く属していた。ジョージ・ワシントンの頭髪の一房が、フランスのエリート革命家ラファイエットによって、尊敬の印としてボリヴァルのもとへと届けられていた。

「自由の大地アメリカ」——なんたる皮肉であろうか！

無から捏造した金《マネー》

第10章

「慈悲深き聖都の騎士団《ロスチャイルドら》」末裔の
無慈悲な錬金妖術を剔抉《てっけつ》する

＊――古代シュメール―バビロンゆずりの、存在しない金を創り、人や企業に利子付きで貸すブラザーフッドの巨大単純な金融詐欺

今日、バビロニアン・ブラザーフッド（古代バビロンより続く超秘密結社）は、金融、ビジネス、情報機関、警察、軍隊、教育、メディアなど、世界のあらゆる分野を支配している。なかでも特に重要なのが銀行システムだ。銀行システムの本質は、通貨の創造と操作にある。

ブラザーフッドの巨大な金融詐欺は、古代シュメール―バビロンの時代から続いている。その本質は非常に単純だ。存在しない金《かね》（マネー）を創り出し、利子をつけて人々や企業に貸し出す。これが彼らの根本的手法である。政府や企業、一般大衆に多大な負債を負わせれば、それらをコントロールすることが可能となる。だが、これを実現するためには、ある前提条件が満たされていることが必要不可欠である。それは「自らの所有にない資金を貸し出す権限」が、銀行家たちに与えられることだ。

話はとても簡単だ。もしあなたが一〇〇万ポンド持っていれば、あなたは一〇〇万ポンドを貸し出すことができる。しかし、同じ一〇〇万ポンドでも、銀行がそれを持っている場合、その銀行は十倍の一〇〇〇万ポンドを貸し出すことができるのだ。しかも、もちろん利子付きでだ。

ここで想像していただきたい。その銀行のすべての預金者のうち、ほんの十分の一、いや百分の一の人々が一度にマネーをおろしに来ただけでも、銀行は三十分もしない間にシャッターを下ろしてしまうだろう。これはどういうことだろうか。実は銀行にマネーがあるというのは一種の神話なのである。人々の信頼を利用したトリック、それが彼らがしていることの正体だ。

今度は、あなたが銀行からマネーを貸しつけてもらうとしよう。その場合、銀行は一枚の紙幣も印刷しなければ、一枚の硬貨を鋳造するわけでもない。あなたの預金口座に貸出し金額分の数字を単に

タイプするだけだ。その瞬間からあなたは、単なるスクリーン上の数字に対して、利子を支払い続けることになる。そして、もしあなたが返済不能となったならば、銀行は、家・土地・車など実体的に存在するあなたの財産を、実体的に存在しないスクリーン上の数字の分だけ、合法的に奪い取っていくだろう。

さらに言えば、市中に出回る通貨の量をコントロールしているのも、政府ではなく私有の銀行なのである。貸出し量を上下させることによって、それが可能となる。銀行が貸出し金額の総量を増やせば、流通通貨の総量は増大する（貸出しを受けた際に銀行が口座に入れてくれる単なる数字も、実際上「通貨」として通用しているのだから）。

ところで、いわゆる好況と不況の違いはいったい何だろうか？　流通通貨量の差。あまりにも簡単だが、それが答えだ。最終的には同一の人々によってコントロールされている各私有銀行は、総体として流通通貨量を決定し、好況や不況を自らの意思で作り出している。株式市場についても同じことが言える。金融市場を支配する者たちは、株式市場においても一日のうちに何兆ドルもの金を動かし、株価の上下をコントロールしている。暴騰と暴落も思いのままだ。株式市場の大暴落は偶然に起こるものではない。それは意図的に起こされるものなのだ。

＊

好況や不況は、世界中の実体的富を盗み取ろうとするブラザーフッドの経済システム操作

流通している「お金」の大部分は、現金（紙幣や通貨）としての実体を持っていない。それは、コンピューターからコンピューターへとネットワーク上を移動する電気信号である。クレジット・カードや小切手を使用する際には、実体的通貨（紙幣）を物理的に移動させる必要はまったくない。ある

コンピューター上の口座の数字が消えた瞬間、他のコンピューターの口座にそれが加算されているのだ。電気的なものであれ実体的なものであれ、流通通貨量の増加率が高ければ高いほど、経済活動は活性化される。すなわち、より多くの生産、販売、購入、消費がなされ、人々の所得や雇用が増大するわけだ。しかし、レプタイル・アーリアンの金融操作は、それだけではすまない。

彼らは、貸出しを増大させることによって好況を作り出し、時期を見計らって栓を抜くのだ。過分な給金《サラリー》を与えられている経済学者や経済記者たち（その大部分は、何が起こっているのかをまったく理解していない）は、「好況や不況は、自然の経済サイクルである」などというたわ言を繰り返すばかりだ。好況や不況は、世界中の実体的富を盗み取ろうとするブラザーフッドのシステム操作なのだ。好況のあいだ、大多数の人々は、自らの負債を増大させていく。経済が活況を呈しているとき、企業は増大し続ける需要に見合うだけの生産性の向上を実現すべく、新技術導入のために借金を重ねていく。そして人々は、将来の経済状態について明るい展望を持ち、大きい家、いい車を買うために、より多くの借金をするようになる。

このような傾向が限界となる時期を見計らって動くのが、秘密結社ネットワークによって一体をなす大銀行家たちだ。彼らは、一気に利子率を引き上げることによって資金需要に冷水を浴びせ、同時に目一杯まで貸し出していた資金を一挙に回収し始めるのだ。こうして銀行の貸出しは激減し、市中に出回っていた通貨は一気に引き戻される。経済活動を生み出すのに必要な通貨が流通からはずされることによって、生産物への需要が封じられ、雇用も減少する。人々や企業は、もはや借りていた金《かね》を返済することができなくなり、やがては破産することとなる。すると銀行は、返済不能の代償として、事業所・家屋・土地・車など、実体的富の接収にとりかかる。銀行は、なんら実体的富を提供していたわけではない。彼らが提供していたのは、単なるスクリーン上の数字にすぎない。

以上に述べたようなサイクルは、数千年ものあいだ続けられてきた。しかし、ここ数百年が特にひどい。世界中の実体的富が、銀行システムを支配するレプティリアン一族によって、人々のあいだから吸い上げられてきた。アメリカ政府も同じ穴のむじなだ。本当に国民のことを第一に考えるならば、政府は独自の無利子通貨を発行するはずである。だが、その代わりに政府は、私有銀行カルテルから通貨の貸出しを受け、その利子および元本を、税金として国民に負担させている。あなたの納める税金のうちのかなりの部分が、直接に私有銀行へと流れているのだ。なぜ政府は無利子通貨を発行しないのだろうか？　それは、銀行と同様に政府もが、ブラザーフッドによってコントロールされているからだ。

負債の返済に行き詰まった政府が、なんとか倒産を免れるために国有資産を売却する。これが「民営化」と呼ばれるものの正体だ。第三世界諸国は、自らの土地と資源に対する支配権を、次々と国際銀行に譲り渡している。巨額の負債を返済できなくなってしまったがためだ。これこそまさに銀行家たちが狙っていた状況である。

本来世界は、貧困や戦争に苦しむ必要はない。それらはすべて、アジェンダ実現のためのマニピュレーション（操作）によるものなのだ。このような手法の中核となるのが近代的銀行組織のネットワークであるが、それを完成させたのは、十二～十三世紀の聖堂騎士団やヴェニスの黒い貴族たちであった。現在各国の「中央銀行」は、それぞれ独立したものであるかのように見せかけているが、実際には一体となって世界的金融操作を行なっている。

黒い貴族の傀儡、オレンジ公ウィリアムの特許によって設立されたイングランド銀行は、国際銀行ネットワークという蜘蛛の巣の中心に居座る大蜘蛛であった。一九三〇年代以降は、スイスにある国際決済銀行（ＢＩＳ）もそうなった。イングランド銀行同様、各国の中央銀行は、ジェノヴァやヴェニスのレプティリアン銀行家一族の子孫によって設立されたものである。

＊――― イスラエルを作りコントロールする、ロスチャイルド家主要メンバーは人間の外見を装うレプティリアン純血種

ロスチャイルド家について語りたい。間違いなくロスチャイルド家は、コーカサス山地のカザール帝国からやって来たレプタイル・アーリアンの一派である。ロスチャイルド家の主要メンバーは、レプティリアン（爬虫類型異星人）の純血種だ。彼らは、意識的に人間の外見をとっているだけなのである。

彼らロスチャイルド抜きに金融操作の実態を語ることなど、とうてい不可能だ。今日もなお世界操作の中心であり続けるロスチャイルドは、もとの名をバウアーと称し、その名をロスチャイルドへと変えた十八世紀当時はフランクフルトをその拠点にしていた。ロスチャイルド一族については『……そして真理があなたを自由にする』のなかで詳しく述べているが、ここで再び簡単にまとめておこう。それはロスチャイルド家が例のアジェンダのなかで非常に重要な役割を占めているからだ。

ロスチャイルド金融王朝を創始したのは、メイヤー・アムシェル・バウアーという男であった。レプティリアンの一族は、自らのルーツを隠蔽するために、しばしばその名前を変えることがある。称号を利用するのもそのためだ。やがてバウアーは、ロスチャイルド（赤い盾）へと、その名を変えた。フランクフルトにあった彼の家のドアには、「赤い盾」の看板がぶら下がっていた。ロスチャイルド(rotes schild《赤い盾》)の名は、それにちなんでつけられたものだった。

古代ブラザーフッドの時代から、赤は革命を象徴する色であった。ロシアの革命家たちが「赤」と呼ばれていたのは、実はこれに由来するものであった。その赤い盾の上には、六芒星が描かれていた。

フランクフルトにあったロスチャイルド邸とその紋章。この紋章から家名が興った

これは「ダヴィデの星」や「ソロモンの紋章」と呼ばれるもので、現在はイスラエルの国旗にもなっている。多くの人々はこれをユダヤ人のシンボルだと思っているが、それは真実と違う。現在のテル・アヴィヴに千二百年前に建てられたイスラム寺院の床の上にも、その六芒星は発見されている。ユダヤ人作家、O・J・グラハムは、その著書『六芒星』のなかで、次のように述べている。

「……その六芒星は、古代エジプトの儀式で使われ始め、フェニキアへと伝わって女神アシュタルテやモレク神の象徴となった。それはアラブの魔術師やドルイドやサタニストたちによって受け継がれ、十六世紀のカバラ主義者アイザック・ルーリアを経て、メイヤー・アムシェル・バウアーへと伝えられた（バウアーは、トレード・マークの『赤い盾』にちなんで、その名を『ロスチャイルド』へと変えたが、この『赤い盾』に描かれていたのが、この六芒星である）のだった。さらにそれはシオニズムのシンボルとして利用された。そして、新たに建国されたイスラエルの国会において、イスラエルの国旗に採用された。赤十字に相当するイスラエルの医療機関のシンボル・マークも、この六芒星である」

　このようにロスチャイルドの名は、古代異教の象徴に由来するものなのだ。その象徴が示しているのは、古代エジプトより伝わる人身供犠の神モレク（ニムロデ）である。六芒星がユダヤの象徴として使われるようになったのは、ロスチャイルドが登場してからのことである。この六芒星は、ユダヤの指導者としての「ダヴィデ王」とはなんの関係もない。その六芒星がイスラエルの国旗で使われているのは、イスラエルがロスチャイルド（および彼らに指令を下すさらに上層に位置するブラザーフッド）のものであることを示している。

イスラエルはユダヤ人の国ではない。イスラエルはブラザーフッドによって作られ、今も彼らによってコントロールされている。ところで救世軍（十九世紀後半に組織されたプロテスタント系の軍隊式福音伝道団）は「赤い盾」の紋章を使用しているが、これはロスチャイルドの意向によるものである。

＊――メイヤー・アムシェル・ロスチャイルド曰く「われに通貨発行権を与えよ。さすれば誰が法律を作ろうとかまわない」

紙幣制度が一般市民に受け入れられ始めたのは、ロスチャイルド王朝の本拠地、フランクフルトにおいてのことだった。欧州中央銀行が置かれているのも、このフランクフルトである。この欧州中央銀行は、少数の銀行家たちに、欧州単一通貨とされた「ユーロ」の利子率についての決定権を委ねている。

「われに通貨発行権を与えよ。さすれば誰が法律を作ろうとかまわない」とは、メイヤー・アムシェル・ロスチャイルドの有名な言葉である。このメイヤー・ロスチャイルドは、当時十六歳であったグーテレ・シュナッペルと結婚し、十人の子供をもうけた。うちわけは男子が五人、女子が五人であった。その五人の息子たちは、それぞれロスチャイルド王朝の支部を作るべく、ロンドン、パリ、ウィーン、ベルリン、ナポリへと送られたのだった。

ロスチャイルド家の子供たちは、次々と名門の貴族たちと結婚させられた。また、レプティリアンの血流を保つべく、従兄妹・従姉弟どうしでの結婚が繰り返された。もちろん、権力を一族のうちに維持するためであることは言うまでもない。このことは、メイヤーの遺言において特に強調されている。曰《いわ》く「事業は、すべてロスチャイルドの者によって取り仕切られなければならない。一族の財産の内容は秘密にしておかなければならない。娘たち、およびその夫たちには、いっさいの事業に手をつけさせてはならず、なんの知識も与えてはならない」

つまり、ある者の姓がロスチャイルドだからといって、その者が悪魔主義者であり、かつすべてを知っているとは限らない。私は、ロスチャイルド帝国の最上層部にいる者たちのことをもっぱら問題にしているのだ。これは、私が言及するすべての一族について当てはまることだ。それらの一族のメンバーの大部分は、自分たちの身の周りで起こっていることを知ったならば、さぞびっくりすることだろう。それら一族の姓を持つ者たちや爬虫類人種一般に対する「魔女狩り」は、絶対に避けなければならない。われわれがその実態を暴露しなければならないのは、意識的に陰謀に加担している者たちだ。単に一族に属しているだけの者を責めても仕方がない。

メイヤー・ロスチャイルドは、ヘッセン-ハナウ公ウィルヘルム四世の金融財政顧問となった。ウィルヘルム四世はレプティリアンの血を引く黒い貴族であり、メイヤー・ロスチャイルドは彼とともにフリーメーソン集会に出席していた。『ヨーロッパにおけるユダヤとフリーメーソン　一七二三～一九三九年』という本によると、ウィルヘルムの弟カールは、ドイツ・フリーメーソンの首領として受け入れられ、ヘッセン公の一族は、「厳格修道会」と呼ばれるエリート・フリーメーソンの首領として与していたという。このグループはのちに、「慈悲深き聖都の騎士団」と呼ばれるようになり、ドイツでは「洗礼者ヨハネ（ニムロデ）の兄弟団」として知られていた。

第二次世界大戦中、ヘッセン公一族はヒトラー側についており、ヘッセン公フィリップは、ヒトラーとムッソリーニのあいだに立ってメッセンジャーの役割を果たしている。ヴィルヘルムとロスチャイルドは、英国王位を継いだハノーヴァー朝に対しヘッセンの部隊を貸し出すことによって、多大な富を得ていた。またアメリカ独立戦争において英国のために戦った部隊の多くは、ヴィルヘルムのドイツ人傭兵たちであった。

このヴィルヘルムは、ハノーヴァー朝の英国王ジョージ二世の孫であった。すなわち、現在の英国女王エリザベス二世の祖先ということになる。さらに彼は、夫君のフィリップ殿下の先祖でもある。ヘッセン公一族からは、数多くのレプティリアンの血流が生じている。なにしろヴィルヘルムだけでも、複数の女に合計七十名もの子供を生ませているのだから。だが、いったいどこにそんな暇があったのだろうか？　これは重要なポイントである。

*――サン・ジェルマンなどメシア・ムーヴメントは、ニューエイジ信奉者を精神監獄に誘い込むマインドコントロール作戦

レプタイル・アーリアンの後継者は、取り決められた結婚を通じて生み出される。しかし、結婚以外の非公式な関係によって、文字どおり何千もの子孫たちが生み出されているのも事実である。そんな彼らは正式に血流に属する者とは認められないが、ブラザーフッドによって丹念に記録されている。

ブラザーフッドは、誰がレプティリアンの血を受け継ぐ者であるのかを、正確に知っておく必要があるのだ。なぜなら、レプティリアンの血を受け継ぐ者は、低層四次元のレプティリアンが「取り憑く」のが容易であるからだ。モルモン教において、非常に詳細な遺伝的記録が保存されているのもそのためなのだ。モルモン教はブラザーフッドの作戦計画の一つであり、その最上層部はブラザーフッ

ドである。権力の座にある者がなんらブラザーフッド一族と血縁的つながりを持たないようにみえる場合があったとしても、真実はその逆である。

多くの研究者たちは、ビル・クリントンは「隠れロックフェラー」だとみている。クリントンは、英国やスコットランドの君主たち、そしてフランスのロベール一世と血流的なつながりがある人物であることは間違いない。

さてニューエイジのあいだでメシア的人物となっているサン・ジェルマンは、ヘッセン‐ハナウ公ウィルヘルムと弟のカールの友人であった。このカールは、「錬金術師サン・ジェルマンは、イタリアのメディチ家（黒い貴族）によって育てられた」と述べている。多くのニューエイジ信奉者たちは、サン・ジェルマンをはじめとする「マスター・ソウル」を持つ人々、「偉大な白きブラザーフッド」について語っている。彼ら「偉大な白きブラザーフッド」たちは、来たるべき変革のときについて、チャネラーたちに霊的指導を与えているというのだ。だがこれは、ブラザーフッドによるマインドコントロール作戦の一つだ。ニューエイジ的メンタリティーを持つ者たちを精神監獄へと誘い込み、彼らが真になすべきことをさせまいとしているのだ。

「ワーテルローの戦い」（アラン画、アプスリーハウス蔵）とその情報操作者ネイサンのカリカチュア

ナポレオン・ボナパルトによって引き起

こされた動乱の時代、ヘッセン-ハナウ公がデンマークと戦っていたとき、メイヤー・ロスチャイルドの三男ネイサン（他の兄弟たち同様フリーメーソン）は、傭兵たちに支払うはずであった金六〇万ポンドを横領した。彼はそれをロンドンに持って行き、ロスチャイルド銀行を設立した。彼はこの資金を英国ウェリントン軍の対ナポレオン戦争に融資し、さらに見事なまでの情報操作を伴った「投資」によって莫大な富を得、ロスチャイルド金融王朝の基礎を築き上げた。ウェリントンもナポレオンも、ともに同じ人々からの融資と操作を受けていた。その人々のなかには、ナポレオンの兄ジョセフ・ボナパルトも含まれていた。ジョセフ・ボナパルトは、フリーメーソンのグランドマスターであった。

ロスチャイルド家は、常に戦争を行なう国々の両側に融資をしてきた。ロスチャイルド家公認の「一族の歴史」のなかにさえも、そのことが述べられている。彼らは、秘密結社ネットワークや彼ら独自の情報操作によって、意図的に戦争を作り出してきた。それは今日まで続いている。モサドは、イスラエルの情報機関ということになっている。しかし、イスラエルは「ロスラエル」であり、モサドは「ロサド」である。これらは、ともにロスチャイルドのものであることを意味している。

*政治家や株式市場を操作し、両交戦国に戦費・戦後復興資金も融資し巨万に富を増やすロスチャイルド家

『バロン・ジェームズ　フランス・ロスチャイルドの勃興』の著者でユダヤ人のアンカ・ムールシュタインは、「ロスチャイルド家の情報ネットワークでは、暗号としてヘブライ文字が使われていた」と述べている。ヘブライ語は、エジプト神秘主義結社のなかで使われていた聖なる言語である。ブラザーフッドの秘密の知識は、このエジプト神秘主義や、アジアや極東の古代知識に由来している。それはカザールの血流とも関係が深い。

世界の金（きん）価格が決定されるN・M・ロスチャイルド銀行の「黄金の間」。中央は第４代当主のギュイ・エドゥアール

ロスチャイルドのコミュニケーション・ネットワークは、いかなる政府のそれよりも敏速である。その最大の好例が、「ワーテルローの戦い」の帰趨に関する一八一五年の情報操作だ。ロスチャイルドは、ナポレオン軍敗北の情報を得たうえで、ウェリントン軍が負けたという嘘の噂を流した。これによって、ロンドン株式市場は大暴落をきたした。それを狙っていたロスチャイルドは、秘密裡に底値で株を買い漁った。やがて「実はウェリントン軍が勝利していた」というニュースが届き、株価は再び元値を回復した。このようにしてロスチャイルドは、一挙にその富を拡大させた。まったく信じられないほど劇的なものだったのだ。

　ロスチャイルドのようにメディアや政治家や株式市場を操作することができるならば、巨万の富を得ることは児戯にも等しいだろう。そして戦争を引き起こすことも自在だろう。世界の金《きん》価格は、ロンドンのN・M・ロスチャイルドのオフィスにおいて、日々決定され続けている。また世界中の株式市場は、ロスチャイルドに代表される銀行家一族を通じて、ブラザーフッドによってコントロールされている。

　仮に極東で株式市場の大暴落が生じたならば、それはレプティリアン（爬虫類人）のアジェンダに即したことなのだ。彼らは膨張と収縮のサイクルを意図的に作り出し、それを利用する。まずは人々を煽って、上場企業がぎりぎり一杯に過大評価されるところまで株価を膨らませる。そして自分たちの保有する株式を売り払ったところで、株価を破裂させ市場を大暴落させるのである。

これによって大部分の人々は自らの富を失い、ブラザーフッドは莫大な量の株式をバーゲン価格で買い上げる。そして株式市場は再び回復の兆しをみせ、新たに購入された株式はその値を上げ始めるという寸法だ。こうしてブラザーフッドの富と支配力は、飛躍的に増大する。これが、世界支配の完成を目指すレプティリアンの用いる手法である。

戦争を作り出すのは、現状を打破し巨万の富を得るのに最適の方法である。相争う両国に戦費を融資し、さらに戦争で荒廃した両国の復興資金までも融資する。それらの国々は借金漬けとなり、ブラザーフッドはその富と支配力を増大させる。この増大した支配力を使って、アジェンダのイメージどおりに社会を創り上げるのだ。

＊『シオン賢者の議定書（プロトコール）』を創作したのは、ウィンザー王家密接のロスチャイルドらレプタイル・アーリアン

十九世紀末に発見された『シオン賢者の議定書（プロトコール）』は、二十世紀に起こったできごととその操作手法を、驚くべき正確さで物語っている。略して『プロトコール』と呼ばれるそれらの文書は、ロスチャイルドらレプタイル・アーリアンによる創作である。それは、「シオン（Zion）賢者の議定書」などではない。それは、「シオン（Sion）《太陽》修道院の議定書」なのだ。

この『プロトコール』に対しては多大の情報撹乱工作がなされ、それを話題にする者は、私自身も含め、すさまじい個人攻撃にさらされている。ブラザーフッドは、『プロトコール』の内容に対する信用度を落とすのに躍起になっている。それほど『プロトコール』の内容は的を射ているのである。

ヒトラーは、この『プロトコール』を、ユダヤ人迫害を正当化するのに利用した。しかし、『プロトコール』をヒトラーに与えたのは、「ユダヤ人」アルフレート・ローゼンベルクであった。カザールの末裔である彼は、ロスチャイルドのエージェントだったのだ。

私は、『プロトコール』のことを、一般に言う「ユダヤ」の手によるものであるなどとは、まったく思っていない。はっきり言えば『プロトコール』は、レプタイル・アーリアンによって、「ユダヤ」のものであるかのように見せかけて作られたものだ。このあたりの事情について、より詳しく知りたい方は『……そして真理があなたを自由にする』を、『プロトコール』の内容については『ロボットの反乱』を、それぞれ繙《ひもと》いていただきたい。

◀フランス語版『シオン長老の議定書（プロトコール）』

さてロスチャイルド家は、ブラザーフッドによる金融・政治支配の中枢となった。彼らは、ヨーロッパ中のできごとを取り仕切った。その支配力はアメリカや南アフリカへ、ついには世界中へと広がった。そして彼らは、ヨーロッパの君主たちを借金漬けにした。そのような君主たちのなかには、なんと神聖ローマ帝国を六百年にわたって支配してきた黒い貴族のレプティリアン王朝、ハプスブルク家も含まれていた。さらに彼らは、イングランド銀行をも支配していた。

戦争の背後には、必ずロスチャイルド家の姿があった。彼らは戦争を作り出し、相争う両側に融資するのだ。ロスチャイルド家の指導層はユダヤではない。彼らはレプティリアン（爬虫類人）である。病的な野望を達成すべく、彼らは無数のユダヤ人たちを死に追いやってきた。

またロスチャイルド家はウィンザー王家と密接な関係にあり、エドワード七世（英国フリーメーソンのグランドマスター）たちをもコントロールしていた。エドワードは、ヴィクトリア女王とアルバート公（ドイツ・フリーメーソン）とのあいだに生まれた。マウントバッテン家（元はドイツのバッテンベルク家）とは親類である。ルイス・マウントバッテン卿は、孫のフィリップ殿下とエリザベス二世女王との縁談を調えた。両者はともに、レプティリアンの黒い貴族の流れをくんでいる。マウントバッテンは、チャールズ皇太子の師でもあった。悪魔主義の儀式で虐待を受けた者たちは、虐待者のなかにマウントバッテン卿がいたと私に語ったが、それは合点のいく話だ。彼らの背後にはサタニズム（悪魔主義）があるのだから。そしてロスチャイルド家とウィンザー、マウントバッテン一族は、ともにアヌンナキ・レプティリアンの血流である。

リヒャルト・バウアーに代表されるバウアー一族は、中世ドイツにおける有名な錬金術師（秘教的魔術師）の家系であった。共産主義の創造にあたってブラザーフッドのフロントマンとして利用されたカール・マルクスは、ベルリン大学においてブルーノ・バウアーの生徒であった。このブルーノ・バウワーこそ、記録に残っている限り、新約聖書がセネカとヨセフス（ペソ）の創作であると主張した唯一人の聖書学者である。彼は、「イエスは、『マルコによる福音書』の著者によって創作された架空の人物像である」と述べている。ブラザーフッドの血流は当然、真実を知っているのだ。

＊――年間利益一五〇〇億ドル超、連邦準備銀行は「連邦政府」のものでもなく、なんの「準備金」もない

ロスチャイルド家は、一七八六年に結成されたセックス・ソサイエティー「徳義団」に関係していた。そのメンバーたちは、その妻や娘も含め、ヘンリエッタ・ヘルツと呼ばれる婦人の邸宅に集まり、性的儀式を行なっていた。参加者のなかには次のような人々が含まれていた。フランス革命を画策したロスチャイルド家のエージェントだった、モーゼス・メンデルスゾーンの二人の娘。フランス革命の背後で暗躍したフリーメーソンのマルキ・ド・ミラボー。ロスチャイルド家の有力なエージェントとなっていたフレデリック・フォン・ゲンツ。

一八〇七年になると、第二「徳義団」が結成された。これもやはりロスチャイルドの肝煎《きもい》りであった。バロン・フォン・シュタインによって結成されたこの組織は急速に拡大し、政治家や軍人や大学教授など、ドイツの多くの人士がこれに参加した。ヘッセン-カッサル公ウィルヘルムも、そのメンバーの一人であった。この第二「徳義団」の公式目標は、ナポレオンによる支配から祖国ドイツを解放することであった。この組織は、黒騎士団、プロシア女王騎士団、コンコルド団など、多くのメーソン系グループと密接な関係を持っていた。これらはすべて、古代ドイツのテュートン騎士団の末裔であり、のちにはトゥーレ協会やエーデルワイス協会やヴリル・ソサイエティーの母体となった。そしてこれらの結社が、ナチスを生み出すことになるのである。

数多くのさまざまな仮面の裏には、同一の顔が隠れている。そしてナチスを含め、これらさまざまな組織の背後には、ロスチャイルド家の姿があった。これらの組織は、その最深部において相互にがっちりと結びついて一体となっているのだ。

銀行、産業、政治、メディア、秘密結社の織りなす複雑な（本質的には単純な）ネットワークは、ブラザーフッドの作戦本部たるロンドンからの指令によって、日々世界をコントロールしている。ロスチャイルドを中心に行なわれる通貨・金融操作は、世界コントロールの要である。

一九一三年には、合衆国の「中央銀行」とされる連邦準備銀行（前述した連邦準備制度理事会と同じくFRB＝Federal Reserve Bankとも省略されるが、Federal Reserve Boardの前出のFRBとは異なる。この全米に十二ある「準備銀行」を統轄し、公定歩合の変更や連邦準備券の発行などを行なうのが「準備制度理事会」であり、その設立の経緯は以下に後述する）が設立されたが、これはブラザーフッドの大成功の一つであった。この連邦準備銀行は、その名に反して、連邦政府のものでもなければ、なんの準備金も有していない。それは、二十の家族（その大部分はヨーロッパ系）によって所有される私有銀行の連合体である。彼らは合衆国の利子率を決定し、実在しない金《かね》（単なるスクリーン上の数字）を合衆国政府に貸しつけて利子を取っている。その利子を最終的に負担するのは、納税者たる国民である。この利子が積み重なってできたのが、いわゆる「アメリカの赤字」なのである。それは実体のない空気のようなものにすぎない。

また合衆国連邦政府は、連邦準備銀行の株式を一株も保有していないし、一般市民がそれを購入することもできないのだ。この連邦準備銀行の年間利益は、一五〇〇億ドルを超えている。しかし連邦準備銀行は、今までに一度も会計監査報告書を提出したことがないのである。彼らの利益収入はどのように確保されているのだろうか。

①　ブラザーフッドは、合衆国政府（ヴァージニア会社）をコントロールしており、政府に連邦準備銀行から「お金」を借りさせ続けている。

②　彼らは、連邦国税庁（内国歳入庁［ＩＲＳ］）を使って「税金」を巻き上げている。これはテロをも辞さない私有の組織であって、もちろん違法である。

③　彼らは、メディアをコントロールすることによって、①と②の事実を人々に知らせない。

このような構造によって確保していたのだ。

＊――連邦準備銀行からクーン・ロエブ―ジェイコブ・シフ―ウォーバーグ―ロスチャイルド―ロックフェラー―モルガン―ハリマン・カルテルとＦＲＢ

ブラザーフッドは、経済支配を完成させるため、アメリカに私有の「中央銀行」を設立することを、長いあいだ望んできたのだった。合衆国初代大統領となったジョージ・ワシントン（指導的フリーメーソン）は、ブラザーフッドのイエスマン、アレクサンダー・ハミルトンを、合衆国財務長官に任命した。このハミルトンは、私有の中央銀行たる「合衆国銀行」を設立した。この「合衆国銀行」は、設立当初から合衆国政府に金を貸し出し、借金を負わせることによって政府をコントロールしようとしたのだった。黒い貴族が、英国にイングランド銀行を設立したときのことを想い起こしていただきたい。まさに同じシナリオではないか。「合衆国銀行」は多大な貧困や倒産の原因となり、多くの暴動が発生した。そのためついには閉鎖された。これに代わってのちに登場したのが、「連邦準備銀行」である。

今世紀初頭、ロスチャイルド家の金融操作のアメリカにおける作戦本部は、ジェイコブ・シフが経営するニューヨークのクーン・ロエブ商会であった。シフ家は、メイヤー・アムシェル・ロスチャイルドの時代、フランクフルトにおいて、ロスチャイルド家と同じ建物に住んでいた。

一九〇二年、ロスチャイルドは、ポールとフェリックスのウォーバーグ兄弟を、彼らのエージェントとしてアメリカに送り込んだ。連邦準備銀行設立の裏工作に当たらせるためだった。ただし、彼らの兄マックス・ウォーバーグは、代々の家業である銀行経営を続けるため、最後はヨーロッパに残った。ウォーバーグ（ヴァールブルク）家が銀行業を始めたのはヴェニスにおいてであり、一族の名がまだデル・バンコであった頃のことだった。アメリカに渡ったポール・ウォーバーグは、ニナ・ロエブと結婚した。この彼女は、クーン・ロエブ商会の創業者の娘である。

一方のフェリックス・ウォーバーグは、ジェイコブ・シフの娘、フリーダ・シフと結婚した。血流とアジェンダに則った計画的結婚の好例である。ウォーバーグ兄弟は、そろってクーン・ロエブ商会の共同経営者となった。今世紀（二十世紀）が始まったその年におけるポールの年俸は、約五〇万ドルであった。現在の通貨価値に換算すれば莫大な額である。彼らの巨大な金融力の一端を窺い知ることができるだろう。

ブラザーフッド・ネットワークは、「民主党」有力候補の薔薇十字会員のウッドロー・ウィルソンを、一九〇九年の大統領選挙に勝利させた。彼の背後には、ブラザーフッドのお目付け役、マンデル・ハウス「大佐」の姿があった。ウィルソンはハウスのことを「第二の自我」とまで呼び、「彼の思考は私の思考である」と語っていた。

ロックフェラー―モルガン―ロスチャイルド―ハリマン・カルテルのエリート銀行家たちは、ジョージア州のジェキル島に集まり、彼らが長年切望していた私有の中央銀行制度を確立すべく、そのための法案の内容と法案通過戦略について話し合った。ジェキル島はペイジュール家の所有であり、ジェキル島に集まった者たちはすべて、ペイジュール家の受託者でもあった。

政治の分野における彼らのスポークスマンは、ネルソン・ロックフェラーの祖父、ネルソン・オールドリッチ上院議員であった。彼は、ニューヨーク知事を四期務め、一九七四年のウォーターゲート事件を機にニクソン政権に代わって登場したフォード政権においては、副大統領となっている。オールドリッチの娘アビーは、ジョン・D・ロックフェラーJrと結婚した。

そして、連邦準備制度法案が議会に出たとき、その創案者たる銀行家たちは、それに猛烈に反対するような素振りを見せた。大衆に反感を持たれていた銀行家たちは、その法案が銀行家にとって不利

FRB（連邦準備制度理事会）本部（下）とその端緒を作ったアメリカ独立戦争時のワシントン（左端、後ろはラファイエット。米国フリーメーソンのグランド・ロッジに掲げられている絵画）

なものであるかのような印象を大衆に与えようとした。そうすることによって、法案通過への大衆的支持を得ようとしたのだ。この手の大衆操作は常に行なわれている。表向きにどんなことが言われていようと、われわれは自問してみなければならない。「そうなったならば利益を得るのは誰か？」「われわれがそう信じ込まされるのは、誰にとって都合が良いのか？」と。

＊――「秘教の知恵」に則って一九一三年に成立された連邦準備制度と違法のテロ組織「内閣歳入庁」

ブラザーフッド・ネットワークは、一九一三年のクリスマス直前を狙って法案を通過させた。議員の多くは、クリスマスを家族とともに過ごすために休暇中だったのだ。ついに彼らは、アメリカの利子率をコントロールし、実在しない金を政府に貸しつけ、そこから利子を取って莫大な富を得ることができるようになったのである。

さらにこのサイクルを完成させるためには、利子支払い者たる政府に、尽きることなき資金の供給が確保されなければならない。そこで彼らが導入したのが、「連邦歳入税法案」であった。これもまた一九一三年のことであった。そのために必要とされたのが、合衆国憲法修正第十六条である。これが認められるためには、三十六以上の州の賛成がなければならなかったが、合意した州はわずか二つだけだった。にもかかわらず、国務長官フィランダー・ノックスは、「賛成多数により法案は成立した」と宣言したのであった。

連邦所得税の徴収は違法である。にもかかわらずブラザーフッドの内国歳入庁（連邦国税庁）は、合衆国内において日々違法な税金の徴収を行なっている。この内国歳入庁のことをテロ組織とまで呼ぶのは言いすぎだ、と思う人もいるかもしれない。しかし、なにも銃や爆弾を使うばかりがテロだとは限らない。もし、「自分が内国歳入庁によって生活を目茶苦茶にされ、住んでいる家から追い立てられる」ことになれば、たいていの人はまずおとなしく言うことをきくだろう。

連邦準備制度と連邦所得税が、ともに一九一三年に成立したことに注目していただきたい。繰り返すがブラザーフッドにとって、数や年号は重要な意味を持っている。それは、太陽や天体の周期に関係しているのだ。すべては、一九一三年になるように計画されてのことだったのだ。

十三という数に対するブラザーフッドの強迫観念は、歴史を通じて至る所にみることができる。アメリカの立法府をコントロールすべくロックフェラーが設立した州政府評議会、その本部ビルは一三一三番地に建てられた。同様の理由によって、一九三三年にも多くのできごとが引き起こされた。三三は、秘教において用いられる数のなかでも特に重要なものであり、特定の周波数に対応している。

一般大衆は内国歳入庁（連邦国税庁）のことを政府の一部だと思っているが、実はそれは私営企業なのである。徴税機関としては、一八六三年に設立された内国歳入局が存在していたが、一九三三年、プレスコット・ブッシュのサークルの三人のメンバー、ヘレンとクリフトンのバートン夫妻、そしてヘクター・エケヴェリアによって、内国歳入税・会計検査局が、デラウエアに設立された。プレスコット・ブッシュは、あのジョージ・ブッシュの父である。一九三六年、この私営組織は、「内国歳入庁」へとその名称を変更した。

そして一九五三年、元来の徴税機関であった内国歳入局は廃止され、私営組織たる内国歳入庁が、唯一の徴税機関となった。もちろん、そのような徴税は違法である。内国歳入庁は、連邦準備制度やヴァージニア会社を所有しているのと同じ人々によって支配されており、アメリカ市民の血を吸い上げている。内国歳入庁は、アドルフ・ヒトラーを資金援助していたアメリカ・ナチスによって創設された。その中心にいた人物こそ、ジョージ・ブッシュの父、プレスコット・ブッシュである。

バビロニアン・ブラザーフッドの黒魔術師たちは、古代世界から現代に至るまでの長い時間をかけて、巨大な欺瞞の網の目を織り上げてきた。しかし、彼らの正体を見極め、何が起こっているのかを真に理解することは、一般大衆にはほとんど不可能である。彼らは、一般大衆の前では、スマートなスーツを着込んでいる。長いローブや悪魔の仮面は、秘密の儀式のためにとってあるのだ。

眩《あや》しのグローバル・バビロン

第11章

英米ブラザーフッド・エリート
は両大戦で世界全支配《グローバル・マニピュレーション》を完遂へ！

＊――デ・ビアス社創設のセシル・ローズの師は、プラトン信奉のオックスフォード名物教授ジョン・ラスキン

本章の内容は、『……そして真理があなたを自由にする』のなかで詳細に述べたことと重なる。しかし、私が新たにお届けする情報を理解するための前提条件として、ここで再び簡単にまとめておきたい。

アフリカ大陸に対してなされた巨大な搾取は、ブラザーフッド（古代より続く超秘密結社）による世界操作の典型例である。その中枢にあったのは、十九世紀末の英国に設立されたエリート秘密結社、「円卓会議」であった。そこには、ロスチャイルド、オッペンハイマー、セシル・ローズ、アルフレッド・ミルナー、ジャン・スマッツといった人々が関与していた。なかでも音頭を取ったのは、英国を中心とする世界政府を創ろうとしたセシル・ローズであった。南アフリカ会社の指導者であったローズは、デ・ビアス社をはじめとする諸企業を創立している。またローズは、ケープ植民地相でもあった。

元英国諜報部員であったと自称する著作家、ジョン・コールマン博士によると、ローズは、「三〇〇人委員会」（「オリンピアンズ」）と呼ばれる組織のメンバーであったという。この「三〇〇人委員会」とは、約三百人のメンバーによって代々運営されてきた組織であり、さらに上層に位置するエリート・グループからの命令のもと、世界を運営・支配しているという。この先、コールマンによって三〇〇人委員会メンバーとしてリスト・アップされている人物の名前が出てくる場合には、それとわかるように（三〇〇委）とつけておくことにしよう。そしてもう一つ。コールマンの英国情報部コネクションについては、疑いを抱いている人もいることをいちおう指摘しておこう。

ところで、スイス金融界の最上層部で働いていたことのある知人の一人は、かつて私にこう語った。「世界を支配する三百の家族は、その大部分がレプティリアン（爬虫類型異星人）だ。少なくとも私はそう信じている。そしてレプティリアンであることこそが、高級秘密結社ネットワークの一員となるための前提条件なのだ」と。

セシル・ローズは、オックスフォード大学の学生となるやいなや、世界操作エリートとしての道を歩み始めた。オックスフォード大学は、ブラザーフッドの人員養成のためのトレーニング・グランドだ。彼の担当教官は、オックスフォードの伝説となった名物教授、ジョン・ラスキンであった。

このラスキンは、生産と分配を完全に支配する中央集権国家を提唱していた。カール・マルクスやフリードリッヒ・エンゲルスの要素を多分に含んだ彼の思想は、英国労働党の公式見解となり、間もなく東欧を掌握することになる共産主義者たちの基礎教義となった。多くの研究者たちは、ラスキンはバヴァリア・イルミナティに関係していたとみている。今日まで英国労働党を操作してきたブラザーフッド系組織、フェビアン・ソサイエティー、その創設は彼の発案に基づいたものであった。

ブラザーフッドの者たちのたいていがそうであったように、ラスキンもプラトンの信奉者であった。ローズ、エンゲルス、ヴァイスハウプト、ロスチャイルドなど、みなそうであった。フランス革命を背後から操作したロスチャイルド家のエージェント、モーゼス・メンデルスゾーン、彼もまた、プラトンの思想の信奉者であった。

ラスキンを畏敬していたローズは、ラスキンの就任演説の内容を自ら書き写し、それを後生大事に携帯していた。二十世紀の世界操作を担うことになったのは、オックスフォードやケンブリッジの卒業生たちであった。ラスキンがそんな彼らに与えた影響には計り知れないものがある。ロスチャイルドのエージェント、アルフレッド・ミルナーも、そのような影響を受けた者たちの一人であった。

＊――ローズ中心の円卓会議の虐殺的操作で南アフリカの鉱物資源は根こそぎ略奪

ローズがフロントマンを務めた「円卓会議」、それを実際に支配していたのは、ロスチャイルド家、アスター家、セシル家などのブラザーフッド一族であった。ワルドルフ・アスターを指導者とするアスター家は、王立国際問題研究所（ＲＩＩＡ）をはじめとする各種ブラザーフッド系組織の大口資金援助者であった。アスター家は、「クリヴデン・セット」として知られるグループの中枢だった。クリヴデンはアスター家の所領であり、ウィンザー城からそう遠くはない。「アスター」の名は、古代フェニキアの女神アシュタロテに由来している。

セシル家のソールズベリー卿（三〇〇委）が英国の首相兼外相を務めた時期、円卓会議によって仕組まれた対南アフリカ戦争（ボーア戦争）においては、女性・子供を含め数多くの人々が殺された。犠牲者の多くは、強制収容所で死亡している。この強制収容所を作ったのは、フリーメーソンのキッチナー卿（三〇〇委）であった。またソールズベリー卿は、第二次世界大戦中に英国首相として多大な影響力を振るったあのウィンストン・チャーチルの親友であった。ウィンストン・チャーチルもまた、ブラザーフッドの血流に属するフロントマンであった。

ローズを中心とする円卓会議の虐殺的操作によって、南アフリカの鉱産資源はブラザーフッドのもとに確保された。南アフリカの鉱産資源に対する支配は、現在もオッペンハイマー家を通じて行なわれている。さらに言えば南アフリカ連邦自体、円卓会議によって作られたものであった。その中心となったのは、一九〇二年に死亡したローズに代わって円卓会議の指導者となったロスチャイルド・エージェント、アルフレッド・ミルナー（三〇〇委）であった。円卓会議への最大の出資者はロスチャイルドであったが、ローズもかなりの額を円卓会議に遺贈している。

ローズの遺産によって創設された、ローズ奨学金制度は有名だ。ブラザーフッドによって選別された海外からの留学生たちは、オックスフォード大学で「世界政府」イデオロギーを叩き込まれるのだ。それら留学生の大部分は、母国に戻って政治・経済を指導することになる。選別の基準となるのは遺伝子である。最も有名なローズ奨学生としては、合衆国大統領ビル・クリントンの名があげられるが、彼の選挙参謀のジョージ・ステファノパウロスもローズ奨学生だ。

未来の指導者たちは選挙によって選ばれるのではない。彼らは幼年時より選別されて養育され、あらかじめ決められた地位につくための精神操作を受けるのだ。「物見の塔（エホヴァの証人）」の元最高指導者フレッド・フランツも、ローズ奨学生として選ばれていたが、彼はオックスフォードからの招待を断わり、別の形でブラザーフッドに貢献した。すなわち彼は、高位階フリーメーソンのチャールズ・テイズ・ラッセルに代わって、「エホヴァの証人」の最高指導者となったのだ。このラッセルは、一九一六年のハロウィーンの日に、儀式的に殺害されている。「エホヴァの証人」の機関誌である『物見の塔』は、秘教の象徴やサブリミナル・イメージであふれ返っている。英国情報部に催眠術やマインドコントロールを導入したジョージ・エスタブルックス、彼もまたローズ奨学生であった。

＊

アメリカで最も邪悪なラッセル家の麻薬資金で創立の悪魔主義秘密結社「スカル・アンド・ボーンズ」

一九一五年頃までには、世界各地に円卓会議の支部が設立されていた。南アフリカ、カナダ、アメリカ合衆国、オーストラリア、ニュージーランド。合衆国内のネットワークを代表するのは、ロックフェラー、J・P・モルガン、エドワード・ハリマンなどをはじめとする、ヨーロッパ出身の大銀行家一族である。彼らは、より高いレヴェルからの指令によって動く裕福な「使い走り」だ。

彼ら大銀行家一族は、ロスチャイルドやペイジュールから借り受けた資金を用いて、銀行・石油・鉄鋼など各種ビジネスを支配する大帝国を築き上げた。そしてオッペンハイマー家が南アフリカでやっているのと同じやり方で、合衆国経済を支配しているのだ。これらはヨーロッパからみれば支部であり、作戦本部たるロンドンからの命令に服している。

そして、「東部エスタブリッシュメント」と呼ばれるこれらアメリカの一族は、アメリカで最も邪悪な悪魔主義秘密結社「スカル・アンド・ボーンズ」の母体となっている。スカル・アンド・ボーンズは、コネティカット州イェール大学の内部にあり、「墓」と呼ばれる窓のない建物を拠点にしている。特別に選ばれた学生たちが、学期中週二回、そこで秘密の会合を開くのだ。この秘密結社は、聖堂騎士団、フリーメーソン、円卓会議ネットワークなどと密接に結びついている。またスカル・アンド・ボーンズのシンボルの髑髏マークは、聖堂騎士団などブラザーフッド系悪魔主義結社の儀式に用いられる髑髏に由来している。ハーヴァード大学などにも類似の秘密結社があるが、最も影響力があるのは、やはりスカル・アンド・ボーンズだ。

英国では、オックスフォードやケンブリッジやエディンバラなど、各大学に強力な秘密結社が存在しており、強固なネットワークを形成している。スカル・アンド・ボーンズは、一八三二～三三年頃にドイツの秘密結社の第三二二番支部として合衆国内に設立され、当時は「死の兄弟団」と呼ばれていたという。そのメンバーとして真っ先に思い浮かぶのがジョージ・ブッシュだ。スカル・アンド・ボーンズの創設者は、ダニエル・コイット・ギルマンたちである。ギルマンは、ロックフェラー財団やカーネギー国際平和基金など、免税特権を持つ「財団」制度をアメリカに作り上げた人物であった。

スカル・アンド・ボーンズの創立メンバーとしては、ギルマンのほかにウィリアム・ハンティントン・ラッセルや、アルフォンソ・タフトなどがいる。いずれもアメリカの名門の出だ。タフトはグラント政権の陸軍長官であり、彼の息子のウィリアム・ハワード・タフトは、大統領と司法長官を兼任した合衆国史上唯一の人物である。ラッセル家同様、タフト一族も古代より続く血流であり、スカル・アンド・ボーンズの大物、ジョージ・ブッシュとのつながりが深い。

強烈な人種差別主義的要素を持つスカル・アンド・ボーンズは、ラッセル家の違法な麻薬取引から得られた資金によって創立された。この秘密結社はラッセル・トラストに組み込まれており、その加入儀式は、セント・ローレンス川に浮かぶラッセル・トラスト・アソシエーション所有の島で行なわれている。イェール大学の敷地の大部分も、ラッセル・トラスト・アソシエーションの所有なのである。

＊――ハリマン、ブッシュなどイェール大のスカル・アンド・ボーンズのメンバーが二十世紀世界を動かしてきた

ラッセル家は、アヘン戦争中、トルコから中国へとアヘンを密輸することによって、莫大な富を築き上げた。ロンドンを本拠とするブラザーフッドの黒い貴族たちは、麻薬を注入するという方法で中国を侵略していた。それが表面化したのがアヘン戦争だ。ラッセル家は、のちにクーリッジ家やデラノ家（三〇〇人委員会の家系）との共同作戦に入った。クーリッジ家もデラノ家も、ともに大統領を出している。カルヴィン・クーリッジと、フランクリン・デラノ・ルーズヴェルトだ。

麻薬を運ぶラッセル家の船には、スカル・アンド・ボーンズの髑髏の旗が翻っていた。スカル・アンド・ボーンズは、「北米の麻薬王」ジョージ・ブッシュのような人物を通じて、現在も麻薬貿易を続けている。スカル・アンド・ボーンズを動かしているのは、二十～三十の東海岸の名門一族たちである。そのほとんどは、英国の貴族やピューリタンの子孫だ。ピューリタンたちは、一六三〇～六〇

年頃にアメリカにやって来たが、それはフランシス・ベーコンの発案した極秘の移民政策によるものであった。彼ら名門一族は、ロックフェラー家やハリマン家などの巨大財閥と婚姻関係によって結びつくことによって、自らの財力を確保してきたのだった。

スカル・アンド・ボーンズのメンバーになるための基準がある。それは遺伝子だ。「充分にレプティリアンの遺伝子を受け継いでいるかどうか」が、その基準となるのだ。二十世紀の世界を動かしたアメリカ合衆国の大物たちは、イェール大学の学生時代からスカル・アンド・ボーンズのメンバーであった。なかでもアヴェレル・ハリマン（エドワード・ハリマンの息子）は、一九八六年に九十一歳で亡くなる直前まで、最も活動的な世界操作者の一人であった。ジョージ・ブッシュの父、プレスコット・ブッシュも、やはりスカル・アンド・ボーンズのメンバーであった。彼は、アパッチ族の酋長ジェロニモの墓を掘り起こし、その髑髏を持ち帰って儀式に利用した（『……そして真理があなたを自由にする』を参照のこと）。ハリマン（ペイジュール／ロスチャイルド）帝国を通じて巨万の富を築き上げたプレスコット・ブッシュは、のちにアドルフ・ヒトラーへの資金的な援助もしている。

二十世紀初頭に至るまでの経過は、次のようなものとなる。すなわち、ロンドンをネットワークの中心とするバビロニアン・ブラザーフッドは、「円卓会議」と呼ばれるエリート・グループを作り出し、その支部は世界中へと広がった。金融・ビジネス・メディア・政治をコントロールするこの秘密結社ネットワークは、アメリカ合衆国、カナダ、南アフリカをはじめとするアフリカ諸国、オーストラリア、ニュージーランド、インド、香港をはじめとする極東各地など、世界中の広大な地域を、「大英帝国」の名のもとに支配した。

このネットワークの中心に位置していたのが、ヴィクトリア女王の息子エドワード七世（フリーメーソン）に率いられた英国王室である。一九一〇年にエドワードが死んでからは、ジョージ五世がそのあとを継いだ。ロンドン・シティーの黒い貴族たちと手を組んだエドワードは、王室の資産を一挙に増大させた。英国王室は、第一次世界大戦中、その家名を「サックス―コーバーグ―ゴーザ」（ザクセン―コブルク―ゴーダ）から「ウィンザー」へと変更した。これは一族の祖先がドイツからやって来たという事実を曖昧にするためだ。

二十世紀は、彼らが完成させたグローバル・ネットワークによって、グロテスクなマニピュレーション（世界操作）が大々的に行なわれた時代であった。この章では、二十世紀に起こった大きなできごとの背景について、簡単に説明していきたいと思う。より詳しく知りたい方は『……そして真理があなたを自由にする』を読んでいただきたい。

＊―――第一次世界大戦勃発に向けてオーストリア皇太子、ラスプーティン暗殺への切り込み隊が「死の結社」「黒い手」

ブラザーフッドは、巨大な「問題―反応―解決」戦略の一環として、世界的規模の大戦争を欲していた。すなわち現状の世界を破壊し、戦後の世界を自らのイメージどおりに再構築しようというのだ。それは大成功だった。第一次世界大戦後、世界を支配するための力は、より少数の者たちのもとに集中された。

第一次世界大戦直後、英国とアメリカの両政府は、ともに「円卓会議」のコントロール下にあった。英国ではアルフレッド・ミルナー（三〇〇委）やバルフォア卿（三〇〇委）がその中心であり、アメリカではハウス大佐（三〇〇委）が、大統領ウッドロー・ウィルソンの黒幕として巨大な影響力を振るっていた。

ところでドイツ皇帝ウィルヘルム二世は、ウィンザーへとその名を変えたドイツ出身の英国王室の親類であった。このヴィルヘルムの「養育係」は、ドイツ帝国を建設した指導的フリーメーソン、オットー・フォン・ビスマルクであった。ドイツ皇帝ヴィルヘルムの大蔵大臣を務めたベートマン・ホルヴェークは、フランクフルトの銀行家一族であるホルヴェーク家の一員であり、ロスチャイルド家の親戚だった。ヴィルヘルムの個人的金融顧問はマックス・ワールブルク（ウォーバーグ）であったが、彼の弟のポールとフェリックスは、アメリカに渡って連邦準備制度の創設のために活動していた。

一方ロスチャイルドは、ドイツの通信社「ウォルフ」を買収した。ドイツの人々が受け取る情報、およびドイツから世界へと流れる情報をコントロールするためだ。ウォルフ通信の経営陣のなかには、マックス・ワールブルク（ウォーバーグ）の姿があった。さらにロスチャイルドは、フランスのアヴァス通信、ロンドンのロイター通信も続けて買収した（通信社は、あらゆるメディアに「ニュース」を供給する）。しかし戦争を勃発させるには、それを正当化する事件が必要だった。

そして一九一四年六月二十八日、「黒い手」と呼ばれるセルビアの秘密結社の一員が、オーストリア皇太子のフェルディナント大公を暗殺した。同時にロシアでは、「今ロシアは決して戦争をしてはならない」とツァー（ロシア皇帝）に忠告していた男、グリゴリー・イェフィモヴィッチ・ラスプーティンに対して、暗殺の試みがなされていた。この「黒い手」は、一九一一年に「死の結社」として結成された組織で、そのシンボル・マークは、握り拳と髑髏を中心にナイフと毒入りの瓶をあしらったものであった。

そして一九一四年一月、「黒い手」の幹部たちはトゥールーズのセント・ジェローム・ホテルで、フランス・フリーメーソン「グランド・オリエント」のメンバーと会談し、サラエヴォでのオーストリア皇太子暗殺計画の手はずについて話をまとめていた。選出されたガヴリロ・プリンチップを中心とする暗殺実行者たちはみな、結核を患った先の短かい者ばかりであった。彼ら自身はセルビアのためだと思って行動したのだが、その実はブラザーフッドのアジェンダ推進のために利用されたにすぎなかったのである。

何千年ものあいだ、彼らのような暗殺者やテロリストが、アジェンダ推進のために利用され続けてきた。そのように利用されないためには、どうすればよいだろうか？　答えは簡単だ。どのような状況であろうと決して人を殺さなければいいのだ。人を殺傷したり爆弾を仕掛けたり、そういったことを絶対にしなければいいのだ。

＊――麻薬ビジネスは「麻薬反対運動」「麻薬取締機関」を通じてやるのが彼らの常道

ドイツに存在するブラザーフッド・ネットワークの各支部はドイツ国民の敵愾《てきがい》心を煽り始め、残るヨーロッパ各地の支部がこれに続いた。実際に戦争を戦った一般の人々は、何も知らない将棋の駒のようなものだった。北フランスの塹壕《ざんごう》戦では、五十万人もの兵士が死亡している。北フランスといえば、世界を動かす悪魔主義者たちの聖地である。戦いで殺された無数の兵士たちは、レプティリアン（爬虫類人）への巨大な血の生贄であった。

戦争は、「問題―反応―解決」の手法によって作り出される。あらかじめ決められていた「合衆国の参戦」も、やはり同じ手口によって現実化された。大統領選中ウッドロー・ウィルソンは、「合衆国をヨーロッパでの戦争に巻き込ませるようなことは決して許さない」と、アメリカの人々に言っていた。しかしそれは、選挙に勝つための方便にすぎなかった。彼は、「合衆国の参戦」がブラザーフッドのアジェンダとしてすでに定められていることを知っていたのだから。一九一六年、アメリカの客船ルシタニア号が沈められ、これが合衆国参戦の大義名分となった。フェルディナント大公暗殺もドイツが戦争を始める口実となった。

日本軍による一九四一年の真珠湾攻撃も、レプタイル・アーリアンの合衆国大統領、フランクリン・デラノ・ルーズヴェルトによって、合衆国による第二次世界大戦参戦のための口実として利用されたのであった。

アルフレッド・グイン・ヴァンダービルトは、ブラザーフッド一族の者であったのだが、撃沈されたルシタニア号に乗船していた。乗船しないようにとの緊急の電報が打たれたのだが、うまく彼に届かなかったのだ。合衆国戦時生産委員会の委員長を務めたバーナード・バルーク（三〇〇委）は、ブラザーフッド・ネットワークの中枢に位置する人物であった。彼は、「大戦中、私ほどに権力を与えられていた人間は、ほかにはいなかっただろう」と語っている。ロンドンの円卓会議からの命令のもと、合衆国の政策を日々決定していたのは、バルークやマンデル・ハウスのような男たちであった。

一九五〇年代、「免税特権」を有する「財団」に対する調査が、合衆国議会によって行なわれたが、この調査の結果、第一次世界大戦がいかに操作（マニピュレート）されたものであったのかが明らかになった。ロックフェラー財団、フォード財団、カーネギー国際平和基金……。戦争を操作していたのは、なんとこれらの財団であった。

さらに注意すべきことがある。ブラザーフッドの組織には、人々の目を欺くために、彼らの真の意図とはまったく正反対の名前がつけられている。たとえば、疑われることなく麻薬ビジネスをやりたいのであれば、「麻薬反対運動」や「麻薬取締機関」を通じてやるのが一番だ。自然環境を破壊し野生動物を殺す場合は「野生動物保護組織」が利用される。さらにまた、悪魔主義結社の運営には「教会」が隠れ蓑となるのだ。万事がすべて、こういった具合だ。

リース調査委員会によって、「それらの財団は上層部が相互に固く結びついており、世界中の力を集中化するという長期計画のもとに、『教育』や『科学』に資金を提供している」ということが明らかにされた。科学研究の資金は、その研究の結果がブラザーフッドにとって都合のいいものであろうとの判定を受けたうえでのみ、提供されることになっている。そのような判定がなければ、研究資金は決して提供されない。このようなやり方によって、人々にとって真に必要な科学知識の発展が抑圧されている。

世界を飢餓から解放したり、高価かつ環境汚染的な今日のエネルギー技術を無用のものとしてしまうような科学技術、そんなものが世に出てはブラザーフッドが困るのだ。それらの財団による第一次世界大戦への関与が明らかになり始めたのは、リース委員会がカーネギー国際平和基金に対する調査をしていたときのことだった。

＊――第一次大戦の主要目的はカーネギー財団やロックフェラー財団を使い「世界をレプティリアンの思いどおりに作り上げること」

リース委員会の調査主任、ノーマン・ドッドは、カーネギー財団の理事会で話された内容について、次のように報告している。

「『人々の生活形態を変化させるのに、戦争以上に有効な手段があるだろうか？』という疑問が提示された。『戦争以上に有効な手段は存在しない』というのが、その答えだった。そして次に提示された問題は、『ではどうすれば合衆国を戦争に巻き込ませることができるだろうか？』ということであった」

ドッドはさらに続ける。

「そしてさらに彼らは、『どうすれば合衆国の外交をコントロールできるだろうか？』という問題を提起した。その答えは、『国務省を支配せよ』であった。事実われわれが調査したところによると、国務省の高いポストは、すべてカーネギー財団のエージェントたちによって占められている。一九一七年に開かれた理事会において彼らは、自分たちの判断が正しかったことを祝い合った。一九一七年四月の参戦によって、合衆国の人々の生活は実際に大きく変化しつつあった。カーネギー財団の理事たちは、ウィルソン大統領に対し、『あまり早く戦争を終わらせないように』との警告の電報まで送っていた」

またドッドは、「私の部下キャサリン・ケーシーの調査報告によると、カーネギー財団はアメリカの人々の生活が戦前の状態に復帰しようとするのを邪魔していたようだ」と述べている。人々の生活・思考習慣を変化させることは、戦争を起こす際の主要目的の一つなのだ。ドッドはまた次のように言った。

「彼らは、『社会を戦前の状態へ復帰させないためには、教育をコントロールしなければならない』という結論に達した。彼らはロックフェラー財団に接近し、『戦争によってもたらされた変化を維持すべく教育のコントロールにとりかかってくれないか』と持ちかけた。そしてその申し出は受け入れられた。両財団はともに、『歴史教育が鍵である』という結論に達した。そこで彼らは、歴史教育のあり方を変化させるべく、アメリカの著名な歴史家たちに近づいた」

公認の歴史書を読んでもなんら真相がみえてこないのはそういうわけなのだ。公認の歴史書は、ブラザーフッドに都合のいいような内容になっている。「教育」の名のもとに学校で教えられているのは、まさにそのようなでっち上げ話なのだ。歴史に限らず、他の教科についても事情は同じだ。アメリカ国民は、このような「教育」のために、たいせつな勤労所得を使わされているのだ。自分の子供を洗脳させるために懸命に働いて金をためる。人々は自覚していないが、それが現実なのだ。第一次世界大戦の主要目的は、戦後世界をレプティリアンのイメージどおりに作り上げることにあったのだ。

＊――三〇〇人委員会のマンデル・ハウス、バーナード・バルーク、アルフレッド・ミルナー、ジェロボーム・ロスチャイルドは超弩級戦犯

戦後世界の形を決定した一九一九年のヴェルサイユ平和会議、その出席者は、それぞれの国にありながらもともに謀って戦争を引き起こした張本人たちであった。ちなみに、ヴェルサイユ宮殿は、「太陽王の宮殿」としても知られている。

さて「戦勝国」の代表者は、アメリカのウッドロー・ウィルソン大統領、英国首相ロイド・ジョージ（三〇〇委）、フランス首相ジョルジュ・クレマンソーであったが、その背後には「人形使いたち」の姿があった。ウィルソンは、マンデル・ハウス大佐（三〇〇委）やバーナード・バルーク（三〇〇委）から「アドヴァイス」を受けていた。彼らはともに、ロスチャイルド―円卓会議のエージェントであった。

ロイド・ジョージの裏には、アルフレッド・ミルナー（三〇〇委、円卓会議の指導者）や、フィリップ・サスーン卿（メイヤー・アムシェル・ロスチャイルドの直系子孫）がいた。クレマンソーの「アドヴァイザー」は内務大臣のジョルジュ・マンデルであったが、彼の本名はジェロボーム・ロスチャイルドであった。

アメリカからの平和使節団のなかには、次のようなメンバーたちがいた。悪名高きダレス兄弟。ポール・ウォーバーグ。J・P・モルガン（ペイジュール）のトーマス・ラモント。合衆国国務長官のロバート・ランシング（ダレス兄弟の叔父）。アメリカ・フェビアン協会の創立者、ウォルター・リップマン（三〇〇委）。彼らはすべてレプティリアンの血流である。

ドイツ代表団のマックス・ワールブルク（ウォーバーグ）は、なんとアメリカ代表団のポール・ウ

ォーバーグの兄であった。「両面操作」の典型だ。ヴェルサイユ平和会議の主宰者は、エドモンド・ロスチャイルド男爵であった。彼が推進していたパレスティナへのユダヤ人国家建設計画は、ヴェルサイユ平和会議の場において承認を受けた。以上のような事実について、一般に出回っている歴史書はほとんど何も語っていない。

ヴェルサイユ平和会議の結果、ハーグの国際司法裁判所や、国際連盟が創設された。世界政府樹立を目指すブラザーフッドは、その基礎となるべき国際機関を設立しようと試みてきたが、国際連盟はその最初の成功例であった。国際連盟規約の草案は、有名なウィルソンの「十四ヵ条」同様、ハウス大佐によって書かれたものであった。その何年か前に彼は、『行政官フィリップ・ドリュー』という小説を書いているが、のちに彼は、「それはフィクションの形を借りた事実であった」と語っている。第一次世界大戦の二年前に匿名で出版されたその本のなかで彼は、「国際連盟」と呼ばれる組織の創設を提唱している。

何百万人もの生命を犠牲にした第一次世界大戦は、アジェンダ推進の一環であったのだ。国際連盟は挫折したが、さらにもう一度の世界大戦を経て彼らの野望は達成され、一九四五年に国際連合が創設された。

＊――二十世紀の世界操作の目的はソ連・中国など「恐怖の怪物」を創り出すことだった

第一次世界大戦中の一九一七年に起こったロシア革命は、ソヴィエト連邦の誕生へとつながり、のちの冷戦の原因となった。二十世紀を通じたブラザーフッドの世界操作のテーマは、人々を恐怖させる「怪物」を創り出すことであった。ソ連や中国のような巨大共産主義国家がそうだ。

諸大国の最上層部は、ブラザーフッド・ネットワークを通じて相互に固く結びつき、ほとんど一体と呼んでもよいほどのものになっている。一般の人々は「アメリカとソ連は『資本主義』対『共産主義』で相互に強く対立し合っている」と信じ込まされてきたが、それはまったく違う。アメリカとソ連は単にカルテルとしての形式が違うにすぎず、両国は同一の人々によって支配されていた。

共産主義は、ウォール街とロンドン・シティーによって生み育てられたものである。巨大な恐怖と闘争を生み出すことによってアジェンダを推進させるというのがその狙いだ。「共産主義」は、一般に知られるようになるはるか以前から綿密に計画されていた。『共産党宣言』の著者とされるカール・マルクスは、ドイツのオカルティストであるブルーノ・バウアー（ロスチャイルド）の弟子であり、レプティリアンの血流を受け継ぐスコットランド貴族の娘と結婚している。

マルクスの著作のうちのいくつかは、猛烈な反ユダヤ主義に満ちている。彼はユダヤ人とされているのに、これはどうしたことだろうか。実は彼はユダヤ人ではない。彼は、レプティリアンのために働く「アーリア人」の血流である。長年のあいだ左翼の人々は、マルクスを「人類の解放者」として称えてきたが、彼の真意は人類を「牢獄」に追い込むことにあった。

一九〇五年、ツァー（ロシア皇帝）を操作したロスチャイルドは、ロシアを日本との戦争に突入させた。ヨーロッパのロスチャイルドはロシアに戦費を融資し、一方ロスチャイルドのアメリカ支部たるクーン・ロエブ商会は日本への戦費融資をしたのである。戦争によってロシアの国内経済はズタズタにされた。ロスチャイルドへの利子支払いと借金返済がそのような状況にさらに拍車をかけ、ロシア国内では反乱の気運が高まっていった。第一次世界大戦が始まると、ロシアはドイツとの戦争状態に入った。ロシア軍への武器供給は、ヴィッカース・マキシムのようなロスチャイルド系軍需産業によって意図的に遅らされ、兵士の不満が極点にまで達したロシア軍内では反乱が起こった。

ロスチャイルドを最大の株主とするヴィッカース・マキシム社は、クーン・ロエブ商会のビジネス・パートナー、アーネスト・カッセルによって動かされていた。アーネスト・カッセルの娘は、ロスチャイルド系のマウントバッテン卿と結婚した。このマウントバッテン卿は、甥のフィリップ殿下とエリザベス二世女王との結婚をお膳立てした。レプティリアンの血流どうしの相互の結びつきは、まさに驚くべきものである。

ロシア革命は、ロマノフ家による三百年間のロシア支配の歴史に終止符を打った。十七世紀にロマノフ朝を創始したミハエル・ロマノフは、薔薇十字会員でオカルティストのアーサー・ディー博士のコネクションを通じて、英国秘密情報部からの支援を受けていた。アーサー・ディーは、エリザベス一世の占星術師として有名なジョン・ディーの息子である。ブラザーフッドの一族であろうと、アジェンダには逆らえない。ロマノフ朝は、消えるべくして消えたのだ。ハプスブルク朝もホーエンシュタウフェン家も、事情はまったく同じであった。

ロマノフ朝潰しの下準備は、十八世紀後半よりロシアに広がった秘密結社（フリーメーソンや薔薇十字会など）によって、充分な時間をかけて綿密になされていた。ロマノフ朝潰しの第一撃は、ウォール街とロンドンから資金援助を受けていたフリーメーソン、アレクサンダー・ケレンスキーによって与えられた。さらに強力な第二撃を加えたのが、レオン・トロツキーとレーニンである。ドイツからニューヨークへと渡ったトロツキーは、そこから船でロシアへと帰還し、ボルシェヴィキ革命を指導した。彼は、ウッドロー・ウィルソン大統領より与えられたアメリカ合衆国のパスポートでロシア入りした。さらに彼には、ロックフェラーより一万ドルが与えられていた。

一方、スウェーデンを経由してスイスに入っていたレーニンは、ドイツを横断する封印列車によって、安全にロシアへと送り届けられた。ボルシェヴィキの巨大なプロパガンダ（政治宣伝）は、ドイツからの資金援助なしにはありえなかったのだ。

*——レーニン、トロツキー、ヒトラーに多大の資金援助する
ウォール街、ロンドン・シティー、ボルシェヴィキの大銀行家たち

現代世界の一大金融センターとしての存在感を示すニューヨークのウォール街

レーニンやトロツキーは、表では「資本主義」を強烈に非難していたが、裏ではウォール街やロンドン・シティーから多大な資金援助を受けていた。のちにヒトラーを援助したのも、彼らブラザーフッドの大銀行家たちであった。トロツキーは自叙伝のなかで、「革命への資金援助の大部分は、円卓会議のアルフレッド・ミルナーや、スカンディナヴィアの中心的ボルシェヴィキであった『アレクサンダー』・グルツェンベルク(本名マイケル)によってお膳立てされて

いた」と語っている。グルツェンベルクは、J・P・モルガン（ペイジュール）所有のチェース・ナショナル銀行（ニューヨーク）の顧問であった。

ボルシェヴィキとロンドンとウォール街、これらのあいだを媒介する有力な人物の一人として、オロフ・アッシュベルクの名があげられる。のちに「ボルシェビキの銀行家」として知られるようになった彼は、一九一二年ストックホルムに設立されたニヤ銀行のオーナーであった。ロンドンにおけるアッシュベルクのエージェントは、アール・グレイを頭取とするノース・コマース・バンクであった。アール・グレイ（グレイ伯爵）は、円卓会議のメンバーで、セシル・ローズの友人であった。モルガン（ペイジュール）保証信託の副会長マックス・メイも、アッシュベルクの友人であった。

一九一五年、ロシア革命に融資を行なう目的で、アメリカン・インターナショナル・コーポレーションが創設された。その理事たちは、次のような者たちの利益を代表していた。ロックフェラー、クーン・ロエブ商会（ロスチャイルド）、デュポン、ハリマン、連邦準備制度。ジョージ・ブッシュの祖父、ジョージ・ハーバート・ウォーカー・ブッシュも、そのなかの一人であった。ロスチャイルドは、クーン・ロエブ商会のジェイコブ・シフを通じて、ロシア革命への融資を行なっていた。

一九一七年夏、英国、合衆国、ロシア、ドイツ、フランスからやって来たブラザーフッドの国際銀行家たちが、スウェーデンで会合を開いた。クーン・ロエブ商会が、スイス銀行のレーニンとトロツキーのための口座に、五〇〇〇万ドルを振り込む、ということで合意がなされた。『ニューヨーク・アメリカン・ジャーナル』の一九四九年二月三日号の記事のなかで、ジェイコブ・シフの孫は、「私の祖父は、『二人の革命家』に対し、さらに二〇〇〇万ドルの融資をした」と語っている。クーン・ロエブ商会の顧問弁護士にして元国務長官のエリシュ・ルートは、特別戦争基金を通じて、ボルシェヴィキに対し二〇〇〇万ドルの融資をした。この事実は、一九一九年九月二日の連邦議会議事録のなかに記録されている。この「投資」は、ブラザーフッドのアジェンダを推進したばかりでなく、彼らに莫大な利益をもたらした。

研究者たちの推定によると、一九一八年から二二年のあいだにレーニンは、クーン・ロエブ商会に対し、四億五〇〇〇万ドル相当のルーブルを支払っているという。しかしこれとても、ロシアの大地（人々）からの搾取、ロマノフ朝からの資産強奪などに比べれば小さなものである。金《きん》をはじめとするツァーの莫大な資産を盗み取ったのは、革命に融資した銀行家たちであった。ロシアは、世界の他の地域同様、レプティリアンによって略奪され続けてきた。それについては『……そして真理があなたを自由にする』のなかでかなり詳しく述べている。だが、ロシア革命とその結果生まれたソ連、そしてソ連の存在を前提とする冷戦、これらがブラザーフッドの作戦計画によるものであったことを理解してもらうために、さらに話を進めたいと思う。

＊

「悪の帝国」を内部から崩壊させた「正義の味方」ゴルバチョフは、キッシンジャー――ロックフェラーの代理人

第二次世界大戦では、共産主義は、その双子の兄弟であるファシズムとの戦いを演じた。ところが第二次世界大戦が終わると、ソ連は「恐怖の怪物」に仕立て上げられた。世界操作をさらに押し進め、巨大な軍事費を正当化するためだ。それによってレプティリアン所有の諸企業（軍需産業）は、莫大な利益をあげることができた。そのために彼らは、米ソの軍備比率を、対等かソ連がやや有利となるようにコントロールしていた。このように両国の国民のなかに恐怖の感情を引き起こし、彼らの企業が製造する高価な兵器をどんどん買わなければならないかのような雰囲気を作り上げた。つまり「ロシア人どもに遅れをとるな！」という具合にだ。

冷戦はマニピュレーション（世界操作）の典型である。西側の人々はソ連を恐れ、ソ連の人々は西側を恐れていた。そして東西両陣営の人々は、同一の者たちによって密かにコントロールされていた。核兵器の出現が大きなポイントだった。核兵器は、第二次世界大戦中、ロバート・オッペンハイマーの進めるマンハッタン計画によって開発された。マンハッタン計画は、アルバート・アインシュタインのいたプリンストン大学高等研究所からのサポートを受けていた。

原爆開発に携わったアインシュタインは、バーナード・バルークやヴィクター・ロスチャイルド卿（二〇〇〇歿）の親友であった。長年にわたって英国情報部を動かしてきたロスチャイルドは、このような個人的コネクションを利用して、イスラエルに核兵器開発のノウハウを伝えていた。もしアメリカ合衆国だけが核兵器を持っていて、ソ連にはそれがなかったとすれば、「冷戦」のような状態はありえなかっただろう。「冷戦」のためには、核兵器開発のための技術や知識が、ソ連へと伝えられなければならなかった。

第二次世界大戦中に核開発の機密を追っていたソ連情報部の指導者、パヴェル・A・サドプラトフは、「大戦中オッペンハイマーは、原爆開発の研究データをソ連に渡していた」と後年に語っている。他方、一九三三年にドイツを逃れイギリスへと渡った物理学者、クラウス・フックスは、マンハッタン計画に参加した。そして、ヴィクター・ロスチャイルド卿の友人であったフックスは、英米の核機密をソ連に漏らしたということで、のちに十四年ものあいだ投獄されている。

合衆国の情報部関係者やその他の研究者から私が聞いたところによると、「冷戦」期間中ずっと、核兵器のノウハウが、合衆国からソ連へと渡されていたという。少なくとも、アインシュタインとバートランド・ラッセル（二〇〇〇歿、ラッセル家の一員）の提唱によって開かれたパグウォッシュ会議の裏では、確実にそのような受け渡しがなされている。「パグウォッシュ」とは会議の開かれた場所

（カナダにある）の地名で、その土地の所有者はサイラス・イートンである。イートンは、J・D・ロックフェラーの秘書から始めてロックフェラー帝国のビジネス・パートナーにまでなった男である。

一九四六年、アインシュタインの友人であるバートランド・ラッセルは、「各国の主権を国連へと移譲させるためには、核兵器の生み出す恐怖を利用する必要がある」と語っている。

アジェンダのタイム・スケジュールは進展し、ついにはソ連が、世界政府・世界軍へと向かうEU・NATOに包摂される段階へと至った。しかしソ連が「悪の大帝国」のままではそれは不可能だ。そこで登場したのがミハエル・ゴルバチョフだ。彼は、ブラザーフッドの世界操作者たるヘンリー・キッシンジャーやデーヴィッド・ロックフェラーのエージェントであった。「悪の帝国」ソ連を内部から崩壊させる「正義の味方」、それが彼の与えられた役回りだ。

そしてベルリンの壁が崩壊した。「自由の風が吹いた」などと人々は思い込まされているが、それは世界完全支配へ向けての一過程である。政権の座を去ったゴルバチョフは、現在ゴルバチョフ財団を運営している。ブラザーフッドの出資によって設立されたゴルバチョフ財団は、「世界政府の樹立」を唱えている。ゴルバチョフは、シェイプ・シフトしたレプティリアンである。その爬虫類から人間への変身を直接見たという人を私は知っている。

＊

秘密結社「円卓会議」のメンバー、バルフォア卿――ロスチャイルド間で取り交された書簡だった「バルフォア宣言」

シオニズムは陰謀の中心であると言われることもあるが、それは間違っている。それは、はるかに巨大なブラザーフッド・ネットワークの一部にすぎない。シオニズムはユダヤ人固有のものではない。それは一種の政治的運動である。シオニズムを支持しないユダヤ人は多勢いるし、シオニズムを支持する非ユダヤ人もかなりいる。「シオニズム」イコール「ユダヤ人」と考えるのは、「民主党」イコール「アメリカ人」と考えるのと同じようなものだ。

それなのに、過激なシオニズムにちょっと反対しただけでも、「反セム主義」、「反ユダヤ主義」などのレッテルを貼られてしまう。南アフリカ共和国がオッペンハイマー家の縄張りであるのと同様、イスラエル国家はロスチャイルド家の所有物なのだ。要するにシオニズムは、ブラザーフッドのアジェンダ推進のために、ロスチャイルドが作り出したものであった。「シオン（Zion）の大地」（ユダヤの契約の土地）の回復を名目とするシオニズムの正体は、「シオン（Sion）結社」（レプタイル・アーリアンの太陽崇拝カルト）の主導するシオンイズム（SIONism）なのだ。シオニズムは、アラブの土地であるパレスティナを乗っ取るために利用され続けてきた。そこには大きくは二つの理由がある。

第一にパレスティナの地は、古代レヴィ人時代のレプタイル・アーリアンの聖地であった。第二は、中東を分裂闘争状態に陥れて、アラブの産油国を操作することである。ロスチャイルドによるイスラエル創設計画の最大のポイントとなったのは、一九一七年十一月六日に発せられた「バルフォア宣言」であった。

当時の英国外務大臣アーサー・バルフォア卿は、英国がパレスティナへのユダヤ人国家建設を支持することを約束した。ロスチャイルド主導のヴェルサイユ平和会議においても、イスラエル国家建設への支持が確認された。バルフォア宣言は、ウェストミンスターの英国議会においてなされたものではない。なんとそれは、バルフォア卿からライオネル・ウォルター・ロスチャイルドへと宛てられた、個人的書簡なのだ。彼らはともに三〇〇人委員会のメンバーであった。バルフォア卿は秘密結社「円卓会議」のメンバーであり、ライオネル・ウォルター・ロスチャイルドはそのスポンサーであった。

バルフォア宣言は、同じ秘密結社のメンバーのあいだで取り交された手紙であったのだ。ロスチャイルドは、英国シオニスト連盟の代表兼スポンサーであった。「バルフォアの手紙」は、実はロスチャイルドとアルフレッド・ミルナーによって書かれたのではないか、とみる研究者もいる。

円卓会議の指導者たるアルフレッド・ミルナーは、ロスチャイルドによって、リオ・ティント・ジンク（英国の鉱工業持株会社）の会長の座に据えられている。南アフリカに数多くの鉱山を所有するリオ・ティント・ジンク社の最大株主は、英国女王である。第一次世界大戦中パレスティナのアラブ人たちは、彼らの自治権を約束したT・E・ローレンス（アラビアのローレンス）の指揮下にトルコ軍と戦った。ローレンスは、ブラザーフッドのプランがパレスティナへの「ユダヤ人」（カザール系アーリア人）国家建設にあることを、初めからわかっていた。ウィンストン・チャーチルの親友であったローレンスは、のちに次のように語っている。

「私は大きな欺瞞を働いてしまった。中東での安上がりな勝利のためには、アラブ人たちの協力がぜひとも必要だったのだ。そしてわが英国は、負けるぐらいなら嘘をついてでも勝ったほうがいいと考えていた。アラブ人たちの奮起は、中東におけるわれわれの勝利のための主要な道具であったのだ。だから私はアラブ人たちに、英国はその約束を必ず守るであろうと請け合った。それを信じた彼らは、見事な戦いぶりを見せてくれた。しかし彼らの願いは裏切られた。私は彼らとともに戦ったことを誇りに思う代わりに、深い自責の念に取り憑かれたのだった」

何千年ものあいだ、レプタイル・アーリアンのやり方は、常にこのようなものだった。

＊――――

ユダヤ人は飽くことなく力を求める
ロスチャイルドの祭壇に載せられた生贄の羊

「ユダヤ人」のパレスティナ入植を資金的に援助したのはロスチャイルドであった。ユダヤ人やチガ

一九二六年代のイスラエル・テルアビブ市のロスチャイルド街、同地は二十年前まで左のような荒れ地だった

ニー（ジプシー）や共産主義者に対し病的な迫害をしたナチスを資金援助したのもまた、ロスチャイルドであった。ロスチャイルドは、自らが酷使し続けてきた「ユダヤ人」に集まった戦後の同情をうまく利用して、パレスティナ乗っ取り計画を推進したのだ。

「イスラエル建国」のために数々の残虐行為を行なってきた「ユダヤ人」テロリスト・グループ、その資金源もロスチャイルドであった。それらのテロリストたちは、ロスチャイルドによって、イスラエル国家の枢要な地位につけられた。例をいくつかあげるなら、歴代のイスラエル首相、ベングリオン、シャミル、ベギン、ラビンなどがそうだ。彼らは、自らの過去を棚に上げて、パレスティナ人たちのテロを非難し続けてきた。そして、英国情報部を操作していたヴィクター・ロスチャイルド卿は、核兵器のノウハウをイスラエルに漏洩していた。イスラエルは、その始まりから、ロスチャイルドによって所有・操作されていたのだ。

　現在のイスラエルの政策も、ロスチャイルドの指令によるものだ。ロスチャイルドを中心とするブラザーフッド・ネットワークは、イスラエルの「ユダヤ人」の圧倒的大多数が、現在イスラエルとされている地域に起源を持つものではないという事実を隠蔽し続けてきた。

ユダヤ人の歴史家たちによっても確認されていることであるが、「ユダヤ人」の圧倒的大多数は、コーカサス山地に起源を持つアーリア人である。ユダヤ人は、飽くことなく力を求めるロスチャイルドの祭壇の上に載せられた生贄の羊であったのだ。しかしロスチャイルドでさえ、さらに上層の権威からの指令を受けている。それはアジアにあると私は考えている。

極東の最高中枢が、ロンドンの作戦本部に指令を下しているのだ。しかし究極的には、すべては低層四次元からの力によって動かされている。その論拠となる詳細については、『……そして真理があなたを自由にする』のなかで述べてある。

＊――さらなるアジェンダ推進へと、セシル・ローズの友人らがＲＩＩＡを、ハウス大佐、モルガン、ロックフェラーがＣＦＲを創設

一九一九年のヴェルサイユ平和会議によって、第二次世界大戦へと至る筋道が決定された。ドイツの人々に押しつけられた賠償金の額はあまりにも巨大であり、戦後ドイツのワイマール共和国は、経済的に生き延びる可能性を最初から奪われていた。これは綿密に計画されたことだった。初めから予定されていた経済的破局の「解決役」として登場したのが、あのアドルフ・ヒトラーであった。「問題―反応―解決」、それがブラザーフッドの手口だ。

もう一つ重要なポイントがある。ヴェルサイユ会議に出席したブラザーフッドのメンバーたちは、パリ帝国ホテルにおいて秘密会合を開き、「円卓会議」の分派・下部組織を作ることを決定した。その最初のものが、一九二〇年に設立された「国際問題研究所」である。これは、ロンドン・セントジェームズスクウェア十番地のチャタム・ハウスとして知られている。その公式の長は英国女王である。この組織は一九二六年に「王立」の冠称を与えられ、ＲＩＩＡ（王立国際問題研究所）となった。

円卓会議のアメリカのメンバーたちは、一九二一年、ロックフェラーからの資金によって、CFR（外交問題評議会）を設立した。これらによってブラザーフッド・ネットワークは拡充され、英米支配を中心とする世界コントロールは、より完璧なものへと近づいた。それらはさまざまな名前を持ってはいるが、本質的には同一の組織体である。RIIAは、アスター家をはじめとするセシル・ローズの友人たちによって創設された。今現在もRIIAは、ブラザーフッド一族によって所有される世界的大企業やメディア・グループから、多大な資金を提供されている。それら大企業のリストについては、『……そして真理があなたを自由にする』のなかに掲載している。

RIIAは、政治・金融・ビジネス・メディアなど、各分野のトップに位置する人士たちと、密接なつながりを有している。そのような人物の一人として、ジョン（ジェイコブ）・アスター少佐（三〇〇委）の名があげられる。彼はハンブローズ銀行（ブラザーフッド系）の頭取であり、一九二二年以降は『タイムズ』のオーナーでもあった。南アフリカ・トランスヴァール鉱産のオーナー、アベ・ベイリー卿も、RIIAの創立メンバーの一人であった。彼は、アルフレッド・ミルナーとともに動いたボーア戦争の仕掛人であった。さらに、ジョン・W・ウィーラーベネットも、創立メンバーの一人であった。彼は、戦後世界の形がデザインされた重要な時期である第二次世界大戦の最後の二年間、ロンドンにおいてアイゼンハワー将軍の「政治顧問」を務めている。

RIIAは、数多くの「ラディカル」や「左翼」を輩出したロンドン大学経済学部や、オックスフォードやケンブリッジなどと、相互に固く結びついていた。円卓会議の場合と同様、RIIAについても、その支部が世界各地に設立された。オーストラリア、カナダ、ニュージーランド、ナイジェリア、トリニダード（トバゴ）、インド。インド支部は、「世界問題評議会」の名で知られている。

CFRは、そのアメリカ支部である。CFRの本部は、ニューヨーク六十八番街・東五十八番地のハロルド・プラット・ハウスにあるが、この建物はもともと、ロックフェラー家と親しい仲であるプラット家の邸宅であった。CFRは、マンデル・ハウス大佐、J・P・モルガン、ロックフェラーらによって創立された。間もなくCFRは合衆国をコントロールするようになった。それは現在に至るまで続いている。そのメンバーには、教育機関をはじめ、アメリカの人々の生活を支配するあらゆる組織のトップたちが含まれている。これらの組織は、円卓会議同様、インナー・サークル（中核）とアウター・サークル（外辺部）から構成されている。

＊――イルミナティ、各「騎士団」、「財団」ネットワークと連繋のRIIA、CFRは、国連ワン・ワールド政府の前身組織に結実

インナー・サークルの人々はアジェンダを理解し、日夜その実現のために動いている。その外側に接しているのが準インナー・サークルとでも呼ぶべき層で、そこに属する人々はアジェンダを知っており、その方向性に沿って各自の分野で影響力を行使している。外辺部のアウター・サークルの人々は、真のアジェンダについては何も知らされないまま、それぞれの立場において「正しい」決定を行なうように操作されている。

元合衆国海軍法務総監のチェスター・ウォード提督は、十六年間CFRのメンバーであった。彼は、「CFRの目的は、合衆国の主権を世界政府建設の方向へと埋没させてしまうことであった」と語っている。ウォードは、フィリス・シャフリーとの共著『キッシンジャーの精神分析』のなかで、次のように述べている。

「……CFRのメンバーには、合衆国の主権と独立性を放棄させようという強い欲望がある。彼らはさまざまな分派を生み出し、多極的な組織のネットワークが形成されている。その中心となっている

のは、ワン・ワールド政府イデオロギーの信奉者たちだ。国際主義者と呼ばれる彼らは、CFRの創立者の伝統を忠実に受け継ぐ者たちである」

一九二一年以来、大統領をはじめとする合衆国政府の主要なポストは、すべてCFRのメンバーで占められている。世界中にいるアメリカ外交官の大部分は、CFRのメンバーである。その他CFRのメンバーには、メディア・オーナー、記者や編集者、教育関係者、軍人など、各分野の有力者が含まれている。

RIIAのメンバーはいまだ秘密となっているが、アメリカのCFRの場合と同様、英国における各界の有力者たちが含まれていることは確実だ。そして私が最も強調したいのは、アメリカのCFRはロンドンのRIIAに従属しており、そこからの指令によって動いているということだ。両者は、次にあげるような組織と密接に結びついている。イルミナティ。「エルサレム（マルタ）の聖ヨハネ騎士団」をはじめとする各「騎士団」（これらの秘密結社ネットワークは、英国君主によってコントロールされている）。フリーメーソン。薔薇十字会。円卓会議。ロックフェラー財団を中心とするアメリカの「財団」ネットワーク（各「財団」は、同一のグローバル・リーダーシップのもとに動いている）などがそれだ。これらが形成するネットワークの影響力は、一九三〇年代には世界中に及ぶようになっていた。ブラザーフッドの一大プロジェクト、第二次世界大戦の下準備が調ったということだ。その目的は、世界中の権力の集中化をさらに進め、ワン・ワールド政府の前身となるべき組織を生み出すことにあった。その組織は、今日「国連」と呼ばれている。

*——人工的に作り出された「問題」に対する「解決」の「ニュー・ディール政策」はヒトラーの経済政策のレプリカ

何千パーセントものインフレで、ずたずたになったドイツ経済。そのなかで苦しむドイツ国民にとって、アドルフ・ヒトラーは、まさに救世主そのものであった。「問題―反応―解決」のパターンだ。『……そして真理があなたを自由にする』のなかでも述べたが、このナチスを資金的に援助していたのは、ウォール街やロンドン・シティーに巣くう国際金融勢力であった。これは、英米企業のドイツ子会社を通じてなされていた。

アメリカからドイツへの国家融資計画であるヤング・プランやドーズ・プランも利用された。これらのプランは、ドイツの賠償金支払いを助けるためのものとされていたが、ヒトラーの軍備再建計画へと流れていた。アメリカ企業スタンダード・オイル（ロックフェラー系）と、ドイツの化学産業カルテルであるI・G・ファルベン（のちにアウシュヴィッツ強制収容所を経営）は、事実上同一の企業体であった。

一九三三年、ヒトラーが政権の座についた。フランクリン・デラノ・ルーズヴェルトが合衆国大統領になったのも同じ一九三三年だ。これは決して偶然ではない。ルーズヴェルトを大統領にしたのは、ヒトラーを政権の座につけたのと同じ者たちであった。

一九二九年、ブラザーフッドの銀行家たちは、ウォール街の株式市場を大暴落させることによって、大恐慌を引き起こした。この「問題」に対する「解決」策を引っ下げて登場し、見事大統領選に勝利したのがルーズヴェルトだった。「ニュー・ディール政策」は、人工的に作り出された「問題」に対する「解決」であった。両者はともに、人工的に作り出された「問題」に対する「解決」であった。

権力の座についたルーズヴェルトは、人類史上最大の「窃盗」を行なった。彼は、「金《きん》を強制的に政府へと供出させ、引き換えに連邦準備紙幣という紙切れを押しつける」という内容の法案を通過させたのであった。「現在の深刻な経済問題を解決するためには必要なことだ」と、彼は国民に語った。

そのうえ彼は、ブラザーフッドのシンボル、ピラミッドの上に浮かぶ「すべてを見通す目」を、新たな一ドル札に入れさせた（下巻参照）。現在、アメリカ合衆国の経済は、完全にブラザーフッドのコントロール下にある。内心ルーズヴェルトはアメリカ国民に対し、「ざまあ見ろ、うまくひっかかりやがった」と思っていたのだ。

フリーメーソン三十三階級であったフランクリン・ルーズヴェルトは、「古代アラビアの高貴なる神秘家たち」と呼ばれる秘密結社において、「ピシアスの騎士」という称号を与えられていた。フランシス・ベーコンやミラボー（フランスの革命家）もそのメンバーであった。それは、フリーメーソン三十二階級以上の者か、テンプラー・ロッジのメンバーにしか入会の許されない高級結社であった。この高級結社は、ユダヤ人・アラブ人・キリスト教徒を含む中世ヨーロッパの秘密結社をもとに、モハメッドの子孫によって作られたものだと言われている。そのシンボルは、三日月を象徴する虎の爪を中心に、ピラミッド、瓶、五芒星を組み合わせたデザインとなっている。この組合せは、「世界の母」たるイシス―セミラミス―ニンクハルサグを象徴している。

フリーメーソンの重要な象徴である三角形の中に描かれた「すべてを見通す目」（製作年代不詳のリトグラフ）

ルーズヴェルトの農務長官は、オカルティストのヘンリー・ウォレスだった。一ドル札に「すべてを見通す目」が入れられたのは、彼の関与もあってのことだった。ウォレスのグル（師）は、ロシアの神秘家ニコラス・レーリッヒであった。このレーリッヒは、長年のあいだネパールやティベットを旅し、ラマ僧らとともに修行を積んだ人物である。

彼は、幻の都「シャンバラ」を探し求めていた。そこには、秘密のうちに歴史に多大な「影響」を与え続けてきた「賢者たち」が住んでいると言われている。その彼らは、「偉大なる白きブラザーフッド」などとも呼ばれることもある。あらゆる秘密結社は、彼らの力によって生み出されてきたとも言われている。フリーメーソン、スーフィー（イスラム神秘主義）、聖堂騎士団、薔薇十字会、神智学協会、黄金の夜明け。これらの秘密結社の創設の裏には、彼らの力が働いていたという。私は、彼らの正体はレプティリアンだとみている。

レーリッヒは、世界政府樹立へ向けての最初の試みである国際連盟の創設に関与していた。また彼は、アンドリア・プハーリッヒ博士の研究を援助していた。その研究とは、ユリ・ゲラーと呼ばれるイスラエル人の若者の超能力開発実験であった。

＊――「民主主義を守った男」チャーチルは、巨大な流血の儀式として、ドイツ一般市民への大量爆撃を命ず

英国議会内の円卓会議―RIIAメンバーは、最初はドイツへの宥和政策を主張していた。しかしそれは、ドイツが長期戦を戦える段階になるまで、ヒトラーの再軍備政策に時間的猶予を与えてやるためであった。そのへんについては『……そして真理があなたを自由にする』のなかに詳しく書いている。その後彼らは突然その主張を翻し、ヒトラーとの全面戦争を叫び始めた。そのような者たちの代表例としては、レディー・アスター、レオポルド・アムリー、ライオネル・カーティス、ロジアン卿などの名があげられる。彼らはみな、円卓会議やRIIAのメンバーであった。こうしたなかで、円卓会議の創立メンバーでもあった英国外務大臣ハリファックス卿は、ヒトラーに対する宥和政策を

提唱していた。

一九三七年十一月十九日、ハリファックス卿はヒトラーと会っている。そして、これに先立ち一九三三年五月、ヒトラーの代理人アルフレート・ローゼンベルクは、次のような人々と会うために英国を訪れた。それはロイヤル・ダッチ・シェル会長のヘンリー・ディターディング卿（三〇〇委）。『タイムズ』編集者のジェフリー・ドーソン（タイムズ紙のオーナーであるアスター家は、円卓会議、RIIA、三〇〇人委員会のすべてに関与している）。陸軍大臣の第一代ヘールシャム子爵。ウォルター・エリオット議員。ケント公（エドワード八世の弟）。そして英国王ジョージ六世たちだ。英国王家とナチスとのつながりについては、さらに読み進んでもらえばよくわかると思う。

宥和から全面対決へ――「対ヒトラー政策」におけるこの突然の変化は、ダウニング街（英国首相官邸）にも反映された。宥和派のネヴィル・チェンバレン首相が解任され、ブラザーフッドの戦争屋、ウィンストン・チャーチルがこれに取って代わった。一九四〇年五月十一日のことであった。チャーチル首相の登場とともに、ドイツの一般市民に対する大量爆撃が始まった。それは、レプタイル・アーリアンの黒魔術師たちが世界的規模で行なった巨大な流血の儀式の一部であった。

フリーメーソン内におけるチャーチルの影響力は、フィリップ殿下の登場によってやや弱まったかにもみえた。しかしチャーチルは、一九〇一年五月、カフェ・ロイヤルにおいてストゥッドホルム・ロッジに入会して以来ずっと（会員ナンバー一五九一）、最も活動的な黒幕的メーソンであった。ブラッドフォードに住む歴史家たちは、「チャーチルの戦時中の政策は、ギリシア王ジョージ二世がチャーチルのメーソン仲間だったことによって大きく影響されている」と指摘している。

一九四三年、チャーチルは、ジョージ二世のギリシア王位回復を助けるべく、アテネに五千の部隊を派遣した。ジョージ二世は、国民をはじめあらゆる勢力から完全に見限られていた。一方英国は、世界のいくつかの場所で部隊を必要としていた。にもかかわらずチャーチルは、五千もの部隊を割いてギリシアに送ったのだ。チャーチル家は、ロスチャイルド家を中心とする秘教ネットワークと強いつながりを持っていた。

一九〇八年八月十五日、チャーチルはブレナム宮殿において、古代ドルイド結社のアルビオン・ロッジに入会した。彼の祖父、ランドルフ・チャーチル卿は、ナサニエル・ロスチャイルドの親友であり、大蔵大臣を務めた一八〇〇年代中頃、ロスチャイルド家から多大な融資を受けていた。ランドルフが死んだとき、総額六万五〇〇〇ポンドもの負債が残された。当時では莫大な額だ。その負債を受け継ぐウィンストン・チャーチルは、ヴィクター・ロスチャイルド卿（英国情報部の黒幕）やバーナード・バルーク（アメリカにおけるロスチャイルド・エージェントの主力）の親友であった。

チャーチルはセシル家との関係が深く、事実上セシル家によってコントロールされていた。セシル家は、イエズス会（ブラザーフッドのフロント組織）やハプスブルク家、英国王室やイタリアの黒い貴族たちと、長きにわたるつながりを持っていた。チャーチル家は、マールボロ公爵家と親類関係にあった。マールボロ家は、オレンジ公ウィリアムを英国王位につけるにあたって重要な役割を果たした一族である。実際ウィンストン・チャーチルは、マールボロ家先祖伝来のブレナム宮殿（オックスフォード近郊）で生まれている。チャーチルは、自分のやっていることをはっきりと自覚していたのだ。

われわれに与えられているチャーチルの人物像（「民主主義を守った男」）は、まったくでたらめのつくりものだったのだ。彼がブリテン島（英国）を専制支配から守ったなどと言うのは、見当はずれもいいとこだ。彼自身が専制支配の一部であったのだから。

＊――ヴィクター・ロスチャイルドの友人、チャーチルは、「レギュレーション一八b」を使って真実を知る人々を次々と投獄

ロンドンのアメリカ大使館の暗号解読員タイラー・ケントは、「チャーチルとルーズヴェルトが、世界大戦を引き起こす計画について暗号を使って話を進めていた」という証拠を保守党議員のラムゼイ大佐に渡したことによって、戦争中ずっと投獄されていた。ラムゼイもまた、戦争直前に導入されたレギュレーション一八bという法律によって投獄されたのだった。「IRA（アイルランド共和国軍）のテロを取り締まるため」、というのがレギュレーション一八b導入の大義名分であった。

アイルランド問題もまた、「問題―反応―解決」戦略の一環である。彼らは単に、戦時中に裁判なしで人々を投獄できるようにしたかったのだ。人々の口を塞いで、陰謀が世間に知られないように蓋をしておくためだ。ある提督の妻などは、単に法廷から去ろうとしたという理由で投獄されてしまった。それもやはりレギュレーション一八bによってだ。この法律の裏には、ヴィクター・ロスチャイルド卿の姿があった。

二十世紀後半の最重要世界操作者の一人であるヴィクター・ロスチャイルドは、ウィンストン・チャーチルの友人であった。政権の座につくやいなやチャーチルは、レギュレーション一八bを使って真実を知る人々を次々と投獄し始めた。この時期ロンドンにおいてアメリカ大使を務めたのは、ジョン・F・ケネディの偏屈な父親、ジョセフ・ケネディであった。ケネディ一族は、アイルランド王を祖先に持つブラザーフッド・エリートの血流である。一方、アメリカにおける英国外交官としては、ロジアン卿（RIIA）や、ハリファックス卿（RIIA、円卓会議、三〇〇人委員会）が、戦時中の外交を取り仕切っていた。

一九三七年、フランクリン・ルーズヴェルトは、「ヨーロッパの戦争にアメリカの息子たちを送ってはならない」、と言って二度目の大統領選に勝利した。しかし彼は、アメリカの参戦がすでに定められていることを知っていた。フィリップ・ベネット下院議員（ミズーリ）は、議会において次のように発言している。

「『われわれの息子たちを国外の戦場に送らせるようなことは決してしない』と大統領は言っております。議長、これはまったくナンセンスです。今こうして私が話しているあいだにも、輸送船に兵員輸送用の寝台を取り付ける作業が行なわれています。今この瞬間に、ワシントンにあるウィリアム・C・バランタインの工場では、死体となった兵士や負傷者の所属を確認するための認識票が製造されているのです」

ルーズヴェルトは、「アメリカはヨーロッパでの戦争には決して加わらない」と言って二期めの当選を果たした。すでに戦争準備を始めていた彼には、国民に対する言いわけが必要だった。

＊――「ルシタニア号事件」の再現、真珠湾奇襲攻撃。日本は「はめられた」

ウッドロー・ウィルソン大統領のときのルシタニア号事件同様、ルーズヴェルトが「約束」を破る口実が、「問題―反応―解決」戦略によって用意されることになる。P・ナイ上院議員（ノース・ダコタ）は、『次の戦争』と題された一連の文書を見たと言う。そのなかには、『次の戦争におけるプロパガンダ』というロンドンで作られた企画書が含まれていた。それは、アメリカを第二次世界大戦へと引き込むゲーム・プランだった。両大戦のあいだの時期に書かれたこの文書の内容は、次のようになっている。

「合衆国をわれわれの側に立たせて参戦させたいが、これは非常な難問だ。それには、アメリカに対

日本軍の真珠湾奇襲攻撃で炎上する米戦艦アリゾナ

する明確な『脅威』が必要となるだろう。それは、徹底的なプロパガンダによって、すべての合衆国市民の頭の中に刷り込まれなければならない。これが成功すれば、合衆国は再び、国外での戦争に加わるべく武器を取るだろう。

……日本が何かしてきたということになれば、アメリカを戦争に引きずり込むのはずいぶんと楽になるだろう。その場合、合衆国を第一次大戦に巻き込みドイツと戦わせたときのように、われわれのプロパガンダは成功することになるだろう。つまり、第二の『ルシタニア号事件』が必要なのだ。

……アメリカにおけるわれわれのプロパガンダは、『民主主義』というおあつらえ向きの土台の上で行なわれている。われわれは表向き、われわれが民主主義の信奉者であり、民主的形態を持つ政府の擁護者であることを、高らかに宣言しなければならない。『民主主義』という神話はぜひとも守られなければならない」

一九四一年十二月七日、日本軍航空部隊は、

ハワイの真珠湾を攻撃した。これを機に合衆国は、戦争へと突入した。日本の通信はアメリカによって傍受されており、ルーズヴェルトは日本軍の攻撃があることを前もって知っていた。なのに彼はなんの手も打たず、多くのアメリカ人を見殺しにした。過去数千年間、いく億もの人々が、ブラザーフッドのアジェンダ推進のために殺されてきた。日本からの攻撃を誘発するため、長期にわたる反日キャンペーン（日本いじめ）がなされていた。ルーズヴェルトの陸軍長官、ヘンリー・スティムソンは言った。「われわれは、いかにして日本に手を出させるかという、非常に微妙な外交的局面に直面している」と。

第二次世界大戦によって、女性・子供を含め何千万もの人々がその命を失った。そのクライマックスは、日本への二発の原爆投下であった。日本の降伏はすでに決定されていた。にもかかわらず彼らは、二発もの原爆を日本に投下したのだった。その詳細な背景については、『……そして真理があなたを自由にする』をみていただきたい。原爆投下を命じたのは、戦争末期ルーズヴェルトに代わって大統領となったハリー・S・トルーマンであった。トルーマンは、フリーメーソン三十三階級となったとき、自らの名にミドル・ネームの「S」を加えている。実はその「S」とは、「ソロモン」の頭文字を意味していたのだった。

*――「国連」と「冷戦」を用意する恰好の区切り目となった日本への原爆投下

フリーメーソンによって取り立てられる前のトルーマンは、小間物商人として失敗し、雇用不適格者の烙印を押されていた。彼の母は、彼が作った借金を支払うために農場を手放している。大統領になってからも彼は、いかがわしい歓楽街を酔っぱらって飲み歩いた。そんな彼の後ろにはJ・エドガー・フーヴァーの命令を受けた二人のＦＢＩエージェントが、一定の距離を保ちつつ常についていた。

トルーマンの経歴がよくなり始めたのは、彼がミズーリ州のフリーメーソン・ロッジの統括責任者となってからのことだった。ホワイトハウス入りする直前には、地方判事を務めるまでになっていた。彼の華々しい成功の裏には、彼のメーソン仲間にしてカンザス・シティーの犯罪組織のボスであった、プレンダーガストの助けがあった。トルーマンの親友であったデーヴィッド・ナイルズ（ネイフス）の妹の一人はイスラエルの政界において重要な地位にあり、もう一人の妹はモスクワにおいてソ連の政策決定に関与できる立場にあった。フリーメーソンの小役人、ハリー・S・トルーマンの背後関係は、以上のようなものである。トルーマンは、日本から提示された降伏条件をはねつけ、日本への原爆投下を命じた。そうしたうえでその降伏条件を認めたのだった。

原爆投下は、レプティリアンのアジェンダの区切り目であった。第二次世界大戦が終わると、今度は「冷戦」が始まった。核の大爆発は、人々の心に恐怖を植えつけるのに大いに役立った。

第二次世界大戦直後の世界は、物理的・精神的に荒廃していた。戦争で破壊された社会を再建しようとする各国政府に復興資金を融資することによって、銀行は莫大な利益をあげることができた。私有銀行への各国の債務は一気に膨れ上がり、各国政府に対する金融支配はさらに強化された。ブラザーフッドによって作り出された悲惨な大戦争、それを体験した世界の人々にとって、平和への願いはよりいっそう切実なものとなった。その切実なる願いは、国際連合の設立のために利用されたのである。「問題―反応―解決」戦略だ（図22参照）。

ブラザーフッドが長年のあいだ望んでいた世界組織、それが国連だ。国連憲章は、CFRによって書かれたものである。作家ジェームズ・パーロフは、その著書『権力の影――外交問題評議会（CFR）とアメリカの没落』（一九八八年）のなかで、国連の裏を暴いている。

「一九四三年一月、合衆国国務長官コーデル・ハルは、レオ・パスフォルスキー、イザヤ・ボウマン、

「問題―反応―解決」戦略
第２次世界大戦でのモデル

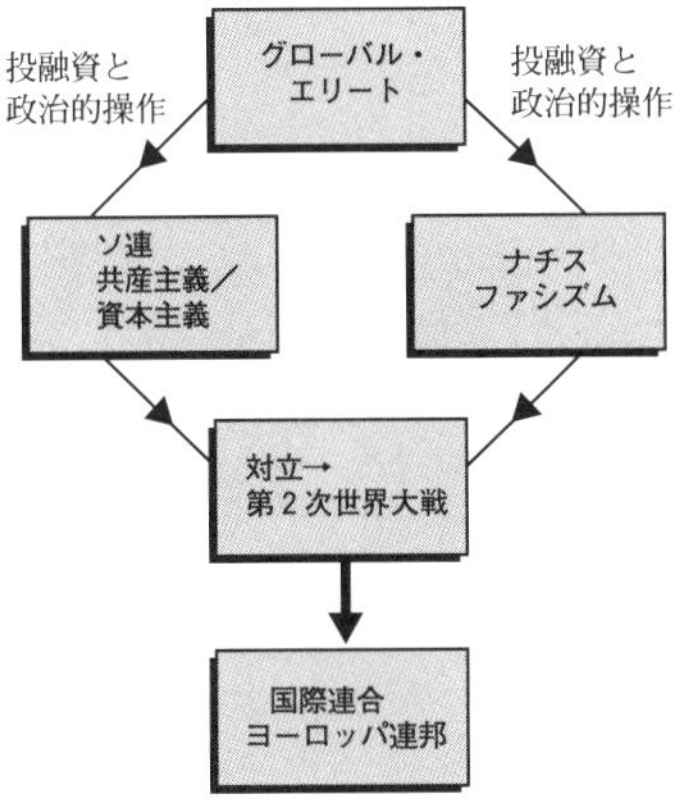

〈図22〉第２次世界大戦の唯一の勝者、それはバビロニアン・ブラザーフッドであった

サムナー・ウェルズ、ノーマン・デーヴィス、モートン・タイラーらとともに政策指導委員会を組織した。ハル自身を除くすべての者たちが、CFRのメンバーであった。のちに『インフォーマル・アジェンダ・グループ』として知られるようになる彼らは、国連設立の原案を起草した。その第一草案を提出したのはボウマンだった（彼は、CFRおよび『ハウス大佐の査問会議』の創設メンバーである）。彼らは三人の弁護士（すべてCFRメンバー）を呼び寄せ、新しく設立される国連が、合衆国憲法に適合するものであるかのような体裁を整えさせた。そして彼らは、一九四四年六月十五日、フランクリン・D・ルーズヴェルトと、その内容について話し合った。ルーズヴェルト大統領はその計画を承認し、翌日に公式発表を行なった」

＊――

人類に奉仕するとうそぶく国連は、人類を恐怖と苦痛と流血に追い込む世界政府樹立のための「トロイの木馬」

H・L・メンケンは、その著書『アメリカン・ランゲージ』のなかで、「『国際連合《ユナイテッド・ネーションズ》』という言葉は、一九四一年十二月、日本による真珠湾攻撃のほんの少し前、ルーズヴェルト大統領とウィンストン・チャーチルのホワイトハウスでの会談のときに決定された」と述べている。一九四五年六月二十六日、この日サンフランシスコにおいて、国際連合が正式に設立された。

合衆国代表団のなかには、七十四名のCFRメンバーが含まれていた。そのなかには、ジョン・J・マクロイの姿があった。一九五三～七〇年にCFR議長を務めたマクロイは、三〇〇人委員会メンバーであり、フォード財団の理事長であった。また彼は、ロックフェラーのチェース・マンハッタン銀行の重役であり、ルーズヴェルトからレーガンまでの九人の大統領の友人でありアドバイザーであった。さらに代表団のなかには、ジョン・フォスター・ダレスの姿もあった。

ヒトラーの援助者でCFRの創立メンバーであったジョン・フォスター・ダレスは、この直後に合衆国国務長官になった。ネルソン・ロックフェラーも、代表団の一人であった。悪魔主義者にして世界操作の立役者であった彼は、ニューヨーク知事を四期務め、ウォーターゲート事件によって政権の座を追われたリチャード・ニクソンに代わって登場したジェラルド・フォードの政権においては、副大統領に任命されている。

国連（国際連合）を作り出したのはCFRであったが、そのCFRも、RIIAからみれば一支部にすぎない。またRIIAとても、円卓会議からすれば一分派にすぎない。さらにこの円卓会議も、より高い階層からの指令によって動かされている。国際連盟のときにはそのジュネーヴ本部設立に出資したロックフェラーは、国連設立においては、ニューヨークの国連本部ビルの建設用地を提供している。その土地には以前、屠畜場が立っていた。ブラザーフッドの悪魔主義者たちは、意図的にそのような場所を選んだのだ。恐怖と苦痛と血に満たされた土地、人類を屠畜場へ追い込むための組織を建てるのには、まさにうってつけの場所ではないか。

国連は、世界政府樹立のための「トロイの木馬」だ。国連は、人類に奉仕すると称する各機関の総元締的存在である。しかしそれらの機関の実態は、グロテスクに世界を操作するブラザーフッドのフ

ロックフェラーの提供地に建設された本部で初開催の第２回国連総会

ロント組織である。アフリカ、アジア、中南米が、特に露骨な操作（マニピュレーション）を受けている。国連系組織の一つである世界保健機関（ＷＨＯ）は、アングロ－アメリカン－スイス製薬カルテルの子会社的存在である。ＷＨＯが「世界に疫病が広がっている」と宣伝し、巨大製薬産業がワクチンを売りつける。「問題－反応－解決」戦略だ。ワクチンは、世界の何十億もの人々に、肉体的・精神的に、言い表わしようのないほどの害を与えている。

国連人口基金は、「人口調節」の名のもと、調和の精神を欠いた人々によって、優生学的（人種差別的）人口削減策のために利用されている。黒人をはじめとする有色人種が、人口削減の対象となっている。また白人であっても、レプティリアンの要求する遺伝子的「純粋性」の基準に達しない多くの人々は、やはり人口削減政策の対象となっている。

国連環境計画は、「環境保護」の名のもとに、都合のいい国際法を制定し、広大な地域をコントロールしている。また「債務環境スワップ」によって、発展途上国からその国土を取り上げている。国連の教育科学文化機関であるＵＮＥＳＣＯは、世界中の人々の生活のあらゆる局面を通じて、ブラザーフッドのアジェンダを押し進めている。戦争を防止するために設立されたとされる国連は、実際には自らが戦争を行なっている。湾岸戦争がいい例だ。アメリカ・イギリス・フランスの兵士やパイロットたちは、何千ものイラク市民を、国連の旗のもとで虐殺している。

最近ブラザーフッドの手下として国連で活躍しているのは、黒人のコフィ・アナン事務総長だ。彼は、自分の組織が、自らの故郷であるアフリカの大地と人々に対し、どんなひどいことをしているのかを反省すべきであろう。国連の「環境政策」アドバイザーとして巨大な影響力を振るっているのが、カナダの石油王、モーリス・ストロングだ。世界操作者として非凡な才能を発揮する彼は、まさにロックフェラーのクローンのような男である。

国連が世界のためになっているだって？　それはとんでもない大嘘だ。

逆光する ブラック・サン

第12章

鉤十字《ナチス》の世界支配計画は、
今やグローバルに堂々遂行されている！

＊──『ワルキューレの騎行』『ニーベルンゲンの指輪』で支配人種《マスター・レイス》の出現を予言していたヒトラーの前座、ワーグナー

本書が取り扱っているような内容は、アドルフ・ヒトラーやナチスの思想体系のなかに数多くみることができる。これはなんら驚くべきことではない。ナチスは秘密結社ネットワークによって作り出された組織であり、人類の真の起源に関する秘密の知識の地下水脈にアクセスしていたのだから。

ドイツは長いあいだ、秘教および秘密結社の中心地であった。たとえばロスチャイルド家の元祖は、中世ドイツにおける傑出したオカルト一族、バウアー家であった。また、ウィンザー家も、もともとはドイツの血流である。さらに、フランス革命をはじめ、ヨーロッパにおける数々の「人民」革命を演出したバヴァリア・イルミナティが、一七七六年五月一日にアダム・ヴァイスハウプトによって創始されたのも、ドイツにおいてのことだった。また、キリスト教会がカトリックとプロテスタントに分裂させせられたのは、ドイツにおける薔薇十字会のエージェント、マルティン・ルターによってであった。

これらからもわかるように、ドイツもまた、世界操作の中心の一つであった。ナチスの思想体系を創り出したのはヒトラーではなかった。彼は単なる宣伝者にすぎなかった。十九世紀、ヒトラー以前の予言者として、作曲家リヒャルト・ワーグナーの名があげられる。彼の作曲した『ワルキューレの騎行』は、彼の強迫観念であった強大な征服力を主題としている。ワーグナーは、マスター・レイス（支配人種）の出現を予言していた。彼の作った歌劇『ニーベルンゲンの指輪』は、『超人たち』が、古代異教の神ヴォータンやトールのように、やがて世界を支配するであろう」という、彼の信念を表現している。のちにヒトラーは、「ナチスを理解するためにはワーグナーを知らねばなら

ぬ」と語っている。

ワーグナーの狂信的マスター・レイス思想の信奉者の一人に、作曲家グスタフ・マーラーがいた。彼がワーグナーとともに行なった共同研究のスポンサーは、アルベール・ド・ロスチャイルド男爵であった。また、ワーグナーが訪れた地の一つに、南フランスの神秘的な村、レンヌ・ル・シャトーがあった。このレンヌ・ル・シャトーは、聖堂騎士団やカタリ派と非常に縁の深い土地である。ドイツ秘密結社ネットワークの地下水脈は、聖堂騎士団の伝統と密接な関連があり、初代聖堂騎士団と同時代のテュートン騎士団にまでさかのぼることができる。

＊——ヒトラー、実は「切り裂きジャック」の（?）ヴィクトリア女王孫アルバート王子説の奇妙な説得力

アドルフ・ヒトラーは、一八八九年、ドイツとオーストリア‐ハンガリー帝国の国境の町、ブラウナウで生まれたことになっている。しかし、彼は実はロスチャイルドの血流であったという説もある。さらには、一八九二年一月サンドリンガムにおいて肺炎で亡くなったとされているヴィクトリア女王の孫、クラーレンス―アヴォンデール公アルバート王子であったという説まである。彼は自らの葬儀について、「死因の発表に偽りなきように。死体防腐処理は不要。あまり深く悲しまないように」と遺言していた。

このアルバート王子の死には疑問が残る。ヒトラー同様、彼は本当は死んでいなかったのかもしれない。当時から、アルバートの死は偽装されたものであろうとの噂が飛び交っていた。精神錯乱がひどくなったために、そのような形で王族からはずされたというのだ。なにせアルバート王子についての噂はいろいろあり、なかには彼が「切り裂きジャック」だったという話まである。ヴィクトリア朝

期のロンドンを震撼させた連続殺人鬼、切り裂きジャックは、売春婦たちを儀式的に殺害し、犯行現場にフリーメーソンのメッセージを残していた。ともかくも、切り裂きジャックが英国エスタブリッシュメントの最高レヴェルと、とりわけ英国王室とつながりがあったことは確実だ。

当時また、アルバート王子は死んだのではなくドイツへ連れて行かれたのだという噂もあった。それも充分に考えられることだ。なぜなら英国王室はもともとドイツの血流であり、ヴィクトリア女王やアルバート王子の親類縁者は、英国よりもむしろドイツに多かったからだ。当時の英国王室の名称は、ドイツ由来の名であるサックスーコーバークーゴーサ（ザクセンーコブルクーゴーダ）家であった。バヴァリア以外ではヒトラーがまだ無名であったナチス草創期、その有力なスポンサーは、サックスーコブルクーゴーダ公、ヘッセン大公、ヴィクトリア公爵夫人（ヘッセン大公の元妻）の三名であった。彼らはすべて、クラーレンス公アルバートの従兄弟・従姉妹であった。そのなかにはドイツ皇帝ウィルヘルム二世さえも含まれていた。

ドイツの王族たちは、第一次世界大戦で伍長を務めたにすぎない男ヒトラーに、なぜそこまで大きな援助を与えたのだろうか？　もしアルバートがヒトラーになったという説が正しいとするならば、「総統」は、一般に思われているよりもずっと年をとっていたことになる。事実、現存する写真を見ればわかるが、ヒトラーは公式発表の年齢よりもずっと年をとっていたようだ。彼の愛人エヴァ・ブラウンは自分の妹にヒトラーのことを、「年齢のよくわからない初老の紳士」と語っている。

私はこれらの説がすべて正しいと主張しているわけではない。しかし、次ページの写真で並んで写っているヒトラーとアルバート（この写真は、撮られた時期に二十五年の隔たりのある二枚の写真を合成したものである）を見るならば、そのような噂が根強く残っていることの理由がわかるだろう。写真のなかに並んだ彼らの姿は非常によく似ている。二十五年の歳月の経過も考慮に入れるならば、彼らが同一人であったとしてもおかしくはない。すべては単なる偶然の一致なのかもしれない。しかし、もしあなたがこのことについて私が今語った以上のことを知っているというのならば、ぜひとも私にそれを聞かせてほしい。巻末の宛先に情報を送っていただきたい。

＊――「偉大なる白きブラザーフッドのマスターたち」のご託宣《たわごと》「神の計画の一部としての世界大戦」など不要にして無用

ヒトラーは、秘教に身を焦がすほどの情熱を注いでいた。彼が権力の座についてからが特にそうだった。また、彼は神智学者で心霊家のヘレナ・ペトロヴナ・ブラバツキーの著作に非常に大きな影響を受けていた。

左はクラークレンス- アヴォンデール公アルバート王子、右は伍長時代のアドルフ・ヒトラー。前者は1890年（死の二年前）、後者は1915年にそれぞれ撮られたものである。両者は同一人物ではないだろうか？　だとすればヒトラーはヴィクトリア女王の孫だったということになる。いずれにせよ両者のあいだには、何か得体の知れないつながりがある

ある信頼のおける研究者から聞いたところによると、一八三一年にウクライナで生まれたブラバツキーは、のちに英国諜報部のエージェントになっていたらしい。さらに彼女は、黒い貴族と密接なつながりを持つイタリアの革命秘密結社、カルボナリ党にも関係していたという。しかも彼女は、エジプトの秘密結社、ルクソール・ブラザーフッドのメンバーであった。ただし、その後に彼女は、この秘密結社のことを、「おそろしく腐敗した貪欲で利己的な金

儲け集団」として非難している。

一八七三年にニューヨークに渡ったブラバッキーは、ヘンリー・オルコット大佐の援助を受けて、二年後に神智学協会を創立した。この神智学協会は現在も続いており、カリフォルニア州クロトナにアメリカ本部がある。ちなみに、古代ギリシアの神秘主義結社、ピュタゴラス学派の本部があったのが、イタリア南部の港湾都市クロトナであった。このことからもわかるように、ブラバッキーの神智学協会は、古代より続く神秘主義結社の派生物であった。

神智学協会の教義は、一八七七年に書かれたブラバッキーの著書『ヴェールを剥がされたイシス』や、一八八八年に出版された『秘密の教義』などを基礎としている。そしてそれらの著書自体は、ヘブライのカバラに基づいている。ブラバッキーは、秘密の超人「ヒドゥン・マスター」たちと心霊的コンタクトを持っていると公言していた。彼女が語ったところによると、ヒドゥン・マスターたちは中央アジアに住んでおり、秘教の秘密を知る者は、テレパシーによって彼らとコンタクトをとることができるという。このようなコミュニケーションは、今日「チャネリング」と呼ばれている。また、数多くのUFO目撃例や調査によって、世界中に異星人の地底基地や海底基地が存在しているという事実が明らかにされつつあるが、その中心地域とみられているのが中央アジアである。

異星人の地底基地というテーマは、世界中に古代伝説として残っている「地球内部に住むマスター・レイス（支配種族）」と深く関係している。このようなマスターたち、とりわけ肉体を持たない霊的存在である「偉大なる白きブラザーフッド」への信仰は、神智学協会におけるポスト・ブラバッキーの超能力者、アリス・ベイリーによって広められ、今日のニューエイジ運動へと結実した。

アーケイン・エソテリック・スクール（神秘と秘教学校）を設立したアリス・ベイリーは、「チベットのマスターたち」とチャネリング（霊的交流）を行なっていると公言していた。また彼女は、

『ヒエラルキー・オブ・ザ・マスターズ』や『七つの光線』、『ア・ニュー・グループ・オブ・ワールド・サーヴァーズ』や『新世界宗教』など、数多くの著作を残している。

ベイリーは、「チベットのマスターたちは、神の計画を守るためには第三次世界大戦が必要不可欠だと言っている」と語っていた。こんな話は私にはまったく馬鹿げたことのようにしか思えない。だが、ニューエイジの世界には、「たとえ世界的ホロコーストが起ころうとも、すべては『神の計画』の一部である」と考えている人も多いのは事実である。このような考えは、私にはことなかれ主義者の言いわけにしか聞こえない。

われわれには現実を創り出す力がある。もしわれわれが内なる自己を変化させるならば、その外部的反映たる現実も変化する。すなわち、内なる心の平安は、外なる現実世界の平和となる。この真理を理解するならば、神の計画の一部としての世界大戦などまったく不要にして無用であることがわかるだろう。戦争を生み出しているのは、あくまでもわれわれ自身なのだ。ゆえに、もしわれわれが内なる自己を変化させて自分自身の態度を改めるならば、戦争を生み出すのをやめることができるのだ。すべてはわれわれ自身が選ぶことなのだ。私は、「偉大なる白きブラザーフッドのマスターたち」に対しては、充分な用心が必要であろうと考えている。実のところ私は、「マスター」という言葉にはうんざりしているのである。

＊――ヒトラーに衝撃を与えた『来たるべき種族』のブルワー＝リットン卿は三〇〇人委員会のメンバーにしてアヘン貿易に深く関与の英国植民地相

アリス・ベイリーの尽力によって生まれた二つの組織、ルシス・トラスト（元の名はルシファー・トラスト）と世界親善機関は、ともに熱烈に国連を後援していた。それは国連のグルーピーと言ってもよいほどのものであった。

ところで、ニューエイジが彼らの「真理」を継承していくようすは、既存の大宗教が何百年ものあいだ行なってきたことそのものである。キリスト教信者たちが捏造されたイエスの物語を受け継いできたのとまったく同じように、ニューエイジ信奉者たちは彼らのマスターたちを受け継いでいるのだ。彼らは、自らが信じている教義の起源についてほとんど何も調べもせずに、簡単に教義を受け入れてしまっている。

ブラバツキーも妹へ宛てた手紙のなかで言っているように、偉大なる白きブラザーフッドのマスターたちの名は、彼女に資金援助をしていたフリーメーソンや、薔薇十字会の位階名にちなんでつけられている。現在世界には、何千何百ものニューエイジ「チャネラー」がいる。彼らは、ニュー・エイジのマスターたちや、古代フェニキアの神格である大天使ミカエルなどと交信していると自称している。ニューエイジは一皮むけばキリスト教だ。今まさにそうなろうとしている。「マスターたち」という概念は、既存の宗教や科学から離れた人々を、マインドコントロール下につなぎとどめておくための手段なのである。

ヒトラーに多大な影響を与えた小説『来たるべき種族』、その著者は、英国人エドワード・ブルワー=リットン卿である。三〇〇人委員会のメンバーにして英国植民地相であった彼は、中国へのアヘン輸出に深く関与していた。彼は、英国首相ベンジャミン・ディズレーリや作家チャールズ・ディケンズの親友であり、英国薔薇十字会の大パトロンであった。英国薔薇十字会といえば、フランシス・ベーコンやジョン・ディーが有名である。また、ブルワー=リットンは、フリーメーソン・スコティッシュ・ライトのグランドマスターであり、英国情報部のトップであった。そして、彼の操るスパイの一人が、あのヘレナ・ペトロヴナ・ブラバツキーであった。

事実ブルワー＝リットンは、ブラバツキーの著書『ヴェールを剥がされたイシス』のなかで、いくたびか言及されている。彼は『ポンペイ最後の日』の著者として最も有名であるが、彼の情熱は秘教の魔術に注がれていた。その著『来たるべき種族』のなかで彼は、地球内部に存在する、われわれよりもはるかに進んだ文明について語っている。つまり彼ら地球内部種族は、奇跡をなすことのできる精神エネルギー「ヴリル」の存在を発見したという。このような地底の超人たちは、ある日突然地上にその姿を現わし、世界を支配するのである。もちろんこれはブルワー＝リットンの小説の話である。しかし、このような「地底の超人たち」というテーマは、世界中の伝説や秘密結社のなかにみられる。

一八八八年に、フリーメーソンのウィン・ウェスコット博士やS・L・メーザーズらによって創立された「黄金の夜明け」も、そのような地底超人伝説を持つ秘密結社の一つである。彼らは地底の超人たちのことを、「マスター」や「シークレット・チーフ」と呼んでいる。それらは、「地底に住む異星人」や「地球内部種族」といったテーマとも合致している。メーザーズは、メンバーたちの潜在的精神能力を引き出すために一連の儀式を行なっていたが、内心そのような能力は限られた者にのみ与えられたものであると考えており、独裁主義の信奉者であった。

それらの儀式は極端にネガティヴなエネルギーを引き寄せ、レプティリアン（爬虫類人）をはじめとする低層四次元の霊体との同調――すなわち「憑依」を可能にする。儀式参加者の意識を、レプティリアンをはじめとする低層四次元意識に接続することこそが、そのような黒魔術儀式の目的なのだ。

一八九〇年代、メーザーズは、「黄金の夜明け」のテンプル（会堂）を、ロンドン、エディンバラ、ブラッドフォード、ウェストン・スーパー・メア、パリに設立した。「黄金の夜明け」の教義のなかではヴリル・フォースについても言及されており、ナチスが「ハイル・ヒトラー」の声とともに行なっていた指先を天に向ける形の敬礼は、もともとは「黄金の夜明け」のメンバーであることを示す秘密の合図であった。ナチスの基礎もまた秘教であったということだ。メーザーズの知人にはブラバツキー夫人がおり、のちにノーベル賞を受賞することになる詩人ウィリアム・バトラー・イェイツは、「黄金の夜明け」ロンドン・テンプルのマスターであった。

＊――ヒトラーに「劣等人種」「黒の勢力」の去勢を主張した二人の貴族《フォン》リストとリーベンフェルス

「黄金の夜明け」は今もなお存続しているが、最盛期はなんといってもイェイツ、メーザーズ、そしてアレイスター・クローリーが勢ぞろいした時代であった。大悪魔主義者アレイスター・クローリーは、この組織自体を分裂させ闘争の渦へと引き込んだ。

「黄金の夜明け」以外にナチス思想の成立に影響を与えた組織としては、ドイツの秘教家グイード・フォン・リストやランツ・フォン・リーベンフェルスらによって設立された「東方騎士団」の名があげられる。彼らは、ヴリル・エネルギーとつながるために性的儀式を利用していた。リストは、夏至の祭儀において、地面にワインの瓶を並べてヘルメス十字の形を作っていた。このシンボル・マークは、「トールの金槌」とも呼ばれている。それは、「黄金の夜明け」においては力の象徴であった。われわれはこのシンボルを、古代フェニキア―アーリア人の太陽の象徴、スワスティカとして知っている。

ランツ・フォン・リーベンフェルス（本名アドルフ・ランツ）は、ドナウ川を一望する彼の「テンプル」に、スワスティカの旗を掲げていた。彼ら二人の魔術師にとってそれは、金髪碧眼のアーリア超人の時代の夜明けを象徴するものであった。彼らは、ユダヤやスラヴやニグロなどを「黒の勢力」と呼び、その人種的劣等性を信じて疑わなかった。リーベンフェルスは、それら「劣等人種」の去勢さえも主張していた。

彼ら二人のフォン（貴族）、リストとリーベンフェルスは、アドルフ・ヒトラーに多大な影響を与えていた。一九三二年、ヒトラーがまさに権力の座につこうとしていたとき、リーベンフェルスは、自分の信奉者の一人に宛てた手紙のなかで次のように言っている。

「ヒトラーはわれわれの弟子の一人だ。……近い将来われわれは、彼を通じて世界を震え上がらせる運動を展開し、最後に勝利を収めるであろう」

ヒトラーに多大な影響を与えた人物としては、さらに二人の英国人、アレイスター・クローリーとヒューストン・ステュアート・チェンバレンの名があげられる。

一八七五年、ウォリックシアに生まれたクローリーは、幼少期に受けた厳しい宗教教育に対し強い反発心を抱いていた。一八九八年、ケンブリッジ大学を去った彼は、「黄金の夜明け」に入会した。しかし創始者たちとの激しい内部紛争の末に会を離れた彼は、メキシコやインドやセイロンへと旅し、その地でヨガや仏教に魅せられた。また彼は、各地で登山を行ない、数々の記録を打ち立てている。

一九〇四年四月のカイロでの体験のときまでは、オカルトにおける彼の関心の中心は仏教であった。

その日クローリーは、妻ローザから、ある秘教の儀式を行なうように頼まれた。儀式によってトランス状態に入ったローザは、謎の伝達者の言葉をチャネリングし始めた。「彼らはあなたを待っている」と彼女はクローリーに語った。「彼ら」とは、古代エジプト神話の神オシリスの息子、戦いの神ホルスたちのことだと言う。クローリーはその言葉を信じず、トランス状態にある妻ローザに、真偽を確かめるべく数々の質問を浴びせかけた。すると彼女は、秘教に関する知識をほとんど持たなかったにもかかわらず、すべての質問に対し正しい答えを返したというのだ。

またもやレプティリアンの姿が見え隠れしている。その謎の伝達者は、クローリーに対し三つの特別な日を指定し、正午から午後一時まで、ホテルの部屋で机に向かっているようにと言いつけた。それに同意した彼は、自動書記によって『法の書』を書き上げたのであった。自動書記とは、自分の意志以外の力の働きによって、手が勝手に動いて記述が行なわれる現象である。自動書記ではたいていの場合、それを見ている周りの人たちよりも、本人自身が一番驚かされることになる。謎の伝達者はクローリーに対し、「古きオシリスの時代に代わって、新たなるホルスの時代が始まらんとしている」と語ったという。しかしそのためには、徹底的な暴虐によって古き時代が破壊されなければならず、地上が血の海と化す必要があるという。すなわち世界大戦が必要だと続けるのだった。

＊――「冒涜、殺人、強姦、革命――善悪より私は強きものを欲す」と大悪魔主義者アレイスター・クローリー

『法の書』のなかには、来たるべき超人の種族のことが語られており、既存の宗教を攻撃し、平和主義や民主主義、同情心や人道主義を強烈に非難している。「わが僕は、秘密にして少数の者たちでなければばならない。彼らは、大多数の人間を支配するであろう」と「超人たち」は伝えてきたという。彼らからのメッセージは、さらに次のように続いた。

「劣等者どもは死ぬにまかせるがよい。無用の同情は王者にとっては悪徳である。弱い者どもなど踏みつけてしまえ。それが強者の法だ。これこそがわれらの法であり世界の喜びだ。燃えさかる欲望と怒りこそがわれらの誇りである。憐れみの心など打ち捨ててしまえ。

……われは唯一の征服者にして、死すべき運命めの奴隷にはあらず。逆らう者にはためらわず死を与えよ。打ちのめして支配せよ。待ち伏せして襲撃せよ。それが征服の戦の法だ。秘密の館にてわれを崇めよ。火と血、剣と槍をもってわれを崇拝せよ。剣にて生贄の女の腹を裂き、あふれ出る血にて

わが名を満たせ。異教徒どもを踏み潰せ。戦士たちよ、われは汝らに彼らの肉を与えて食べさせよう。小さい家畜に大きい家畜、さらに子供を生贄にせよ。……拷問して責め殺せ。容赦するな。襲いかかれ」

これこそまさに、低層四次元のレプティリアンや、それを崇拝する悪魔主義者たちの典型的心情だ。旧約聖書（ユダヤ教書）の怒れる神（God）の言葉のように聞こえるかもしれないが、それも当然だろう。旧約聖書を書いた古代人に通信していたのも、クローリーに通信していたのも、人類のあいだに闘争を助長し悲惨を増大させるべく働きかけてくるのはみな、人間の発する負の感情エネルギーを餌とするレプティリアンたちなのだから。バビロニアン・ブラザーフッドの意識を古代よりコントロールし続けてきたのも彼らである。上記の引用の言葉は、人類を苦しめる恐怖を生み出してきたメンタリティーそのものである。クローリーは最初、自らの自動書記の言葉を無視していたが、それは止むことなく続いた。そして一九〇九年、ついに彼は、それを真面目に受け取り始めた――極めて真面目に。彼は次のように告白している。

「心の弱さからくる五年間の迷いのあとに私は悟った。他者への同情など無用だ、ヘドが出る、と。キリスト教、合理主義、仏教――そんながらくたは地獄へ投げ捨ててしまえ。すべてを生み出す原初の真理、それが魔術だ。これによって私は、新たな天国をこの地上に創り出そう。中途半端な称賛や非難など、私にとってはどうでもいいことだ。冒涜、殺人、強姦、革命――善悪などどうでもよい、私はただ強きものを欲する」

クローリーは、師であったマグレガー・メーザーズとのあいだに、激烈な精神戦争（サイキック・ウォー）を繰り広げた。彼らはデーモン（悪霊）を招喚して互いを攻撃し合い、その戦いに敗れ去ったメーザーズは廃人となったのであった。

＊――レプティリアンの媒体で「アーリアの血流を汚すユダヤは敵」と煽り立てるチェンバレンも、晩年は心身ボロボロ

このようなサイキック・ウォーは、現代ブラザーフッドの活動においてもかなりの割合を占めている。彼らは内部抗争において精神攻撃を多用するが、なんといっても大部分の精神攻撃は、彼らに逆らおうとする人々や一般大衆に対して仕掛けられている。私もそのような精神攻撃を受けたことがあるが、そのとき私は、彼らがどのようにして人を殺すのかがはっきりとわかった。あのアドルフ・ヒトラーの精神を支配していたのも、クローリーに通信してきたのと同じ霊体であったのだ。

クローリーはその死後、愛と平和を唱う一九六〇年代のフラワー・チルドレン世代のヒッピーたちによって、彼らのヒーローへと祭り上げられた。まったく皮肉なことだ。クローリーは第一次世界大戦の到来を喜んでいたのだから。古い時代を破壊して新しい時代を導き入れるためには、なんとしても世界大戦が必要となる。それが彼の持論なのであった。独自の黙示録を公開した彼は、ドイツを本拠とする秘密結社、東方騎士団のトップに就任した。これによって彼は、ドイツにおいて巨大な影響力を持つようになったのだった。クローリーは、ナチスに影響を与えていたが、同時にフリーメーソン・スコティッシュ・ライトの三十三階級であり、英国陸軍情報局第六部（MI6）のエージェントでもあった。また彼は、悪魔主義者ウィンストン・チャーチルのアドヴァイザーであった。

ヒューストン・ステュアート・チェンバレン（三〇〇人委員会メンバー）は、一八五五年イングランドに生まれ、一八八二年にドイツへと渡った。そこでリヒャルト・ワーグナーの娘エヴァと結婚した彼は、作家として成功し名声を得た。彼の代表作『十九世紀の礎《いしずえ》』は、一千二百ページの大著であるが、それは二十五万冊も売れた。この著作によって彼は、国中で有名となった。しかし彼は、ひ

どい神経発作に悩まされていた。彼は、自分が悪霊に取り憑かれたように感じることがあると語っていた。

そんな彼の著書は、トランス状態で書かれたものだという。彼もまた、レプティリアンの低波動に突き動かされて自動書記をさせられていたのだ。自叙伝のなかで彼は、自動書記によって書かれたものは、とても自分で書いたものだとは思えなかったと認めている。彼の著作の主題はこうだ。「すべての文明はアーリア人種から発しており、その血を最も純粋に受け継いでいるのがゲルマン人だ。アーリアの血流を汚すユダヤ人は敵である」

ドイツ皇帝ウィルヘルム二世やアドルフ・ヒトラーは、このチェンバレンを自らの予言者としていた。ウィルヘルム二世の一番の助言者となったチェンバレンは、一九一四年ウィルヘルム二世に対し、ドイツによる世界支配の預言を実現すべく、戦争を始めるようにと促した。だが、戦争に敗れ退位を余儀なくされたウィルヘルムは、ようやく自らが操られていたことを悟った。彼は、オカルトやドイツの秘密結社に関する本を大量に集めて調査した結果、彼ら秘密結社が第一次世界大戦を画策しドイツの敗北を予定していたことを確信したのであった。

カイゼル（ドイツ皇帝）より鉄十字勲章を受けていたチェンバレンであったが、心身ボロボロの長きにわたる車椅子生活のあと、一九二七年にこの世を去っている。レプティリアンの媒体として利用された者の末路は、往々にしてこのようなものである。最終的には確実に心身が破壊される。しかしチェンバレンの思想は、アドルフ・ヒトラーの中で生き続けた。ヒトラーをチェンバレンに引き合わせたのは、ロシアから逃れてきたサタニスト、アルフレート・ローゼンベルクであった。『シオン賢者の議定書（プロトコール）』を、オカルティストのディートリッヒ・エッカルトを通じてヒトラーに渡したのも、「ユダヤ系」のローゼンベルクであった。この『プロトコール』は、ヒトラーによって、ユダヤ人に対する国家的迫害を正当化するのに利用された。

こうしてレプティリアンの媒体として利用された彼らは、自称オーストリア人青年、シックルグリューバーの思想を形作ることに役だったのであった。

＊――凡庸な男に突然悲しみと憎しみのカリスマ的磁力が取り憑き、聴衆を熱狂させる「ヒトラー」となる

このシックルグリューバーは、のちにアドルフ・ヒトラーとして有名になった。どういうわけだか、「ハイル・シックルグリューバー！」とはならなかった。公認の歴史によると、学校の勉強を嫌った彼は、芸術家を志しウィーンに出たことになっている。占星術や神秘主義や東方宗教に関する本に夢中になった彼は、毎日何時間も図書館で過ごしたという。ブラバツキーやチェンバレン、リストやリーベンフェルスの著書を読み漁った彼は、それらのなかから都合のいい部分を寄せ集めて、ナチズムと呼ばれる憎しみの教義を組み立てた。彼は、「意志の力」を絶対的に信じていた。何かをなさんとする意志が包蔵する潜在的な力、それが彼の関心の中心であり続けた。言い換えるならば意志とは、自らの現実を創り出す力なのだ。

彼は秘教を実践し、自らの精神を超人の域へと引き上げてくれる意識体への接触を試みた。そうしてゆくうちに彼の精神は、レプティリアンの波動にガッチリとロックされてしまった。おそらく彼の精神は、黒魔術の儀式によって開かれた霊的回路によって、レプティリアン意識に取り憑かれてしまっていたのだろう。彼の思想をみれば、それがレプティリアンの波動と同質のものであることがわかるだろう。なんのカリスマ性も持たなかった無能な男が、国民全体を夢中にさせるほどのカリスマ的磁力を発揮し始めたのはこの頃のことであった。

人を惹《ひ》きつける強い力を持った人のことを「磁力的人格を持っている」と表現することがあるが、このような表現はまさに事実そのものなのだ。われわれはみな、磁力を発している。強いエネルギーを発する人もいれば、弱いエネルギーしか発さない人もいる。ネガティヴなエネルギーも、ポジティヴなエネルギー同様の磁力を持っている。極端にネガティヴな波動に通じている人の発する磁力は、非常に強力である。非常にネガティヴな人が「破滅的な吸引力」を持っているという話を聞くことがあるが、それはまさにこういうわけなのだ。

アドルフ・ヒトラーが突然にカリスマ的磁力を身につけたのは、彼が強力な意識体との霊的回路を開いたからであった。彼が演説台の上で顔を歪めながら熱狂的な演説をぶつとき、彼はレプティリアン意識とチャネリングし、その強力な波動を聴衆たちに送っているのだ。それは人々の持つ波動に多大な影響を与え、彼らを憎しみの虜にしてしまうのである。共鳴・共振の原理だ。ある作家は、ヒトラーのことを次のように評している。「聴衆を魅了する彼の力は、アフリカのメディスン・マン（呪術師）や、アジアのシャーマン（神がかり）の持つオカルト的能力とまったく同質のものである。霊媒の資質や、催眠術師の持つ催眠的磁力になぞらえる人もいる」と。

ヒトラーの側近であったヘルマン・ラウシュニングは、その著書『ヒトラーの言葉』のなかで次のように語っている。

「彼については霊媒だと考えざるをえない。多くの場合、霊媒は、普段は一般の人々となんら変わりがない。それが突然に、一般人とは隔絶した超自然的な力を与えられるのである。霊媒は何ものかに取り憑かれる。そして危機が去ると、また元の凡人に戻るのだ。ヒトラーは明らかに、彼の外部の存在に取り憑かれていた。彼に取り憑いていたデーモンたちにとって、彼個人は単なる一時的な媒体にすぎなかった。凡庸さと超自然との混在、これこそが彼の恐るべき二面性の正体であった。……精神の平衡を失った歪んだ顔は、背後に潜む力の存在を示している」

ヒトラーは、絶え間なき「超人」への恐怖のなかで生きていたようだ。ラウシュニングは、ヒトラーがすさまじい悪夢にうなされて夜中に目を覚まし、自分自身にしか見えない悪霊に怯えてわめき散らすようすについて語っている。

*――血の中に眠る「蛇の力《ヴリル》」を呼び覚まし、勇猛にして残忍な「新たなる人」を希求

事実ヒトラーは、側近に次のように語っていたという。

「来たるべき社会の秩序が、どのようなものとなるか？　わかるかね、君？　まず最上部に君主（支配者）階級、次にそれに従うヒエラルキー（結社）に属する階級、その下が労働者などの一般大衆だ。さらにこの下に、征服された人種によって構成される奴隷階級が存在する。これらすべての上に、至高の貴族が君臨するのだ。今はこれ以上は語れない。……『新たなる人』はすでに、われわれのなかにいる。そう、彼はここにいるのだ。なに、まだわからないのか。ならば秘密を教えよう。私は、『新たなる人』を見たことがある。彼は勇猛にして残忍な存在だ。そのとき私は、たしかに恐怖の念を抱いたのだ」

これこそが、「支配種」たるレプタイル・アーリアンが計画している社会の姿だ。それは「新世界秩序」の名のもと、実現間近のところまでやってきている。ヒトラーの言う「シークレット・チーフ」の正体はレプティリアン（Reptilian）であり、ヒエラルキーや儀式に対する彼の強迫観念は、脳生理学でいうところの「R複合」や爬虫類脳の示す特徴そのものである。

ドイツへ入ったヒトラーは、ヴァイスハウプトのイルミナティ発祥の地バヴァリア（バイエルン）

で、かなりの時間を過ごしている。

第一次世界大戦が終わり、再びバイエルンに戻った彼は、みすぼらしい弱小政党、ドイツ労働者党に出会った。この弱小政党は実は、極端に国粋主義的で反ユダヤ主義的な秘密結社、ゲルマン騎士団の分派であった。このゲルマン騎士団からは、トゥーレ協会やヴリル・ソサイエティーなどが生まれている。ヒトラーはこの両方のメンバーであった。ヴリルとは、血流のなかに眠る、超人への覚醒を呼び起こす潜在的な力であり、この言葉を最初に使ったのは、英国の作家ブルワー・リットン卿であった。

では、血流のなかに眠るヴリルの力とは、いったい何なのだろうか？　それは、インドでは「蛇の力」として知られていた。そしてこのヴリルとは、変身や次元転移の能力を与える遺伝子と深いつながりがある。すなわちレプティリアンの血流と深い関連があるということだ。

一九三三年、ドイツから脱出したロケット専門家ウィリー・レイは、ヴリル・ソサイエティーの存在を暴露し、秘教による精神開発によって地球内部に住む超人と同じレヴェルに到達できるとナチスが信じているという驚愕の事実を明らかにした。彼らは、秘教的精神開発によって、血の中に眠るヴリルの力を呼び覚ますことができると考えていた。ナチスの大物ハインリッヒ・ヒムラーやヘルマン・ゲーリングも、ヴリル・ソサイエティーのメンバーであった。ヴリル・ソサイエティーのメンバーたちは、自分たちは「恐怖の大王」を頂点とするチベットの超人たちと同盟関係にあると信じていた。

ヒトラーの副官であったルドルフ・ヘスは、一九四一年の英国への単独飛行の結果、英国の捕虜となってしまったが、彼は熱心なオカルティストであり、ヘルマン・ゲーリングとともに、北方支配種の存在を信じていた秘密結社、エーデルワイス協会のメンバーであった。ヒトラーは金髪碧眼というアーリア人（マスター・レイス）特有の身体的特徴を備えてはいなかったのだが、ヘスはヒトラーを「メシア」として崇拝していた。ヒトラーは、そのへんを正当化する言いわけをすでに用意してあったに違いない。ナチス秘密結社ネットワークの中核であった黒騎士団は、現在もＣＩＡの中枢サークルとして存続している。

＊――六十八光年の彼方から火星経由、地球にシュメール文明を打ち立てた金髪碧眼のアルデバラン星人!?

ドイツの研究者ヤン・ファン・ヘルシンクは、その著書『二十世紀の秘密結社』のなかで、「ヴリルとトゥーレの両秘密結社は、一九一九年十二月ベルヒテスガーデン・ロッジで、マリア・オルシックとシグルンという二人の霊媒を通じて、異星人との交信を試みていた」と述べている。ヴリル・ソサイエティー関連の資料によると、それらの通信は、地球から六十八光年の距離にある牡牛座のアルデバラン太陽系の二つの惑星からなる「スメーラン」帝国とのあいだで行なわれていたという。

同資料の説明を続けて紹介しよう。アルデバランの人々は、明確に二つのタイプに分けられているという。一つは光の神と呼ばれる金髪碧眼のアーリア支配種であり、もう一つは気候変動によって遺伝子的に劣化したいく種かの亜人類である。五億年以上もの昔、アルデバラン太陽は、膨脹とともにすさまじい熱線を放射し始めた。そのため「劣等な種族」は、居住可能な他の惑星へと避難させられたという。そしてついに光の神アーリア人種も、母星からの退去を余儀なくされたのであった。このような経緯でわれわれの太陽系にやって来た彼らは、まず最初に惑星マローナを占領した。

惑星マローナはマルドゥクという名でも知られており、ロシア人やローマ人はこの惑星をパエトンと呼んでいた。火星と木星のあいだ、現在のアステロイド・ベルト軌道にあったとされるこの惑星は、古代シュメール人の言う惑星ティアマトに相当している。その後、金髪碧眼のアルデバラン星人は火星に植民し、続いて地球へと下りてシュメール文明を打ち立てた。……少なくともヴリル・ソサイエティーの人々はそう信じていた。

ヴリル・ソサイエティーのチャネラーたちによると、シュメール語はアルデバラン星人の言語であり、その音は「不可解なドイツ語」のようであるという。そして、ドイツ語とシュメール―アルデバラン語は波長が同じであるとも彼らは信じていた。

彼らのテーマはこうだ。金髪碧眼のマスター・レイス（支配人種）が火星より地球へとやって来て、古代伝説の神々（ｇｏｄｓ）となった。彼ら支配種は高度なシュメール文明の発祥にインスピレーションを与え、この地球に純粋な血流を植えつけた。以来このｇｏｄｓは、地下都市から地上の人類をコントロールし続けている。

しかし一つ言い忘れていることがある。それは、アーリア人のなかにはレプティリアンの血流が潜んでいるという事実だ。ブラザーフッド内部の者から聞いた話だが、レプティリアンは金髪碧眼の人間の血を必要としており、アーリア支配種の純粋性を維持するというナチスの教義はそのためのものであったという。

トゥーレ協会の名は、伝説の都市ウルティマ・トゥーレに由来している。このウルティマ・トゥーレは、アルデバラン太陽系からやって来たアーリア人が最初に入植したという北方の大陸、ヒュペルボーリアにあったと言われている。

さらにまた、このヒュペルボーリアは、アトランティスやレムリア（ムー）よりもずっと以前の大陸だったとも、アトランティスそれ自体であったとも言われている。はたまた地球の内部にあったという説すらある。

＊──「ヒトラーについていけ！　彼は踊るだろう。笛を吹くのは私だ」のエッカルトと、「死の天使」ヨーゼフ・メンゲレがヒトラーを精神操作

スカンディナヴィアの伝説によると、ウルティマ・トゥーレは、太陽の沈むことなき極北の楽園であり、アーリア人の祖先たちの故郷であったと言われている。ヒュペルボーリアが水没し始めたとき、高度な科学技術を持っていたアーリア人たちは、地殻にトンネルを掘り抜き、ヒマラヤ山脈の地下に巨大な地底都市を建設したのだった。これはのちに、シャンバラと呼ばれる都市を主都とする地底王国「アガルタ」として知られるようになった。少なくともトゥーレ協会の人々はそう信じていた。ペルシア人たちは、その地域をアーリアナと呼んでいたが、これは「アーリア人の土地」という意味である。

ナチスの教義では、アガルタの人々が「善者」で、シャンバラが「悪者」ということになっている。この両勢力の争いは何千年も続いており、ナチスは、アガルタの「善者」たちと同盟して、「悪者」のシャンバラが操る「フリーメーソンやシオニスト」と戦っていた。少なくとも、ナチス自身はそのように信じていたのだ。

非常な長期にわたるこの争いは、「火星由来のアーリア人対アヌンナキ・レプティリアン」の戦いだったのではないだろうか？　彼らは最初、火星上で戦いを繰り広げ、続いて戦場を月に移し、さらに地球へと下りて争いを続けた。アーリア支配種との接触を果たさんとしたヒトラーは、この地下世界への入り口を見つけ出そうと躍起になっていたが、「死の天使」ヨーゼフ・メンゲレによる精神操作を受けていた彼は、事実上レプティリアンの操り人形であった。

これまでに述べてきたように、地球の完全支配をもくろむレプティリアンが、他の異星人や地球内

部種族との争いを続けてきた可能性は非常に高い。またレプティリアンたちは、低層四次元においても他の意識体たちと競合関係にあると考えられる。

トゥーレ協会を創始したのは、ゼボッテンドルフ男爵などという大仰な名に改名した占星術師、ルドルフ・グラウエルであった。反ユダヤ・反マルクス主義を提唱した彼の影響によって、反ユダヤ・反マルクス主義とゲルマン支配種の復権が、トゥーレ協会の教義の中心となった。このトゥーレ協会から派生したドイツ労働者党が、ナチスとなったのであった。これに関して重要な役割を果たしたのが、ゼボッテンドルフの友人にして熱烈なオカルティスト、ディートリッヒ・エッカルトであった。大酒飲みで麻薬中毒の作家であった彼は、自分には来たるべきドイツの独裁者のために道を開くという使命がある、と信じていた。

一九一九年にヒトラーに会ったエッカルトは、ヒトラーこそが自らの探し求めていたメシアであると確信した。レプティリアンの波動に接続するための黒魔術儀式を中心とする秘教の知識、これらをヒトラーに授けたのはエッカルトであった。ヒトラーのカリスマが急激に増大し始めたのは、エッカルトと出会ってからのことだった。一九二三年エッカルトは、友人に宛てた手紙のなかで次のように語っている。

「ヒトラーについていけ！　彼は踊るだろう。笛を吹くのは私だ。われわれはヒトラーに、彼らとの通信方法を教えた。私が死んでも悲しむことはない。私は歴史に最も大きな影響を与えたドイツ人なのだ」

ヒトラーは、「運命の槍」に並々ならぬ関心を抱いていた。「運命の槍」とは、盲目の百人隊長ロンギヌスが十字架にかけられたイエスの脇腹を突き刺したときのものだと言われており、この槍を持つ者は世界の命運を左右する力を与えられると言い伝えられている。ナチス・ドイツがオーストリアを併合した一九三八年、ヒトラーはこの槍をミュンヘンへと持ち去った。現在はウィーンのホーフブルク博物館に所蔵されている。ウィーンといえば、ウィンザー城の火事の七日前に起こった一九九二年の大火事のときのことが思い出されるではないか。

＊――――

ビルダーバーグ・グループ創始者、ベルンハルト殿下も幹部だったSSはサタン、ルシファー、セト崇拝の黒魔術秘密結社

話を戻そう。ナチスがオカルトと密接に結びついていたのは話したとおりだが、なかでもハインリッヒ・ヒムラーは秘教に深く入れ込んでいた。黒魔術に造詣の深かった彼は、ルーン・ストーンによる占いを実践していた。これは、ルーン文字の入ったいくつもの石を投げて、未来を占うというものであり、ルーン文字の複雑な組合せからその意味を読み取ることができるのは、秘伝を受けた者だけである。悪名高きエリート組織、ＳＳ（親衛隊）を創設したのはヒムラーであった。

ヒムラーはＳＳのシンボル・マークとして、スワスティカとともに、雷のような形をしたS型のルーン文字を二つ横に並べたものを採用している。事実上ＳＳは自己完結した組織体であり、ナチスの信奉する秘教の知識のすべてを包含していた。人種的に純粋と認められた者だけが入隊を許され、秘教の修練としてルーン・ストーンが用いられていた。ＳＳは事実上、黒魔術の秘密結社であり、その内部で行なわれていた儀式は、イエズス会や聖堂騎士団から流用されたものであった。

ＳＳの最高位は、グランドマスターであるハインリッヒ・ヒムラーに率いられた十三人騎士評議会であり、彼らの黒魔術儀式は、ウェストファリアのヴェーヴェンスベルクにある古城で行なわれていた。彼らは、北方異教の夏至祭りを行ない、サタンやルシファーやセト（結局みな同じ）などを崇拝していた。ブラザーフッド・フロントであるビルダーバーグ・グループの創設者にして、フィリップ

呪術的なナチス党大会でのヒトラーの演説

殿下（英国エリザベス二世女王の夫君）の親友であるベルンハルト殿下（オランダのユリアナ女王の夫君）は、実はSSの幹部であった。

黒魔術を中心とする秘教の知識はナチス全体に深く浸透しており、ヒトラーなどは、地図の上でダウジングをして、敵部隊の位置をつかんでいたほどである。ナチスが使ったことで有名になったスワスティカ（ハーケン・クロイツ）は、もともとは古代秘教の太陽のシンボルであり、光と創造を象徴するポジティヴな意味合いのものであった。ナチスはこれを黒魔術に転用し、破壊のシンボルとしたのであった。シンボルの意味を逆転させて用いるというのは、サタニズムにはよくあることだ。逆さ五芒星などもその典型だ。ヒトラーが見事なまでに利用したナチス党大会は、人間精神操作の知識に基づいて演出されたものであった。『サタンとスワスティカ』の著者フランシス・キングは、次のように述べている。

「ヒトラーが熱演したニュルンベルクでのナチス党大会は、魔術儀式の典型的な姿であった。ファンファーレ、行進曲、そしてワーグナーの音楽。これらはすべて、ドイツの軍事的栄光を強調していた。そして黒・白・赤で描かれた巨大なスワスティカの幟《のぼり》は、大会に集まった大衆の意識を、国家社会主義のイデオロギーで満たした。さらに制服姿の党員たちの一糸乱れぬ動作は、人々の無意識の底から、古代人によって火星として象徴されていた戦争と暴力の原理を呼び覚ました。そして儀式の山場となる場面——ヒトラーが、一九二三年のミュンヘン一揆の時の血染めの幟を握り締める——では、ナチスの人々の意識にミュンヘン一揆で倒れた国家社会主義の英雄たちのイメージがくっきりと浮かび上がるのである。日没後の『光の大聖堂』——天空に向けられたいくつもの巨大なサーチ・ライトの光の柱によって作られる——の中でクライマックスに達するナチス党大会は、まさに宗教魔術儀式そのものであった。現代の魔術師たちがいくら頑張ってみても、これ以上に効果の高い魔術儀式を行なうのは不可能であろう」

＊——独占した秘教知識は大衆支配に利用するも、宗教的独裁でそれらが出回らぬようにするのが鉄則

ナチスによってドイツの大衆を催眠状態にするのに使われた秘教の知識は、今現在も、人類全体を催眠状態にしておくのに利用されている。シンボルや言葉、色や音を駆使した大衆催眠のテクニックは、現在メディアにおいて多用されている。ナチスの宣伝相ヨーゼフ・ゲッベルスは、人間の精神に関する秘教の知識を、その大衆宣伝技術の基礎としていた。彼は、「充分に繰り返し繰り返し言ってやると、人々はなんでも信じるようになる」ということを知っていた。このようにして「何かがなさ

れなければならない」という思いを人々の心に植えつけるのだ。そして、色、シンボル、スローガンを組み合わせて絶大な効果を演出した。

繰り返し叫ばれる呪文のごときスローガンによって、大衆の精神は完全に麻痺させられていた。このようにして人々は、あらゆる状況に対する反応形式を叩き込まれていた。現在のわれわれも、歪んだ情報を絶え間なく投与され、ナチス政権下の大衆と同様の精神操作を受けているのだ。違いといえば単にスワスティカを目にしないというだけのことにすぎない。

ところでヒトラーは、フリーメーソンなどの秘密結社をドイツの社会から排除し、秘教の知識を国内から一掃しようとしていたが、これはなにも矛盾した話ではない。秘教の知識の力を充分に認識していた彼は、それを独り占めにしようとしたのだ。一九三四年、ベルリンで占いの本が禁止され、のちに国内全土で秘教の書物が禁書とされた。また、あらゆる秘密結社が解散させられた。ナチスの生みの親であるトゥーレ協会やゲルマン騎士団もその例外ではなかった。占星術師たちは迫害され、ランツ・フォン・リーベンフェルスのような人々は、著作の出版を禁じられた。

これには二つの目的があった。その一つは、国内の一般大衆や外国の者たちに、ヒトラーやナチスと、オカルトとのつながりを悟られないようにすることであった。そしてさらに重要なもう一つの目的は、自分たち以外の者による秘教の知識へのアクセスを封じることであった。ヒトラーやナチス中枢は、秘教の知識が自分たちに対して敵対的に使われることを恐れていたのだ。

このような戦略は、レプタイル・アーリアンが歴史を通じて行なってきたことそのものであった。彼らは、独占した秘教的知識を大衆支配のために利用すると同時に、宗教的独裁によって、それらの知識が人々のあいだに出回らないようにしていたのであった。事実ナチスは、そのあらゆるレヴェルにおいて、地下秘密結社ネットワークによって、すなわち究極的にはレプティリアンによって、創造されコントロールされていたのであった。

ナチスの者たちは、シュメールの神々（ｇｏｄｓ）の正体は異星からやって来たマスター・レイス（支配人種）だと信じていた。また彼らは、アトランティスは実在したと考えていた。実際に彼らは、南フランスのレンヌ・ル・シャトーやカタリ派の最終拠点であったモンセギュール城に、さらには北アフリカやチベットに、探険隊を派遣している。チベットの地下には、「超人たち」の住む地下世界があると信じていたのだ。

実際、チベットには、ポジティヴな仏教の流れとともに、非常にネガティヴな流れも存在している。ナチスは後者と結びついていた。事実、戦争の最終局面でベルリンへと突入したロシア軍は、ナチスとともに行動していたと思われるチベット人僧侶たちの死体を発見している。

＊——六千五百万年前に絶滅したはずの恐竜は、大戦中ナチスが地下基地を建設の南極の地底で生き延びていた⁉

ナチスは、地球は空洞であり、両極付近に地球内部への入り口があると信じていた。研究者たちのレポートによると、第二次世界大戦中ナチスは南極に地下基地を建設しており、その基地は現在も活動を続けているという。私自身も、さまざまな証拠から、地球は空洞であり、その内部には高度な文明が存在していると信じている。また、地殻中（一般に言うところの地底）にも、古代より続く社会が存在していると考えている。すなわち地球には、われわれ地上人、地底人、地球内部人という、三つのレヴェルの人々が住んでいるということだ。

ＳＦ作家として有名なジュール・ヴェルヌは、秘密結社ネットワークの高位階者であり、神智学協会、黄金の夜明け、東方騎士団などに関係していた。すなわち彼は、一般の人々のレヴェルをはるかに超えた知識を身につけていた。彼の空想科学小説は、事実に基づいたものである。たとえば彼は、火星の二つの月を、それらが一八七七年に発見される以前に小説のなかに描いている。ヴェルヌの代表作『地底探険（地球の中心への旅）』は、まったくの作り話というわけではない。彼はあくまでも事実をもとにしていたのだ。

地球空洞論者たちは、水は地球の一方の極から地球内部へと流れ込み、もう一方の極から再び地上へと流れ出ていると言っている。また、地球の内部には、巨大な海と、熱と光をもたらす「内部中心太陽」があるという。

最近私は、子供の頃に観たことのある『地底探険』の映画をもう一度観てみたのだが、やはり地球空洞論者たちの言うとおりに描かれていた。興味深いことに、物語のなかの探険者たちは、沈没したアトランティスの廃墟の場面などで、巨大な爬虫類に行く手を阻まれている。恐竜は、六千五百万年前の大変動によって絶滅したと一般には言われているが、南極の地底で生き延びていたという事実を示す数多くの証拠があがっている。

オーストラリア・ヴィクトリア博物館の古生物学者トム・リッチは、一九八七年にヴィクトリア州南端の「恐竜海岸」で恐竜の化石を発掘して以来、恐竜は南極で生き延びていたという説を提唱している。真実を知る高位階者であったジュール・ヴェルヌは、「フィクション（架空の物語）」という形を借りて、それを象徴的に表現していたのであった。そのような表現の典型例として、スティーヴン・スピルバーグの映画、『インディ・ジョーンズ』や『ジュラシック・パーク』などがあげられる。

映画『ジュラシック・パーク』のなかでは、DNA操作によって恐竜たちが創り出されているが、実際に遺伝子操作によって創り出されていたのは、レプティリアン（爬虫類人）と人間の混血種であった。

＊――地球内部が空洞となっており、太陽も文明も存在するという数々の科学的証拠

地球の内部が空洞になっていて、そこに文明が存在するということについても、それを示す証拠は数多くあがっている。古代知識のなかにもこのテーマがみられる。一般の人々はすっかり公認の学説に洗脳されてしまっており、地球は中身まで詰まっているわけではないなどと言おうものならば、大衆の嘲笑の的となることは必至である。専門の科学者たちはそんなことは言っていない、というわけだ。

今の私には、人々が大地は平らだと信じていた時代に、大地は巨大な丸い球なのだと勇気を持って言った者たちの気持ちがよくわかる。地球の内部がどうなっているのかということについて自分自身で調査を進めてみるならば、議論の余地のない「事実」と認定するにあたって科学者たちが提出している証拠が、いかにいい加減なものであるかがわかるだろう。彼らは、地中をほんの四、五キロの深さまで調査したにすぎない。そこから先については、あくまでも理論上の話なのだ。

公認の学説は、二、三の質問を受けただけで返答に窮してしまうような代物なのだ。たとえば遠心力だ。地球は自ら回転することによって、物質を外側へと投げ出そうとする力を生じている。回転式の乾燥機を思い浮かべてくれればいい。地球が冷えて固まる直前まで、地球の内部は遠心力によって、乾燥機の場合と同じように空洞になっていたと考えるのが自然ではないだろうか。だとすれば、地球が内部まで詰まっていると考えるのは、あらゆる論理に反することになるだろう。次ページの図23は、一八五三年のドナティ彗星である。太陽のように明るく燃える核を中心とする回転運動によって、物質が外側へと投げ出されているようすがよくわかるだろう。地球も基本的にはこれと同じなのだ。

地球空洞論者たちは、地殻を掘り抜くと、そこから先は空洞になっている、と主張している。われ

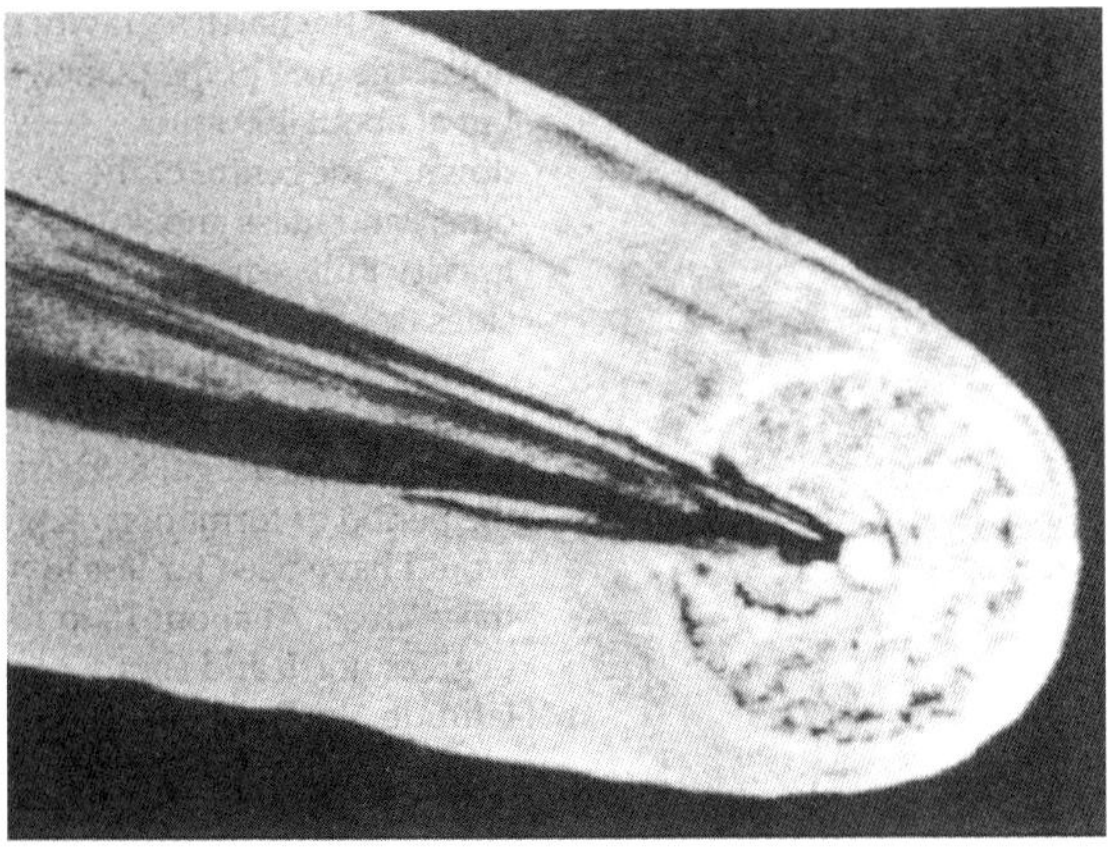

〈図23〉1853年のドナティ彗星の絵を見てもらいたい。遠心力によって物質が外側へと投げ出されて、中心部が空洞化しているのがわかる。ちょうど洗濯機や回転式の乾燥器と同じような具合だ。誕生直後の地球もこのような状態だったのではないだろうか？

〈図24〉一部の研究者たちは、地球の内部がこのような状態になっていると信じている。内部中心には太陽があり、両極の開口部から開口部へと水が流れている。地殻の裏面にも、表面と同じ大きさの重力が生じている。重力の源はあくまでも物質であると考えるなら、当然の結論である。

われが地上に住んでいるのと同じように、地殻の裏面上にも人が住んでいるという。「そんなのは不可能だ、地球の中心に落っこちてしまうはずだ」と思う人もいるかもしれない。しかしそのような反論は、「北半球の裏側に住んでいるオーストラリアの人々は、下に落っこちてしまうはずだ」と言うのと同じことなのだ。よって、これらの反論に対する答えも、本質的に同じものとなる。

オーストラリアの人々は「大地の重力」に引っ張られているのだから、地球から落っこちるなどということはない。そして地球内部、地殻の裏面上に住んでいる人々も、「地殻の重力」に引っ張られているのだから、空洞の中心に向かって落っこちるなどということはない。重力の源はあくまでも「物質」である。ゆえに、地殻の表面上に住んでいるわれわれも、地殻の裏面上に住んでいる人々も、「物質」たる地殻自体に引きつけられており、決して「離れ落ちる」などということはない。地球の重力の中心は、地球の真ん中にではなく、地下六四〇キロの深度に地殻全体にわたって均等に存在しているのだ（図24参照）。

両極付近に地球内部へと通じる空洞が存在すると言われているが、これはある程度すじの通った話である。両極付近は遠心力が最も弱く、地球が冷え固まる直前まで、現在地殻を構成している物質は遠心力の強い赤道のほうへと引っ張られており、両極付近では物質が希薄に、すなわちスカスカになっていたと考えられるからだ。南北の緯度七〇〜七五度のあたりで、大地は地球内部へと潜り込み始めていると、地球空洞論者たちは主張している。

この地球内部へと潜り込んでいくカーブは非常に大きく緩やかなので、これを経験する者は、地図にない土地を目にするまでは、自分たちが地球の内部へと入って来ていることに気づかないという。このような開口部の全長（深さ）はおよそ二三〇〇キロにも及び、南北の極点を中心に円をなすように存在するこれら開口部の入り口は、巨大な磁場のリングを形成している。その周囲は常に厚い雲で覆われており、空からのアクセスは容易ではない。これら開口部付近では、磁場リングの影響によってコンパスの針は真下を指すことになるので、南極点や北極点を目指して進む探険家たちは、自分が極点に辿り着いたものと勘違いしてしまうのだ。

ところで、地球内部の光と熱は、地球内部太陽によって供給されているという。著名な地球空洞論者、マーシャル・B・ガードナーは、「この地球内部太陽は、自転の中心たる燃えさかる火の球であり、地球生成の原初より存在する地球の核である」と主張している。ちょうど図23のドナティ彗星と同じような具合になっているというのだ。もし地球が中空になっているとするならば、同様にして形成された他の惑星の内部も空洞になっているはずだ。人類は惑星の表面だけしか見ていないが、惑星の内部をも考慮に入れるならば、生物や文明が存在する可能性には計り知れないものがある。

＊――真水でできた氷山、氷山に発見される植物、地球内部から飛来するUFOなど次々と現われる「地球空洞説」の傍証

地球は中まで全部詰まっているという一般の説に対する疑問をもう一つ。なぜ氷山は真水からできているのだろうか？　水といえば海水しかないというのにだ。あるいは、氷山の中から発見されている植物は、いったいどこからやってきたのだろうか？　磁極を超えて進んだ探険家たちは、水温が上がり氷山を見なくなったと報告しているが、これはどういうわけだろうか？　いく種かの渡り鳥や、ジャコウウシのような動物たちは、冬になると北極地方へと移動するが、それはなぜだろうか？　現在主流となっている学説では、これらの疑問に答えることは到底できない。しかし、地球空洞説ならばうまく説明がつくのだ。

両極地方の開口部を通じて、地球内部より外部表面へと川が流れ出ており、この温かい水が草木や

花粉を運んでくるのだ。海水しかない場所で真水の氷山が形成されるのはこういうわけなのだ。地球に内部世界が存在するという証拠をきちんと示している本はいくつかあるが、一冊あげるとするならば、レイモンド・バーナード博士の『空洞の地球』を推薦したい。

一九四七年に北極の磁極を超えて約二七〇〇キロ飛行し、さらに五六年には南極の磁極を超えて三七〇〇キロ近くも進んだ男がいる。合衆国海軍における伝説的人物、リチャード・E・バード准将だ。彼は自らが発見した陸地を「天空に浮かぶ魔法の大陸」とか「永遠の神秘の地」などと呼んでいる。

一九四七年、地球内部へと飛行したバードの一隊は、北極地方にはつきものの氷が消え、緑の木々に覆われた山や湖が眼下に現われたときのようすを、ラジオ生中継で語っている。彼らは、マンモスに似た奇妙な動物を発見したとも報告している。しかし、彼らが発見したという陸地は、いまだに地図には載っていない。バードの探険についての情報は、最初の本が出版されるやいなや、完全に封じ込められてしまった。またバード自身は、南極探険の翌年の一九五七年に死亡している。

その二年後の五九年十二月、『空飛ぶ円盤』誌の編集長レイ・パルマーは、バード准将の発見についての特集号を出版したが、印刷業者からのトラックが到着したとき、中に積まれているはずの特集号は消えていた。パルマーはすぐに印刷業者に問い合わせたが、それらを送った覚えはない、そんな積荷伝票は残っていない、というのが業者側の返答だった。「では今すぐ印刷して送ってくれ」とパルマーが言うと、「活版が損傷しているので無理だ」という返事が返ってきたという。

パルマーは、UFOは宇宙からではなく、地球内部から飛来していると考えていた。そしてそれこそが、消えてしまった「幻の特集号」のテーマであった。UFOについては、私も彼と同じように考えている。ちなみに古代インド叙事詩『ラーマーヤナ』のなかでは、地底王国アガルタよりの使者ラーマは、空飛ぶ乗り物に乗ってやって来ている。

地球内部に住む金髪碧眼のマスター・レイス（支配人種）の伝説は、中国やチベットやインド、エジプトやヨーロッパやアメリカなど、世界中の古代文化のなかにみることができる。ウィリアム・F・ウォーレンは、その著書『発見された楽園、人類の揺籃』のなかで、「人類は、北極に存在した熱帯気候の大陸で生まれた。この太陽の大地では、神々（gods）の種族が、年をとることなく何千年ものあいだ生きていた」と述べている。ウォーレンは、この極北の楽園のことを、ギリシア神話に出てくる北方浄土、ヒュペルボーリアではないかと考えている。

地球内部人から派生した可能性のあるイヌイット（エスキモー）たちの伝説のなかには、昼夜の区別なき優しい光に包まれた北方の楽園の話がある。そこに住む人々は、平安と幸せのなかで何千年も生きるという。アイルランドの神話にも同じような話がある。

地上で大洪水が起こったとき、レムリア（ムー）やアトランティスの人々は、地球内部へと避難したと言われている。プラトンは、「アトランティス大陸には、地球内部へと通じるトンネルがあった」と述べている。彼はまた、「地球の中心には偉大なる支配者が座している。あらゆる宗教を人類に与えたのは彼であった」と述べている。ローマの作家ガイウス・プリニウス・セクンドゥスは、アトランティスから地球内部へと逃れた人々について言及している。「隠者」と呼ばれる地球内部の住人たちは、トンネルの中に巨大な財宝を隠したという。このような話は、世界中の文化に伝わっているものである。

＊

――バード准将の証言――南極には進んだ文明が……。
先進科学技術を持つ彼らは、SSとともに活動している

トゥーレ協会やヴリル・ソサイエティーの計画のもと、ナチスが「空飛ぶ円盤」を造っていたとい

異星人襲来？　それは違う。すべてはブラザーフッドの手によるものである。写真の飛行物体は、第２次世界大戦中ナチスによって開発された「空飛ぶ円盤」のヴリル７型だとされる。これは引き続き同大戦後、アメリカにおいて完成されたという

う話はよく耳にする。ドイツ人の研究家ヤン・ファン・ヘルシンクなど多くの研究家たちが、一九三四年以降にヴリル一型戦闘機、ヴリル七型（当ページ上の写真参照）、ハウネブ一型、二型、三型を生み出した技術について、詳細な研究調査を行なっている。これらの飛行物体は、連合軍からは「フー・ファイター」という総称で呼ばれていた。

第二次世界大戦中アメリカ軍パイロットであったＵＦＯ研究家、ウェンデル・Ｃ・スティーヴンスは、次のように述べている。「フー・ファイターの色は、グレイ・グリーンかレッド・オレンジのどちらかだった。彼らは、私の機体に五メートルというぎりぎりの距離まで接近してきて、そのままぴったりとついてくるようなこともあった。彼らを振り切ることや撃ち落とすことは不可能であり、わがほうの飛行隊の多くが、彼らのために帰投や不時着を余儀なくされた」

ＵＦＯ研究家ヘルシンクはこのような飛行物体の写真を何枚か持っており、他の研究者たちはそれらを本物として認めている。私としてはその手の写真にはうんざりしている。簡単に偽造されて出回り、そのうちに本物としてでっち上げられてしまうような類のものがほとんどだからだ。しかし、ドキュメンタリー・ビデオ『ＵＦＯ――第三帝国の秘密』は別だ。このビデオ・ドキュメンタリーの製

作者ウラディミール・テルチスキーは、数多くの証拠をあげている。ドイツの空飛ぶ円盤には明らかに数多くの技術的欠点があったが、第二次世界大戦後それらの欠点は解消されたという。

研究者たちによると、一九三八年、空母シュヴァンベンラントを中心とするドイツの南極探険隊が、氷に覆われていない山々や湖からなる六〇万平方キロメートルの土地を発見し、そこをドイツ領であると宣言したという。この土地はノイシュヴァンベンラント（ニュー・スワビア）と名づけられ、ナチスによって巨大な軍事基地が建設されたというのだ。そして一九四七年、合衆国海軍准将リチャード・E・バードに、大規模な南極探査の任務が下された。前述したように、バード准将といえば合衆国海軍史に残る伝説的人物であり、南北両極への探査飛行を行なったことで有名である。彼はフル装備の空母に四千の兵を率いて出発した。八週間の航海のあと、数多くの犠牲者を出し、彼らは撤退を余儀なくされた。何が起こったのか、今だに謎のままである。

しかしバードはのちに、公の場で次のように語っている。「われわれは苦い現実を認めなければならない。もし次に戦争が起こったならば、われわれは、地球の両極間を自由に行き来する恐るべき飛行体からの攻撃を受けることになるだろう。南極には進んだ文明が存在する。先進の科学技術システムを持つ彼らは、SSとともに活動している」と。

＊――アウシュビッツ強制収容所はスタンダード・オイル社であり、ジョージ・ブッシュ前米大統領の父はヒトラーのスポンサーだった

ではなぜナチスは戦争に勝てなかったのだろうか？　その理由としては、ナチス秘密結社が内部分裂していたこと、「空飛ぶ円盤」の技術が完成からほど遠い状態にあったことなどがあげられる。しかし何よりも大きな理由は、第二次世界大戦自体が、あらかじめドイツが負けるように計画された戦

争であったということだ。ナチスを操っていたのは低層四次元のレプティリアンだが、彼らは同時に連合国側をも操っていた。戦争を欲するレプティリアンたちは、あらゆる勢力を操作してそれを引き起こすのだ。『……そして真理があなたを自由にする』のなかで詳述したように、ナチスを資金的に支えていた一族は同時に、ヒトラーに「敵対」する連合国側のスポンサーでもあった。

すべての中心はロスチャイルド一族であった。彼らは、英国、合衆国、ドイツをはじめ、あらゆる国々を操作していた。たとえば、アウシュヴィッツ強制収容所にも深く関与したヒトラー政権下の巨大化学産業I・G・ファルベン。このI・G・ファルベンは事実上、ロックフェラー一族の支配するスタンダード・オイルと一体であった。そして、このロックフェラー一族を操っていたのがロスチャイルドである。

I・G・ファルベンは、ナチスにとって戦争遂行の原動力となっていたが、その産業技術はスタンダード・オイルから与えられたものであった。すべてはヒトラーによる戦争遂行を可能にするためである。スタンダード・オイルからI・G・ファルベンへと移転された技術的ノウハウのなかには、ドイツが莫大な量を有する石炭から、石油を抽出する技術も含まれていた。また石油自体、ブラザーフッドの金融センターであるスイスを通じて、スタンダード・オイルからドイツへと供給されていた。

スタンダードオイル・ニュージャージー（現在のエクソン）の社長ウィリアム・スタンプス・ファリッシュは、I・G・ファルベン会長ヘルマン・シュミットの親友であった。ファリッシュの孫、ウィリアム・ファリッシュ三世は、ジョージ・ブッシュを中心とする秘密サークルの一員であり、英国女王とフィリップ殿下を自分の家に招待してもてなしたこともあるという人物だ。また、ファリッシュと女王は、自分たちの持ち馬を一緒に飼育させているという間柄でもある。

ジョージ・ブッシュの父、プレスコット・ブッシュは、スカル・アンド・ボーンズ生え抜きのメンバーであり、ヒトラーのスポンサーであった。ヒトラーへの資金援助は、プレスコット・ブッシュが社長を務めるユナイテッド・バンキング・コーポレーション（UBC）という子会社を通じて行なわれていた。このUBCは、ニューヨークのW・A・ハリマン・カンパニー（一九三三年に「ブラウン・ブラザーズ・ハリマン」へと社名変更）と、ドイツのフリッツ・ティッセンのビジネス・ネットワークとのあいだを取り持っていた。ティッセンの鉄鋼・金融財閥は、一九二〇年代からヒトラーを資金援助していた。ハリマンの企業は、J・P・モルガンやロックフェラー同様、ペイジュールやロスチャイルドからの資金を受けて活動していた。つまり、ヒトラーのI・G・ファルベンを操っていたのはロスチャイルドであった。

＊第二次大戦中にナチスの人種政策を支援したウォーバーグ、GE、フォード、ITT、ロックフェラー、ハリマン、ブッシュなど多くの悪魔主義者たち

I・G・ファルベンはアメリカ国内にいくつかの子会社を持っていたが、その重役連の一人にポール・ウォーバーグ（ワールブルク）がいた。彼は、合衆国に連邦準備銀行を導入するという目的のために、ペイジュール／ロスチャイルドによって送り込まれたエージェントであった。その計画は成功し、一九一三年、合衆国内に連邦準備銀行が設立されている。

ポールの兄、マックス・ワールブルクは、一九三八年に合衆国に移住するまで、ヒトラーの財政顧問を務めていた。ほかにはジェネラル・エレクトリック社なども、ヒトラーに対し資金援助を行なっていた。ジェネラル・エレクトリック社は、ヒトラーの「宿敵」、合衆国大統領フランクリン・デラノ・ルーズヴェルトとも、金融的に結びついていた。ヒトラーに多大な資金援助をしたヘンリー・フォードなどは、非ドイツ人に与えられたものとしては最高の、ドイツ大鷲十字章を授与されている。

ヒトラーの個人的金融顧問にしてSS将校であったクルト・フォン・シュローダー男爵。彼と密接な関係にあったインターナショナル・テレフォン・アンド・テレグラフ社（ITT）も、ナチスによる戦争遂行を資金的に援助していた。ナチス資金援助者のなかでも特に傑出していたのが、ロスチャイルドにコントロールされるイングランド銀行の総裁であったモンタギュー・ノーマン（三〇〇人委員会メンバー）である。

ノーマンは、ヒトラーの財政顧問にしてドイツ帝国銀行総裁のヒャルマール・シャハトの親友であった。二人の仲は非常に親密であり、シャハトが自分の孫の一人にノーマンと名づけるほどであった。ナチスがチェコスロバキアに侵攻したとき、ノーマンは、チェコからイングランド銀行に預けられていた六〇〇万ポンド相当の金塊を、ヒトラーへと横流ししている。

一九三三年三月十七日、シャハトがドイツ帝国銀行総裁に就任したとき、アドルフ・ヒトラーとともに証人としての署名をしたのが、ロスチャイルドのフロントマン、マックス・ワールブルク（ウォーバーグ）であった。ユダヤ人の多くは、ロスチャイルドやウォーバーグがユダヤ系で自分たちの味方だと信じているが、それはまったく違う。前述したように、第二次世界大戦中にドイツのユダヤ人たちから奪われた金は、スイス銀行へと預けられ、最終的にはロスチャイルドの懐に流れているのだ。

ロスチャイルドをはじめ、ロックフェラー、ハリマン、ブッシュなどの一族は、ナチスの人種政策をも支援していた。ヒトラーの人種純化政策を担当していたのは、ベルリンのカイザー・ウィルヘルム優生学研究者の精神科医、エルンスト・ルーディン博士であった。彼は建物のワン・フロア（一階分）をまるまる与えられていたが、そんなことができたのも、ロックフェラーからの資金援助があったからである。劣等な遺伝子の血流を絶滅させて、優透な遺伝子だけを残すという優生学。そのスポンサーとなっていたのが、ロックフェラーのような一族であった。

優生学は今日、「人口抑制策」の名で通っている。最も有名な人口抑制機関といえば「家族計画」であるが、この機関は、ロンドンの英国優生学協会で設立された当初は別の名前であった。この機関にアメリカや国連の資金をつぎ込もうと、ジョージ・ブッシュがあらゆる機会を利用したのも、別段不思議なことではない。

ブッシュやヘンリー・キッシンジャーは、一八三四年に死去したフリーメーソン、トーマス・マルサスの理論の信奉者であった。ダーウィンの血を受け継ぐマルサスは、非白人種や「劣等な」白人種を、家畜のようにえり分けることを提唱していた。マルサスは、フリーメーソン経済学者仲間のジョン・ステュアート・ミルとともに、「金髪碧眼のアーリア人種は、この世界へと贈られた、神（God）からの賜物である」と言っている。神々（gods）からの賜物、と言うべきところであろう。もちろんgodsの正体はアヌンナキ・レプティリアンである。優等な白人種が「無知な」有色人種を支配すべきである、と彼ら二人は言うのである。

ナチスも英米のエスタブリッシュメントも、言うことに違いはない。彼らは同じ穴のむじななのだ。アフリカや中南米やアジアで、大規模に疫病を誘発するような政策がとられてきたのも、彼らの計画の一部である。『……そして真理があなたを自由にする』を読んでいただければ、ヒトラーの資金的バックであったロスチャイルドの動きや、マスター・レイス（支配人種）による人口コントロール・プログラムなどについて、その詳細がよくわかるだろう。

* ——————　ナチス帝国の真の貴族は、絞首刑を免れ、「敵」英米ネットワークを通し戦争を継続

第二次世界大戦の両陣営をコントロールしていた勢力は、連合軍がベルリンを陥落させる前に、ナ

チスの政治軍事指導者、科学者や技術者、そしてマインドコントロール・プログラマーたちを逃す必要があった。そこで、英米の情報部を主体にしたプロジェクトによって、南米や合衆国へと移された。そこにおいて彼らは、レプティリアンのアジェンダ実現のために、自らの研究を続けたのだった。

ニュルンベルク裁判によって絞首刑となったナチスたちは、人々の怒りをなだめるための茶番の道具にすぎなかった。ナチス帝国の真の貴族たちは、「敵」であった英米のネットワークを通じて、人類全体に対する戦争を継続しているのだ。人体実験などによって多くの人々を苦しめ死に致らしめたことで知られているヨーゼフ・メンゲレも、ペーパークリップ作戦によってドイツを脱出したナチスの一人である。

話は少し変わるが、CIAは、英国情報部の秘密エリート・サークル、スペシャル・オペレーションズ・エグゼクティブ（SOE）によって作り出された組織である。また、CIAの前身OSS（戦略事務局）は、ペイジュール帝国の情報組織ネットワークから生み出されている。OSSの指導者ビル・ドノヴァンは、ペイジュール―ロスチャイルド―ロックフェラー帝国の操り人形であり、同じく操り人形であったフランクリン・デラノ・ルーズヴェルトとは、クラスメイトという関係であった。ドノヴァンは、ブラザーフッド所有のコロンビア大学で法律を学んでいるが、彼の師であったハーランド・F・ストーン教授は、合衆国司法長官にまでなっている。

FBI長官として悪名高きJ・エドガー・フーヴァーも、ストーン教授の弟子であった。フーヴァーは、フリーメーソンの三十三階級である。J・F・ケネディが暗殺されたのは、フーヴァーがFBI長官を務めていた時期であった。『……そして真理があなたを自由にする』のなかで詳しく述べたが、ケネディ大統領暗殺作戦において枢要な役割を果たしたのは、第二次世界大戦中にロンドンの英国情報部本部に出向していた元OSSメンバーたちであった。CIAエージェントであったクレイ・

上・1963年11月22日のケネディ大統領暗殺のときのディーレイ広場での自動車パレード。聖堂騎士団迫害から数えてちょうど656 年後のことであった。後続の車には四人もの護衛がついているのに、ケネディ自身の乗った車には一人の護衛もついていない。暗殺は起こるべくして起こったのだ。下・ＴＶ映像によって世界が実見したケネディ暗殺の瞬間

ショーも、そのなかの一人である。彼は、ケネディ暗殺に関与したとして訴追された唯一の人物である。裁判のときのようすは、映画『JFK』のなかに描かれている。結局、証人が出廷前に殺害されたことによって、彼は無罪放免となった。

ショーは、ロスチャイルド配下の悪魔主義者、ウィンストン・チャーチルのアドヴァイザーであり、戦時中ロンドンにいた他のOSSエージェントたちと同様、英国情報部ネットワークを操っていたヴィクター・ロスチャイルド卿の指示のもとに動いていた。

*――初代CIA長官アレン・ダレスもジョン・フォスター・ダレス国務長官もナチスだった

初代CIA長官アラン・ダレス、その兄で国務長官を務めたジョン・フォスター・ダレス。彼らはともにナチスであった。英国貴族の血流に属するダレス兄弟は、ヘンリー・キッシンジャーとともに、ペーパークリップ・プロジェクト、つまり先の優秀なナチスの頭脳をドイツ国外へ運び出す計画《プロジェクト》に関与していた。「ドイツ系ユダヤ人」ヘンリー・キッシンジャーは、決してユダヤ主義者などではなく、レプティリアン（爬虫類人）の悪魔主義者である。ダレス一族は、南部の大奴隷所有者の家系であり、ロックフェラー家とは親類関係にあった。ダレス一族がオーナーの法律事務所「サリヴァン・アンド・クロムウェル」は、I・G・ファルベンやフリッツ・ティッセンを顧客とし、アメリカ国内における彼らの法律事務を一手に引き受けていた。

ところで、ヒトラーの資金的バックであったティッセンは、アラン・ダレスをヒトラーに紹介している。一方で兄のジョン・フォスター・ダレスは、ドイツのクライアント（顧客）に宛てた手紙にはいつも、「ハイル・ヒトラー」と書き添えていた。彼は、ロスチャイルド―ロックフェラー円卓グループの代理人として、ナチスへの新規融資交渉のためドイツへと派遣されていた。それらの融資はドイツの戦争賠償金支払いを援助するためのものであったが、一九一九年のヴェルサイユ講和会議へのアメリカ代表団の一員としてドイツに巨額の賠償金を押しつけたのも、ジョン・フォスター・ダレスであった。このような流れからするならば、CIAがナチスによって作られたというのは特に驚くような話ではない。

ナチス親衛隊（SS）のロシア方面におけるスパイ・マスターであったラインハルト・ゲーレンは、アラン・ダレスよりの特命を受けて、ヨーロッパにCIAネットワークを作り上げている。作家ノーマン・チョムスキーは、「ゲーレンは、南米にCIAとナチスの秘密軍隊を作り上げた」と言っている。インターポールと呼ばれる国際警察ネットワークもまた、CIAと似たような経緯で作られている。ナチスのメンタリティー自体は、戦争によって打ち破られたわけではなかった。それは現在も世界を支配し続けている。

ところで、ヒトラーは本当に地下壕の中で死んだのだろうか？　もちろんそんなわけはない。ケベック州法務局の主席法廷歯科医であったロバート・ドリオン博士は、焼死体の歯の写真と生前のヒトラーの歯の写真とを精密に比較したうえで、それらが明らかに違う物であることを指摘している。歯の間隔のパターンからして違っているという。ヒトラーは生前に根管治療を受けており、陶材の義歯があったが、焼死体のほうにはそれがなかった。また、下の歯の橋義歯のようすもまったく違っているという。戦後ナチス指導層は、長靴とヘルメットを脱ぎ、代わりにスマートなスーツや科学者風の白衣を着込んだ。

彼らのアジェンダは、戦前と変わらず進行中である。以上のような事実を知るならば、合衆国政府を支配するナチ悪魔主義中枢が、ウェーコーで子供たちを焼き殺し、オクラホマで人々を爆殺したこともうなずける。

　彼らは世界の完全支配という目的のためならば、どんなひどいことでもやってのける。現在世界をコントロールしているのは、そのようなメンタリティーなのだ。世界六十億の人々が、このまま彼らの行動を黙認し続けるならば、レプタイル・アーリアンおよびナチスのメンタリティーが、世界を完全に掌握してしまうだろう。

大いなる秘密「爬虫類人」㊤
――超長期的人類支配計画アジェンダ全暴露!!

発行――●二〇〇〇年八月十日　初版第一刷発行
二〇〇七年十二月三日　初版第五刷発行
著者――●デーヴィッド・アイク
監訳者――●太田 龍
発行者――●高橋輝雄
発行所――◉株式会社三交社
〒一〇一―〇〇五一
東京都千代田区神田神保町二―二〇
TEL〇三(三二六二)五七五七
〇五〇(三五四一)一六九五
FAX〇三(三二三七)一八九八
URL:www.sanko-sha.com
本文組版――●有限会社トライ・プランニング
印刷――●株式会社シータス
製本――●株式会社ブックアート
Printed in Japan

ISBN978-4-87919-145-8　C0095